普通高等教育"十五"国家级规划教材
高等院校环境艺术设计专业规划教材

环 境 艺 术 设 计

郑曙旸　主编

郑曙旸　张　月　李朝阳　编著
宋立民　杜　异　刘北光

中国建筑工业出版社

图书在版编目（CIP）数据

环境艺术设计/郑曙旸主编. —北京：中国建筑工业出版社，2007（2024.7重印）
ISBN 978-7-112-08919-2

（普通高等教育"十五"国家级规划教材高等院校环境艺术设计专
业规划教材）

Ⅰ.环…　Ⅱ.郑…　Ⅲ.环境设计－高等学校－教材　Ⅳ.TU-856

中国版本图书馆CIP数据核字（2007）第069378号

本书为普通高等教育"十五"国家级规划教材。全书共分6章，内容包括：环境艺术设计概论、环境艺术设计的空间尺度、环境艺术设计的空间形态、环境艺术设计的空间组织、环境艺术设计的处理手法、室内设计。

本书可作为高等院校环境艺术设计、室内设计、景观设计、建筑学等专业的教材，也可供环境艺术设计、室内设计、建筑装饰等行业的设计师学习、培训、参考使用。

为更好地支持相应课程的教学，我们向采用本书作为教材的教师提供教学课件，有需要者可与出版社联系，邮箱：jckj@cabp.com.cn，电话：（010）58337285，建工书院：http://edu.cabplink.com。

责任编辑：张　晶　朱首明
责任设计：崔兰萍
责任校对：刘　钰　孟　楠

普通高等教育"十五"国家级规划教材
高等院校环境艺术设计专业规划教材
环境艺术设计
郑曙旸　主编
郑曙旸　张　月　李朝阳
宋立民　杜　异　刘北光　编著
＊
中国建筑工业出版社出版、发行（北京西郊百万庄）
各地新华书店、建筑书店经销
北京嘉泰利德公司制版
建工社（河北）印刷有限公司印刷
＊
开本：880×1230 毫米　1/16　印张：23　字数：422 千字
2007年7月第一版　2024年7月第十四次印刷
定价：45.00元（赠教师课件）
ISBN 978-7-112-08919-2
　　　（15583）

前　言
——从产品观走向环境观的艺术设计系统

中国共产党的十六大报告将"可持续性发展能力不断增强,生态环境得到改善,资源利用效率显著提高,促进人与自然的和谐,推动整个社会走上生产发展、生活富裕、生态良好的文明发展道路。"作为全面建设小康社会奋斗目标的生态文明之路。十六大之后,胡锦涛总书记进而提出以科学发展观构建和谐社会的理念。

建立生态文明,如果仅用工业文明的思维定式,单靠科学技术手段去修补环境,不可能从根本上解决问题,必须在各个层次上去调控人类的社会行为和改变支配人类社会行为的思想。使人与自然的关系由工业文明的对立走向生态文明的和谐。解决这样的问题显然需要回到人文科学的层面,在与科学技术的通力合作中找到一条出路。

艺术设计的运行只有建立在环境生态学的理论基础上:如何使用更少的能源和资源,去获得更多的社会财富;如何实现材料应用的循环,产品产出回收的循环;如何变工业文明的实物型经济为生态文明的知识型经济……总之就是要运用人类的智慧通过科学的设计最大限度地合理配置资源和能源。

实施艺术设计可持续发展战略的关键在于设计观念的更新。这就是从产品设计观向环境设计观的转型。

环境艺术设计专业作为这种设计观念转型期出现的艺术设计实施系统,本身就具有学科发展的前瞻性、边缘性和综合性,相关的理论问题尚处于探索之中。尽管目前国内有关环境艺术设计的教科书已有不少,但环境艺术设计的专业内涵和定义,仍然很难统一。中国高等学校环境艺术设计专业的发展早已星火燎原,我们不可能等到专业的理论得以澄清之日,再拿出冠以"环境艺术设计"名目的教材。那样的话,作为创建环境艺术设计专业的中央工艺美术学院(现清华大学美术学院)环境艺术设计系的教育工作者,就有违于历史赋予的责任,毕竟我们经历的磨砺要多于后来者。"摸着石头过河"这句话,就是过去二十年这个专业的真实写照。因此,这部教材的前言,也试图以阐明环境艺术设计的基本理念作为开篇。

环境艺术

艺术创作完全是人客观社会存在的主观形象反映,尽管人类营造人工环境的建筑历史已经非常久远，但"环境艺术"却是 20 世纪近现代艺术发展的产物。

环境艺术是由"环境"与"艺术"相加组成的词，在这里"环境"词义的指向并不是广义的自然，而主要是指人为建造的第二自然即人工环境。"艺术"词义的指向也不是广义的艺术，而主要是以美术定位的造型艺术，虽然环境艺术作品的体现融汇了艺术内容的全部，但创造者最初的创作动机，还是与"造型的"或"视觉的"艺术有着密切的关联。尽管在历史上造型艺术的建筑、绘画、雕塑具有环境审美体验的特征，但创作者并不是以环境体验的时空概念来设定创造物的。虽然这些创造物的综合空间效果也会具有环境艺术的某些特征，却不能说它本身就是环境艺术的作品。

环境艺术的作品必须符合环境美学所设定的环境体验要求，并能够在三个方面进行区分："一是环境美的对象是广大的整体领域，而不是特定的艺术作品；二是对环境的欣赏需要全部的感觉器官，而不像艺术品欣赏主要依赖于某一种或几种感觉器官；三是环境始终是变动不居的，不断受到时空变换的影响，而艺术品相对地是静止的。"[1] 依据以上衡量标准，只有能够产生环境美感的作品，才能够称其为环境艺术作品。

由于"从某种意义上来说，环境是个内涵很大的词，因为它包括了我们制造的特别的物品和它们的物理环境以及所有与人类居住者不可分割的事物，内在和外在、意识与物质世界、人类与自然并不是对立的事物，而是同一事物的不同方面。人类与环境是统一体。"[2] 环境艺术作品的创作又必须考虑人与自然环境的关系，也就是作品本身与自然环境的关系。人工的视觉造型环境融汇于自然，并能够产生环境体验的美感，成为环境艺术立足的根本。

纵观世界艺术发展的历史，我们不难发现东方的艺术，尤其是中国的造型艺术，在表现的形式上更注重于意境的视觉传达。特别是自然环境表现的山水画面，呈现出一种源于自然而高于自然的环境审美趋向，其似与不似的抽象意味要远胜于具象的真山水。而西方的造型艺术却一直沿着描摹物象的真实在发展，如果不是工业文明所导致科学技术在西方世界的进步，最早的具有主观创作意识的环境艺术应该在东方世界出现。然而，现实情况却是 19 世纪末到 20 世纪初的西方现代艺术发展，直接导致了环境艺术的产生。

在这里需要强调的是环境艺术与传统造型艺术的关系，因为在今天的不少学术媒体中都有泛环境艺术表述的倾向，将历史上不少建筑、园林和城市规划的范

1 陈望衡. 建设温馨的家园《环境美学》总序二. 长沙：湖南科学技术出版社，2006

2 Arnold Berleant, *Living in the Landscape—Toward an Aesthetics of Environment*. Lawrence; Vniversity Press of Kansas, 1997

例都归结于是环境艺术的创作实践，显然这是一种不符合历史发展现实的简单推论。固然传统的建筑与园林具有某种环境艺术的表象特征，但在艺术创作的出发点上却有着本质的差别。尤其是现代主义的建筑兴起于 20 世纪之后，"最年轻的建筑家并不坚持建筑是一种"美的艺术"的观念，完全抛弃装饰，打算根据建筑的目的来重新看待自己的任务。"[1] 环境艺术依然还是一种不具有实用功能的纯粹艺术创作，但又不能简单地与传统造型艺术划等号。

环境艺术的创作实践表明，它的观念性要远胜于艺术表达方式，我们始终没有看到环境艺术形成的固定表达模式。在现代艺术的众多类型中，似乎都会找到环境艺术观念所造成的影响。在不少现代艺术流派的作品中，都能够看到环境艺术的影子。至于"环境与艺术"的课题，实际上已经不是一个单纯的艺术问题，而成为环境艺术设计专业的研究范畴。

环境艺术设计

关于"环境艺术设计"在目前的中国至少有三种文字的词组表述，其一：环境艺术；其二：环境设计；其三：环境艺术设计。

第一种表述方式并不是纯粹的艺术概念，就如同"设计"与"艺术设计"的笔墨官司一样。(以下所讲的"设计"与"艺术设计"都是"DESIGN"的概念)这里的"环境艺术"实际上还是一个艺术设计的概念，就是如何处理环境与艺术的设计问题。

第二种表述会出现两种版本的解释：即环境工程的解释和艺术设计的解释。前者如同机械设计一样很容易被理解为工科范畴，后者只会在艺术和设计的领域被具有工科教育背景的从业者认同。

只有第三种的表义比较完整，这就是基于环境意识的艺术设计，在词义上会出现"环境的艺术设计"或"环境艺术的设计"两类完全不同的理解，在目前社会对艺术设计专业的认知背景下，相信人们理解的范围还是前者大于后者。尽管有着这样三种不同的词组，但实际上无论是学术界还是设计界，都会认定这三个词组所表述的内容是艺术设计的范畴，如同高考时"环艺"的概念深入人心那样。

现在的问题是：环境艺术设计是作为一种观念，还是作为一个专业。因为在理论和实践的层面，环境艺术设计还存在着广义和狭义的理解。

广义的环境艺术设计概念：以环境生态学的观念来指导今天的艺术设计，就是具有环境意识的艺术设计，显然这是指导艺术设计发展的观念性问题。

---

1 [英] 贡布里希著．范景中译．林夕校．《艺术发展史》311 页．天津：天津人民美术出版社，1991

狭义的环境艺术设计概念：以人工环境的主体建筑为背景，在其内外空间所展开的设计。具体表现在建筑景观和建筑室内两个方面。显然这是实际运行的专业设计问题。应该说狭义的环境艺术设计已经在今日的中国遍地开花，然而广义的环境艺术设计观念尚未被人们广泛认知。

艺术设计可持续发展控制系统

广义的环境艺术设计观念是中国艺术设计可持续发展理论的基础支持系统。

艺术设计对于国家总体可持续发展的意义主要体现于管理的调节能力。决定艺术设计可持续发展的能力和水平，可以通过以下五个支持系统及其间的复杂关系去衡量。

五大支持系统依序是：

（1）生存支持系统——实施可持续发展的临界基础；

（2）发展支持系统——实施可持续发展的动力牵引；

（3）环境支持系统——实施可持续发展的约束系统；

（4）社会支持系统——实施可持续发展的组织能力；

（5）智力支持系统——实施可持续发展的科技支撑[1]。

生存支持系统。是艺术设计可持续发展的支撑能力。由于知识经济时代的特征，知识创新和知识创造性应用，上升到足以影响艺术设计相关行业生存的关键性因素。建立健全知识产权制度，建立良性循环平衡有序的设计市场。因此成为艺术设计可持续发展必备的基础条件。

发展支持系统。通过资源优化配置，以环境概念进行整合而产生的新型设计体系。走集约型综合发展的道路，以复线的专业横向联合态势，取代单线的纵向发展模式。因此成为艺术设计可持续发展的动力条件。

环境支持系统。是艺术设计可持续发展在"人与自然"关系层面的基础支撑系统。艺术设计能够达到的领域是否会过分地掠夺了资源和能源，从而影响到广泛意义下的生态系统。其环境支持系统的缓冲能力、抗逆能力和自净能力是否能够维持发展的度量。因此成为艺术设计可持续发展的限制条件。

社会支持系统。是艺术设计可持续发展在"人与人"关系层面的基础支撑系统。依据"法治"程序实施艺术设计社会运行的全面管理。艺术设计的知识产权能够在相关法律的保护下通过商品实现其社会价值。社会支持系统在于建立完善的艺术设计政府管理机制。因此成为艺术设计可持续发展的保证条件。

1 中国科学院可持续发展研究组.《2000 中国可持续发展战略报告》25 页.北京：科学出版社，2000

智力支持系统。是艺术设计可持续发展战略结构体系中的最后一个支持系统。相对于其他系统而言是最为重要且具有目标实现意义的终极支持系统，这与艺术设计的内涵特征有着直接的关系，因为艺术设计的成果本身就是人的智力外化体现。智力支持系统的强弱将直接关系其战略规划目标实现的成败。因此成为艺术设计可持续发展的持续条件。

艺术设计只是人类生存系统文化层面的一个子项，其对整体的生态环境系统的影响在工业文明尚未进入信息时代的前期不是十分明显。但是随着 20 世纪后期人类开始进入信息化的时代，知识创新和知识创造性应用在社会发展中的作用日益明显，全球经济一体化的态势使得 21 世纪成为知识经济的时代。正是在这样的背景下，艺术设计以其学科的文理综合优势走向了前台，开始扮演起重要的角色。因此需要未雨绸缪，将艺术设计的生存支持系统和发展支持系统控制在环境支持系统允许的范围内，只有这样才能优化设计的整体架构，使其得以充分表达。否则超出环境支持系统的许可阈值，将引发原有生存支持系统和发展支持系统的崩溃，如果出现这种情况，不但达不到艺术设计可持续发展的战略目标，就连自身的生存也将变得无法保证。在组成艺术设计可持续发展的结构体系中，"'环境支持系统'是生存支持系统和发展支持系统二者的限制变量，它可以定量地监测、预警前两个支持系统的健康程度、合理程度和优化程度。"[1]

因此"基于环境意识的艺术设计"作为广义环境艺术设计的定义，对于艺术设计的可持续发展具有十分重要的意义。如果能够成为艺术设计界和艺术设计教育界的行动指南，定会使艺术设计在以科学发展观指导下构建和谐社会的伟大实践中发挥极其重要的作用。

郑曙旸
2007 年 6 月 28 日

1 中国科学院可持续发展研究组．《2000 中国可持续发展战略报告》37 页．北京：科学出版社，2000

目 录

引　言

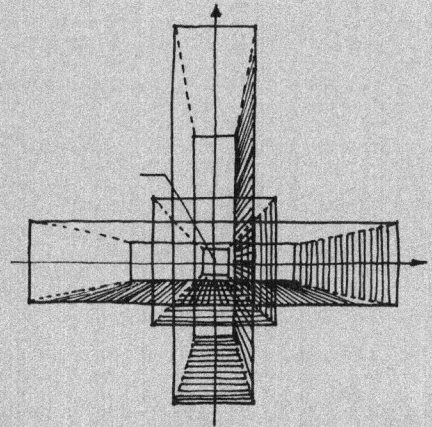

引 言

• 艺术与设计

艺术与设计是完全不同的两类专业。

艺术，按照我们今天的解释："人类以情感和想像为特征的把握世界的一种特殊方式。即通过审美创造活动再现现实和表现情感理想，在想像中实现审美主体和审美客体的互相对象化。具体说，它是人们现实生活和精神世界的形象反映，也是艺术家知觉、情感、理想、意念综合心理活动的有机产物。"[1] 尽管有史以来存在着不同的艺术理论，作为满足人们多方面审美需求的社会意识形态，"艺术"仍然是一个为公众所普遍理解的概念。建筑、音乐、美术、舞蹈、戏剧、影视以不同的时空表现形式成为艺术的载体，并由此发展出从个人到团体不同形态的创作与表演组织，并通过各种媒介的不同传播方式推向社会。

设计，按照汉语一般的词语解释：在正式做某项工作之前，根据一定的目的要求，预先制定方案、图样等。这个词是作为表示人的思维过程与动作行为的动词而出现的。而我们在这里所讲的"设计"和它所包含的内容，则是来源于一个外来的英语词汇：design。这个词在英语中既是动词又是名词，同时包括了汉语的设计、策划、企图、思考、创造、标记、构思、描绘、制图、塑造、图样、图案、模式、造型、工艺、装饰等多重涵义。一句话，在"design"中除了汉语"设计"的基本涵义外，与艺术概念相关的内容占了相当的比重。我们很难在现代汉语中找到一个完全对等的词汇。所以才有了"艺术设计"这样一个词组，并以它来代表相关的专业内容。

生活中人的精神审美与行为功能需求构成了艺术设计工作的全部内容。可以说设计的整个过程，就是把各种细微的外界事物和感受，组织成明确的概念和艺术形式，从而构筑满足于人类情感和行为需求的物化世界。设计的全部实践活动的特点就是使知识和感情条理化，这种实践活动最终归结于艺术的形式美学系统与科学的理论系统。也就是说设计是艺术与科学的综合。

现代艺术设计各专业的产生，完全是工业化的结果。以印刷品为代表的平面视觉设计；以日用器物为代表的造型设计；以建筑和室内为代表的空间设计等等。大批量、标准化、通用化的工业生产特征在这些相关行业得以充分体现，并以单一系统的产品显现其最终的价值。

1《辞海》674 页．上海：上海辞书出版社，1999

• 艺术设计门类的融汇与发展

艺术设计专业是横跨于艺术与科学之间的综合性边缘性学科。艺术设计产生于工业文明高度发展的 20 世纪，具有独立知识产权的各类设计产品，成为艺术设计成果的象征。艺术设计的每个专业方向在国民经济中都对应着一个庞大的产业，如建筑室内装饰行业、服装行业、广告与包装行业等。每个专业方向在自己的发展过程中无不形成极强的个性，并通过这种个性的创造以产品的形式实现其自身的社会价值。从环境生态学的认识角度出发：任何一门艺术设计专业方向的发展都需要相应的时空，需要相对丰厚的资源配置和适宜的社会政治、经济、技术条件。面对信息时代和经济全球化，世界呈现越来越小的趋势。人工环境无限制扩张，导致自然环境日益恶化。在这样的情况下个体的专业发展如不以环境生态意识为先导，走集约型协调综合发展的道路，势必走入自己选择的死胡同。

艺术设计专业的诞生与社会生产力的发展有着直接的关系。人类社会的发展需求，促使社会生产力的不断提高，生产力的发展又促使社会分工的加剧。人类历史上的第一次社会大分工，是畜牧业和农业的分工；第二次社会大分工，是手工业和农业的分离；第三次社会大分工，是商业的形成。在社会分工日益精细的大背景下，艺术逐渐与技术分家，成为独立的满足于人们精神审美需求的社会特殊门类。工业化后的社会分工进一步发展到近乎饱和的结晶状态，过细分工的结果又引发出一大批相近的边缘学科。时代的要求呼唤着艺术与技术的全面联姻，从而诞生了现代艺术设计，一种艺术与科学、精神与物质、审美与实用相融合的社会分工形态。以印刷品艺术创作为代表的平面视觉设计；以日用器物艺术创作为代表的造型设计；以建筑和室内艺术创作为代表的空间设计等。从 20 世纪初到 70 年代末，现代艺术设计在发达国家蓬勃发展。没有设计的产品就没有竞争力，没有竞争力就意味着失去市场。艺术设计的观念在这些国家成为共识。

然而艺术设计在它的发展道路上依然延续了社会分工演进的基本模式，即从整到分越来越细。从最初的实用美术专业，扩展到平面视觉设计、工业设计、室内设计、染织设计、服装设计、陶瓷设计等一系列门类。每个门类又衍生出自己的子项。以染织设计为例：扎染、蜡染、浆印、拓印、丝网印、机印、编织、编结、绣花、补花、绗缝几乎每一项都可发展成独立的专业。每个专业在自己的发展过程中无不形成本身极强的个性。从产品的角度出发，艺术的个性强就意味着花色品种多，可供社会应用的选择机会也就多。问题是面对日益狭小的表现时空，众多个性强的不同类型产品能否共处于一个特定的环境，能否对产品进行科学的选择以创造和谐的生活环境。这就提出了由分到整的综合概念和系统控制的设计理念。这种由分到整的演变并不是专业个性的淡化，而是在统一的环境整体意识指导下的专业全面发展，这种发展必将使专业的个性在相融的环境中得到崭新的体现。单线的纵向发展，还是复线的横向联合，是时代对艺术设计专业提出的可持续发展课题。

• 环境整体意识与艺术设计

环境整体意识是建立在环境意识之上的需要在艺术设计专业领域确立的创作意识。

当代乃至未来人类发展的主导意识是什么？毫无疑问应该是环境意识。作为人工环境的设计者又要具备何种主导概念？显而易见这就是环境整体意识的概念。环境意识和环境整体意识虽然只有两个字的差别，但却代表了两种不同的观念。环境意识是人类发展的宏观意识，需要在全人类中确立；环境整体意识则是当代人工环境的各类设计者所必备的设计概念。

整体意识原本就是艺术创作最基本的法则。泰戈尔曾说过："艺术的真正原则是统一的原则"。统一的涵义本来就是将部分联成整体，将分歧归于一致。"在一张漂亮的面容上或在一幅画、一首诗、一支歌、一种品质或互相联系的思想或事实的和谐中，人格内涵的统一原则或多或少地得到满足，为此，这些事物变成了确切的真实，进而从中得到欢乐。实在的完美显现是在和谐的完美之中，一旦出现杂乱无章的意识，实在的标准就会受到损害，因为杂乱无章是有违于实在的基本统一的。"[1] 可见美的和谐完整的形式体现，主要依赖于艺术创造者的整体意识。因此整体统一在任何一门单项的艺术创作要素中都是排在第一位的。具有整体意识写作一篇文章才能主题鲜明、文笔流畅；具有整体意识谱写一首乐曲才能旋律明晰、生动感人；具有整体意识绘制一幅图画才能对比恰当、层次分明。

整体意识同样也是艺术设计创作最基本的法则。因为设计本身就是艺术与科学的统一体，审美因素和技术因素综合体现在同一件作品上。使美观实用成为衡量艺术设计成败的标准。艺术审美的创作主要依据感性的形象思维；科学技术的设计主要依据理性的逻辑思维。而艺术设计恰恰需要融汇两种思维形式于一体。如果没有整体意识是很难进入艺术设计创作思维的。在书籍装帧与商品包装的平面视觉设计中，如果没有整体意识，就很难做到视觉信息的精确传达，内容与装潢的表里一致；在日用器物的产品造型设计中，如果没有整体意识，就很难做到造型式样的美观新颖，使用与外观的高度统一；在建筑与室内的空间设计中，如

---

1 [印度] 泰戈尔 .《一个艺术家的宗教》，引自《东方思想宝库》861 页 . 北京：中国广播电视出版社，1990

果没有整体意识，就很难做到装修尺度的恰当合理，人与空间的氛围和谐完美。

在单项的艺术和艺术设计创作中具有整体意识，并不意味着具备了环境整体意识。由于创新和个性是艺术创作的生命，每一个艺术家和设计师在进行创作时总是尽可能地标新立异。尽管在完成的每一件作品中创作的整体意识很强，却不一定能与所处的环境相融汇。一件具象的古典主义雕塑，尽管本身的艺术性很强，造型的整体感也不错，而且人物的面部表情塑造得非常丰富，细部处理也很精致，但是却把它安放在高速公路边的草坪里，人们坐在飞驰的汽车里一晃而过，根本就不可能有时间细心地观赏。一件很好的艺术品放错了地方，说明公路规划的设计者缺乏设计的环境整体意识。城市街道两旁的绿地经常可以看到用铸铁件做成的栅栏，往往要被设计成梅兰竹菊之类具有一定主题的图案，如果单看图案本身也许很漂亮，但是安装在赏心悦目生机勃勃的绿色植物周围，不免喧宾夺主大煞风景。诸如此类不但不为环境生色反而影响环境整体效果的例子还很多。所有这些都是缺乏环境整体意识的表现。

确立环境整体意识的设计概念，关键在于设计思维方式的改变。在很长一段时间里，艺术家和设计师总是比较在意自己作品的个性表现，注重于作品本身的整体性，而忽视其在所处环境中的作用。以主观到客观的思维方式进行创作，期冀环境客体成为作品主体的陪衬，而不是将作品主体融汇于环境客体之中。是艺术作品和设计实体服从于环境，还是凌驾于环境之上，成为时代衡量单项艺术和艺术设计创作成败的尺子。因此具备环境整体意识的设计概念，是时代对每一个艺术家和设计师最起码的要求。

第1章
环境艺术设计概论

第 1 章　环境艺术设计概论

1.1　环境艺术设计产生的历史背景

随着 20 世纪后期由工业文明向生态文明转化的可持续发展思想在世界范围内得到共识。可持续发展思想逐渐成为各国发展决策的理论基础。环境艺术设计的概念正是在这样的历史背景下从艺术设计专业中脱颖而出的。其基本理念在于艺术设计的创作指导思想从单纯的商业产品意识向环境生态意识的转换。环境艺术设计的相关行业在可持续发展战略总体布局中，处于协调人工环境与自然环境关系的重要位置。环境艺术设计最终要实现的目标是人类生存状态的绿色设计，其核心概念就是创造符合生态环境良性循环规律的设计系统。

环境艺术设计所遵循的绿色设计理念成为相关行业依靠科技进步实施可持续发展战略的核心环节。

环境艺术设计不是一个独立的专业门类，而是设计艺术的环境生态学。它具有学科的边缘性、行业的综合性、运行操作的协调性。因此，环境艺术设计是一个宏观的艺术设计战略指导系统。设计的对象涉及自然生态环境与人文社会环境的各个领域。

国内学术界最早在艺术设计领域提出环境艺术设计的概念是在 20 世纪 80 年代初期。在世界范围内日本学术界在艺术设计领域的环境生态意识觉醒的较早，这与其狭小的国土、匮乏的资源、相对拥挤的人口有着直接的关系。进入 80 年代后期国内艺术设计界的环境意识空前高涨，于是催生了环境艺术设计专业的建立。1988 年当时的国家教育委员会决定在我国高等院校设立环境艺术设计专业，1998 年成为艺术设计专业下属的专业方向。据不完全统计在短短的十数年间，全国 400 余所各类高等院校建立环境艺术设计专业方向。进入 21 世纪，与环境艺术设计相关的行业年产值就高达人民币数千亿元。

然而由于环境艺术设计概念的提出相对超前于我们发展中的国情，其理论研究尚缺乏社会实践的支撑，目前的认识停留在"环境艺术"与"环境设计"的基本理论层面。

"环境艺术"这种人为的艺术环境创造，可以自在于自然界美的环境之外，但是它又不可能脱离自然环境本体，它必需植根于特定的环境，成为融会其中与之有机共生的艺术。可以这样说，环境艺术是人类生存环境的美的创造。而"环境设计"则是建立在客观物质基础上，以现代环境科学研究成果为指导，创造理想生存空间的工作过程。

环境设计以原在的自然环境为出发点，以科学与艺术的手段协调自然、人工、社会三类环境之间的关系，使其达到一种最佳的运行状态。环境设计具有相当广的涵义，它不仅包括空间实体形态的布局营造，而且更重视人在时间状态下的行为环境的调节控制。环境设计比之环境艺术具有更为完整的意义。环境艺术应该是从属于环境设计的子系统。

"环境艺术"与"环境设计"的概念体现了生态文明的原则。而"环境艺术设计"则包括了环境艺术与环境设计的全部概念。也就是环境的艺术设计概念。

以上观点仅是需要确立的环境艺术设计基本理念。然而可供社会实践运行的环境艺术设计理论体系并未真正建立。其难点在于设计的终极目标是一个综合的时空系统而非单一产品，因此其设计是一个协调各类关系的过程。

1.1.1　生态环境与艺术设计

生态环境是"影响人类与生物生存和发展的一切外界条件的总合。"生态环境的核心因素在于生态系统的循环运行。"生态系统亦称'生态系'。生物群落及其地理环境相互作用的自然系统。例如，森林、草原、苔原、湖泊、河流、海洋、农田。生态系统包括四个基本组成成分，即无机环境、生物的生产者（绿色植物）、消费者（草食动物和肉食动物）、分解者（腐生微生物）。生物之间存在食物链（或食物网）的相互联系。太阳能由绿色植物光合作用转换为生物能，并借食物链（或食物网）流向动物和微生物;水和营养物质（碳、氧、氢、磷等）通过食物链（或食物网）不断地合成和分解，在环境与生物之间反复地进行着生物—地球—化学的循环作用。以生物为核心的能量流动与物质循环，是生态系统最基本的功能和特征。生态系统内的生物种类组成，种群数量，种群分布同具体的地理环境的联系，构成各自的结构特征。结构与功能的统一制约着自然生态系统的生产力、生物产量，以及对环境冲击的自我调节控制，对生态系统的研究关系到合理开发与利用生物资源，以及对自然环境的保持与保护。"[1] 显然人类赖以生存的基础在于生态环境系统的良性循环。在这个环环相扣的系统中，各种因素相互联系，相互影响，综合起着作用。

按照字面的解释:环境是指"周围的地方"，显然这是属于自然界范畴的问题。这里所说的"环境"不可能孤立存在，它总是相对于某一中心（主体）而言。中心可能有很多个，大至宇宙中的太阳，小至生物体内的细胞核。围绕着不同的中

---

[1]《辞海》2088 页．上海：上海辞书出版社，1999

心形成了各异的环境系统，每个环境系统依据自身的规律运动变化着。而我们所要研究的环境恰恰是以人类自身为中心的，这个"环境"就是人类赖以生存的生态环境系统，亦即地球生物圈。

基于地球生物圈的人类环境，包含了天然与人为两个方面：即周围的自然条件和社会条件。

1972 年在斯德哥尔摩召开的联合国人类环境会议宣言的篇首有这样一段话："人类既是他的环境的创造物，又是他的环境的创造者，环境给予人以维持生存的东西，并给他提供了在智力、道德、社会和精神等方面获得发展的机会。在人类在地球上的漫长和曲折的进化过程中，已经达到了这样一个阶段，即由于科学技术发展的迅速加快，人类获得了以无数方法和在空前的规模上改造其自然的能力。"

进入 21 世纪的世界，生活的空间变得越来越狭小。现代化的通讯交通工具，大大缩短了时空。日益膨胀的人口和越来越高的生活追求，促使生产高速发展。需求与资源的矛盾愈来愈尖锐。人们的物质生活水平不断提高，但是赖以生存的环境质量却日益恶化。人类社会改造了环境，环境又反过来影响人类社会。

人类社会所创立的艺术门类：建筑、音乐、美术、文学都要寻找表现自己的时空；手工艺美术行业进入现代工业社会，已发展成为与人类生活息息相关的各种艺术设计门类：室内设计、工业设计、染织服装设计等等。所有的这一切门类都在突出个性，寻求自己的发展。当它们共同相处于这个越来越狭小的世界时，就不免产生各种碰撞。相容的就显得和谐、优美，不相容的就显得对立、丑陋。于是就要去协调关系，寻找融合的规律。为了创造更加美好的生活，艺术家和设计师们在不断地探索，以求形成符合时代要求的全新艺术设计概念。

1. 自然环境与人工环境

由于地球是人类居住的星球，从人类的角度出发，地球就是以人为中心的环境系统。经过漫长的发展过程，这个环境系统在人为力量的作用下逐渐演变为自然环境与人工环境两类形态。

自然环境即地理环境："通常指环绕人类社会的自然界，亦称'自然环境'。包括作为生产资料和劳动对象的各种自然条件的总合。是人类生活、社会存在和发展的物质基础和经常必要的条件。包括自然地理环境和人文地理环境。前者是气候、地貌、水文、土壤、植被与动物界有机结合的自然综合体，后者是人类通过历史的和现代的经济、政治、社会、文化等活动在原先的自然地理环境基础上所造成的人为环境。它可以加速或延缓社会发展的进程。随着社会生产力的发展，人类社会将更广泛、深刻地影响和作用于地理环境。"[1]

地球生态圈所呈现出的不同自然环境，是岩石圈、大气圈、水圈运动变化的结果。地震火山，沧海桑田，风雪雨雾，雷鸣电闪演化出各异的自然现象；高山平原，河流湖泊、森林草原，冰川沙漠构成各异的自然形态。

地球生态圈宛如一部复杂的机器环环紧扣。太阳光成为这部机器运转的能量来源，维持所有生物生命活动的能量消耗。作为生产者的植物，依靠摄取太阳的光能，从环境中吸取二氧化碳、水和矿物质，在叶绿素的催化作用下，将太阳能转变为化学能而贮存于体内。这种光和作用使绿色植物成为生物能量流动的起点。而动物则只能靠吃植物和其他动物来取得能量，所以成为消耗者。当人类逐步进化到比任何动物都强大，进而主宰整个世界的时候，人类就成了最终的消耗者。

整个生态圈就是这样一个自然循环的平衡系统。生长在同一地区相互供养的动植物群体所形成的食物链循环，称为食物网。每个小的生态系统都在循环中进化。地球生态圈正是由许多这样的系统构成的物质大循环。而水、碳、氮、氧等物质的循环又成为自然界中最基本最重要的循环系统。人类作为最终的消耗者，如果只是一味地向自然界索取，以至彻底打破自然循环的平衡系统，那么自然环境将无可挽回地报复于人类。

人工环境是人工自然物形成的物质环境："人工自然亦称'第二自然'。是'人化自然'的高级和核心部分，表征了人的认识能力和实践能力，集中体现了人的本质力量。按人的因素对自然的改造程度，可分为人工控制的自然、人工培育的自然和人造自然物三个不同的层次。其中，人造自然物是完整意义上的人工自然，是人工自然的主体。"[2] 环境中构成人工自然物的主体显然是依靠人力建造的建筑和由建筑组合构成的城乡环境。

如果按照人工环境与自然环境融会的程度来区分建筑的发展阶段。可以看到这样的演变历程：在生产工具极其简陋的渔猎采集时期，生活方式和生产力水平，决定了当时的人类不可能营造像样的建筑。正如《韩非子·五蠹》记载："上古之世，人民少而禽兽众，人民不胜禽兽虫蛇，有圣人作，构木为巢，以避群害。"因此这个时期的人工环境显得非常原始，基本上处在与自然环境共融的状态。

农耕时期的建筑无论是单体型制、群体组合，还是比例尺度、细部装饰都达到了相当高的水平。世界文化名城几乎都建成于这个时期。其空间的构图与自然环境高度和谐统一。由于建筑内部的采暖通风设备，相对处于自然的原始状态。

1 《辞海》642 页．上海：上海辞书出版社，1999

2 《辞海》370 页．上海：上海辞书出版社，1999

所以除了建筑本身所耗的自然资源外，很少有向外的有害排放物。加之人口数量有限，建筑的规模相对较小。极少的生产性建筑，又基本是为农耕服务的水利设施。因此农耕时代的人工环境，在促进了人类社会向前发展的同时，基本上做到了与自然环境共融共生，尽管这时人类生活的质量仍处于较低的水平。

进入工业化时代，人类的生产方式出现了革命性的变化。机器的使用，大大解放了生产力。生产的高速运转，促进了社会分工的加速发展。城市化的趋势，使建筑的类型猛增。建筑空间的功能需求日趋复杂，农耕时代原有的传统建筑形式已很难适应新的功能要求。对功能的需求促进了新建筑理论的诞生。"形式随从功能""住宅是居住的机器"等言论，成为现代主义建筑产生的催化剂。随着钢筋混凝土框架结构和玻璃的大量使用，营造更大的内部空间成为可能。灵活多变的空间形式，完全打破了农耕时代传统建筑较为呆板的空间布局，创造出功能实用，造型简洁的建筑样式。

在这个时期建筑的体量和规模都达到了前所未有的程度。大批的生产性建筑冒出了地平线。机器轰鸣的巨大厂房，高耸林立的烟囱，一度成为时代的骄傲与象征。居住与公共建筑内部开始大量使用人工的采暖通风设备，从而造就了一个个隔绝于自然的封闭人工气候。这样的人工环境造就了现代的物质文明。虽然人类的物质生活水平达到了相当高的程度，但是人类违背自然规律的"自私"行为，却很快使我们尝到了苦果。温室效应加速了自然灾害的频度，臭氧层空洞的出现，预示了人类生存危机的到来。事实证明工业化时代人工环境的建造，没有能够完全做到与自然环境的共融共生。

回顾人与自然关系的历程，同样可以看到这样的图景。距今10000年以前：渔、猎、采食天然动植物，人类处于自然生态系统食物链的天然环节——人与自然和谐；距今250～10000年以前：获得基本生存条件和食物供给的农耕经济，人类初步的稳定繁衍并进入简单再生产的初级循环——人与自然互动；距今0～250年以前：工业革命使人类攫取自然资源能力的空前提高，消费欲望高度膨胀，极大地刺激着生产力的发展。伴随而来的是人口剧增，资源短缺和环境恶化——人与自然对立。

我们今天所面对的环境现实已经宣告了人定胜天观的破灭。

展望未来，人工环境还将继续发展，与自然环境的共融共生，将会摆在最重要的位置予以考虑。

2. 社会环境与艺术设计

社会环境："在自然环境的基础上，人类通过长期有意识的社会活动所创造的人工环境。如城市环境、工业环境、农业环境、文化环境和医疗休养环境等。也有人主张应包括经济关系、道德观念、文化风俗等上层建筑。是人类物质文明和精神文明发展的标志，并随着人类社会的演进不断丰富和发展。"[1] 可见社会环境包含物质的人工环境与精神的人文环境两个层面。

人类社会在漫长的历史进程中，受到不同的原生自然环境与次生人工环境影响，形成了不同的生活方式和风俗习惯，造就出不同的民族文化，宗教信仰，政治派别。在生活的交往中，组成了不同的群体，每个人都处在各自的社会圈中，从而构成了特定的人文环境。

按照马克思的观点："社会，不管其形式如何，究竟是什么呢？是人们交互作用的产物。"[2] "生产关系综合起来，就构成为社会关系，构成为所谓社会，并且是构成为一个处于一定历史发展阶段上的社会，具有独特的特征的社会。"[3] 人文环境受社会发展变化的影响，呈现出完全不同的形态，从而影响了人工环境的发展。

原始社会是人类历史上延续时间最长的社会形态。这个以生产资料原始公社所有制为基础的社会制度，前后历经旧石器、中石器、新石器时代约数百万年，是渔猎采集阶段的主要社会形态。原始群体中的人只有社会性，而没有政治性，因此其人文环境异常简单。在这种社会环境下产生的人工环境，仅仅是以栖身之所为主组成的简陋建筑群落。

奴隶社会是人类历史上第一个产生阶级的社会形态。这个以奴隶主占有生产资料和生产者（奴隶）为基础的社会制度。前后历经新石器时代后期、青铜时代，处于农耕前期。高度的政治极权与无偿的劳动力占有，使奴隶社会环境下产生的人工环境，呈现出公共建筑与居住建筑并存，规模宏大的城郭形态。在这种社会环境下"神"居于主导地位，人工环境中的主体建筑虽然具有宏伟体量和严谨构图，但其使用者是"神"而非"人"。

封建社会是人类历史的阶级社会中变化最为复杂的社会形态。这个以封建领主占有土地，剥削农民剩余劳动为基础的社会制度，贯穿于铁器时代的农耕后期。由于农民有一定程度的人身自由，土地占有者以收取地租的方式进行剥削，生产的好坏与本身利益有一定联系，由此产生的劳动积极性提高了生产力水平，从而推动了社会的进步。封建社会在东西方的形成和发展中，呈现出完全不同的形态。在东方，专制的中央集权统一封建大帝国是政治统治的主要形式；而在西方，整个中世纪完全处于封建分裂状态，宗教占据了社会生活的主导，教会统治成为政治的主要形式。由此形成了东西方不同的人文环境。综观封建社会人文环境下产生的人工环境，不难发现，以宫廷建筑和宗教建筑为中心的城镇建筑群落，成为

---

1 《辞海》1912 页 . 上海：上海辞书出版社，1999
2 《马克思恩格斯选集》第 4 卷 320 页 . 北京：人民出版社，1995
3 《马克思恩格斯选集》第 1 卷 363 页 . 北京：人民出版社，1995

其主导形态。皇权和神权的共同作用，使人工环境呈现出强烈的级差和高耸的尺度。

资本主义社会是以生产资料私人占有，以资本家剥削雇佣劳动为基础的社会制度，萌芽于十四、十五世纪的地中海沿岸，发展于十七、十八世纪的西欧。在经过对广大农民和手工业者的生产资料剥夺，和资本的原始积累后，随着大工业的机器轰鸣，在十九世纪末至二十世纪初，完成了从自由竞争资本主义到垄断资本主义的过渡。资本主义社会贯穿于整个工业化阶段。由于实行自由市场经济，将生产超过消费的余额用于扩大生产能力，而非用于投入像金字塔、大教堂等非生产项目，创造了最发达的商品生产。因此促进了生产力的迅速发展，并对人工环境产生了有史以来最大的影响。在这样的人文环境影响下，建筑开始进入一个崭新的阶段。人的需要成为衡量一切的标准，使用功能被摆放到第一的位置。人工环境由此演变为居住、公共建筑与生产性建筑并存的密集超大城市群落，并诱发出一系列破坏地球生态环境的问题。

社会是以共同的物质生产活动为基础而相互联系的人们的总体。人类是以群居的形式而生活的。这种生活体现在各种形式的人际交往联系上，就会产生丰富多彩的社会活动。社会活动的各种物质需求，带来了艺术设计者的创作机会。深入了解社会环境的现实，就成为设计者创造力完善的基础。同样设计者也不可能逾越当时社会环境条件的制约，去创造体现所谓个人价值的作品。融入社会环境是艺术设计者的唯一选择。

现代的艺术设计作为社会生产关系与生产力实现的技术环节，当属于工业化社会环境的产物，不可避免地带有时代的烙印。也就是说艺术设计的创意和最终确立的设计主导概念，只有最后转化为产品才具有存在的社会价值。在这里艺术的产品与艺术设计的产品有着本质的不同。艺术设计的创造力体现于最终形成的实用产品，既具有物质功能又具有精神功能，仅存在于头脑中或表现于纸面的创造对于艺术设计来讲是毫无意义的。

3. 产品设计与环境设计

产品与环境显然是完全不同的两类概念。产品是人根据生活的某种需要生产出来的物品。一般来讲产品总是呈现某种形、色、质的个体；环境则是以某种物体为中心的周围的地方。作为产品设计和环境设计自然具有不同的定位与方法。

设计是一个从客观到主观再从主观到客观的必然过程。在生活中我们接触到一件产品，由于产品本身存在的问题，使我们受到使用上的种种制约，于是改进它的功能就成为最初的设计动机。产品满足了理想中的基本功能，作为商品推向市场后还必须有漂亮的外观，最初打动消费者的并不是功能，功能只有在一段时间的使用后才能发现它的好坏。所以设计者的创造必须能够满足两方面的需求。

功能与审美作为产品设计终极的目的是显而易见的。

产品是以实现功能特征的空间形态展示其审美价值的。不同空间形态的表象所传递的信息具有不同的特征。二维空间实体表现为平面，在艺术表达的类型中，绘画是典型的平面表象。设计门类中视觉传达的书籍装帧、海报招贴、包装标识属于平面表象。三维空间实体表现为立体，在艺术表达的类型中，雕塑是典型的立体表象。设计门类中产品造型的陶瓷、家具、交通工具属于立体表象。四维空间实际是时空概念的组合，它的表象是由实体与虚空构成的时空总体感觉形象。在艺术表达的类型中，戏剧影视是典型的时空表象。设计门类中环境艺术的建筑、景观、室内属于时空表象，这种时空的表象是由多种产品并置，相互影响、相互作用而产生的。

空间形态越简单人的感知时间就越短，得到的印象越明确，要求的图形构成尺度比例关系越严谨。空间形态越复杂人的感知时间就越长，得到的印象越含混，要求的图形构成尺度比例关系越综合。可见空间形态在表象的感知形象中具有重要的意义。

在环境设计中空间的形态体现为时空的统一连续体，是由客观物质实体和虚无空间两种形态而存在，并通过主观人的时间运动相融，从而实现其全部设计意义的。如同杯与水的关系，杯象征物质实体，杯中水象征虚无空间，杯是静态的实体，水是动态的虚空，实体的形态构成决定虚空的状态。因此空间限定与时间序列，成为环境设计最基本的构成要素。

室内设计作为典型的环境设计，决定了它的设计系统也是由时间与空间的基本要素所构成。

室内设计的空间形式美主要体现于建筑界面实体与围合虚空所呈现的空间氛围。从专业的角度出发，室内设计是由空间环境、构造装修、陈设装饰三大部分构成的一个整体。空间环境的氛围是由建筑的地面、梁柱、墙体、天花、门窗等基本要素构成的空间整体形态及人的尺度感受，加上采光、照明、供暖、通风等设备的设计与安装，共同营造完成的。构造装修是组成空间的界面结构，由设计者运用不同的材料，依照一定的比例尺度选择合适的色彩与质地对其进行的封装。界面的装修构成了营造空间美的背景。不同的照明类型会对界面的造型和空间氛围的美感产生重大影响；陈设装饰包括对已装修的界面进行的装饰和用活动物品进行的陈设。由家具摆放、灯具选用、织物选择、绿化样式、日常生活用品、各类艺术品组合的陈设装饰构成了营造空间美的主体。装修与陈设装饰，一个犹如舞台，一个犹如演员。它们相辅相成地影响着空间环境的气氛。

可见室内的审美是单位空间中所有实体与虚空的总体形象，通过人的视、听、嗅、触感官反映到大脑所形成的氛围感受来实现的。其中视觉在所有的审美感官中起的作用最大，因此构成典型室内六个界面的形、色、质就成为设计中主要考虑的审美内容，称其为室内的视觉形象设计。视觉形象设计一方面要注重界面本身的装修效果，另一方面更要注意空间中的陈设物与界面在不同视角形成的总体效果。

综上所述可以看出：产品设计重在单一品种个体或系列物品的使用功能与审美体现。大到交通工具，如：飞机、火车、轮船、汽车；小到炊具，如：锅、碗、瓢、盆、刀、勺、叉。环境设计重在特定区域中自然要素和人工物品同时并置的关系协调、空间组织与氛围营造。大到城市、园林、社区；小到广场、街道、建筑、室内。

1.1.2　人类文明与艺术设计

文明，人类社会进步的状态，体现社会发展的文化积淀。文化作为人类社会历史发展过程中所创造的物质与精神财富的总和，表现出无比深厚的内涵，不同时代与地域的文化又呈现出完全不同的特征。作为体现物质文明与精神文明创造物的艺术设计，同样会在不同的文明状态下呈现出不同的特质。

1. 农业文明与工艺美术

"通过原始社会第一次社会大分工，从原始的渔猎采集方式中产生的以农耕为主的自给自足社会。"[1] 成为农业文明的社会形态。以谷物耕作、动物驯化为基本特征的农业文明，起源于公元前 8000 ~ 7000 年间。这是人类对自然体系改造走出的关键一步，从此人类的生活相对稳定。逐渐出现了村落城镇，从最初砖石建造的私人和公共建筑物，以及整套的手工艺组成的泥砖村落，发展到以石木构造建筑为主的城郭神殿、宫宛住宅以及手工业配套齐全的城市。形成了相对于自然环境的人工环境。由于垦殖和营造的需要，大量的森林被砍伐，自然环境受到最初的破坏。

在农业社会定居的生活状态下，原始状态下的工具和生活器物制作，逐渐形成分门别类的家庭手工作坊生产方式。为了使这些手工制作的日常用品看上去更加漂亮悦目，具有购买的吸引力，常常对这些物品加以装饰，从而形成了世界各地不同的手工技艺，制成了各具特色的工艺品。手工制作工艺品需要特殊的技能和一定的审美能力，这种技术性的手艺和审美性的装饰结合，就形成了专门的行业——工艺美术。工艺美术的产品具有两种类型：一类是日常生活用品，一类是纯粹的陈设装饰用品。同一种物品可以具有以上两种形态。如中国的陶瓷，墨西哥的织布，波斯的地毯，威尼斯的玻璃等等。

1《辞海》459 页．上海：上海辞书出版社，1999

工具和材料是手工制作的基础，不同时代使用不同的工具和材料，创造性质完全不同的工艺品。石器时代的陶器，青铜时代的青铜器。由于材料的特性和使用工具的技术差异，每一种类型的工艺品都形成了特殊的制作技巧。由于是手工制作，即使是同一件物品，其形态永远也不会完全一样，因此也就具有较高的艺术性。几乎没有一种手工艺品，是在它诞生之前就完成其全部设计的。各种工艺品的制作，都是直接用手或借助于工具，在反复的实践中，不断完善而最后定型的。各种制作工艺都是个体的手艺人长期探索的结果。并因历史时期、地理环境、经济条件、文化技术水平、民族习尚和审美观点的不同而形成不同的风格与源流，这种工艺的发展几乎无一例外的采用师承制。而且很多是单线的家族承袭，一旦线性继承的某个环节出现问题，就可能使一门手艺失传。

"工艺美术是在生活领域（衣、食、住、行、用）中，以功能为前提，通过物质生产手段的一种美的创造。"[1] 这种创造应该是超越时代的。之所以在这里对应于农业文明，无非是强调它的手工业特征。

手工业"依靠手工劳动、使用简单工具的小规模工业生产。开始从属于农业，主要表现为家庭手工业。随着第二次社会分工，手工业脱离农业，成为独立的个体手工业，后又进一步发展为资本主义简单协作的手工业作坊和工场手工业。"[2] 尽管手工业后来成为独立的行业，但是它脱胎于农业社会的事实，说明手工艺本身与自给自足的农耕文明有着千丝万缕不可割舍的关系。

人是有情感的动物，直接用手的技能做出的工作，和由这种工作产出的物品，显然具备人的情感。这种实实在在的质朴情感，可以通过制作物的器形表象传递，直接作用于他人，并使其从中得到生活美的愉悦。田园牧歌、男耕女织的生活图景，日出而作、日落而息的生活节奏，手工艺品的价值在相对广阔与舒缓的农耕天地中得以充分释放。

2. 工业文明与艺术设计

公元 1769 年英国人詹姆斯·瓦特（1736 ~ 1819）发明蒸汽机。以此为开端的工业革命使人类对自然环境的改造达到了前所未有的程度。公元 1821 年法拉第（1791 ~ 1867）发明发动机和发电机；公元 1859 年第一口油井在美国开钻；公元 1863 年第一条地下铁道在伦敦建成；公元 1882 年第一座水电厂在美国建成。在一百多年的时间里人工环境扩展到地球自然生态圈的所有领域。人工环境的大量有害排放物开始对自然环境造成影响。19 世纪末到 20 世纪初创立的量子论和相对论，为合成化工技术、原子能技术。航天技术和信息技术的发展提供了科学基础。从此人类以更加迅猛的速度，向自然界的深度和广度进

---

1 田自秉．《工艺美术概论》6 页．北京：知识出版社，1991

2 《辞海》1755 页．上海：上海辞书出版社，1999

军，掌握了核能，登上了月球，深入海洋10000米，完成了难以数计的各种发明创造。20世纪中叶以来，由于微电子技术、光电子技术、计算机技术、光纤和卫星通信技术、全球网络技术、多媒体技术的飞速发展，以信息获取、储存、传输、处理。演示技术以及以信息服务为内容的信息产业迅速崛起为发展最为迅猛、规模最为宏大的新兴产业。使人类从后工业时代迅速向信息化时代转进。信息化时代是人类进入工业化社会的高级发展阶段。信息化以知识为内涵，又成为知识创新、知识传播和知识的创造性多样化应用的基础。实际上，信息化是人类进入知识经济时代的序幕和前奏。

工业革命以后，人们逐渐使用机器进行生产。由于机器可以大量地制造完全相同的物品，不仅比手工快而且便宜，因此许多古老的工艺渐渐消失了。虽然机器代替了手工，但满足于人们物质生活和精神生活的实用美观依然是衡量产品好坏的标准。一件产品的定型生产，需要经过市场调研、概念构思、方案规划、模型图样等一系列严谨周密的逻辑与形象思维过程来产生最后的施工图纸。这种建立在现代科学研究成果基础之上的缜密过程，确立了"设计·design"的全部内容，从而使它完全脱离了传统的工艺美术。诞生了一门崭新的学科——现代艺术设计。

在艺术设计的门类中，工业设计具备最为典型的工业文明特征。"以批量化与机械化为条件，对工业产品进行预想规划的行为，包括推广这些产品而产生的广告与包装等。与单件制作的手工业产品设计相区别。其核心是产品设计，即对于人的衣食住行用相关的产品的功能、材料、构造、工艺、形态、色彩、表面处理、装饰等要素，从社会、经济、技术的角度综合处理，既要符合功能需要，又要满足审美的要求。"[1]

工业文明导致整个社会的生产方式、生活方式以至文化观念的深刻变化。这是一个前所未有的实行彻底变革的社会。工业社会："通过工业革命，以机器化大生产占主导地位的社会形态。其特征为：工业的机械化、科学化；生产事业的企业化、资本化；组织管理的标准化、合理化；交通运输的机械化、动力化；工人阶级的兴起，从事非农业生产的人口比例大幅度增长；大批城市的发展。"[2]与之相适应的艺术设计，最大限度地利用了现代工业提供的物质基础，合理应用新材料与新技术，在研制、开发、生产一体化的现代企业中创造出全新的产品系统。

艺术与科学，作为人类认识世界和改造世界的两个最强有力的手段。在工业文明组织严密的社会中充分地体现于设计，通过优化设计的全过程：把各种细微的外界事物和感受，组织成明确的概念和艺术形式，从而构筑满足于人类情感和行为需求的物化世界。在这里艺术设计的全部实践活动的特点就是使知识和感情

1《辞海》620页．上海：上海辞书出版社，1999
2《辞海》620页．上海：上海辞书出版社，1999

条理化。从而使艺术设计活动的创造价值在迅捷运转的工业社会得以淋漓尽致地发挥。

3．生态文明与环境艺术设计

毫无疑问迄今为止通过工业文明所推进的人工环境的发展是以对自然环境的损耗作为代价的。于是从科技进步的基本理念出发，可持续发展思想成为制定各行业发展的理论基础。"可持续发展思想的核心，在于正确规范两大基本关系：一是'人与自然'之间的关系；二是'人与人'之间的关系。要求人类以最高的智力水准与道义上的责任感，去规范自己的行为，创造一个和谐的世界。"[1] 可持续发展思想的本质，就是要以生态环境良性循环的原则，去创建人类社会未来发展的生态文明。如何使用更少的能源和资源，去获得更多的社会财富；如何实现材料应用的循环，产品产出回收的循环。变工业文明的实物型经济为生态文明的知识型经济，运用人类的智慧最大限度地合理运用资源和能源。

建立生态文明的社会形态，是人类能够继续生存繁衍的唯一选择。生存还是毁灭：这不是危言耸听，而是严峻的现实。"人类历史到公元1900年为止，全世界的经济财富总规模折算约为6000亿美元，在经过整整100年后的今天，全世界每年仅新增产值就可达到当时世界总财富的一半。依照中国经济规模，1997全年的GDP，即相当或略高于1900年时全球经济的总规模。财富大量积聚的代价是资源和能源的无节制消耗和向地球的无情掠夺，人类现在1年所消耗的矿物燃料，相当于在自然历史中要花费100万年所积累的数量。在此种经济模式、经济规模（并且仍在急剧扩大）和巨量消耗物质形式资源和能量形式资源的现实中，如不能够有效地遏止这种汹涌增长的势头，人类无疑于是在为自己挖掘坟墓。"[2]

建立生态文明的关键在于改变传统的社会发展模式，即以损害环境为代价来取得经济增长。这是不可持续的。"1987年，联合国环境与发展委员会在《我们共同的未来》中定义'可持续发展'：'既要满足当代人的需要，又不对后代人满足其需要的能力构成危害的发展。'1991年世界自然保护同盟及联合国环境规划和世界野生生物基金会在《保护地球——可持续生存战略》中把可持续发展定义为：'在不超出支持它的生态系统的承载能力的情况下改善人类的生活质量'。它的基本要求却是实现相互联系和不可分割的三个可持续性：生态可持续性、经济可持续性、社会可持续性。总之，是人类生存和发展的可持续性。"[3]

建立生态文明，如果仅用工业文明的思维定式，单靠科学技术手段去修补环境，不可能从根本上解决问题："必须在各个层次上去调控人类的社会行为和改

---

1 中国科学院可持续发展研究组．《2000中国可持续发展战略报告》12页．北京：科学出版社，2000
2 中国科学院可持续发展研究组．《2000中国可持续发展战略报告》51页．北京：科学出版社，2000
3 马光等编著．《环境与可持续发展导论》5页．北京：科学出版社，2000

变支配人类社会行为的思想。"[1] 使人与自然的关系由工业文明的对立走向生态文明的和谐。解决这样的问题显然需要回到人文科学的层面。在与科学技术的通力合作中找到一条出路。从艺术与科学的角度出发，环境艺术设计正是可持续发展战略诸多战术层面的一条可供选择的道路。

环境艺术设计，立足于环境概念的艺术设计，以"环境艺术的存在，将柔化技术主宰的人间，沟通人与人、人与社会、人与自然间和谐的、欢愉的情感。这里，物（实在）的创造、以它的美的存在形式在感染人，空间（虚在）的创造、以他的亲切、柔美的气氛在慰籍人。"[2] 显然环境艺术所营造的是一种空间的氛围，将环境艺术的理念融入环境设计，所形成的环境艺术设计，其主旨在于空间功能的艺术协调。"如 Gorden Cullen 在他的名著《Townscape》一书中说，这是一种"关系的艺术"（art of relationship）其目的是利用一切要素创造环境：房屋、树木、大自然、水、交通、广告以及诸如此类的东西，以戏剧的表演方式将它们编织在一起。"[3] 诚然环境艺术设计并不一定要创造凌驾于环境之上的人工自然物，它的设计工作状态更像是乐团的指挥、电影的导演。选择是它设计的方法；减法是它技术的常项；协调是它工作的主题。可见这样一种艺术设计系统符合生态文明社会形态的需求。

1.1.3　地域文化与环境设计

地域：特定区域的地理环境构成了地域的称谓，地域具有相对确定的地理位置和相当大的区域面积。

文化："广义指人类在社会实践过程中所获得的物质、精神的生产能力和创造的物质、精神财富的总和。狭义指精神生产能力和精神产品，包括一切社会意识形式：自然科学、技术科学、社会意识形态。有时又专指教育、科学、文学、艺术、卫生、体育等方面的知识与设施。作为一种历史现象，文化的发展有历史的继承性；同时也具有民族性、地域性。不同民族、不同地域的文化又形成了人类文化的多样性。作为社会意识形态的文化，是一定社会的政治和经济的反映，同时又给与一定社会的政治和经济以巨大影响。"[4]

地域文化在地理与历史的层面表现出以下特征。

时间与空间：时间与空间的相对性不仅表现在现代物理学中，它们之间的相

1　马光等编著．《环境与可持续发展导论》13 页．北京：科学出版社，2000

2　潘昌侯．我对"环境艺术"的理解．《环境艺术》第 1 期 5 页．北京：中国城市经济社会出版社，1988

3　程里尧．环境艺术是大众的艺术．《环境艺术》第 1 期 4 页．北京：中国城市经济社会出版社，1988

4　《辞海》1858 页．上海：上海辞书出版社，1999

对理念同样处于地域文化概念的核心位置。同是一块地域，徒步行走贯穿东西可能需要1个月，而驾驶汽车在高速公路上奔驰则只需要12小时。

信息与交流：信息与交流作用于地域文化同样与时间有关。单位时间内信息传播的速度快慢，人际交流的程度深浅，直接影响到不同的地域范围。信息传播的速度愈慢，作用于地域的范围愈小，而人际交流的程度却愈深；信息传播的速度愈快，作用于地域的范围愈大，而人际交流的程度却愈浅。封闭与开放的程度也直接影响地域文化的形成。这里所说的封闭与开放的概念是指由于自然地理环境所造成的气候、地质、交通条件对人的生理或行为产生影响的问题。

社会与政治：社会形态与政治体制无疑对地域文化的形成起到了推波助澜的作用，历史上形成的各类地域文化无不与当时的社会与政治发生着千丝万缕的联系。

风格与传统：风格与传统体现于艺术风格的世代相传，是地域文化得以存在并不断发展的基础。艺术风格的产生一方面来自于创造者的主观愿望，而更主要的方面则是受当时当地本民族生活方式的影响。当风格积淀到一定的深度，就成为一种样式流传下来，变为特定地域文化传统的组成部分。

时尚与流行：时尚与流行是地域文化中最具变数的要素，当时的风尚既有特定地域内部某种风格受技术条件影响所发生的变化，但更重要的因素还在于外部文化的渗透，尤其是受当时强势文化的巨大影响。至于能否流行或者流行的长短，都在于和特定地域文化的同化程度，浅层同化的流行只能风行一时，而深层同化则可能演变为新的样式作为地域文化的传统流传下来。

传统"历史沿传下来的思想、文化、道德、风俗、艺术、制度以及行为方式等。对人们的社会行为有无形的影响和控制作用。"[1] 之所以能够在一个特定的地域形成特定的文化，其关键在于传统的作用。在传统的所有理念中，观念性的要素处于支配的位置。观念是人思维活动的结果，人的思维活动除了业已形成的主观思想之外，主要来自于外界的信息刺激。生活在地理环境相对封闭且历史久远的文化圈层中的社会群体，在自然经济的农耕时代接受本地域之外信息的机会极小，受其影响主导的思想观念主要受地域的传统所控制。因此，不同的文化影响所产生的环境观念导致了不同的环境设计。

1. 东方文化孕育下的环境设计

东方文化属于传统文化的概念，起源于世界文明的发祥地，即现今地理位置的亚洲与东北非洲部分。古埃及、古巴比伦、印度、中国等世界四大文明古国均诞生在这里；佛教、基督教、伊斯兰教等世界三大宗教也都起源于这里。因此，

1《辞海》258 页．上海：上海辞书出版社，1999

东方文化与宗教的关系甚密。中国、印度和伊斯兰阿拉伯构成了古代东方世界的三大文化体系。以中国儒家思想为主导的传统文化成为东亚文化圈的中心，尽管儒家思想趋于现实主义，但佛教仍然在中国得到充分发展，佛教与印度和伊斯兰教与阿拉伯，其宗教文化的特点更是毋庸置疑。所以在东方世界非宗教的世俗思想文化存在，并不影响宗教思想成为传统文化的主流。于是东方世界的社会历史、伦理道德、政治法律、文学艺术无不与宗教有着千丝万缕的联系。

在东方文化中，传统政治的最大特点是中央集权，君王专制成为占统治地位的政治思想。"在印度，《罗摩衍那》中将君主喻为'天帝'和'初升的太阳'；在波斯，拉施特的《史集》中将君主比作'世界之王、大地和时间的最高君王'；在日本，将君主径直地称作天皇。"[1] 在中国，孔孟"仁义"的儒家思想成为最高的道德规范。"秦汉以后，中央集权的大一统政权所推行的文化专制主义，必然导致在伦理道德领域强化对权威的崇拜。成书于汉代的《礼记》以'天无二日，国无二君，家无二尊'来强化皇权和父权，以'长者长也，夫者扶也'、'妇人伏于人也'来申明夫权。到董仲舒时，更明确提出'三纲'（君为臣纲，父为子纲，夫为妻纲）、'五常'（仁义礼智信）的伦理学说，这构成了两千年来封建道德核心的内容。"[2]

在东方文化中，公元前8世纪古埃及颁布了最早的成文法典博科赫利斯王的大法典。公元前2世纪巴比伦王国汉谟拉比在位期间，以他的名义制定和颁布了保存最为完整的成文法典，即著名的汉谟拉比法典。古印度流行最广和最重要的《摩奴法典》是古代法典中内容较丰富的一部。印度法律具有十分浓重的神权色彩。政教合一的阿拉伯国家以《古兰经》和圣训为基础发展成为伊斯兰法系。东方各国历史上的法律：以神或最高统治者为法的最高制定者和执行者，确立不同阶层的社会地位及权力，以保证统治阶级的利益及社会的稳定。

在东方文化中，艺术的理论博大精深，艺术的风格灿烂辉煌。东方艺术以其独有的特色，构成它自成体系的根基。早在公元前后，印度就出现了一部艺术理论的专著《舞论》相传作者是婆罗多牟尼，这部专著对印度古代音乐、舞蹈和戏剧作了非常详尽的论述，表达了完整的审美原则。成为印度后世艺术理论发展的基础。在东方各国，艺术为宗教服务，宗教也在某种程度上发展了艺术。在古代中国，艺术理论完全融会于哲学、伦理学、文艺批评和鉴赏中，虽然没有上升到抽象的狭义艺术美学专著，但是其精神内涵已深深地植根于中华民族悠久的文化传统之中。东方艺术完全脱离物质的表象而深入事物的本质，追求意境而非逼真，追求"神似"而非"形似"，在似与不似之间捕捉美与真。

1《东方思想宝库》446 页．北京：中国广播电视出版社，1990
2《中国思想宝库》195 页．北京：中国广播电视出版社，1990

在东方文化中，同样闪耀着科技的光芒。古埃及的金字塔，古巴比伦的占星术，创造了最初的科学奇迹。两河流域的文明成为人类科学文化进化的序曲，承继其巨大的遗产，成就了古代世界大放异彩的希腊科学，从而成为西方科学的母体。中国的四大发明显示了东方文明古国科技的实力。希伯来人融东西方文化为一炉，从印度和希腊科学中汲取营养，创造的阿拉伯文明成为近代科学产生与发展不可或缺的条件。

在东方文化的孕育下以建筑、园林、城市规划为背景的环境设计，体现了极其深厚的文化内涵。在这里神权皇权以及宗教的意志所造就的文化结合于自然，创造了许多完美的环境设计。

埃及努比亚遗址中的阿布辛贝大神庙建于公元前2世纪。位于尼罗河畔由人工割削出的平坦崖面的敞开式岩洞里。大神庙的祭坛位于岩洞内部殿堂的尽端，从左到右依次供奉着普拉哈神、阿蒙·拉神、拉美西斯二世、拉·赫拉克帝神的神像。在拉美西斯二世诞生和登基的日子，每年的2月22日和10月22日，当天的朝阳直射到祭坛的尽端。国家最高神阿蒙·拉神首先沐浴到阳光。接着光线照在拉美西斯二世和天空之神拉·赫拉克帝神的身上，而后消失。阳光并不照射到普塔哈神，因为普塔哈神是冥界之神。这样的设计反映出古埃及时代为了表达神王之权的至高境界，建筑结合自然环境要素所达到的至高水平，可以说这是今天还能看到的东方文化中早期的环境设计（图1-1）。

图1-1　阿布辛贝庙

印度的泰姬·马哈尔陵建于 1631 ~ 1653 年间，位于新德里东南约 200 公里的古城阿格拉市郊的亚穆纳河河畔，是莫卧儿王朝的第五代皇帝为皇后阿姬曼·马哈尔所建的陵墓。主体建筑全部由洁白如玉的大理石砌成，在开阔的陵园中古木参天，绿草如茵，绿地中央的长形水池，如镜的水面倒映出主陵的倩影。可以说泰姬陵建筑与环境的结合达到了天衣无缝的境界，是东方文化中人工环境设计的奇迹（图 1-2）。

中国五千年文明留存的文化遗产中，优秀的环境设计不计胜数。列入世界文化遗产名录的武夷山、泰山、黄山、峨眉山与乐山大佛属于文化和自然双重遗产名录。在截止到 2000 年 23 条文化和自然双重遗产名录的国家中位居前列。应该说文化和自然双重遗产所具备的环境设计意义是最典型的（图 1-3）。

2. 西方文化孕育下的环境设计

西方文化虽然起源于古希腊和古罗马，但却是近代发展起来的文化概念。西方的概念来自于西洋，即泛指大西洋两岸的欧、美各国。

西方文化的源头希腊文化从一开始就具有明显的科学倾向。这种倾向导致了西方"以有为本，从有到实体"哲学概念的产生。Being 译为：是、有、存在。substance 译为：本体、实体。成为西方哲学的根本概念。一个实体世界在西方文化中的建立，源于本身就是自然科学家的希腊哲人。"泰勒斯、阿拉克西曼德、阿拉克西米尼、毕达哥拉斯、赫拉克利特把世界的本源归结为水，无限，气，数，火……都在为宇宙的统一性追求最终的、确定的、永恒的、明晰的、带科学性质

图1-2　泰姬陵

图1-3　黄山

的答案，都含着实体性在通向巴门尼德。紧随着巴门尼德，德谟克利特提出原子，物体最终的原素，宇宙最终的物质实体。柏拉图提出理念，宇宙最高的精神实体。当亚里士多德把 Being、substance，逻辑、明晰性进行一体化论述的时候，西方文化的实体世界就大功告成，牢不可破了。"[1]

在西方文化的传统观念中：人处于万物之灵的地位，或宇宙中心的地位；别的一切都是为了人的利益而安排，都得服从人的需要，听从人的摆布。柏拉图（前427～前347）在《泰阿泰德》中说："人，是衡量一切的尺度，是衡量现有的一切的存在价值的尺度，也是衡量现在所没有的一切的不存在的理由的尺度。"亚里士多德（前384～前322）在《政治学》中说："如果说大自然所创造的一切没有哪一样是不完善的，也没有哪一样是无用的，那末推断的结论必须是：大自然已经创造的一切动物都是为了人。"培根（1561～1626）在《古人的智慧·普罗米修斯》中说：人可被视为世界的中心。如果把人从世界除开，其余的一切都将茫然无所适从，失去了目标或主旨，正如习语所说，恰似一把拆散了的旧扫帚，不成体统。这是因为，整个世界万物都在协调一致地为人效劳，人不能使用又不能从中获得成果的东西是根本就不存在的。康德（1724～1804）在《目的论批判》中说："人就是世界上创造的终极目的，这是因为人是这个世界上唯一能够从物的总体中有意识地形成目的概念的活物，还能够凭借自己的智慧建立一套目的系统。"可见人作为大自然主宰的观念贯通于西方文化的历史。

"人与自然的对立作为西方文化的命定因素弥漫在各个方面。主体与客体的对立。""心与身的对立。""感性和理性的对立，从赫西俄德，色诺芬，恩培多克勒，巴门尼德开始就现出强大的声势。""直觉与逻辑的对立。""意识和无意识的对立。""一般和特殊的对立，这是一直困扰着西方智慧的问题。"[2]

在西方文化的孕育下以建筑、园林、城市规划为背景的环境设计，同样体现了文化内涵所赋予的特质。建筑以其向上伸展的形体张扬着人为的力量，园林以其规整的几何图形体现出人的意志。

建造于 1661～1756 年，占地达到 300 公顷的法国凡尔赛宫，集建筑、园林、绘画、雕塑之大成，成为欧洲最宏大最辉煌的宫殿。堪称体现西方文化风格典范的环境设计。凡尔赛宫的镜厅是一个长达 19 间的大厅，大厅的西面有 17 扇高大的拱形窗户朝向花园，东面相应地安装了 17 面拱形大镜子。正是这一组建筑构件的设置，使得镜厅赋予了环境设计的意义。透过 17 扇长窗看到的是一座极其庞大的园林。映入眼帘的是东西方向长达 3000m 中轴线两侧规整排布的几何形花园。17 扇镜面反映的园景使得建筑内外在视觉上得以交流。厅内采用白色与

———————————

1 马奇主编．《中西美学思想比较研究》14 页．北京：中国人民大学出版社，1994
2 马奇主编．《中西美学思想比较研究》41 页．北京：中国人民大学出版社，1994

淡紫色大理石贴面，绿色大理石的科林斯壁柱，柱头与柱础均为铜铸镀金，柱头以路易十四"太阳王"的尊号被做成展开双翼的太阳，成为室内装饰的母题。使得整个宫殿环境的绝对君权意境得以加强。

被拿破仑誉为"欧洲最漂亮的客厅"的威尼斯圣马可广场，以其丰富的空间变化成为西方不可多得的经典环境设计。圣马可广场的平面呈不规则的梯形，梯底宽 90m，梯顶宽 56m，梯长 175m。占地只有 $1.28hm^2$。整个广场的建筑统一而又富于变化，高耸的尖塔作为为标志性建筑，在蓝天白云的映衬下显得格外瞩目。连绵不断的券廊，把高低不同、建造年代不同的建筑全部统一起来，显得非常亲切和谐。由于尺度、视线、时段、情境对比的关系，当人们从不同的方向进入广场，会得到完全不同的视觉感受。当走过弯弯曲曲的小巷，穿过东北角门进入广场时顿觉豁然开朗。宽阔的广场，秀丽的建筑，令人心旷神怡。而从面海的东南方向进入广场则又是另一番景象，逐步收缩的景深，券廊后边深不可测的水巷，充满不可知的神秘诱惑，让人心驰神往（图 1-4a、b、c、d）。

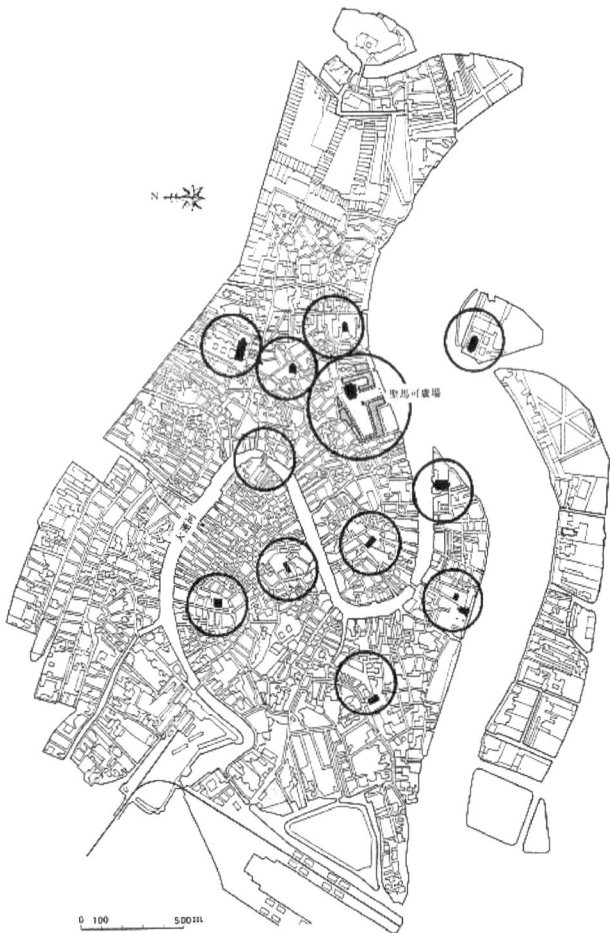

图1-4b 圣马可广场

图1-4c 圣马可广场航拍图

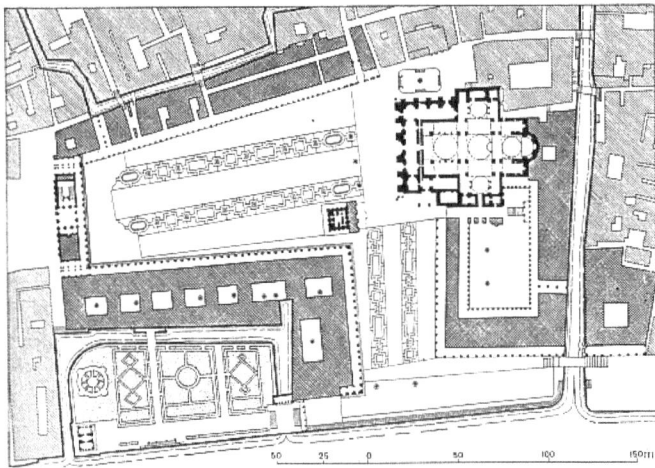

图1-4a 威尼斯圣马可广场位置图

图1-4d 圣马可广场平面图

人的感官欲求在这样的环境中得到最大的满足。

3. 中国传统的环境设计风水学

风水，亦称"堪舆"。按《辞海》的解释："这是中国的一种迷信。认为住宅基地或坟地周围的风向水流等形式，能招致住者或葬者一家的祸福。也指相宅、相墓之法。《葬书》（旧本题晋 郭璞撰）载，'葬者成生气也。经曰，气乘风而散，界水则止，古人聚之使不散，行之使有止，故谓之风水。"

"传统风水理论形成于农业社会，在工业社会因其不符合机械因果论，曾经被斥为迷信，为学者所不齿。"（陈传康：北京大学城市与环境学系教授、博士生导师）

我们暂且不论风水是否迷信。"在中国数千年的文明历程中，风水一直是中国人追求理想环境的代名词。"（刘沛林：《风水·中国人的环境观》）至少风水是一门"环境选择"的学问，就是说"人类只有选择合适的自然环境，才有利于自身的生存和发展。"（刘沛林：《风水·中国人的环境观》）

"中国的风水思想强调人与自然的和谐相处，强调人与大地同处于一个有机的整体之中。"英国剑桥达尔文学院的唐通（Tong B.Tang）在《中国的科学和技术》一书中指出：'中国的传统是很不同的。它不奋力征服自然，也不研究通过分析理解自然。目的在于与自然订立协议，实现并维持和谐……中国的传统是整体论的和人文主义的，不允许科学同伦理学和美学分离，理性不应与善和美分离。'李约瑟认为中国的科学人文主义建立在两个主要的基础之上：'它从来不把人与自然分开，而且从未想到社会以外的人。'这种人与自然和谐的思想与西方人过分强调人的中心作用，从而导致人与自然分离的作法大相径庭。西方人是在面对种种社会危机的情况下，转而注视东方文化的。中国风水的潜在价值，也就是在此情况下引起西方人兴趣的。[1] 回归于绿色大地的向往本来就是我们地域文化的精髓。

在中国传统的哲学体系中，人与自然的关系是一个根本的问题，即所谓"天人之际"。在这里天是指广大的客观世界，亦即指自然界。人则是指人类，亦即指人类社会。如何处理人与自然的关系："中国古代关于人与自然的学说，无论儒家和道家，都不把人与自然的关系看作敌对的关系，而是看作相待相成的关系，以天人的完全和谐为最高理想。"[2]

中国古典哲学历来主张"天人合一"，中国传统的建筑历来注重与自然的交融。因此中国传统的风水学实际上就是哲学理论与建筑实践的结合，虽然这里面

---

1 刘沛林．《风水中国人的环境观》419 页．上海：上海三联书店，1995
2 张岱年．中国哲学关于人与自然的学说．《中国文化与中国哲学》52 页．北京：生活·读书·新知三联书店，1988

不乏迷信的成分，但它却蕴含了环境设计的理念。它注重人与环境相互作用的关系，而这种关系在"人文地理学""行为地理学""环境心理学"中有着同样的论述。体现于21世纪的绿色设计概念也与中国传统文化在本质上有着完全相融的理念。

老子曰："人法地，地法天，天法'道'，'道'法自然。"天地人之间和谐关系的取得，是自然万物在漫长的演化过程中所取得的平衡，这就是生态平衡的原则。实际上中国传统风水理论的基础与现代科学所论证的生态环境原理如出一辙。就环境空间的造型设计概念而言，"顺势"应该是核心的理念。风水理论在这一点上有着相当完备的总结。

大地是人类赖以生存的空间环境。在人类还没有找到新的可供生存的星球之前，地球成为人类唯一的家园。尽管适合人类生存的地球生态环境是由岩石圈、水圈、大气圈生生不息的自然循环所构成。但从人的主观感受而言：物象的天（大气层以及遥远的宇宙星空）是虚无缥缈遥不可及的，只有大地才是实实在在的，天的概念最终以大地取而代之。"大地为母"的观念对于人类无疑根深蒂固。在大地之上能动地选择适合居住的环境，成为人类诞生以来始终不渝的生存追求。作为世界上数千年文明传承唯一延续的中华民族，自然会在原始经验积累的基础上产生"环境选择"的学问——风水学。先秦时期活跃的学术思想与出色的哲学理论又为风水学的产生提供了思想方法指导的理论基础。

风水的思想文化是以中国古代的阴阳学说为指导的。《周易》"易有太极，是生两仪。太极者，道也。两仪者，阴阳也。阴阳一道也。太极无极也。万物之生，负阴而抱阳，莫不有太极，莫不有两仪。絪缊交感，变化不穷。"按照这样的理论：阴阳是天地万物的根源，以人类乃至动物的两性交感繁衍后代的普遍现象推演至自然界的变化。认为万物的变化都是在阴阳两种势力的对立中形成的，而变化的形式则是通过交感。以交感的观点来观察事物的动静变化成为阴阳理论的基础。建立在中国古典哲学阴阳思想基础之上的风水学，正是以这样的根本观点来认识大地、认识地形的。

风水的"气论"思想是其重要的理论支柱。在以阴阳为前提、以气为指导思想而展开的风水理论中，气的概念运用的最为普遍——阳气、阴气、生气、死气、纳气、聚气等等。所谓"气"是风水中一种无形而连续性的物质。大多数风水书都强调阴阳二气交感，因为阴阳交感而万物化生。气论认定的：天生于气、地生于气、人生于气、万物皆生于气的观点，反映出中国古代关于大地有生命的有机自然观。既然天地人都是气所生成，那么它们之间必然有着某种共性，同时也可彼此感应。这种天、地、人的自然感应观，必然导致大地有机论的产生。风水学发展的价值正是建立在"大地有机"自然观的前提下。实际上现代科学研究的结果，已经证明地球生态系统是一个环环相扣的有机链，一旦某个环节出现问题，受到影响的必定是整个机体。显然"大地有机"说的科学性已经逐渐被科学的发展所证实。与此相关，华夏民族从"女阴崇拜"到"大地为母"的观念，成为风水学的重要思想来源。同样，近年所兴起的宇宙全息统一论学说的研究，使我们得以从哲学和文化的角度审视风水，对风水学"大地为母"思想来源的认识有了新的内容。

风水显然是一门环境选择的学问。风水所追求的目标，是选择对人的生产与生活发展有利的环境。风水的环境模式实际上表现为一种理想的生态模式。按照风水的理论所寻求的理想风水宝地，展现出一种"藏风得水"的环境模式。这是一个山环水抱的理想居所，群山环抱，流水环绕，草木繁茂。《阳宅十书》："人之居所，宜以大地山河为主。""背山面水"的居所选址成为中国古代民居典型的环境模式。风水的环境选择理论涉及生态、景观、安全、行为、心理等诸多因素的考虑。在中国古代"宅为人之根本"的观念指导下，民居的宅内形，讲究坐势、朝案。在住宅的建筑上讲究开门法则、天井功能、排水法则。在住宅的室内陈设上讲究床的安放、灶与厕的布置。总之，风水的目标就是今天环境设计所追求的最高境界，两者之间异曲同工（图1-5）。

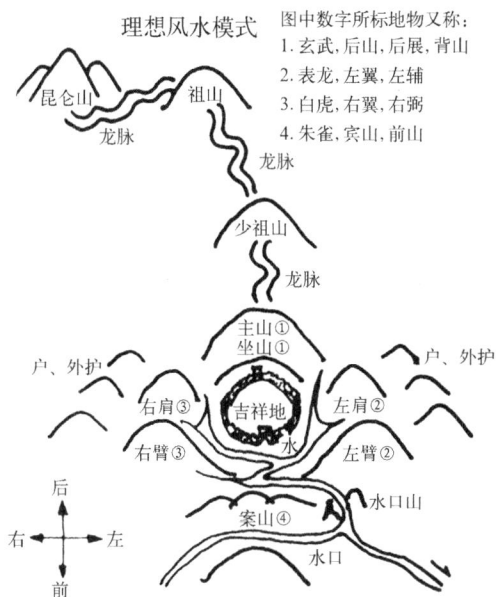

理想风水模式

图中数字所标地物义称：
1. 玄武，后山，后展，背山
2. 青龙，左翼，左辅
3. 白虎，右翼，右弼
4. 朱雀，宾山，前山

图1-5 传统的理想风水模式

1.2 环境艺术设计的相关理念

1.2.1 视觉艺术

艺术并不是一种不可捉摸的东西，它是人们感觉的产物。之所以产生艺术的神秘感"这主要是因为我们忽视了通过感觉到的经验去理解事物的天赋。我们的概念脱离了知觉，我们的思维只是在抽象的世界中运动，我们的眼睛正在退化为纯粹是度量和辨别的工具。结果，可以用形象来表达的观念就大大减少了，从所见的事物外观中发现意义的能力也丧失了。"[1] 仅此，就人的感官而言，视觉与艺术的关系已经是十分紧密了。视觉艺术的概念在于"视觉形象永远不是对于感性材料的机械复制，而是对现实的一种创造性把握，它把握到的形象是含有丰富的想象性、创造性、敏锐性的美的形象。"[2]

1. 人的感官与艺术形式

自心理学形成以来，人的感觉器官就被认为是视、听、触、味、嗅等感觉能力所存在的基础。

符合特定审美意识的空间构成形式。这种空间构成的形式，是人对空间形态

---

1 ［美］鲁道夫·阿恩海姆．《艺术与视知觉》1页．北京：中国社会科学出版社，1984
2 ［美］鲁道夫·阿恩海姆．《艺术与视知觉》5页．北京：中国社会科学出版社，1984

外观的感觉，主观的空间形态感觉反映于大脑产生形象，形象所表达的形、色、质，以及形、色、质本身状态的变化，组成空间形式美的内容。

由于设计对象表现为多种空间形态，不同的空间形态所体现的审美取向具有相对的差异，传达给人的美感自然各不相同。以平面设计为代表的二维时空造型设计，以视觉传达为其表象的特征，主要以平面图形与文字的形象、构图和色彩进行创作，因此平面设计成为单一感官接受美感的设计项目。以产品设计为代表的三维时空造型设计，以视觉和触觉传达为其主要知觉的特征，主要以形体与线型的样式、质地和色彩进行创作，因此产品设计成为多元感官接受美感的设计项目。以室内设计为代表的四维时空造型设计，以视觉、触觉、听觉、嗅觉、温度感觉传达为其综合感觉的特征，主要以空间整体形象的氛围体现进行创作，因此室内设计成为人体感官全方位综合接受美感的设计项目。

人的所有活动都要借助于工具，使用工具是人脱离一般动物成为高级动物的显著特征。作为人脑的思维显然也要借助于工具，这个思维的工具就是语言；人之所以能够成为有智慧的生物，语言的发育具有决定的意义。语言成为人区别于其他动物的本质特征之一。就其本身的机制而言，语言是约定俗成的音义结合的符号系统，与思维有着密切的联系，是人类形成思想和表达思想的重要手段。通过语言交流人类得以保存和传递文明的成果。从而成为人类社会最基本的信息载体。

语言表达的基本形式是由人的声带震动发出不同音调的字词，通过不同民族特有的语法形式来表达某种同类事物。这种用声音表达的语言方式需要一定的语境来保证，"语言环境就是说话的现实情境，即运用语言进行交际的具体场合，一般包括社会环境、自然环境、时间地点、作（说）者心境、词句的上下文等项因素。广义的语境还包括文化背景。因此语言环境成为人们理解和解释话语意义的依据。"[1] 由于语境的限制通过声音的方式传递语言在很多场合受到限制。于是在人类文化发展的过程中就形成了各种不同的语言表达形式。

由声音转换为文字表达，成为人类自身语言最基本的外在表达形式。文字成为记录和传达语言的书写符号，从而扩大了语言表达的时空。作为人类交际功用的文化工具，文字对人类的文明起了很大的促进作用。正因为此文字也就成为人类思维表达最重要的语言工具。

艺术表达的语言来自于生活又高于生活。文学语言使用符号的文字表达，抽象的文字符号使一部文学作品预留的想像空间十分广阔。所有的事物描述必须经过大脑的记忆联想，才能产生具体的形象。由于每人的社会经历不同，同一文学作品的内容可能会产生无数种人与物的空间形象。形象的不确定性使文学极具艺

术的魅力。所以越是名著越不容易用影视的手段表现。舞蹈语言是人类最原始的语言类型。舞蹈语言使用身体的动作表意，通过动作的姿态、节奏和表情传达，经过提炼、组织和艺术加工产生特定的形体语言。音乐语言使用一定形式的音响组合表达思想和情态，通过旋律、节奏、和声、复调、音色、力度、速度，以声乐和器乐的形式传递抽象的语言。绘画语言使用一定的工具在特定物质的平面上进行空间形态的塑造，通过构图、造型和设色等表现手段，创制可视形象。绘画语言既可表现具象又可表现抽象，属于典型的空间视觉表述语言。

艺术设计从物像的概念来讲，基本上属于不同类型空间的形态表述。从设计的角度出发必须选取适合于自身的语言表达方式。由于绘画语言的条件与之最为相近，所以在技术上采用的最为广泛。可以说艺术设计主要采用视觉的图形语言工具进行思维。

2．视觉艺术的时空观念

"空间是存在物的现时存在的绝对抽象，而时间则是动与变的进程（累积的、递进的）之绝对抽象。"[1]

空间形象的表达来自于设计者头脑中的概念与构思，这种概念与构思体现于视觉形象的创造。视觉形象创造的意义在于寻求对象的艺术特征。"如果我们看到了或感到了艺术品的某些特征，然而又不能把它们描写或表述出来，其失败的原因并不在于我们运用了语言，而在于我们的眼睛和思维机器不能成功地发现那些能够描写或表述这些特征的概念。"[2] 作为四维空间设计的室内，其特征正是体现于视觉艺术的时空观念，这种状态的美的形象创造在于空间的整体氛围。需要从时空运动的状态去把握。

"众所周知，现实世界中的空间是没有形状的。即使在科学上，空间也只是'逻辑形式'而没有实际形状；只存在着空间的关系，不存在具体的空间整体。空间本身在我们现实生活中是无形的东西，它完全是科学思维的抽象。"[3] 以视觉艺术综合表现形式的室内为例：室内空间形态是由空间限定要素组成的界面围合而成。如同杯与水的关系，杯体是圆柱形，水的形态自然会被限定成圆柱体。不同尺度形状的界面所组成的空间，由于形态上的变化，会给人带来不同的心理感受。空间形态的确定，需要根据人的活动尺度，空间的使用类型，材料结构的选用等功能因素，以及设计的审美，人的行为心理等精神因素综合权衡。从本质上讲室内空间的设计就是空间形态的设计。由于空间形态是由界面围合产生的形状，在物化存在的概念上，这个空间形态是由实体与虚空两个部分组成。除了地板、顶棚、

1　何新．《思考－我的哲学与宗教观》154页．北京：时事出版社，2001
2　[美]鲁道夫·阿恩海姆．《艺术与视知觉》3页．北京：中国社会科学出版社，1984
3　[美]苏珊·朗格．《情感与形式》85页．北京：中国社会科学出版社，1986

墙面相对静止外，家具、灯具以及各类陈设物包括人本身都处于相对运动的状态。因此室内的空间形态总是处于时空的流动之中。基于这样的空间概念，室内空间的形态设计，恰似孩子们玩的积木。这种积木既有"实体"的也有"虚拟"的。空间形态的构成如同虚与实的积木搭造的一场空间游戏。

空间形体是由点、线、面运动所产生的结果。典型的空间线型表现为直线与曲线两种形态，产品造型设计总是在这两种线型之间寻求变化。直线与曲线的有规律运动就产生了矩形体、棱锥体、圆柱体、球形体…… 不规律运动则产生异形体。空间中点的坐标连接方式变化无穷，从理论上讲空间形态的变化也就永无止境。因此室内设计的概念与构思，首先要从空间形态上寻求启示。

视觉艺术的时空观念是建立在四维的空间概念之上的。时空："即四维的空间，上面的点即为事件。"这里的空间维表示"时空的类空的、也就是除了时间维之外的三维的任意一维"。[1] 时空的概念来自于爱因斯坦的相对论："在相对论中并没有一个唯一的绝对时间，相反地，每个人都有他自己的时间测度，这依赖于他在何处并如何运动。"[2]

与人的视觉感官相关的传统艺术表现形式，同样以空间维的概念体现为两大类：以绘画为代表的二维空间艺术表现形式；以雕塑为代表的三维空间艺术表现形式。视觉艺术发展到当代各种表现样式逐渐融会，时空的概念也日趋完整，像行为艺术、空间装置艺术等等，都是以四维空间艺术表现形式为基础的。而环境艺术设计则充分体现了这样的概念。环境艺术设计是一门时空连续的四维表现艺术，主要点也在于它的时间和空间艺术的不可分割性。虽然在客观上空间限定是基础要素，但如果没有以人的主观时间感受为主导的时间序列要素穿针引线，则环境艺术设计就不可能真正存在。环境艺术设计中的空间实体主要是建筑，人在建筑的外部和内部空间中的流动，是以个体人的主观时间延续来实现的。人在这种时间顺序中，不断地感受到建筑空间实体与虚形在造型、色彩、样式、尺度、比例等多方面信息的刺激，从而产生不同的空间体验。人在行动中连续变换视点和角度，这种在时间上的延续移位就给传统的三度空间增添了新的度量，于是时间在这里成为第四度空间，正是人的行动赋予了第四度空间以完全的实在性。在环境艺术设计中第四度空间与时间序列要素具有同等的意义（图1-6）。

图1-6　四度空间

1　史蒂芬·霍金著．许明贤，吴忠超译．《时间简史》（插图本）243页．长沙：湖南科学技术出版社，2001

2　史蒂芬·霍金著．许明贤，吴忠超译．《时间简史》（插图本）44页．长沙：湖南科学技术出版社，2001

3. 视觉与环境艺术设计

"视觉不是对元素的机械复制，而是对有意义的整体结构式样的把握。"[1] 环境艺术设计作为一门协调各类艺术与设计在特定空间中相互关系的设计，显然需要将视觉感受的有目的性的整体把握放在首位。也就是说，在一个相对稳定的时间段，人的视觉可感受范围的空间形象的整体把握。

自然环境景观具有相对于人工环境景观的视觉统一性，这是由于自然环境的形态、尺度、色彩，都相对宏大和整体。无论平原、高山、草地、森林、河流、湖泊、大海，无论蓝天白云还是风雪雨雾，尽管也会出现灾变的影响，但总体上大自然在人们的眼中还是和谐与美好的。从本质上讲，回归自然是人动物性的本能体现，人的视觉神经在大自然的怀抱中总是处于相对松弛的休息状态。

从环境艺术设计的视觉概念出发，无非就是将人工环境的视觉观感调整到类似于自然的状态。这是一种适度的视觉状态，既不存在视觉饥渴，也不存在视觉污染，因此能够产生美感。

无内容视野和单质视野的物象是造成视觉饥渴的环境景观。无内容视野就是很少或根本看不到任何内容的视野；单质视野则是指集中了大量同样成分的视觉景物。在自然环境中漫天黄沙时的沙漠戈壁景象，在城市环境中林立的混凝土高楼形成的灰蒙蒙的高墙都属于这样的视野。根据生态学的研究，人的视野就像呼吸需要空气一样，也需要具体的内容。完全没有内容的视野不能刺激视觉神经的兴奋点，视觉茫然一片，看不到任何具体内容或者有内容却单调乏味就会出现视觉饥渴。

由视觉疲劳引起的视觉污染是视觉环境问题的另一个方面。所谓视觉污染，是指杂乱无章，超量内容，不能产生美感的景物刺激眼睛所引起的疲劳，从而导致人产生眩目、烦躁、沉重、压抑的心理感受，损害身心健康的视觉环境。现代都市在不同程度上都存在这种视觉环境。夜晚超出正常照明所需的大功率装饰照明，大量闪烁不定的霓虹灯，杂乱矗立的电线杆交织着密如蛛网的线路，铺天盖地的广告牌毫无章法的挂满沿街的建筑，五颜六色的招贴糊满公共汽车的身躯，构成一道令人生厌的城市风景线。这样的视觉环境，成为现代城市人群心浮气躁厌倦冲动情绪产生的根源之一。

要避免和消除视觉污染，在进行新的视觉环境创造时，需要根据对视知觉的研究成果，按照视觉的生理特征进行环境光色的设计。因为"就色彩而言，人眼的视网膜上有三种圆锥形细胞，对红光、绿光和蓝光特别敏感。如果这三种色彩搭配合理，不仅可以减少肾上腺素的分泌，降低美感神圣的兴奋性，还可以使皮

---

1 [美] 鲁道夫·阿恩海姆.《艺术与视知觉》6 页.北京：中国社会科学出版社，1984

肤降温 1 ～ 2℃，脉搏每分钟减少 4 ～ 8 次，使呼吸变得平稳而均匀，紧张的神经变得松弛，让人心旷神怡。"[1]环境主体物的背景色，应该是三种光色的正确选配，这就是有着明确主色调灰色系的弱对比和谐色阶，以避免高纯度高亮度的极端色彩对比。

就视觉的空间形态而言，要求人工环境的建设，做到城市规划适度，建筑布局合理。城市的建筑天际线整体感强同时又富于变化。在适当的位置合理安置艺术设施，如雕塑或壁画。以此形成线型流畅，富于情调和意境联想的视觉环境。

视知觉的美感体现于环境中物象运动的表现。来自于景物空间形态运动的平衡，来自于实物形状发展的张力，来自于对象物体所呈现的光线与色彩，所有美感的来源都成为衡量环境艺术设计成败的砝码。视觉因此成为设计追求的首要标准。

1.2.2　文化遗产

在浩瀚的人类文明宝库中，有着已知与未知的大批文化遗产。1972 年巴黎世界文化及自然遗产保护公约（简称世界遗产公约），由联合国教科文组织制定，公约对人类的整体有特殊意义的文物古迹、风景名胜及自然风光和文化及自然景观列入世界遗产名录。

从 1978 年开始联合国教科文组织，以"世界遗产名录委员会"的名义，在全球范围内颁布《世界遗产名录》。从那时起到 2000 年《世界遗产名录》共收入 118 个国家的 529 条世界文化遗产名录，23 条文化和自然双重遗产名录，共 552 条。这只是人类文化遗产中被有限地录入的部分，每年还不断有新的名目在申报待批。

按照《保护世界文化和自然遗产合约》世界遗产分为：文化遗产、自然遗产、自然遗产与文化遗产混合体（即双重遗产）和文化景观等内容。但是，这个公约不适用于非物质遗产。因此在 1972 年世界遗产公约获得通过之后，一部分会员国提出在联合国教科文组织内制定有关民间传统文化非物质遗产各个方面的国际标准文件。于是在 1989 年 11 月联合国教科文组织第 25 届大会上通过了关于民间传统文化保护的建议。

由于界定世界文化遗产的理念与环境艺术设计创作的概念基本一致。所以了解世界文化遗产的内容就具有十分重要的意义。

1. 物质与非物质的文化遗产

物质的文化遗产内容包含：文化遗产、自然遗产、文化景观三个层面；非物质的文化遗产是关于民间传统文化保护建议的"人类口头及非物质遗产优秀作品"。

---

1 马光等编著．《环境与可持续发展导论》209 页．北京：科学出版社，2000

（1）文化遗产

《保护世界文化和自然遗产合约》规定，属于下列各类内容之一者，可列为文化遗产：

1）文物。从历史、艺术或科学角度看，具有突出、普遍价值的建筑物、雕刻和绘画，具有考古意义的成分或结构、铬文、洞穴、住区及各类文物的综合体；

2）建筑群。从历史、艺术或科学角度看，因其建筑的形式、同一性及其在景观的地位，具有突出、普遍价值的单独或相互联系的建筑群；

3）遗址。从历史、美学、人种学或人类学角度看，具有突出、普遍价值的人造工程或人与自然的共同杰作以及考古遗址地带。

凡提名列入《世界遗产名录》的文化遗产项目，必须符合下列一项或几项标准方可获得批准：

1）代表一种独特的艺术成就，一种创造性的天才杰作；

2）能在一定时期内或世界某一文化区域内，对建筑艺术，纪念物艺术，城镇规划或景观设计方面的发展产生过大影响；

3）能为一种已消逝的文明或文化传统提出一种独特的至少是特殊的见证；

4）可作为一种建筑群或景观的杰出范例，展示出人类历史上的一个（或几个）重要阶段；

5）可作为传统的人类居住地或使用地的杰出范例，代表一种（或几种）文化，尤其在不可逆转之变化的影响下变得易于损坏；

6）与具有特殊意义的事件或现行传统或思想信仰或文学艺术作品有直接或实质的联系。（只有在某些特殊情况下或该项标准与其他标准一起作用时，此款才能成为列入《世界遗产名录》的理由）。

（2）自然遗产

《保护世界文化与自然遗产合约》含自然遗产的定义是符合下列规定之一者：

1）从美学或科学角度看，具有突出、普遍价值的同地质和生物结构或这类结构群组的自然地理；

2）从科学或保护角度看，具有突出、普遍价值的地质和自然地理结构以及明确划定的濒危动植物物种生态区；

3）从科学保护或自然美角度看，只有突出、普遍价值的天然名胜或明确划定的自然地带。

列入《世界遗产名录》的自然遗产项目必须符合下列一项或几项标准并获得批准：

1）构成代表地球演化史中重要阶段的突出例证；

2）构成代表进行中的重要地质过程，生物演化过程以及人类与自然环境相互关系的突出例证；

3）独特、稀有或绝妙的自然现象，地理或具有罕见自然美的地带；

4）尚存的珍稀或涉危动植物种的栖息地。

（3）文化景观及其他

文化景观这一概念是1992年12月在美国圣菲召开的联合国教科文组织世界遗产委员会第16届会议时提出并纳入《世界遗产名录》中的。这样，世界遗产即分为：自然遗产、文化遗产、自然遗产与文化遗产混合体（即双重遗产—我国的泰山、黄山、峨眉山和乐山大佛属此）和文化景观。文化景观代表《保护世界文化和自然遗产合约》第一条所表述的"自然与人类的共同作品"。文化景观的选择应基于它们自身的突出、普遍的价值，其明确划定的地理—文化区域的代表性及其体现此类区域的基本而具有独特文化因素的能力。它通常体现持久的土地使用的现代化技术及保持或提高景观的自然价值，保护文化景观自助于保护生物多样性。

一般来说，文化景观有以下类型：

1）由人类有意设计和建筑的景观。包括出于美学原因建造的园林和公园景观，它们经常（但并不总是）与宗教或其他纪念性建筑物或建筑群有联系。

2）有机进化的景观。它产生于最初始的一种社会、经济、行政以及字数需要，并通过与周围自然环境的相联系或相适应而发展到目前的形式。它又包括两种次类别：一是残遗物（或化石）景观，代表一种过去某段时间已经完结的进化过程，不管是实发的或是渐进的。它的之所以具有突出，普遍价值，还在于显著特点依然体现在实物上；二是持续性景观，它在当今与传统生活方式相联系的社会中保持一种积极的社会作用，而且其自身演变过程仍在进行之中，同时又展示了历史上其演变发展的物证。

3）关联性景观。这类景观列入《世界遗产名录》以与自然因素，强烈的宗教、艺术或文化相联系为特征，而不是以文物证为特征。目前，列入《世界遗产名录》的文化景观还不多，庐山风景名胜区是我国"世界遗产"中的唯一文化景观。此外，列入《世界遗产名录》的古遗址，自然景观一旦受到某种严重威胁，经过世界遗产委员会调查和审议，可列入《处于危险之中的世界遗产名录》，以待采取紧急抢救措施。

（4）人类口述与非物质文化遗产

"关于民间传统文化保护的建议"要求采取法律手段和一切必要措施，对那些容易受到世界全球化影响的遗产进行必要的鉴别、维护、传播、保护和宣传，由于有大量属于文化特性和少数当地民族文化渊源的口头遗产正面临消失的危险。因此，急需告诫有关当局及这些遗产的拥有者，使他们知道这些遗产的重要价值，并知道怎样去保护它。

基于同样思想，联合国教科文组织1997年11月第29次全体会议上通过一项关于建立一个国际鉴别的决议，这个决议称为："联合国教科文组织宣布人类口头遗产优秀作品"。联合国教科文组织执委会第154次会议指出，由于"口头遗产"和"非物质遗产"是不可分的，因此在以后的鉴别中，在"口头遗产"的后面加上"非物质"的限定。执委会在155次会议上制定了关于由联合国教科文组织宣布为人类口头及非物质遗产优秀作品的评审规则。规则中关于国际鉴别的目的和"口头及非物质遗产"的定义叙述如下：

目的：号召各国政府、非政府组织和地方社区采取行动对那些被认为是民间集体的保管和记忆的口头及非物质遗产进行鉴别、保护和利用。只有这样，才能保证这些文化特异性永存不灭。联合国教科文组织的宣布也是为了鼓励个人、团体、机构和组织根据联合国教科文组织的宗旨，积极配合其有关纲领和1989年关于民间传统文化保护建议书对有关的口头及非物质遗产进行管理、保存、保护和利用。

定义：传统的民间文化是指来自某一文化社区的全部创作，这些创作以传统为依据、由某一群体或一些个体所表达并被认为是符合社区期望的，作为其文化和社会特性的表达形式、准则和价值通过模仿或其他方式口头相传。它的形式包括：语言、文学、音乐、舞蹈、游戏、神话、礼仪、习惯、手工艺、建筑艺术及其他艺术。除此之外，还包括传统形式的联络和信息。

2. 文化遗产界定的环境意义

文化遗产的界定在于：自然环境与人工环境、美学与科学高度融会基础上的物质与非物质独特个性体现。文化遗产必须是"自然与人类的共同作品"。人类的社会活动及其创造物有机融入自然并成为和谐的整体，是体现其环境意义的核心内容。

根据《保护世界文化和自然遗产合约》的表述：文化遗产主要体现于人工环境，以文物、建筑群和遗址为《世界遗产名录》的录入内容；自然遗产主要体现于自然环境，以美学的突出个性与科学的普遍价值所涵盖的同地质生物结构、动植物物种生态区和天然名胜为《世界遗产名录》的录入内容。两类遗产有着极为严格的收录标准。这个标准实际上成为以人为中心理想环境状态的界定。

在文化遗产的收录标准中：

录入对象的首要条件"独特的艺术成就"和"创造性的天才杰作"——确立了美学标准的重要地位。

"对建筑艺术、纪念物艺术，城镇规划或景观设计方面的发展产生过大影响"——肯定了人工环境建造的文化作用。

"能为一种已消逝的文明或文化传统提出特殊的见证"——确定了遗产体现的文物功能。

"可作为一种建筑群或景观的杰出范例，展示出人类历史上的重要阶段"——肯定了历史文脉传承中实体物象的视觉认知作用。

"可作为传统的人类居住地或使用地的杰出范例，代表一种（或几种）文化，尤其在不可逆转之变化的影响下变得易于损坏"——明确了传统人居文化环境存在的脆弱性与保护的艰巨性。

"与具有特殊意义的事件或现行传统或思想信仰或文学艺术作品有直接或实质的联系"——确定了非物质文化的直接物证遗产概念（在某些特殊情况下与其他标准一起作用时）。

在自然遗产的收录标准中：

"构成代表地球演化史中重要阶段的突出例证"——自然环境本体发展的历史物证条件。

"构成代表进行中的重要地质过程，生物演化过程以及人类与自然环境相互关系的突出例证"——地球生态圈中地质、生物、人类相互关系演化过程的条件。

"独特、稀有或绝妙的自然现象，地理或具有罕见自然美的地带——自然环境的特殊性与所显现独有美学特征的条件。

"尚存的珍稀或涉危动植物种的栖息地"——生物多样性原则体现与环境保护的条件。

综合两类标准，从物质与非物质的整体理念，不难看出文化遗产界定的环境意义。即：环境系统存在的多样特征；环境系统发展的动态特征；环境系统关系的协调特征；环境系统美学的个性特征。

环境系统存在的多样特征：在一个特定的环境场所，存在着物质与非物质的多样信息传递。自然与人工要素同时作用于有限的时空，实体的物象与思想的感悟在场所中交汇，从而产生物质场所的精神寄托。文化的底蕴正是通过环境场所的这种多样特征得以体现。

环境系统发展的动态特征：任何一个环境场所都不可能永远不变，变化是永恒的，不变则是暂时的，环境总是处于动态的发展之中。特定历史条件下形成的人居文化环境一旦毁坏，必定造成无法逆转的后果。如果总是追随变化的潮流，终有一天生存的空间会变成文化的沙漠。努力地维持文化遗产的本原，实质上就是为人类留下了丰富的文化源流。

环境系统关系的协调特征：环境系统的关系体现于三个层面，自然环境要素之间的关系；人工环境要素之间的关系；自然与人工的环境要素之间的关系。自然环境要素是经过优胜劣汰的天然选择而产生的，相互的关系自然是协调的；人工环境要素如果规划适度设计得当也能够做到相互的协调；唯有自然与人工的环境要素之间，要做到相互关系的协调则十分不易。所以在世界遗产名录中享有文化景观名义的双重遗产凤毛麟角。

环境系统美学的个性特征：无论是自然环境系统，还是人工环境系统，如果没有个性突出的美学特征，就很难取得赏心悦目的场所感受。虽然人在视觉与情感上愉悦的美感，不能替代环境场所中行为功能的需求。然而在人为建设与环境评价的过程中，美学的因素往往处于优先考虑的位置。

3. 文化遗产与环境艺术设计

文化遗产是自然与人为的产物，随着沧海桑田的巨变，能够留存下来既有历史的偶然，同时也具有天然合理的成分。这一点与今天完全人为地环境艺术设计观念有着相当大的区别。在全部的世界遗产概念中，文化景观标准的理念与环境艺术设计的创作观念比较一致。如果从视觉艺术的概念出发，环境艺术设计基本上就是以文化景观的标准在进行创作。

在《世界遗产名录》文化景观的标准中有一条这样的表述："由人类有意设计和建筑的景观。包括出于美学原因建造的园林和公园景观，它们经常（但并不总是）与宗教或其他纪念性建筑物或建筑群有联系。"历史上由人类有意设计与建造的景观相对于建筑要少得多，而属于文化景观的就更少，当然留存下来的就少之又少。在现存世界的文化景观里，中国的庐山是一个非常特殊的例子。

庐山位于江西省北部的九江市南，呈东北至西南走向，长约 25km，宽约 10km。北濒长江，南临鄱阳湖，为地垒式断块山。存有第四纪冰川遗迹和三千多种植物。中国南北植物的驯化基地就设在庐山植物园。

"庐山属于亚热带湖盆地区的山地。主峰大汉阳峰海拔 1474m。山上城镇牯岭海拔 1167m，7 月份平均温度 22.6℃，比山下九江市和南昌市第十多度；夏季凉爽宜人，因而成为避暑胜地。庐山临江倚湖，江湖水蒸发形成云雾，盘垣于庐山的峰谷之间，全年有雾 192 天。山上群峰隐现于云海中，宛如岛屿浮于波涛。"[1]

庐山之所以在 1996 年以文化景观的名义列入世界遗产名录，除了自然景观奇、伟、幽、险的特点之外。主要在于它始于汉代历经两千年不间断的人文景观建造，而所有的这些建筑又基本保持了与自然景观的和谐。东晋以后的很长时期庐山都是文化与宗教的重要活动场所，建造了佛教与道教的寺观建筑数百处。至今还留有东林寺（中国佛教净土宗的发源地，始建于东晋）、西林寺（建于唐开元年间）、秀峰寺（五代时南唐李所建）、海会寺（始建于明代）等。宋代的白鹿洞书院位列中国四大书院之首。从 19 世纪 60 年代起，外国殖民者和中国官僚又

---

1 丁文魁，刘家麒 .《中国大百科全书》建筑 园林 城市规划卷 310 页 . 北京：中国大百科全书出版社，1988

图1-7 庐山

在庐山兴建了一批别墅。到了 1928 年庐山又被称为国民党政府的"夏都"。一直到 1949 年中华人民共和国建立,人民政府重建庐山,使其成为旅游疗养的胜地。中国共产党在 1959 年和 1970 年召开的两次中央全会,又为庐山增添了凝重的政治文化色彩。

历代的文人墨客无不对庐山青睐有加。王羲之、陶潜、谢灵运、李白、白居易、欧阳修、周敦颐、苏轼、陆游、唐寅等都曾在这里居留或游历。见诸于诗歌、书法、画卷、著作的描述不可尽述。苏轼的名句:"横看成岭侧成峰,远近高低各不同,不识庐山真面目,只缘身在此山中。"李白咏香炉峰瀑布的:"飞流直下三千尺,疑是银河落九天。"徐霞客的《游庐山日记》。李时珍的庐山考察,使其《本草纲目》记载了产于庐山的药物瑞香等十多种。书法家李邕、颜真卿、黄庭坚、米芾等都在庐山留下摩崖石刻（图1-7）。

通过对庐山的分析不难看出:文化景观标准所反映的观点,是在肯定了自然与文化的双重含义外,更加强调了人为有意的因素。所以说文化景观标准与环境艺术设计的基本概念相通。

文化景观标准至少有以下三点与环境艺术设计相关的含义:

第一,环境艺术设计是人为有意的设计,完全是人类出于内在主观愿望的满足,对外在客观世界生存环境进行优化的设计。

第二,环境艺术设计的原在出发点是"艺术",首先要满足人对环境的视觉审美,也就是说美学的标准是放在首位的,离开美的界定就不存在设计本质的内容。

第三,环境艺术设计是协调关系的设计,环境场所中的每一个单体都与其他的单体发生着关系,设计的目的就是使所有的单体都能够相互协调,并能够在任意的位置都以最佳的视觉景观示人。

1.2.3 相关设计专业

环境艺术设计专业内容的边缘性、综合性,设计方法的规划性、融通性,决定了它与相关设计专业不可分离的关系。了解这些专业的内容与方法,就如同电影导演了解剧本、演员、摄影、制景的特征与内容一样。

1. 城市规划专业

城市规划专业属于建筑学的范畴。"城市的发展是人类居住环境不断演化的过程,也是人类自觉和不自觉地对居住环境进行规划安排的过程。"[1] 虽然在古代也有不少城市规划的典范,如古罗马的罗马城,中国明清的北京城。但是城市规

---

1 吴良镛．《中国大百科全书》建筑 园林 城市规划卷 14 页．北京:中国大百科全书出版社,1988

划学科的形成则是在工业革命之后。大工业的建立使农业人口迅速向城市集中。城市的规模在盲目的发展中不断扩大，由于缺乏统一的规划使得城市居住环境日益恶化。在这样的形势下人们开始从各方面研究对策，从而形成了现代的城市规划学科。城市规划理论、城市规划实践、城市建设立法成为构成现代城市规划学科的三个部分。

在建筑学的所有门类中，城市规划是一个较为宏观的专业，同时也是一个相对年轻的发展中专业，很多问题在学术界尚无定论。尤其是在出现了超大城市集团群落的当代。城市规划专业更多的是探讨研究课题，以求能够解决实际问题。于是：城市布局模式、邻里和社会理论、城市交通规划、城市美化和城市设计、城市绿化、自然环境保护与城市规划、文化遗产保护与城市规划等等课题，就成为构成现代城市规划设计的全部内容。

从城市规划所包含的内容来看，更多的是属于总体性的战略宏观设计问题，虽然也有涉及实物的具体详细规划，但从城市规划设计的具体运作方式来看，规划设计部门所扮演的主要是政府的政策性宏观调控作用。很难直接影响到对建筑物、街道、广场、绿化、雕塑等具体要素的造型设计协调。这类工作往往由建筑师、园艺师、市政工程师承担，由于现代城市的庞大尺度以及城市功能、建筑功能的日趋复杂，这些专业设计师往往自顾不暇，远不能深入到具体的环境艺术设计。建筑内外、建筑与建筑、建筑与道路、建筑与绿化、建筑与装饰之间的空间过渡部分几乎处于设计的空白。

尽管城市规划专业很难涉及具体的空间形态设计，但是城市规划的总体环境意识却是进行环境艺术设计必须掌握的观念。如果缺乏总体环境意识，是很难做好环境设计的。因此，了解城市规划专业的一般知识，以城市规划设计的概念去主导环境艺术设计，就成为设计概念确立的重要环节。

2．风景园林专业

有关风景园林与景观设计的专业界定，在学术界尚有争议，不同学科出于对自身专业的理解和发展的需求，出现了不同的专业解释和专业定位。但是，无论怎样解释：风景园林专业和今天所讲的景观设计专业都是建立在园林学的基础之上。

"人类同自然环境和人工环境是相互联系、相互作用的。园林学是研究如何合理运用自然因素（特别是生态因素）、社会因素来创建优美的、生态平衡的人类生活境域的学科。"[1]

园林是在一定的地理境域中以工程技术和艺术手段，通过筑山、叠石、理水、

---

1 汪菊渊．《中国大百科全书》建筑 园林 城市规划卷 9 页．北京：中国大百科全书出版社，1988

绿化、建筑、置路、雕塑来创造美的环境。园林的环境系统是以土地、水体、植物、建筑这四种基本要素构成的。在这四种要素中前三种原本属于自然环境的范畴，在经过了人为的处理后，形成了造园的专门技艺，从而使其转化为人工环境。而后一种要素－建筑，本身就是人工环境的主体。

园林有着自己悠久的历史，中国、西亚和希腊是世界园林三大系统的发源地。从中产生了灿烂的古代园林文化。作为研究园林技术和艺术的专门学科－园林学则是近代才出现的。由于社会环境的影响，东西方的文化传统呈现出不同的形态。园林也由此产生出东西方的差异。东方古典园林以中国为代表，崇尚自然讲究意境，从而发展出山水园；西方古典园林则以意大利台地园和法国园林为代表，以建筑的概念出发追求几何图案美，从而发展出规整园。

近代以后城市化的速度加快，人工建筑对自然环境的破坏，促使人们日益重视自然和人工环境之间的平衡，园林以其自然要素占绝对优势的地位，很快在城市规划系统中占据了重要的位置。以绿化为主协调城乡发展的"大地景观"（Earth Landscape）概念，使有计划地建设城市园林绿地系统，成为现代城市规划设计中最重要的基础环节之一。

而风景园林的概念则与建立在环境艺术设计概念之上，以视觉审美为主要内容的景观设计类同。景观（Landscape）是一个地理学名词。它包含了三种概念：即一般的概念；特定区域的概念；类型的概念。泛指地表自然景色是"景观"的一般概念；专指自然地理区划中起始的或基本的区域单位是"景观"的特定区域概念；同一类型单位的通称是"景观"的类型概念。而在景观学中则主要指特定区域的概念。由于在狭义的环境艺术设计概念中建筑的外部空间组合设计也是一个特定区域的概念，因此将以建筑、雕塑、绿化诸要素综合进行的外部空间环境设计，冠以"景观设计"的名称也就显得顺理成章。

景观设计基本的环境系统要素就是构成风景园林专业的基础要素。只不过基于视觉的景观设计的特定区域性更强。就其社会场所体现的一般意义而言：风景园林的设计是以自然环境要素的和谐组合为主，追求真山真水的自然意境。而出自艺术概念的所谓景观设计，则是以人工环境的主体——建筑，所组成的特定场所为背景（如广场、街区、庭院）。往往有一个标识性强的主体艺术品（如建筑小品、壁画、雕塑）作为该场所的中心，而形成的具有一定审美意趣可供观赏的人工风景。因此这样的景观设计是以协调主体观赏点与所处环境的关系为主旨的。它研究的内容并不是环境系统本身，它只是以风景园林专业的基础要素作为自己的环境系统。在对自然因素的研究方面远没有达到园林学所涉及的深度和广度。

3. 造型艺术专业

美术和建筑同属于空间造型艺术。美术亦称"造型艺术"。通常指绘画、雕塑、工艺美术、建筑艺术等。它的特点是通过可视形象创造作品，可见建筑艺术属于美术的范畴，但是建筑艺术又有着自身的特殊性。建筑：建筑物和构筑物的通称。工程技术和建筑艺术的综合创作。"建筑学在研究人类改造自然的技术方面和其他工程技术学科相似。但是建筑物又是反映一定时代人们的审美观念和社会艺术思潮的艺术品，建筑学有很强的艺术性质，在这一点上和其他工程技术学科又不相同。"[1]建筑在提供了人们社会生活的种种使用功能之外，又以其自身空间和实体所构成的艺术形象，在构图、比例、尺度、色彩、质感、装饰等方面，通过视觉给人以美的感受。

就像一篇文章要有主题，一首乐曲要有主旋律一样，在一个特定的环境场所同样也需要有空间视觉的主体。在特定的环境场所中通常是以标识性强的造型实体作为设计的主体。所以美术和建筑作品就以物象的视觉表达成为环境的主体，这类作品如果在空间构图、尺度比例、色彩质感等方面注意协调与周边景物的关系。从而成为特定环境场所不可或缺的内容，那么这些作品也就实现了自身的环境价值。

在以往特定的环境场所中虽然也应用绘画和雕塑。但是往往由于美术创作者的个性太强，缺乏环境整体意识，最后完成的作品不能形成完美的景观。这与环境艺术设计以美术和建筑作品为主体的设计系统有着本质的区别。因为在环境艺术设计中主体与环境的关系是互为依存的，它的设计系统是建立在环境意识的总体概念之上的。这个设计系统非常强调设计的整体意识。因为整体意识原本就是艺术创作最基本的法则。

从艺术学科的角度出发，完全可以把建筑归于造型艺术的范畴。但建筑毕竟是人的生存所必需的物化产品创造。它与纯粹的美术作品还是有着相当大的区别。这种"伟大的艺术并非是可以被轻易复制的造型和外观，关键在于对高尚需求的完美满足；生动的建筑总是在不断的变化之中推动向前。"出于这样的原因，在与环境艺术设计相关的所有专业中，建筑设计无疑处于核心的位置。

问题在于建筑的环境张力，这种环境张力对场所的影响之大远远超过其他的物象。

由于建筑体量与尺度的因素，使其成为这个世界上人造物中的老大。富于成就感展示自我价值的纪念碑式设计情结，和人们潜在意识中对于高大伟岸形体的追求，使得这种类型的建筑在城市化的过程中过分拥挤地堆积，进而造成一系列社会与环境的问题。"钢筋混凝土的森林"就是对这种类型建筑环境张力的形象化比喻。因此如何协调与建筑专业的关系成为环境艺术设计的关键。

---

1 戴念慈，齐康.《中国大百科全书》建筑 园林 城市规划卷 6 页.北京：中国大百科全书出版社，1988

1.3 环境艺术设计的实施内容

1.3.1 总体控制的设计内容

环境艺术设计总体控制的设计内容，是针对某个特定的环境系统，这个系统可以大到大地景观、城市建筑，也可以小到室内环境。设计内容的目的就是环境场所总体空间视觉形象的优化。属于规划理念在艺术设计领域的体现。它的基本概念是协调各类造型艺术与专业设计。

1. 总体控制的对象与要素

环境艺术设计的总体控制对象分为自然环境要素与人工环境要素两个大的类别。前者是设计的基础要素；后者是设计的主体要素。自然环境的生态平衡性，决定了设计总体控制的原则是尽一切可能维护符合生态运行的原有地貌；人工环境的次生特征，决定了设计必须考虑与所在自然环境的协调性，同时总体控制人工环境要素相互间的关系。

(1) 自然环境要素

以人类生存为中心的环境就是地球生态圈，这是一个极其复杂的系统，由此系统产生的自然环境要素成为环境艺术设计的基础。

地球是一个巨大的具有圈层结构的扁球形物质实体，从外向内由地壳、地幔、地核逐层构成。厚达 70km 的地壳岩石圈；以占据地壳表面积 51100 万 km^2 71％的海洋为母体的水圈；地壳外层高达 2000km 的大气圈。三个圈层在太阳光的作用下，逐渐形成了维持生命过程相互渗透制约的自然平衡生态圈。这就是我们所说的地球生态圈。

岩石圈是地球生态圈的基础，表现为物质实体的种种自然形态，几乎都产生于岩石圈。岩石圈的内部蕴藏着丰富的矿物原素，是生物发育生长，人类生存发展不可再生与替代的资源。岩石圈表面的风化层内富含的矿物质，在水分、有机质的共同作用下形成土壤，土壤成为植物生长的母体，对动物的进化发展具有非同一般的意义。

大气圈是地球生态圈的保护层，从内向外分为对流层、同温层、中气层、恒温层、外气层。整个大气层像一块厚厚的气毯包裹着地球，使生物免受放射性辐射和外太空的严寒。大气圈中的空气是生物生长不可缺少的物质，厚约11km 的对流层集中了约四分之三的空气，空气中的二氧化碳与氧气在动植物之间的循环交换，构成生命过程的基本模式。同温层中稀薄的臭氧层阻挡太阳紫外线直射地面；恒温层中的电离层能够反射无线电波；它们对于人类生活的作用至关重要。

水圈是地球生态圈的生命线。它是海洋在阳光作用下，通过蒸发气化和冷却液化的过程，与内陆淡水水域和地下水形成的一个循环圈。水体中含有的矿物质、有机营养物质提供了生物生活的最基本需要。不同的水质构成了不同生物环境的生态差异。

地球生态圈在科学意义上的自然形态，又以土地、植被、水域、山脉的实体物象，成为设计在视觉形态意义上的自然环境要素。

（2）人工环境要素

人工环境的主体是建筑。它是人类从诞生的那一天起，对自身所处生存空间不懈开拓的结果。人类依靠自己的智慧和由此产生的力量，在原生的自然环境中建成的物质实体，从而构成了次生的人工环境。

根据目前考古科学研究已取得的成果推断，人类进化的历程，可以追溯到三百五十万年之前。在这漫长的时间里：人类经历了旧石器时代，中石器时代，新石器时代，青铜时代，铁器时代。其间约从350万年前至1万年前人类是以野生动物的狩猎和果实、种子、蜂蜜的采集而生活的。除了天然洞穴和极其简陋的巢居形式，还不可能营建任何对自然环境产生影响的建筑。这时的人类没有定居点，随着季节变化和野生动物的迁徙，过着极不稳定的生活。这段时间占据了迄今为止人类历史全过程的99%以上。这是狩猎采集的时代。

以谷物耕作、动物驯化为基本特征的农业起源于公元前8000～7000年间。这是人类对自然体系改造走出的关键一步，从此人类的生活相对稳定。逐渐出现了村落城镇，从最初砖石建造的私人和公共建筑物，以及整套的手工艺美术组成的泥砖村落，发展到以石木构造建筑为主的城廓神殿、宫宛住宅以及手工业配套齐全的城市。形成了相对于自然环境的人工环境。由于垦殖和营造的需要，大量的森林被砍伐，自然环境受到最初的破坏。这是农耕化的时代。

公元1769年瓦特（1736～1819）发明蒸汽机。以此为开端的工业革命使人类对自然环境的改造达到了前所未有的程度。公元1821年法拉第（1791～1867）发明发动机和发电机；公元1859年第一口油井在美国开钻；公元1863年第一条地下铁道在伦敦建成；公元1882年第一座水电厂在美国建成。在一百多年的时间里人工环境扩展到地球自然生态圈的所有领域。人工环境的大量有害排放物开始对自然环境造成影响。19世纪末到20世纪初创立的量子论和相对论，为合成化工技术、原子能技术。航天技术和信息技术的发展提供了科学基础。人类掌握了核能，登上了月球，深入海洋10000m，完成了难以数计的各种发明创造。进入20世纪的人类以更加迅猛的速度，向自然界的深度和广度进军，科学技术的进步使社会生产力发展到前所未有的水平。这是工业化的时代。

21世纪初电子计算机已经广泛应用，人类从后工业时代迅速向信息时代转进。

人类以其辉煌的成就建成了遍及整个地球的人工环境。可悲的是这种人工环境对自然环境的破坏，已经从量变发展到质变。对人工环境的有效控制成为可持续发展的重要课题。

人工环境的总体控制是一个庞大的系统。就环境艺术设计而言：主要是从视觉感知的层面，对建筑、绿地、街道、广场、设施等物象要素，进行四维空间设计的协调控制。

2. 宏观控制的内容

环境艺术设计的宏观控制包括：空间形体控制，比例尺度控制，光照色彩控制，材料肌理控制等内容。

空间形体是由空间限定要素组成的界面围合而成，它包括实体的界面与被围合的虚空。在城市设计的层面，界面由连续建筑的组构，虚空则是连续建筑之间的街道、广场、绿地，其空间形体的控制，在于建筑天际轮廓线的节奏和韵律；在建筑设计的层面，界面就是自身的墙体，虚空则是建筑的内外环境，其空间形体的控制，在于相对有限视域范围内单个实体与相邻群体之间的统一和对比；在室内设计的层面，界面与虚空的关系十分明确，其空间形体的控制，在于协调墙面实体与围合虚空视觉表现的重点和层次。

尺度作为尺寸的定制，比例作为尺度对比的结果，在空间形体的控制中具有决定的意义。空间形体造型的表现是点在空间中运动的距离定位。二维空间中的平面矩形是点在 X 轴与 Y 轴的运动中连接构成四个完全平行线的结果，三维空间中的立方体则是这个矩形的四个端点同时向 Z 轴运动后定位的结果。如果点的运动没有任何时间的限制而随意定位于空间中的某个位置，那么就不可能形成任何有意义的造型。主观地限定空间中点的运动轨迹，同时又将它定位于特殊的位置，就成为有意识的空间造型设计活动。当它与人生活中的某种具体功能发生联系就产生了设计的实际意义。点在运动中的有意识定位取决于人为确定的空间功能与形象，而理想空间功能与形象的取得，则是由两点之间准确适宜的尺度所决定的。不同类型的城市、建筑、室内具有与之相适应的比例尺度，它的正确选择取决于人体尺度与人的运动形式。比例尺度的控制在于尊重城市历史的文脉，并在此基础上合理安排建筑的体量与高度；绿地的形态与种类；街道的模式与宽窄；广场的类型与大小；设施的位置与造型。

光照与色彩是空间造型最终得以在人的视觉中显现的物理要素。由于光源与色彩的物化形态不是以实际物体作为表象。正如《新华字典》最通俗的解释：光——"照耀在物体上能使视觉看见物体的那种物质，如灯光、阳光等。"色——"由物体发射、反射的光通过视觉而产生的印象。"正是由于光与色的这种物质属性。作为环境艺术设计的重要物理要素，往往在设计者的主导设计概念中缺失，其原因也是在于光与色的这种虚拟表象。光照的来源对于设计来讲是非常关键的一个环节。应该说在人类漫长的发展历史中光源完全取自于天然，太阳光与火成为光源唯一的物质形态。只有当电光源成为照明的主要形式后，人类才摆脱了自然的束缚，从而使人工环境发生了本质的变化。也成为总体控制中难于把握的环节。在人工环境的层面人们总是在追求光照的亮丽与色彩的绚烂。但是从人居环境的理念出发，并不是光照越亮越好，色彩越多越好，而是需要根据特定场所的具体功能，进行光照与色彩的适度选择，总体控制的原则应该是建立在视觉认知科学理念基础上的整体与和谐。

人工环境特定场所视觉认知的外在表象是由材料与肌理组合构成的。材料是以场所的物质实体来体现，肌理是以"皮肤纹理"的概念来传达场所物象表层的丰富细腻的质感。材料的物质概念比较清楚，而肌理除了浅层的物象，更多的则是场所中深层的文化积淀。在所有的文化遗产中肌理给予人的视觉感受远远超越其他物象。历史文化名城无不以其丰富的肌理得到人们的青睐，文物修复中所遵循的"修旧如旧"原则，同样是要充分保护原有肌理所传达的文化内涵。材料层面的总体控制，除了类型、色彩、质地的选择，更重要的是材料搭配组合所能传达的完整视觉信息。肌理层面的总体控制，则是充分尊重场所原有物象的历史积淀，不能轻易的改变。两个层面之间是一种相辅相成的关系，需要在总体控制中统一协调。

3. 微观控制的内容

环境艺术设计的微观控制包括：建筑界面控制、植物品种控制、公共设施控制、艺术作品控制等内容。

建筑是人工环境的主体物，建筑界面是直接作用于视觉感知的物象。建筑设计者在进行设计时总是要对界面作精心的推敲，无论比例、尺度、材料、色彩都经过深思熟虑的反复验证。一般来讲，成功的建筑总是有着完美的界面，无论矗立于怎样的环境都能融会其中。然而现实环境中的建筑界面经常会受到粗暴的践踏，未经环境设计的牌匾广告像膏药一样把原本漂亮的界面糊得面目全非，成为城市景观视觉污染的典型。因此，作为建筑界面的微观控制：首先要在建筑设计之初融入环境概念，使其能够在特定场所中发挥与环境相配的应有视觉效果。其次是重点控制随后有可能附加在建筑界面上的各种物件，使其在：位置、形体、尺度、材质、光色等方面与所处环境和谐。

人工绿化与天然植被的区别在于生态系统的质量。经过优胜劣汰的自然选择，天然植被具有自我更新的能力，具备适应所在地貌和气候的生态系统，同时包括完整的从初级到顶级的食物链。比如天然的原生林就是一个乔、灌、草、藤兼备的植物体系，在这个完整的植物种群中，以植物为基础的食物链相互维系自我平衡，对正常的自然灾害有自适应和恢复能力。而绿化属于人为的〝生态建设〞，对外界的扰动防范能力很差，要达到天然植被层面的质量，还存在着现有技术无法逾越的鸿沟。各类自然与人为的灾害一旦降临，都不得不耗费大量的人力物力去救护。就是日常的维护也需要相应的自然资源作为支撑，像城市的草坪就需要大量的水资源，而且多数草坪还满足不了与人相容的功能，只能观赏不能进入。与天然植被相比人工绿化就像是一个永远长不大的孩子，不能独自去经受风雨。因此，作为环境艺术设计微观控制的重要内容，就是尽力维护植物栽种的天然形态与生态特征。在这里植物品种的审慎选择成为关键的环节。在绿地建设中，不但要考虑环境的审美需求，还要考虑植物的适应性。做到因地制宜地进行植物品种的科学选择，尽可能在照顾视觉观赏效果的同时做到植物品种的合理种植搭配。

公共设施是城市功能运行不可缺少的内容，突出的单体造型使其成为环境景观审美重要的视觉点缀。就像天平上的砝码和围棋盘中的棋子，公共设施在环境场所中的体量与位置，成为微观控制的主要内容。公共设施的种类繁杂，形态各异。自身的使用功能决定了形体尺寸的高低与大小，环境的设计者不可能随意处置，只存在选型、设计与安装、放置的选择决策。所以，作为环境艺术设计微观控制的内容，公共设施具有环境场所中的随机性与可控性特点，在全部的微观控制内容中相对比较容易把握，因此在视觉的审美表达方面也比较容易出彩。

艺术作品完全是为了满足环境审美的需要而在场所中存在的。也就是说并不一定所有的场所都要设置纯粹的艺术作品，因为建筑、绿化、设施都具有审美的功能。既然艺术作品是以单一的审美功能出现在特定的场所，那么就要求具备相应的艺术水准，至少要达到一般社会欣赏水平认可的审美层次，并能够被环境所接纳。不论是传统的绘画与雕塑，还是现代的装置与公共空间艺术，都必须置于环境艺术设计的微观控制之中。作品不仅具有独特的个性特征，还要能够与环境融为一体。这就要在作品的艺术风格，自身的尺寸，安放的位置，场所的设计等方面做到丝丝入扣。相对于其他控制要素，艺术作品的微观控制是最难的，它受到创作个性、个人性格、社会政治、受众接纳、制作条件、工艺水平等多方面的制约。如果条件不具备，宁可放弃不做。失去控制的环境艺术品往往会成为视觉污染的垃圾。

1.3.2　选项控制的设计内容

环境艺术设计协调关系的本质设计内容，决定其选项控制的多元设计机制。作为设计者本身需要具备相关专业全面广博的知识，只有在此基础上才能进行科学有效的选项控制。

1. 城市空间设计系统

控制城市空间中各系统之间的关系，根据不同空间类型的城市功能运行情况。确立科学的城市空间系统设计概念和成组建筑景观的综合设计分析判断能力。掌握大型复杂空间的整体协调设计能力。

城市空间设计的内容主要包括：城市空间的构成；城市空间的功能运行；城市空间的类型特点；城市空间系统的设计要素；城市空间系统设计的一般规律与方法。

城市空间的构成：城市空间是由自然环境要素、人工环境要素、社会环境要素综合构成的庞大系统。空间网络系统和空间设施系统是城市空间形态、功能、景观构成的两大体系。人与人所驾驭的各种活动工具（车辆、船只、工程机械）在这两大体系中的所有活动构成了城市空间的全部内容。空间网络系统由担负交通功能的道路、河流、桥梁、地道组成；空间设施系统由担负使用功能的建筑广场、园林绿地、设施器具组成。

城市空间的功能运行：城市空间的功能运行是由人的基本生活需求以及由此产生的社会活动行为所形成的。在城市空间中人的活动表现为空间坐标从点到点的线性运动形态，每个空间坐标点都可能是特定的功能空间，在每个点停留的时间长度和在该时间段人的活动行为模式，决定了功能空间类型、体量、尺度、样式的变化。人在各功能空间点之间的穿行构成了城市空间功能运行的基本模式。城市空间系统设计的所有标准都是建立在这种模式的基础之上。

城市空间的类型特点：城市空间具有人工环境最典型的特征，这就是由建筑实体空间造型要素和由建筑外部的虚形空间造型要素构成的整体空间形态。这种空间特征在城市中表现为网络化结构，因此城市空间的类型主要依据网络与建筑之间的尺度对比形成。道路的尺度、道路走向的差异和由道路组成的网络密度限定了城市空间的形态，建筑高度与道路跨度的比例关系使城市空间具有了不同的个性。在道路建筑之间的广场绿地作为虚形空间过渡的手段，成为调节空间节奏的理想音符。

城市空间系统的设计要素：城市空间系统的设计要素按照自然形态景物、空间网络设施、建筑物景观、主体艺术品分为四大类。自然形态景物要素包括：自然地貌、绿化植栽。空间网络设施要素包括：道路铺装、交通标识、路灯旗杆、告示报刊栏、水池花坛、座椅棚架、邮筒、垃圾筒、电话亭、书报亭、候车廊、通风口、地道出入口等。建筑物景观要素包括：主体立面装修、商店铺面装修、门窗阳台装饰、招牌广告、设备管道等。主体艺术品要素包括：雕塑、壁画、牌坊、节日装饰构件等。

城市空间系统设计的一般规律与方法：城市景观是城市三度空间和人的时间

运动中视觉、心理感受所形成的综合环境效应，在这里自然、建筑、环境设施是作为空间的固定实体造型要素而存在，只有通过人的现场步行以及人在各种交通工具中的运动，随着视点变换的连续观看才能得出完整的空间印象。鉴于城市空间的这种观赏特点，作为城市空间系统设计就应当遵循从空间网络到空间实体，从阶段网络的空间总体平面到单体的空间要素这样一个设计过程。就其设计来讲应该遵从整体到局部、由线到点的工作方法，城市空间系统设计的设计者并不一定涉及具体的环境要素设计，而把主要精力放在限定环境要素形态、风格、样式以及总体协调区域系统概念的位置上。

2．城市景观设计系统

（1）临街建筑景观设计

临街建筑景观是以城市街道两侧的建筑立面为视觉背景。

临街建筑景观的特点与类型：街道是构成城市景观的主体。在城市风貌的体现中，街景占有不可替代的作用。作为临街建筑景观设计，既要考虑特定区域内的观看效果，又要考虑与整条街道相呼应的效果。临街建筑景观具有视点单向位移的观赏特点，对设计的立面空间造型与构图能力要求较高。临街建筑景观在设计上受建筑高度和街道宽度之比的影响较大，并因此呈现出入口展示、道路延伸、绿化组合等几种类型。

临街建筑景观空间设计的功能要求：临街建筑景观空间设计的功能要求主要是指交通功能，也就是说视觉空间形象的设计必须在满足交通顺畅的基础之上。作为城市交通的道路系统，必须能够满足机动车、非机动车和人行的各种需求。由于交通工具类型的不同，造成了体量尺度与行进速度的变化，并由此影响到道路系统的形态。这种形态的变化是道路功能要求的必然，因此临街建筑景观空间设计的艺术处理手法必须符合于这种变化。人行与车行的交叉矛盾又形成了跨线桥梁、地道、护栏等道路附属设施，这些附属设施在强化道路的功能的同时，也为临街建筑景观空间设计增添了新的功能制约。

临街建筑景观设计的基本要素：建筑界面、道路铺装、绿化水体、公共设施、标识与艺术品是构成临街建筑景观设计的基本要素。建筑界面与道路铺装属于景观的背景要素：建筑界面与天空衔接的边缘轮廓线所组成的空间构图，是临街建筑景观的立面背景。道路铺装与各类设施的位置界线所组成的空间构图，是临街建筑景观的平面背景。绿化水体在临街建筑景观中属于道路与建筑之间的中介要素。自然多变的绿化水体形态柔化了道路建筑的硬质空间形象。公共设施、标识与艺术品属于景观的主体要素：公共设施（电话亭、候车棚、邮筒等）以其自身功能造就的特殊形象成为街道的标志性实体。标识（路牌、建筑铭牌、广告牌等）以其自身样式、图案、色彩的变化造就了醒目突出的临街视觉形象。艺术品（壁画、雕塑）以其自身独特的风格魅力成为临街建筑景观的主体。

临街建筑景观设计的一般规律与方法：临街建筑景观的设计基于两种情况。第一种情况是街区已按照法定的城市规划方案进行了统一的设计；第二种情况是没有统一的规划设计。因此临街建筑景观的设计必须依据具体的情况采取相应的措施。在第一种情况下应保证背景要素的完整性，不能在建筑界面与道路铺装上进行随意的修改或添加。设计的重点应放在主体要素上，通过中介要素的合理配置，达到主体要素与背景要素的和谐统一。在第二种情况下背景要素一般比较杂乱，可以通过对建筑界面和道路铺装的样式、图案、色彩的改变，在统一的设计概念指导下进行设计。一般来讲临街建筑景观的设计既要注意单一景点的观赏效果，又要注意整条街道观赏的节奏韵律。在观赏视点的考虑上要同时兼顾街道两侧和行进前方三个方面统一的空间视觉形象。遵循统一背景要素以中介要素调节空间构图来突出主体要素的设计原则。

（2）广场建筑景观设计

广场建筑景观的特点与类型：城市是一个复杂的空间网络，在构成这个空间网络的诸种要素中，广场无疑占有举足轻重的作用，如果说街道是城市景观的主体链条，那么广场就是链条上璀璨的明珠。作为广场建筑景观设计，在空间观赏的量向上呈现出多视点多角度的特点。广场建筑景观的类型与道路网络的构成和广场本身的功能有着直接的关系。道路网络的交汇形成了不同空间形态的广场样式，而其本身的功能变化又造就出城市中心广场、交通枢纽广场、公共建筑前广场等几种类型。

广场建筑景观空间设计的功能要求：广场建筑景观空间设计的功能要求相对多元。由交叉路口汇聚形成的具有城市活动中心功能的集会型广场；由现代交通工具停放与立体道路系统组合形成的具有集散功能的交通枢纽广场；由公共建筑围合形成的具有空间过渡和展示观赏功能的公共建筑前广场。广场功能要求的不同促使空间要素的组合呈现出不同的面貌。

广场建筑景观设计的基本要素：广场建筑景观的设计要素与临街建筑景观的设计要素基本上是一致的。但由于广场空间的纵深尺度要远大于街道的横向尺寸，广场上人的视线角度呈现出多种量向。因此作为广场建筑景观设计基本要素中的背景、中介、主体要素内容往往具有相互转换的特征。建筑、绿化、公共设施、标识与艺术品之间的关系随着人所处位置的不同，或者相互之间尺度与体量的变化，同一物体可能在不同的视线观赏位置扮演不同的角色。所以广场建筑景观设计中基本要素的运用相对是比较灵活的。

3．建筑设计系统

相对于环境艺术设计其他的选项控制设计系统，建筑设计具有完备的理论指导和实用的设计体系。从环境艺术设计选项控制的概念出发，需要对建筑设计（主要是城市公共建筑与设施）的功能问题、室内外空间组织问题、艺术处理问题和技术经验等问题有深入的了解。通过对建筑设计专业内容的了解，有助于提高环境艺术设计方面的构思能力及整体意识。

建筑设计的内容主要包括：建筑的功能问题；建筑的技术问题；建筑的艺术处理；建筑设计中的尺度。

建筑的功能问题：建筑功能问题的解决主要体现在建筑的空间组成，组合方式以及由此产生的满足人不同使用需求的功能分区问题，人的活动流域及疏散所产生的交通问题。这些问题构成了建筑设计最主要的方面。室内外空间联系和相互延伸，室外空间的构成同样对建筑的功能产生影响。建筑的外在造型通常应该服从于功能问题的解决。

建筑的技术问题：建筑的结构技术，设备技术，饰面材料，经济预算构成了建筑的技术问题。不同的结构方式对空间构成的影响十分巨大，如砖混构造对空间具有较大的限制，而框架构造则具有空间塑造的灵活性。设备技术包括电器照明、采暖通风、给水排水、音响消防等诸多方面，采用不同的设备对建筑的物质使用质量和空间艺术造型会产生影响。

建筑的艺术处理：建筑的艺术处理总是通过一定的形体和空间来实现的。构成建筑的内外界面通过材料的构造、色彩、质感由人为的组合创造出它的艺术形象。在所有的艺术形象要素中室内空间造型及外部体型处理，是建筑艺术处理最重要的方面。在古典建筑中空间形体的艺术形象处理总是遵循着某种固定的比例或柱式，而在近现代建筑中，由于新的功能需求导致建筑的艺术形象处理主要体现于空间本身的变化，空间处理和形体组合成为最主要的艺术处理手法。

建筑设计中的尺度：在诸多的设计要素中尺度是衡量建筑形体最重要的方面。这里的尺度是以人体与建筑之间的关系比例为基准的，由此产生的建筑各部分之间的大小关系与这种基准有着直接的联系。人们总是按照自己习惯和熟悉的尺寸大小去衡量建筑的大小，于是就出现了正常尺度与超常尺度，绝对尺度与相对尺度的问题。在建筑设计中通过不同的尺度处理，就会产生完全不同的空间艺术效果。

4．环境要素设计系统

（1）环境绿化设计

绿化是泛指除天然植被以外的，为改善环境而进行的树木花草的栽植。而环境绿化设计则是根据特定景观的空间视觉形象需求，采用绿化要素进行的艺术设计创作。就广义而言，绿化可以归入园林的范畴。因为园林是包括土地、水体、植物、建筑在内的特定专业系统，在内容的涵盖面上要远远大于环境绿化设计。而环境绿化设计的对象仅限于植物，是利用人为的植物栽培技术进行的环境要素设计。

用于环境绿化设计的植物种类繁多，出于建筑景观的需求，这里的绿化品种分类主要依据植物的外部形态。常用于环境绿化设计的植物品种有：乔木、灌木、藤类、竹类、花卉、草坪等。乔木一般具有较大的形体，枝干明显寿命长。乔木分为常绿乔木和落叶乔木，阔叶乔木和针叶乔木，一般作为建筑景观的配景。灌木系矮丛植物，易于修剪成形故常用作绿篱。藤类也称攀援植物，需依靠其他物体延伸生长，可利用棚、架、栅、墙等构件形成大体量的绿化造型。竹类属常绿乔木或灌木，其优美潇洒的枝叶形态易于营造清高雅洁的环境景观。花卉分为草本和木本两类。草本花形、色、味、态俱佳，可作盆栽，长于短时灵活的摆放造型。木本因多年生，适宜固定位置的装饰。草坪是低矮的草本植物，常用以覆盖地面，环境的观赏与使用功能俱佳。树木、花卉、草坪综合运用构成的配置形式成为环境景观基本的设计要素。树木常用的配置形式有孤植、对植、丛植等。花卉栽植形式随意，固定式与活动式都可营造出理想的景观造型。草坪有密植和疏植，规则的几何形随机的自由形可根据环境的需求选择栽植。

古今中外的绿化手法，虽然内容极其丰富多彩，风格变化也各自不同。但从大的分类来看不外人工规整式和风景自由式两种。人工规整式绿化讲究对称均齐的严整性，讲究几何形式的构图，强调在环境中的总体与局部图案美。风景自由式绿化则完全自由灵活而不拘一格，或利用植物的天然形态进行人为的空间组合构图，或将天然绿化的景致缩移并模拟在特定的区域内。在人工环境的绿化设计中，以上两种手法同样是适用的基本手法，可以采用综合的方法或庭园化的方法，并结合不同建筑景观的特点，在充分考虑绿化色彩与季相特征的基础上合理选用：对景与借景、隔景与障景、渗透与延伸、尺度与比例、质地与肌理等设计手法。

绿化植物栽培的品种选择涉及人在特定空间环境中的功能与审美两方面的需要。人对植物偏爱的不同，体现于人的性格、年龄、文化程度以至民族。不同生态习性的植物造就了喜阴好阳、耐寒耐干、喜暖喜湿等不同品种，使得植物选择受制于地区与气候。植物品种形态的不同造就了观赏部位的不同，赏花赏叶还是赏干赏枝，成为不同环境景观不同植物品种选择的关键。而植物的管理与栽培又要根据园艺理论保证通风、采光的条件，注重浇水、施肥、修整、防病虫害等。环境绿化设计的工程项目根据空间形态的不同可分为：街道绿化、入口绿化、广场庭院绿化、墙面绿化、屋面绿化、阳台窗台绿化等。

（2）环境水体设计

水是人类不可缺少的自然资源，既能够满足人的最基本生存需求，又能以自身特殊的形态给予美的精神享受。千姿百态的自然水环境诱使人类从被动的利用水源发展到按主观意识用水体造景。在漫长的历史发展过程中营造了各异的人工水景。在环境水体的设计上，传统的东西方有着截然不同的风格特征。东方水景的处理从形到神都追求自然的韵味。人工美与自然美和谐统一，既源于自然又高于自然。西方水景的处理则着重于人工美的体现，追求完整的几何形式，表现为一种人工上的创造。进入现代社会随着技术条件的突飞猛进，声、光、电技术广泛应用于水景，使环境水体设计的形式与手法呈现出崭新的面貌。

水的流体造型及理水工程：水的无色透明流体形态使其具有无常态的流动特征。在自然界中水的这种特征使其随着环境的变化具有了丰富多彩的形态。溪泉潭瀑、江河湖海呈现出不同的水形；静止流动、跌落飞溅呈现出不同的水姿；季节变化、波光流影呈现出不同的水色。环境水体设计中水的流体造型正是模拟水的这些自然形态以人工构造的方式限定出来的。理水工程就是要限定这种水的流体形态，以各种限定达到建筑景观所需水景样式。池岸砌筑营造了不同平面形状的水域；台阶斜坡营造了不同跌落流向的水流；喷泉管涌营造了不同造型水花的水形。现代技术的运用加强了水的流体造型艺术表现力。

建筑景观的环境水体设计手法：水体作为组成景观的设计要素只有与建筑、绿化、主体艺术品相互配合才能发挥最大的效应。根据水的流体造型特点，在建筑景观的环境水体设计中，主要分为静态水体和动态水体两种类型的设计手法。静态水体以不同深浅的水池形成平静的水面，通过水面的反射功能可以有效地反映空间实体的各种造型，具有净化环境、划分空间、扩大空间、丰富环境色彩、增添环境气氛的作用。静态水面通过水池平面样式、水位高低、池体位置以及池底图案等手法，来达到希望取得的艺术效果。动态水体以流水、瀑布、喷水、涌泉等手法与空间实体、建筑构件有机结合，能够以其无限丰富的可塑性创造理想的水景。同时起到界定空间、引导人流、隔绝噪声、遮挡光线、滋润绿化、软化建筑实体的功能作用。动态水体中采用最多的是喷水处理手法：如垂直单射、多排行列、圆环造型、旋转交叉、音乐色彩、水形雕塑等。动态水体中落水的处理是与建筑实体造型相得益彰的手法：如跌落式、溢落式、幕状瀑布、沿壁滴落等。综合静态与动态水体的特点进行组合处理同样能够取得理想的空间效果。

（3）环境雕塑设计

受控于环境的三维空间艺术造型就是环境雕塑。环境雕塑设计在于掌握特定空间、特定物体、特定氛围的创造方法，具有协调与统一的设计与规划的能力。

作为冠以环境定义进行的雕塑设计，其作品的内涵与表现形式已完全脱离了传统雕塑的概念，表现特定环境景观的符号性与协调空间形体的中介性成为其存在的主要目的。在更多的情况下它主要表现为一种空间的构件装置，因此环境雕塑的设计创作在主题的选择、空间的构成、材料的选用等方面要比传统的雕塑广泛得多。

由于环境雕塑的多样性其艺术类型分类也就比较复杂。艺术手法的分类：具象主题型雕塑、抽象喻义型雕塑、空间装置型雕塑。空间形式的分类：圆雕、浮雕、透雕。使用材料的分类：石雕、木雕、金属雕、砖雕、混凝土雕塑、玻璃钢雕塑等。环境雕塑不同艺术类型的选用，总是从概念构思、形式构图、形体处理、形象塑造等设计要素出发，依据景观环境要求的特点来确定。

环境雕塑设计的选题与创作不同于一般的雕塑，首先必须界定客体的环境区域，然后根据环境所需的景观要求进行创作，作品既要主体特征突出又要融会于特定的环境。因此要求学生了解掌握雕塑在空间环境中的特性——制约与延伸，通过运用构成的原理以各种材料进行概括、夸张和装饰，从而培养立体造型与艺术想像的能力。并去装置和创造出理想的特定氛围与空间。环境雕塑的设计与制作应该遵循如下的程序：根据景观环境的性质，来确定雕塑的性质、内容和基调；根据景观环境的平面布局，来确定雕塑的位置朝向；根据景观环境的空间规模，来确定雕塑的尺度和体量；根据景观环境的背景，来确定雕塑的材料、色泽和质感；根据景观环境的艺术风格，来确定雕塑的处理手法。

环境雕塑设计课要求学生在理解理论知识的基础上，进行具体的环境雕塑设计与制作。在课题选择上可采取自由选题与命题两种形式并结合具体的景观环境进行。

1.3.3 空间形态过渡的设计内容

空间形态过渡是环境艺术设计视觉范畴的设计内容。由于特定的环境场所视觉感知物象的多元特征，决定了视觉对不同物象衔接观感的四维空间审美度量。在这里对不同形态的认知，需要通过顺畅的物象衔接作为视觉上的过渡。人的视觉认知是通过一个个单独静态图像的暂留印象串接所完成的动态景观。电影正是通过视觉的这种认知特征，而模拟了真实场景的特定时空。在环境艺术设计中考虑空间形态过渡的因素，其本质意义就在于此。

1. 空间形态过渡的要素

空间形态过渡的概念实际就是视觉认知完整空间形体的审美概念，简称为视觉完形。由此组成的过渡要素，是由人体器官主观的感觉与客观世界的空间形体共同生成的。

空间环境的审美是特定场所中所有实体与虚形的总体形象，是通过人的视、听、嗅、触感官反映到大脑所形成的氛围感受来实现的。其中视觉在所有的审美感官中起的作用最大，因此环境场景的形、色、质就成为设计中主要考虑的审美内容，称其为环境的视觉形象设计。视觉形象设计一方面要注重实体形态的表面效果，另一方面更要注意空间中不同实体形态之间的虚空形态在不同视角形成的总体效果。

表象是"在感觉与知觉的基础上所形成的具有一定概括性的感性形象。"对于艺术家或设计师的艺术感觉而言表象具有决定意义。这种感性形象是外部世界作用于创造者头脑最初的刺激信息源。表象"通过对记忆中保存的感觉和知觉的回忆或改造而成。感性认识的高级形式，是对客观世界的直接感知过渡到抽象思维的一个中间环节。"[1]对于艺术家来讲表象所传达的信息仅具有审美的意义，对于设计师而言不但涉及空间形态的审美，同时与时空的功能形态相关联。

想像是"利用原有的表象形成新形象的心理过程，人脑在外界刺激物的影响下，对过去存储的若干表象进行加工改造而成。人不仅能回忆起过去感知过的事物的形象（即表象），而且还能想像出当前和过去从未感知过的事物的形象。但想像的内容总是来源于客观现实。一般可分为创造想像与再造想像两种，它们对人进行创造性活动和掌握新的知识经验起重要作用。"[2]要体现为空间形态、色彩、质地、气味、光影等要素。空间形态是以物质存在的实体构成的感性形象基础要素，具有形体、方向、尺度、比例的视觉感知特征。色彩与质地是表达抽象空间形态材质内容的实质要素，具有控制氛围、调节情绪的心理感知特征；前者为视觉感知，后者除了视觉感知外还表现为触觉感知。气味是感性形象中的虚拟要素，由于相当部分的物质是无味的，所以味觉感知属于动态的感知类型。光影所表达的是两种概念：影是由光照射物体被遮蔽所投射的暗像，或因反射而显现的虚像，在视觉感知中属于中介要素。影的产生柔化了形、色、质生硬的表象。光是能够引起视觉的电磁波，人的肉眼能够感知波长范围约在红光的 $0.77\mu m$ 到紫光的 $0.39\mu m$ 之间的电磁波，这个区段的电磁波就成为我们所熟知的光线。可以说光线在人的整个主观感知体系中处于终极限定要素的地位。如果没有光线视觉感知也就无从产生。当光线照射于物体，物体表层的形、色、质被人的感觉器官感知，就形成了我们所认知的物质表象。

既然感知与记忆在创作的艺术感觉中如此重要，那么我们就有必要加强感知力与记忆力的训练与培育。记忆的最初阶段是一种瞬时记忆："亦称'感觉记忆'或'感觉登记'。属于记忆的一种类型。其特点是：

1《辞海》1476 页 . 上海：上海辞书出版社，1999
2《辞海》1935 页 . 上海：上海辞书出版社，1999

（1）信息在此阶段上以感觉的形式被保持，基本上是外界刺激的复制品；

（2）信息停留的时间短暂，大约只能保留1～2秒钟，时间稍微延长，就会变弱消失。有图像记忆和声像记忆两种主要形式。"[1]

空间形态过渡的主观要素，正是这种感知与记忆形象的体现。

客观的空间形态过渡要素由实体、虚拟、中介三类构成：

实体空间形态要素是特定空间环境中所有物化的静态三维形体。在城市环境中：建筑、街道、公共设施、机电设备等不可替代的功能性实体，都是实体空间形态要素的范畴。实体要素是形态过渡的基础，实体要素自身形象的优劣直接影响到的场所景观的主体，搞得不好将造成无法逆转的后果。

虚拟空间形态要素实际上就是实体空间形态要素的对立面。也就是说虚拟形态是由实体形态造就的，在这里实物形体的比例尺度与外形轮廓对虚拟空间形态具有十分重要的意义。实体空间形态属于"正形"的概念，虚拟空间形态属于"负形"的概念。

环境中介形态要素是特定空间环境中所有物化的动态三维形体。在城市环境中，人、植物、交通工具、广告、雕塑、装置等随着时间发生变化的审美性实体，都是环境中介形态要素的范畴。这类要素以其可控的调节特征，能够变换在虚拟空间中的位置，因此具有柔化协调实体空间形态要素的功效。

2．实体与虚拟空间形态的过渡

从视觉概念出发的空间形态过渡，是环境场所中物质的静态实体与空间的动态虚形共同作用下的视觉表象效果体现。这种视觉显现的效果是基于四维时空连续整体的空间理念，属于环境设计的基本概念。通俗地说这种空间形态过渡的实质内容，就是环境场所中所呈现的特定空间艺术氛围。如同一滴墨水在一杯清水中四散直至最后将整杯水染成蓝色，如同一瓶打开盖子香水的浓郁气息在密闭的房间中四溢。以空间形态过渡理念完成的设计受体给与人的总体感受是理性的、概念的、综合的。在具体的形态组合上，集中体现于对象景物的数律概念，即显现于空间形态的节奏与韵律。如：建筑实体与虚空之间视觉过渡形成的城市天际线；建筑高度与街道宽度形态过渡的比例尺度；室内墙面与顶棚视觉过渡的材料形体分割等等。

被誉为"东方之珠"的香港，是一个具有现代建筑景观的典型城市。虽然香港岛的建筑密度位居世界前列，但九龙与香港岛隔海相望的优越地理位置，却为人们提供了理想的观赏空间，在这里现代高层建筑伟岸的空间轮廓线得以完美的展现。上海外滩与浦东陆家嘴隔江相望的环境景观设计，是我国近年来城市空间

1《辞海》2019页．上海：上海辞书出版社，1999

图1-8a　上海浦东

图1-8b　香港岛

系统设计的一个成功范例。外滩的建筑一直是上海的标志性景观，近代建筑所造就的天际线高低错落平缓舒展；浦东的建筑则代表了新世纪的上海，现代建筑所造就的天际线一波三折跌宕高耸。两个城市的环境景观都符合于空间形态过渡的基本视觉规律，因此成为世界上不可多得的环境胜景（图1-8a、b）。

空间形态过渡的审美心理实际上就是视知觉的作用。按照格式塔（"格式塔"是德文字 Gestalt 的译音。英文往往译成 form［形式］或 shape［形状］）心理学的概念："任何'形'，都是知觉进行了积极组织和建构的结果和功能，而不是客体本身就有的。"[1] 以室内空间为例：室内的每一个界面都可能是一个完整的形。典型室内的六个界面就有可能成为各自不同的六种形态，能否组成一个完整的室内空间形象就在于过渡细部的处理。"所谓形（在格式塔心理学中，任何形都是一个格式塔），是一种具有高度组织水平的知觉整体"[2] "每当视域中出现的图形不太完美，甚至有缺陷的时候，这种将其'组织'的'需要'便大大增加；而当视域中出现的图形较对称、规则、完美时，这种需要便得到'满足'。这样，那种极力将不完美图形改变为完美图形的知觉活动，就被认为是在这种内在'需要'的驱使下进行的，可以说，只要这种'需要'得不到满足，这种活动便会持续下去。"[3] 比如在室内设计中，过渡界面的构造细部设计过程就是这种"完形"知觉活动的延续。在设计的不断延续中复杂的界面形体被得以简化，并最终达成理想中的室内空间整体形象。

从室内设计技术处理的层面来看，过渡形体与界面的构造细部设计一般采用

1 滕守尧著．《审美心理描述》99 页．北京：中国社会科学出版社，1985
2 滕守尧著．《审美心理描述》99 页．北京：中国社会科学出版社，1985
3 滕守尧著．《审美心理描述》103 页．北京：中国社会科学出版社，1985

三种典型的手法。即：并置、加强、减弱。并置的手法符合格式塔知觉中占优势的简化倾向。也就是将两个界面以相互衔接的方式直接组合。这种手法要求极高的工艺水平，比较适合于同种材料的连接过渡，能够达到线性过渡的简约视觉效果。加强与减弱的手法都是采用分散视知觉注意力的方式来达到界面过渡的目的。加强的手法主要利用不同形式的线脚构造，如踢脚线、檐口线、窗楣线等。既起到了对界面装饰的作用，又以其丰富的截面线型完成了过渡的任务。减弱的手法主要利用界面构造之间不同的开缝，通过虚空的距离以尺度控制或光影处理达到过渡的目的。过渡界面的构造细部设计中，加强的手法是传统建筑室内装修的典型做法；并置的手法则是现代建筑室内装修的典型做法；而减弱的做法则出现于各种类型与风格的建筑室内装修。不论采用何种手法，构造细部截面的线型样式与尺寸选择是至关重要的。

通过对室内空间形态过渡设计手法的分析，不难看出在环境艺术设计中，视觉形态过渡的实际意义就是对空间加以目的性的限定。这种目的性的限定就是研究各类空间环境中静态实体、动态虚形以及它们之间关系的功能与审美问题。

3. 环境中介要素在空间形态过渡中的作用

在空间形态过渡的要素中，建筑、街道、广场、桥梁、设施等物质实体，是以静态景物的形式显现于人的视野。而这些实体之间的虚空则构成了所谓的动态虚形。虚形之所以成为动态就是由于环境中介要素的作用，因为这些中介要素总是处于空间位置的不断变换当中，这种变换随着时间的长短，呈现出秒、分、时、日、月、季、年等不同时段的不同状态，从而使虚空赋予了生活的意义，也饱含了生命在动态变幻中的空间意境。在所有的环境中介要素中以下几类起的作用最大：

(1) 人的作用

人的作用，无疑排在全部环境中介要素中的首位。人的动态特征十分明显，表现出空间位置变换与聚散的随意和停留时间长短的不定。随着季节的变换，不同性别与年龄的服饰着装伴随人体优美的步态，构成环境场所中最为亮丽的风景。场所中人气旺盛与否成为衡量空间生活品位的重要尺度。

空间环境中因为有人的存在才具有生活的意义。2003年春季的北京由于"非典"的肆虐，平日繁华的街市一夜之间没有了人气，仿佛一切都处于凝固的状态。使得处于这种环境的人们真切地感受到空旷街道冷清的印象。这是一种难以形容的压抑和恐怖的场景，这就是人工环境与自然环境最大的不同。在自然环境中人的中介作用需要减至最少，因为在那里需要的是个人与自然的对话。而城市则是人工环境的集大成者，在这里人的环境中介要素不可或缺，因为人工环境是出于人的主客观需求而兴建的，离开了人的活动城市全部的环境场所也就失去了存在的意义。

当然，人是处于不受控制的中介要素，人的作用需要通过符合人的行为心理特征的，合理的环境设计体现出来。

(2) 绿化的作用

绿化是以栽种不同的绿色植物改善自然与人工环境的工作。所有的绿色植物都具有三维的空间形态，从表象上看似乎应该归类于静态的物质实体。但实际上植物是有机物是生命体，总是处于形态的不断变化当中。微风中轻摇的树叶，月光下婆娑的树影。春日里的嫩绿粉红，秋风中的褐红棕黄。加之可以选择的品种和相对随意的配置组合，使绿化成为人工环境中主体的中介要素。

绿化除了净化空气阻挡风沙等不言而喻的生态作用外，在环境景观中绿化既能满足人的使用及观赏功能，又能极大地丰富建筑景观的表现力。绿化是组织空间丰富空间层次的主要手段。用绿化可以限定空间及填充空间。在平面区域划分、功能过渡、道路导引等方面扮演重要的角色。绿化是空间视觉形象美化的最佳手段。在调节立面构图、陪衬主体艺术品、营造主体景观等方面具有显著的优势。绿化形态的自然中介性极大地柔化了硬质空间实体，在空间景观虚实过渡的处理上具有不可替代的作用。

(3) 交通工具的作用

交通工具在城市景观的空间形态过渡中扮演着重要的角色，它的中介作用突出地表现在自身形体快速移动的过程中。由于交通工具本身特有的造型和夺目的色彩，以及不断改换位置的机动性，使其具有空间系统中的线性串接视觉作用。在现代城市中轨道车辆与汽车成为交通工具的主体。错综复杂的路网与迅疾如水的车流，成为城市突出的景观。尤其是公共交通工具的造型和色彩，更成为城市设计不可忽视的要素。

世界上不少城市正是由于交通工具突出的特点，构成了连接建筑与街道的视觉桥梁，也因此形成特殊的城市特色文化景观。北京大街上的自行车，胡同中的三轮车；纽约大道上清一色的黄色出租车，中央公园与第五大道的观光马车；威尼斯水道中的"刚朵拉"；布达佩斯纵横交错的有轨电车；都成为具有城市符号的特定标识。

(4) 设施与装置的作用

城市公用设施和装置是空间系统中的重要组成部分，同时也具有空间形态过渡的功效。诸如公共厕所、电话亭、灯柱、广告牌、商店招牌、候车棚、休息座、节庆装置等等。公用设施和装置具有较强的功能性，同时又是景观中醒目的点缀物，具有一定的艺术观赏性。由于位置安排的相对机动和艺术选型的相对宽松，在环境艺术设计中成为场景设置的最后一项内容，使其具有空间系统中的砝码作用。处理得好往往能够在空间形态的过渡中取得四两拨千斤的功效。

设施与装置在环境场所中具有二维空间过渡与三维空间过渡的双重特性。二维空间过渡就街道建筑立面的竖向景观而言，三维空间过渡就城市平面的纵深景观而言。需要根据建筑的尺度、体量、形式，街道或广场的主体走向等因素，来决定具体的造型样式和安装位置。

1.4 环境艺术设计的工作方法

1.4.1 控制系统的设计概念

在 20 世纪 70 年代初由于一般系统论和控制论的发展，开始形成当代的系统科学（Systems Science）。系统科学处于自然科学与社会科学交叉的边缘地带，是 20 世纪末信息论、运筹学、计算机科学、生命科学、思维科学、管理科学等科学技术高度发展的必然产物。简单地说，系统科学就是立足于"系统"概念，按一定的系统方法建立起来的科学体系。由于控制论的方法论地位和高度综合性，控制论和系统科学在国际学术界有时是相提并论甚至等同。环境艺术设计的工作方法基本上是在系统科学的理论指导下产生的。

1. 控制与系统的概念

系统"在自然辩证法中，同'要素'相对。是由若干相互联系和相互作用的要素组成的具有一定结构和功能的有机整体。系统具有整体性、层次性、稳定性、适应性和历时性等特征。整体性是系统最基本的特征。在一个系统中，系统整体的特征和功能在原则上不能归结为组成它的要素的特征和功能，也异于它们孤立状态时的特征和功能。层次性指系统中的每一部分同样可以作为一个系统来研究，而整个系统同时又是更大系统的一个组成部分。稳定性指系统的结构和功能在涨落作用下的恒定性。适应性指系统随环境的变化而改变其结构和功能的能力。历时性指系统的要素及它们之间的相互作用关系随时间的推移而变化，当这种变化达到一定程度时就发生旧系统的瓦解和新系统的建立。"[1]而控制论的基本概念则是指"对系统进行调节以克服系统的不确定性，使之达到所需要状态的活动和过程。是人类改造自然、利用自然的重要内容和进步的标志。"[2]

就设计的实用概念而言需要的是控制论系统，控制论系统是当然的一般系统，但一般系统却不一定都是控制论系统。一个控制论系统需要具备五个基本属性：

①可组织性：系统的空间结构不但有规律可循，而且可以按一定秩序组织起来。

1《辞海》1383 页．上海：上海辞书出版社，1999

2《辞海》849 页．上海：上海辞书出版社，1999

②因果性：系统的功能在时间上有先后之分，即时间上有序，不能本末倒置。

③动态性：系统的任何特征总在变化之中。

④目的性：系统的行为受目的支配。要控制系统朝某一方向或某一指标发展，目的或目标必须十分明确。

⑤环境适应性：了解系统本身，尚不能说可成为控制论系统。必须同时了解系统的环境和了解系统对环境的适应能力。

由此可以看出一个能进行有效控制的控制论系统，必须具备"可控制性"和"可观察性"。这就是说控制论必须是受控的，系统受控的前提是由足够的信息反馈来保证的。

一般系统论、控制论一直到系统科学，都是从系统概念的基础上发展起来的。今天，系统的概念已经渗透到各类学科，可以说它是一种方法，是一把打开未知世界大门的金钥匙。在环境艺术设计的领域有了系统概念，就可以通过有条不紊的归纳、类比、联想、判断来解决一个个设计上的难题。

系统归类后的分析是建立在创造性思维的模型基础之上。这种模型是对客观事物的模拟、写照、描绘或翻版。分为两种类型：一类为定性模型，一类为定量模型。定性模型分为三种：实物模型（木工模型、飞机模型、建筑模型、物理实验模型等）；概念模型（政治模型、心理模型、语言模型等）；直观模型（广告模型、方框图、程序框图等）。定量模型也分三种：数学模型（用代数方程、微分或差分方程、积分方程或其他符号化方式表明系统要素间数量关系的模型）；结构模型（用几何或图论方法描述系统要素间因果数量关系的模型，如网络模型、决策树模型等）；仿真模型（利用计算机的数据处理和逻辑运算两大功能，用计算机能读懂的语言编写的程序表现的模型）。

在分析特定问题或描述指定事件时，控制系统论主张定性与定量的方法紧密结合，定性模型和定量模型相互参照印证才能得出科学的结论。这是因为缺乏定量分析、没有数据支持的定性模型是不科学和不可靠的。缺乏定性模型、没有逻辑推理的定量模型是片面和不完善的。

30年来"系统"概念在控制论、信息论、运筹学基础上，从一般系统论发展成为具有三个层次的系统科学：系统哲学或方法论、系统理论、系统工程。其中属于系统科学应用部分的系统工程对设计最具实用价值。所谓系统工程就是把系统科学的原理运用于工程和社会经济实际。

系统工程的主导思想就是通过系统分析、系统设计、系统评价、系统综合达到物尽其用的目的。系统工程既是组织管理技术，也是创造性思维方法，又是现代科学技术的大综合。它与其他学科的联系十分紧密。

系统工程所采用系统科学原理的主要观点有：整体观点、综合观点、比证观点（即价值观点）、战略观点、优化观点。

系统工程的实施总包含三个基本步骤。第一是提出问题；第二是通过建立模型，优化目标，进行系统分析；第三是按一定的评价标准（价值准则）将不同的措施方案加以解释评价，选择最优方案。

通过对系统科学和系统工程的分析，不难看出"控制"与"系统"的概念对于设计所具有的重要意义。实际上设计程序的科学实施必定是建立在系统科学和系统工程的理论基础之上，缺乏系统概念指导的设计必定会在某个环节出现漏洞，完成的具体项目也不会是一个完整的设计。

2．生态环境控制系统

生态环境是由众多的生物和非生物因子综合而成的系统。在自然生态环境中，各种因子是一种互为依存的关系，总是在相互联系、相互影响中对人类与生物发生着综合的作用。

系统，按照不同的分类法，基本可分为："物质系统（如包括社会系统在内的'有生命'系统和包括物理、化学、地质系统在内的'无生命'系统）与抽象系统（如形式化逻辑系统）；人工系统（如通信、运输、教育系统）与天然系统（太阳系、自然生态系统、人体系统）；动态系统与静态系统；封闭系统与开放系统等等。"[1]

生态系统，显然属于天然形成的自然系统。这个系统是由生物群落及其地理环境相互作用的整体。由于人工系统的发展在经过工业文明的加速增长期后，打破了自然生态系统的平衡。因此，对生态系统进行深入研究就成为人类文明可持续发展的必需。如何合理开发与利用生物资源，如何保持与保护自然环境的生态平衡，就成为生态环境控制系统重要的研究课题。

建立生态环境的控制系统是一项浩大的工程。理论层面：人类依靠所掌握的科学技术力量，重新恢复自身赖以生存的自然生态环境平衡的系统工程，需要社会、经济、政治、技术各个方面的共同介入。就艺术设计的领域而言，就是要在所有专业方向实施绿色设计系统。

要弄清楚什么是绿色设计，首先要明白绿色概念的由来。绿色是生命的象征。绿色就其自然属性而言来源于植物的物质表象。"一个有用的衡量经济规模对地球生命承载能力的极限，是全球光合作用产物供给人类活动的比率。"[2]其生命之源——植物的光和作用，即：净初始生产力（Net Primary Productivity，NPP），即绿色植物通过光合作用所固定的太阳能，减去绿色植物本身所消耗掉

1《辞海》1383 页．上海：上海辞书出版社，1999
2 中国科学院《2000 中国可持续发展战略报告》．北京：科学出版社，2000

的能量（如呼吸作用），其差值即被称为NPP，这个数量实质上是全世界的食物来源的大本营，是支持地球上一切形式的动物体（包括人类）生存的生物化学能量。[1] NPP实质上代表着全世界的食物来源，正因为此，绿色才成为生态环境良性循环的代名词。以绿色作为定语的"绿色设计"，其核心概念就是符合生态环境良性循环的设计系统。

绿色设计从本质上来讲是宏观的战略概念。"环境与发展"的均衡，是国家可持续发展战略的核心，也是"人与自然"之间取得平衡的基本标识。绿色因此成为基本标识的代称。体现人类理想生存环境的最佳状态是：生态系统的良性循环；社会制度的文明进步；自然资源的合理配置；生存空间的科学建设。绿色设计作为这种最佳状态——可持续发展总体战略下的实施系统。可以界定为两类概念，一类是宏观的绿色设计，一类是微观的绿色设计。作为中国的设计者，宏观的绿色设计是中国可持续发展战略的实施方案：2030年实现人口数量和规模的"零增长"，跨上中国可持续发展战略目标的第一台阶；2040年实现能源和资源消耗速率的"零增长"，跨上中国可持续发展战略目标的第二台阶；2050年实现生态环境退化速率的"零增长"跨上中国可持续发展战略目标的第三台阶；目标实现，我国将整体进入可持续发展的良性循环。[2] 微观的绿色设计则体现于可持续发展战略目标下的环境设计系统：这个系统是可供实际操作的城市设计、建筑设计、园林设计、景观设计、室内设计等。

科学技术作为第一生产力成为可持续发展的引擎，只有科技的进步才能促使绿色设计的实现。然而，即使依靠科技进步绿色设计的实现也不可能一蹴而就。其间需要攻克的难关难以数计，必须将绿色设计作为艺术设计发展的最终战略目标。在经过相当长的一个历史阶段的努力之后，才能真正实现。

作为生态系统的良性循环，关键在于协调人工环境与自然环境的关系。作为人工环境设计行业的绿色设计就是要解决两个方面的问题：自然环境——城市摆脱污染的困扰。废弃固体、气体、水体的排放控制；绿化与水资源的合理配置。尤其是由建筑装饰业的不良设计所造成的城市视觉污染，要得到有序的控制。人工环境——建筑从封闭再次走向开放，实现生态建筑的理想。作为室内设计专业需要解决制约瓶颈的三个问题是，通风与温控、采光与照明、水的循环使用。实现突破必须依赖新的材料与能源。可再生资源、非传统矿产资源、第四代能量资源、太空资源等等。

根据当代科学技术的特点：可利用科学技术活动交叉性、复杂性、多样性

1 中国科学院《2000中国可持续发展战略报告》. 北京：科学出版社，2000
2 中国科学院《2000中国可持续发展战略报告》. 北京：科学出版社，2000

特点所提供的各类平台，打破行业的界墙与相关专业进行广泛的合作。首先利用新材料技术的发展将形成功能化、复合化、智能化、环境友好、可再生材料和纳米材料等的基础上，与先进的制造技术结合形成智能、柔性、虚拟的工程制造体系；利用新能源技术的发展，特别是核能技术、洁净煤技术、可再生能源技术和天然气开采技术等的发展，使洁净、安全、高效、可再生性、可储存性、可分配性在建筑领域成为可能，从而促使所有艺术设计的相关行业有一个良好的人工环境系统；利用环保技术的发展，特别是绿色技术的发展，绿色材料的生产，环境综合治理等带来更好的环境效果的同时，促进装饰材料向全面绿色化转变；利用信息技术的发展，在微电子与光电子结合，多媒体与宽带网络技术结合，计算机与网络通信结合，超级并行计算机与虚拟现实结合，智能计算与认知、脑科学结合，以及应用领域的广泛性和多样性结合实现的基础上；最终建立生态环境的控制系统，实现艺术设计领域的革命。

3. 控制系统指导下的设计

设计概念的转化有一个从头脑中的虚拟形象朝着物化实体转变的过程，这个转变不仅表现于设计从概念方案到工程施工的全过程，同时更多地表现于设计者自身思维的外向化过程。这是一个设计概念从形成、发展到变成设计方案的图形化与实物化推敲渐进过程。在这个过程中从抽象到表象、从平面到空间、从纸面图形到材料构成为设计概念转化的三个中心环节。也成为项目运行发展阶段的控制环节。

(1) 设计概念发展阶段的控制

设计概念的发展阶段就是实现从抽象到表象的转化。是设计意念从概念向方案转换的创意物化环节。抽象的设计概念在设计者的头脑中只是一个不定型的发展意向。它可能是一种理念、一种风格、一种时尚……就好像许多设计任务书中描绘的：某某设计要体现一种时代精神，在现代中蕴含传统的韵味……一句话好说，但要把它转化为具体的空间实物，则需要设计者艰苦的脑力劳动。这里关键点在于设计概念表象特征的选取，也就是说要选择一个能够正确表达概念的物化形象，用一句专业的术语叫做——设计定位。设计者往往需要经过多方面的尝试才能最终确立，既要经过十月怀胎的艰辛，还要经受一朝分娩的阵痛。一旦孩子生下来，剩下的事就好办多了。

因此，设计概念发展阶段控制的关键点，在于能否以有限的时段产生较多可供选择的设计概念，并能够进行正确的设计概念定位决策，使虚拟的设计概念能够成为符合项目要求的空间实体形态。

(2) 设计方案发展阶段的控制

设计方案的发展阶段就是实施从平面到空间的转化。是设计意念从概念向方案转换的技术表达环节。创意物化的工作完成之后，摆在设计者面前的可能是一堆文案草稿，也可能是一件卡纸模型，要把它转换成可实施的方案还必须使用科学的空间表达技术手段。正投影制图、空间模拟透视图、实物模型成为传统的表达方式。计算机虚拟空间表现与实景动态空间模拟成为新型的表达工具。不论是何种方式，技术表达环节的最终目的除了让观者理解空间设计的意图之外，同时也是为了设计者自身实现从平面绘图概念向空间实施概念的转换。

因此，设计方案发展阶段控制的关键点，在于能否以有限的时段合理调配人力资源，统筹安排技术表达环节的进度，并适时给与设计方案制作者从平面到空间的技术指导。

(3) 设计实施发展阶段的控制

设计实施的发展阶段就是实施从纸面图形到材料构造的转化，是设计意念从概念向方案转换的建筑实施环节。当技术表达完成对实施空间的模拟之后，选择合适的材料与构造就成为最终完成设计意念的关键。纸面的图形与实际的材料构造之间还是有着相当大的差别。纸上谈兵与实际带兵毕竟是完全不同的两个概念，图画得好并不意味着能够选择合适的材料，进行理想的构造设计，材料选择和构造设计同样要经过实践的考验。

因此，设计实施发展阶段控制的关键点，在于能否最大限度的实现图纸表现的合理内容。在有限的时段与相关专业和施工者以有机的配合，在材料、色彩、构造选择的关键问题上适时给与施工者技术指导。当图纸与施工现场的情况出现误差，应掌握先行检查图纸的原则，并根据实际的发展可能性确定最终的实施方案。

1.4.2　协调融通的工作方法

环境艺术设计本身就是一种协调关系的设计。如同一支交响乐队的指挥，既要通过节奏的快慢、韵律的高低，控制所演奏乐曲的整体风格，又要掌握不同乐器发声的时间与不同声部音响的强弱。可以说环境艺术设计者所扮演的就是交响乐队指挥的角色。学会协调融通的工作方法，提高与相关专业的合作能力，集中反映了设计者自身所具备的综合智商与情商。

1. 主导设计概念的策划

主导设计概念的策划体现于：特定环境场所中处于统一时间序列的空间形象总体构思设计，以及综合协调各类功能要素进行设计的实施方案。也可以说，就是确立设计构思主题和确立设计工作程序。环境艺术设计的空间形象总体构思是体现审美意识表达空间艺术创造的主要内容，成为设计概念总体策划的重点。环境功能要素的综合协调则需要通过编制详尽的项目总体规划任务书来实现。

（1）设计概念的总体策划

设计概念的总体策划所决定的内容，是项目空间功能与审美表现的全面规划。既包括务虚的设计理念，也包括务实的实施方案，但重点在于项目设计的总体发展方向。

设计概念的界定可以按照两种思维方式进行。一种是在确立合理的环境场所平面功能布局后，再进行空间视觉形象的设计，称为顺向思维。另一种是先行导入空间视觉形象的概念，再来调整平面功能布局，称为逆向思维。前者由于受功能要素的限制，容易造就平庸的空间视觉形象；后者虽然创造了新颖的空间视觉形象，但却容易损害某些重要的使用功能。

因此，需要综合两种思维方式进行设计概念的总体策划。

设计概念的总体策划作为特定环境场所中主导设计概念的实施，还要重点考虑整体空间形象的发展方向，必须在环境系统总体意识的指导下，明确各相关专业的控制目标。例如：建筑的尺度、体量、形式、色彩；街道的走向、宽度、形制、铺装；照明的设置、照度、光色、灯具；绿化的类型、品种、配置、维护；设施的种类、选型、功效、材质；标识的门类、位置、尺寸、色度；雕塑的装置、风格、材料、样式等等。只有先期协调才能够达到控制的目的。

（2）编制项目总体规划任务书

项目总体规划任务书主要应用于设计单位内部，属于设计程序的质量管理系统。其编制的内容与方法类似于标书的制作。胜任编制标书等同于能够编制项目总体规划任务书，当然标书的内容深度远胜于任务书。

项目总体规划任务书主要包括三个方面的内容：项目功能需求规划；项目艺术处理规划；项目工艺技术规划。项目功能需求规划是基础的分析内容，需要通过查阅相关规划与建筑法规，咨询各方相关专业人士，调研实际完工的相关项目来最终确认。项目艺术处理规划是核心的任务分析，需要界定项目发展的主体艺术设计概念，制定相应方案的艺术表达内容与方式，并确定合理的设计人员分工与工作进度。项目工艺技术规划是任务执行与实施的保障，需要研究可供项目使用的形制、材料与构造，通过市场调研和财政分析，并结合设计内容合理规划。

2．技术因素融通与个性特征体现

环境艺术设计涉及的专业门类不仅多而且技术性强，每一门专业大都具有自身特殊的个性特征。如何进行技术因素的融通，是设计进行中最难解的一道题。

在开始进行空间的概念设计时，为了让思维的翅膀不受任何羁绊翱翔于广阔的天空，一般不要过早和过多地考虑城市设施、建筑结构与系统设备的制约。可是一旦有了明确的设计概念后，与各专业的协调工作就必须马上进入设计者的思维，并迅速排入急需解决的日程。在图面作业的程序中与各种相关专业的协调多体现于方案图和施工图，这在以表现为主的具体的制图绘制程序中是合理的。但在项目实施程序中及早与各相关专业协调，则对设计概念的实施具有重要意义。也就是说一旦设计概念与构造设备发生矛盾，就必须通过协调进行解决。

其结果无非是三种：

①构造设备为设计概念让路；②放弃已有设计概念另辟新路；③在大原则不变的情况下双方作小的修改。

因此项目概念设计与专业协调是一个成功设计必不可少的关键程序。

对于设计者来讲，技术因素的融通需要坚实的专业基础作后盾，同时还需要掌握与人沟通的技巧。从单纯的技术因素而言，环境艺术设计者必须在平时注意积累相关专业的基础知识，也就是一般的共性知识。在这里"万金油"的比喻不是贬意词，如果设计者真能够达到相关专业的"万金油"水平，就不至于犯一些低级的错误。当然，艺术设计的工作者既不可能，也没有必要达到相关专业个性化很强的那种水平。在这个层面还是要充分尊重相关专业设计者的意见。

以人工环境的主体——建筑，来区分内外环境技术因素融通的难度：

内部环境场所中按照难易程度的顺序排列，依次是：

①供暖与通风系统；②给排水系统；③消防系统；④建筑声学系统；⑤采光与照明系统；⑥电气系统。

外部环境场所中按照难易程度的顺序排列，依次是：

①市政管线系统；②道路交通系统；③建筑景观系统；④园林绿化系统；⑤公共设施系统；⑥视觉标识系统。

明确了技术因素融通的难易程度和顺序，设计者就可以在全部的设计程序中合理安排，以达到共性与个性在环境优化背景下的最大融通。

3.社会因素融通与社会价值体现

环境艺术设计所涉及的专业门类众多，其设计的内容深入社会的各个层面，是一门生活的艺术与科学。它所体现的美学价值会因受众审美观念的差异，而呈现出千变万化的外在表象。每一种设计创意所达成的方案都会有自身的缺陷，而方案与方案之间仅就视觉美感来讲，并没有绝对的优劣之分。能够实现的设计方案，总是适应了相应的环境，这个环境自然包括人际交往的社会环境。也就是说设计者必须掌握人际沟通方面的知识，能够进行复杂社会因素的融通，通过科学分析所处社会背景的定位，经过合理的不违反法律规范的公关来实现理想中的专业设计。

就专业知识而言，设计者所具备的素质一般要高于设计的受众。但是作为一个社会存在的人来讲，相互间的人格是完全平等的。如果将专业知识的差异体现于人际交往，显然会违背人格尊重的平等原则，从而影响设计的实现。

艺术创作允许艺术家主观意志的体现。无论"下里巴人"还是"阳春白雪"或者前卫另类，只要有人欣赏，满足某种审美情趣，就具备社会存在的价值。艺术设计则不同，设计师的主观意志必须服从于物质功能的体现，同时还要适应社会大众当时的主流审美意识。因为设计的产品只有实现社会的应用才具有存在的价值。这就是艺术设计的社会服务属性。正是这种社会服务的属性成为艺术创作与艺术设计的本质区别。因此，以社会价值体现作为最终目的，就成为设计在实施过程中，设计者人际沟通所必须遵循的原则。

艺术家的个体价值总是通过自己的作品来实现。虽然由于艺术类型的不同，表现的方式各异，但能否取得社会的共鸣是其社会价值体现的唯一标准。也许某些艺术家的创作超出了当时社会能够接受的范围，其作品处于孤芳自赏的境地。这种境遇反映的无非是两种情况：其一是艺术水平高超；其二是艺术水准平庸。无论何种在当时的社会条件下都不会被承认，个体的创作者也不会被社会认可为艺术家。虽然，艺术家个性化创作的非功利性追求是艺术创新的基础条件，可是这种创新一旦被社会接受，也就随之产生了社会价值。

设计师的个体价值当然也需要通过自己的作品来实现。但是，这种作品表现为两种形态：其一为设计的方案；其二是由设计方案转化的产品。设计方案只有在实现其产品的转化后，才可能在社会价值的实现中完成自身的个体价值。当然，设计方案本身也可能因为其具备的审美特质，而具有艺术品的社会价值，但是，由此也失去了设计的本质意义。所以说设计师只有将方案转化为产品，才具有艺术设计真实的社会价值。

人的社会生存需要精神层面的抚慰。除了内在的主观追求，还需要外在客观的时代精神滋养。一个特定的历史时期会产生与之相适应的时代精神。这种时代精神成为社会中个体人的思想支柱，并集中反映于当时的社会意识形态，体现在审美观、价值观、人生观的各个层面。

时代精神存在于社会主流人群的思想意识，但这种时代精神并不一定代表着先进文化。体现于社会主流人群的现实文化素质。是由文化素质基础产生的思想意识，它受到当时社会政治与经济的影响，必定在主流人群中形成某种特殊的思维定势。这种思维定势影响着当时社会观念的各个层面。当一种社会形态处于某种体制控制下的相对稳定期，那么时代精神与社会价值的观念之间是相互平衡的。而一旦社会形态处于体制的转型期，那么时代精神与社会价值的观念之间就会失去平衡。

既然时代精神取决于社会主流人群的思想意识，那么代表先进文化的时代精神能否占据社会主流人群的头脑。就成为与之相适应社会价值实现的关键环节。就艺术设计的观念形态而言，代表先进文化的时代精神是其创作的本原动力。在社会价值的评价体系中：要么是设计者的观念落后于时代精神；要么是使用者的观念落后于时代精神。只有取得两者的平衡，具有先进文化时代精神的艺术设计作品才有可能得到最大的社会价值。

艺术设计者的设计方案必须成为产品才能实现其社会价值，在这个转换的过程中有一个关键的决策程序。决策者或是产品的生产部门，或是产品的使用部门。大型的产品开发项目，尤其是与城市景观的环境设计项目，决策者往往涉及相关的政府部门。未经决策者的通过，设计者的方案就永远是纸面文章。可以这样说：设计者的个体价值要通过社会价值的体现来实现，但命运之门的钥匙却掌握在决策者手中。这就是艺术设计的社会服务属性所决定的。

因此，决策者的社会综合文化素质集中反映在特定的设计项目上。体现于产品或项目在功能与形式两个方面的取舍。功能实用与形式美观的和谐统一是艺术设计的至高境界。真正能够在产品项目上做到这一点，在设计者的社会实践中是非常不容易的，而决策层面的两难境遇也同样体现与此。一般来讲，人们总是注重于产品的使用功能，但是在社会经济的上升期，审美的需求往往成为左右决策者决策的主旨。

从某种意义上讲，社会因素的融通在设计方案的实施过程中占据了十分重要的位置，甚至可以说远大于技术因素。这就需要设计者掌握相应的公关技巧。很多情况下项目的取得来自于设计者的人格魅力。要成为一个优秀的设计者，先要学会做人，讲的就是这个道理。

1.4.3　设计创意与设计表达

创意与表达构成了环境艺术设计全部的内容。创意与表达是不可分割的设计内容。作为一个合格的设计者，创意的能力代表了自身心智所达到的水平，表达的能力则集中反映了自身肢体操作的技能。两者对于设计者缺一不可。理论家可以滔滔不绝地雄辩，但不一定能够完成一项完美的设计；绘图员可以熟练地操作电脑绘图，但同样未必成为设计师。眼高手低与眼低手高对于一个优秀的设计者来讲都是不可取的。

1. 设计创意的基础

设计创意是一种脑力的创造性劳动。创造，即做出前所未有的事情。只有通过人脑的思维，确定针对某种事物创造的发展概念和具体工作方法，通过艰苦的脑力劳动和所有必须的实践，才能完成特定的创造。可见创造的基础在于人本身心智与体能发挥的潜在素质。那么如何发掘自身所具有的这种创造潜质，就成为每一个立志以创造为业的艺术设计师最关心的问题。

创造的源泉是什么？原始性的创新动力到底来自何方？天才、生理、兴趣、意志、信仰⋯⋯ 抑或还可以举出更多。总之这是一个有诸多争议尚未明确的命题。

所谓动力无非是两种解释：可使机械运转做功的力量，如水力、风力、电力、热力、畜力等；比喻推动事物运动和发展的力量。显然前者是客观存在，后者是主观意识。在认识原创动力这样一个敏感问题上，持唯物辩证的态度应该是符合事物发展基本规律的。

在诸多的动力因素中人的天赋应该是最具争议的。天赋——自然所赋予，生来所具有。天赋与天才在词义上有所不同：天才"特殊的智慧和才能。元稹《酬孝甫见赠》诗：'杜甫天才颇绝伦，每寻诗卷似情亲。'"[1]在人们一般的概念中，天赋与天才都是不经过艰苦专门学习或专业训练即可具备某种特殊能力的基本素质。我们不否认人的天赋，不否认天才的产生，因为人本身就存在着生理的差异，比如视知觉中的色盲或色弱。不可想像有色盲的人会成为用色彩表现自然的画家。人的身体素质各不相同，同样会表现出各方面的生理差异。就认知系统的司令部大脑而言，自然也会有记忆与反映的差异。通常我们总是用智商来恒定一个人智力的高低，用俗语来讲就是一个人聪明与否的问题。"智商即'智力商数'。表示人的智力发展水平。其计算公式为：智力商数＝智力年龄 ÷ 实足年龄 ×100。如某儿童智龄和实龄相等，依公式计算，智商等于100，即表示其智力相当于中等儿童的水平。智商在120以上的称作'聪明'，在80以下的称为'愚笨'。聪明即视听灵敏，聪明实际上也就是指特定个人接受外界信息的能力超常。所以从人的本质来讲，天才无非还是建立在感觉器官功能优异的基础上。智商基本上是相当稳定的，如两个六岁儿童的智商分别为80和120，在小学毕业后，他们的智商基本上仍分别为80和120。"[2]可见智商的高低既与大脑的生理发育有关，也与一个人婴幼儿期的教育关系重大。虽然这个时期的教育更多的表现为耳濡目染，但一个人的个性与智力基本形成于婴幼年龄。狼孩是这个问题最具实证的例子。当然我们也不否认后天的努力，但就实际情况而言如果失去婴幼儿期的教育基础，后天的努力将会是极其艰巨的，只有非凡的自信心与意志力，同时还要有

---

1 《辞海》1479 页 . 上海：上海辞书出版社，1999

2 《辞海》1691 页 . 上海：上海辞书出版社，1999

合适的外部环境才有可能成功。也许这就是所谓的命运。由于艺术设计创造直接涉及复杂的空间概念,所以要成为一个设计工作者就需要空间感知力超常的才能。

在原创动力的诸种要素中,建立自身的激励机制是极为重要的。激励即激动鼓励使振作。激发人的动机的心理过程。有各种形式的激励手段。有效的激励手段必须符合人的心理和行为的客观规律。认知心理学认为,激励是一个复杂的过程,要充分考虑人的内在因素,如思想意识、需要、兴趣、价值等。

思想意识是一个主观的心理认知概念。在激励的机制中居于主导地位;需要在人的生活中具有物质与精神的双重概念,在激励的机制中居于直接动力的位置;兴趣是行业技能天赋的直接动因,在激励的机制中居于助推动力的位置;价值是衡量人类劳动的唯一标准,虽然不同的价值观决定了不同的人类劳动取向。但就艺术设计原创动力的激励机制而言,价值最终的恒定作用则是毋庸置疑的。

建立自身的激励机制在客观上依赖于人的心理与行为要素,但在主观上则要靠意志与自信。

意志"自觉地确定目的,并根据目的来支配、调节自己的行动,克服困难,实现预定目的的心理过程。意志对行动的调节作用,包括发动和抑制两个方面。前者指促使人从事带有目的性的比喻行动;后者则指制止与预定目的相矛盾的愿望和行动。意志过程使人的内部意识向外部动作转化,体现出人的心理活动的主观能动性,是人类所特有的。"[1]意志的这种主观能动作用在激励机制中非常明显,在很多情况下甚至是决定性的。坚强的意志力培养虽然有先天的因素,但更多的来自后天境域的磨练。

自信"自己相信自己。如:自信心。《旧唐书·卢承庆传》:"朕今信卿,卿何不自信也。"[2] 虽然自信心的建立依靠人自身主观意志与客观技能的确立。但对于一个艺术设计的工作者来讲,更应该强调其主观性。就设计的原创动力而言丧失自信意味着丧失一切。

人的创造能力的取得是一个渐进的积累过程。这个积累的过程实际上就是人的全部后天经历。在所有的后天经历因素中,积累的环境显得尤为重要。只有在家庭、学校、社会三个主要外部环境中接受完整教育的人,才能够完成这样的积累。

空间形象创意思维的拓展从理论的角度来讲:就是以人的感官所感受的环境空间实体与虚形所反映的全部信息去发散思维。也就是空间总体氛围表象的设计创意。但是,环境艺术设计作为一门综合性与操作性都很强的专业,毕竟还是要通过各种技术的手段,运用不同方式的协调技能,按照艺术设计的规律,用行为推理与图形思维的方式,最终完成空间形象的创造。因此,作为设计创

1《辞海》266 页.上海:上海辞书出版社,1999
2《辞海》2281 页.上海:上海辞书出版社,1999

意的基础：设计者既要有理论指导的能力，又要掌握实际的设计手段。而所有这些能力与手段的获得又是设计者先天素质和后天教育的积累。

2. 设计创意的思维方式

设计创意的思维方式来自于人类认知客观世界的基本方式。

表象与想像作为认知物质世界最基本的思维客体与主体，显然在新的物象创造中具有决定意义。然而在艺术设计的领域仅具备这样的认知能力是远远不够的。我们在评价一个人是否具备艺术设计的创造能力时经常要提到"悟性"的问题，所谓悟性实际上就是观察客观世界的思维方式。也就是能否成功从表象到想像的认知转换到新形象的创造。这种创作思维的形象转换方法是一个艺术设计创造者必须具备的专业素质。

思维："指理性认识或指理性认识的过程。是人脑对客观事物能动的、间接的和概括的反映。包括逻辑思维与形象思维，通常指逻辑思维。它是在社会实践的基础上进行的。认识的真正任务在于经过感觉而到达于思维。"[1] 任何一门专业都有着自己科学的工作方法，环境艺术设计的方法主要体现于两种思维方式的综合运用。

设计的过程与结果都是通过人脑思维来实现的。思维的模式与人脑的生理构成有着直接的联系。根据最新的科学研究成果，人大脑的左右两半球分管的思维类型是完全不同的。左半球主管逻辑思维，具有语言、分析、计算等能力。右半球主管形象思维，具有直觉、情感、音乐、图像等鉴别能力。人的思维过程一般地说是逻辑思维和形象思维有机结合的过程。就设计思维而言，由于本身跨越学科的边缘性，使单一的思维模式不能满足复杂的功能与审美需求。而环境艺术设计在所有的设计门类中又是综合性最强的一类，因此它的思维模式显然具有自身鲜明的特征。正是这种思维特征构成了设计创意方法的特有模式。

设计概念扩展与界定的过程与艺术创作相似。每一个人都会有表象的感知，但并不意味每一个人都能够进行艺术创作。因为，如果只有表象的感知而不张开想像的翅膀，认知的表象就不可能转换为新的形象。在这里想像具有决定的意义。我们经常能够在生活中发现一些画家或摄影师面对看似平凡的物象发呆，这是因为他们往往可以在这些平常的物象中发现新的创作灵感。敏锐的表象感知能力是新形象产生的基础，而丰富开阔的想像则是新形像产生的本质。

当前的第一感觉，是指人接触新事物或新形象后最初的刺激强度。一般来讲第一印象总是最深的，随着接触同一事物或形象的次数增多，刺激的强度会逐渐减弱。因此第一感觉的想像如果不能够迅即展开，往往会失去最佳的创作

1《辞海》2027 页．上海：上海辞书出版社，1999

想像时机。感觉是在生物的反映形式——即刺激反应性的基础上发展起来的。感觉属于认识的感性阶段，是一切知识的源泉。虽然，人类感觉在复杂的生活条件下和变革现实的活动中得到了高度发展，它的产生同时包含社会发展的因素，与自然动物简单的刺激反应有本质的区别。但是生命体本源的刺激反应性所起的作用却是第一性的。因此保持对事物的第一感觉，在想像的概念中是极其重要的环节。

瞬时感悟未知形态的物象，实际上是认知回忆与强烈的第一感觉碰撞的产物。在这里联想起着关键的作用。联想属于一种对物象跳跃式思维的连锁反映。是由一事物想起另一事物的心理过程。是现实事物之间的某种联系在人脑中的反映，往往在回忆中出现。联想有多种形式。一般分为接近联想、类似联想、对比联想、因果联想等。在艺术创作中联想具有强烈的主观意识。在充分调动自身思想贮藏的同时，往往能够在瞬时从一种形象转换到毫不相关的另一种形象。从而产生创作的冲动，将一个从未有过的形象表现出来。

对于艺术家和设计师而言想像的空间不受任何约束，离开想像我们不可能进行任何创造。从表象的认知到想像的演绎，构成了艺术设计创作过程典型的概念思维模式。

作为项目设计主持的指导者，在主导虚拟概念的限定下需要给予设计者充分的想像空间，不要有更多的具体空间形态限定。设计概念经过有限时段的充分扩展后需要及时确定，不能没完没了的反复。因为时段的概念是设计创意思维方式重要的控制内容。

3. 设计表达的意义

设计的表达属于信息传递的概念，信息"通常需通过处理和分析来提取。信息的量值与其随机性有关，如在接收端无法预估消息或信号中所蕴含的内容或意义，即预估的可能性越小，信息量就越大。"[1] 而这种预估在艺术设计中恰恰是较大的。几乎所有的人都会对自己生活的环境场所有着某种特定的形式期待，设计所表达的理念如果与之相左，往往很难获得通过。在所有的艺术设计门类当中，环境艺术设计信息的获取是最为困难的类型之一，其原因也就在于信息量很难做到最大。由于设计的最终成品不是单件的物质实体，而是由空间中物质实体与虚空组构的环境氛围所带来的综合感受。即使选用视觉最容易接受的图形表达方式，也很难将所包含的信息全部传递出来。"新制人所未见，及缕缕言之，亦难尽晓，势必绘图作样；然有图所能绘，有不能绘者。不能绘着十之九，能绘者不过十之一。因其有而会其无，是在解人善悟耳。"[2] 在相当多的情况下，同一种表达方式，

1《辞海》299 页．上海：上海辞书出版社，1999
2 [清] 李渔《闲情偶寄·居室部》

面对不同的受众，会得出完全不同的理解。因此室内设计的表达，必须调动起所有的信息传递工具，才有可能实现受众的真正理解。

在环境艺术设计表达的类型中，图形以其直观的视觉物质表象传递功能，排在所有信息传递工具的首位。如典型的相关专业室内设计：其最终结果是包括了时间要素在内的四维空间实体，而室内设计则是在二维平面作图的过程中完成的。在二维平面作图中完成具有四维要素的空间表现，显然是一个非常困难的任务。因此调动起所有可能的视觉图形传递工具，就成为室内设计图面作业的必需。图面作业采用的表现技法包括：徒手画（速写、拷贝描图），正投影制图（平面图、立面图、剖面图、细部节点详图），透视图（一点透视、两点透视、三点透视、轴测透视）。徒手画主要用于平面功能布局和空间形象构思的草图作业；正投影制图主要用于方案与施工图的正图作业；透视图则是室内空间视觉形象设计方案的最佳表现形式。虽然这部分工作目前在很大程度上被计算机所替代。但作为设计者的基础训练和最初的设计概念表达仍然是不可或缺的环节。其他专业虽然不如室内那样细微，但也具有自身定位所需要展现的特殊表现形式。

环境艺术设计的图面作业程序基本上是按照设计思维的过程来设置的。设计思维一般经过：概念设计、方案设计、施工图设计三个阶段。场所的总体规划与平面功能布局，通过空间形象构思草图成为概念设计阶段图形表达的主体；透视效果图和工程制图是方案设计阶段图形表达的主体；构造节点详图则是施工图设计阶段图形表达的主体。设计每一阶段的图形表达，在具体的实施过程中并没有严格的控制，为了设计思维的需要，不同图解语言的融会穿插是设计图形表达经常采用的一种方式。

书面的文字同样是设计重要的表达工具。图形只有通过文字的解释与串接才能最大限度地发挥出应有的效能。同时文字的表述能够深入到理论的深度，在设计项目的策划阶段，在设计概念的确立阶段，在设计方案的审批阶段均能够胜任于信息传达的深化要求。

口语表达是图形与文字表达的进一步深化。由于设计的最终实施必须经由使用方的最终认可，图形与文字的表达方式尽管具有信息传递的全部功能，但并不能替代人与人之间直接的情感交流。现在的信息传递工具已经十分先进：移动电话、计算机网络、远程视频课程…… 然而单向的信息传递即使是爆炸性的，也不一定会被接受方理解。信息发送与信息接受，并促使双方沟通的最佳方式，仍然是人与人面对面的直接表述，由于交往中的口语伴随着讲述者的表情与肢体语言的辅助，能够产生一种特殊的人格魅力，从而获得对方的信任与理解。因此在室内设计的各个环节：确立概念、设计投标、方案论证、施工指导都少不了口语的表达。

由于环境艺术设计的四度空间特征，空间模型的表达方式，无论是学习阶段还是设计实施阶段，都是理想的专业表达方式。只是由于尺度、材料、时间、财政的关系我们不可能个个方案都做实体 1：1 模型，而小尺度模型观看的角度与位置，很难达到身临其境的效果。所以在计算机模拟技术出现之前，模型的信息传递功能在某些方面还赶不上透视效果图。当然随着计算机技术的发展和这种先进工具的普及应用，空间模型完全可以用虚拟的方式实时展现。因此今后空间模型的表达会逐渐转移为虚拟的方式。同时随着计算机运算速度的进一步加快，我们将不仅运用它来绘制图纸，而是真正进入计算机辅助设计与表达的阶段。

第2章
环境艺术设计的空间尺度

第 2 章　环境艺术设计的空间尺度

2.1　空间尺度的基本概念

2.1.1　空间尺度的意义

尺度是空间环境设计中众多要素中最重要的一个方面，它是我们对空间环境及环境要素在大小的方面进行评价和控制的度量。尺度在空间造型的创作中具有决定的意义。在空间设计中如果没有对几何空间的位置和度量（尺度）进行任何限制与制定，也就不可能形成任何有意义的空间造型，因此从最基础的意义上说，尺度是造型的基本必备要素。理想空间的获得，与它对应于人的心理感受和生理功能密切相关。各种人造的空间环境都是为人使用，是为适应人的行为和精神需求而建造的。因此在满足客观条件（材料、结构、技术、经济、社会和文化等问题）的前提下，我们在设计时应选择一个最合理的尺度和比例。这里所谓合理的是指适合人们的生理与心理两方面的需要。令人的心灵感到协调适宜，令功能适用、结构科学合理是空间尺度与比例控制的核心要义。

尺度问题看似简单，它只涉及对空间环境大小的评判，但其背后所涉及的原因却十分复杂，是艺术与科学错综复杂交织的问题。古人和现代的设计大师们对尺度问题有很多精辟的论述，从古希腊的黄金分割、希腊罗马的古典柱式、古典主义的经典比例到柯布西耶的模数制；从维特鲁威的人体比例、20 世纪的人体工程学到环境心理学、人类行为学，前人与现代科学对尺度问题从各个角度进行了探索。古典建筑与景观园艺作为七大艺术之首，从造型艺术的角度发展了以美学为视角的空间尺度体系。工业革命与现代科学的出现，产生了以包豪斯为代表的现代设计，为建筑与室内等空间环境的设计引入了现代科学的思想方法，尺度的问题也已经不仅仅是美的问题，它被融入了更多的科学观念。

传统的设计理论把尺度问题看作是美学问题，认为尺度是美得以实现的基本条件，存在着绝对客观的抽象的美的尺度，甚至费尽周折地发掘它的存在，发展了很多有关的理论。认为大自然在最基础的水平上是按美来设计的，自然在它的定律中向人们展示的是一种设计的美。尺度正是恒定这种设计美的要素。现在来看这些理论，虽然某些结果有合理的部分，有其解释的理论根据，但当今人类社会对世界认识的新发展使这些理论显得不够完善准确。

美是什么，美的本质是生理和心理活动的欲望的满足，生理的满足由生理条件和客观自然规律决定。心理的满足是主观经验对于外界的预期与结果的对比，条件反射也好、心理定势也好、经验也好，其实都是一回事。是对外界的条件建立一种对应的生理或心理的关联反应，这种关联反应的建立，在生物和生物进化中的意义是，在多数情况下可以提高生物对应周围环境的效率（反应速度），多数情况是指自然事务的发展总是有一般规律，起始与结果也是有一定规律的。从提高效率的角度出发，生物体没有必要对每一个外界的条件的后果进行逐一的分析，可以通过生物的进化（生理的层面）、个体成长过程（心理的层面）和经验积累（文化的层面）建立多层面的因果关联反应，直接从条件跳到结果，省略了中间的分析过程。事件的发展如果符合条件反射、心理预期、经验等，就会产生美的感受，因此，美的体验实际是关联成功的奖赏。美背后的本质还是客观规律。美的尺度背后不是什么抽象神秘的数据，而是实实在在的对人类个体或群体有益的客观规律。因此所谓尺度的"合理"背后也必然存在其他的合乎自然规律并且也满足人类的需求的"合理"成份。

2.1.2　空间尺度概念的分类

从古希腊、古罗马，到现代主义的大师们，人们在讨论空间环境的大小问题时，针对空间的尺度问题，提出了很多理论。从西方的黄金分割到东方"斗口"、"间"，看似讨论的对象相同，而理论却千差万别。实则是对空间尺度的基本概念界定并不完全统一。那什么是空间尺度呢？笔者以为空间尺度所包含的内涵和具体的应用概念有不同的分别。

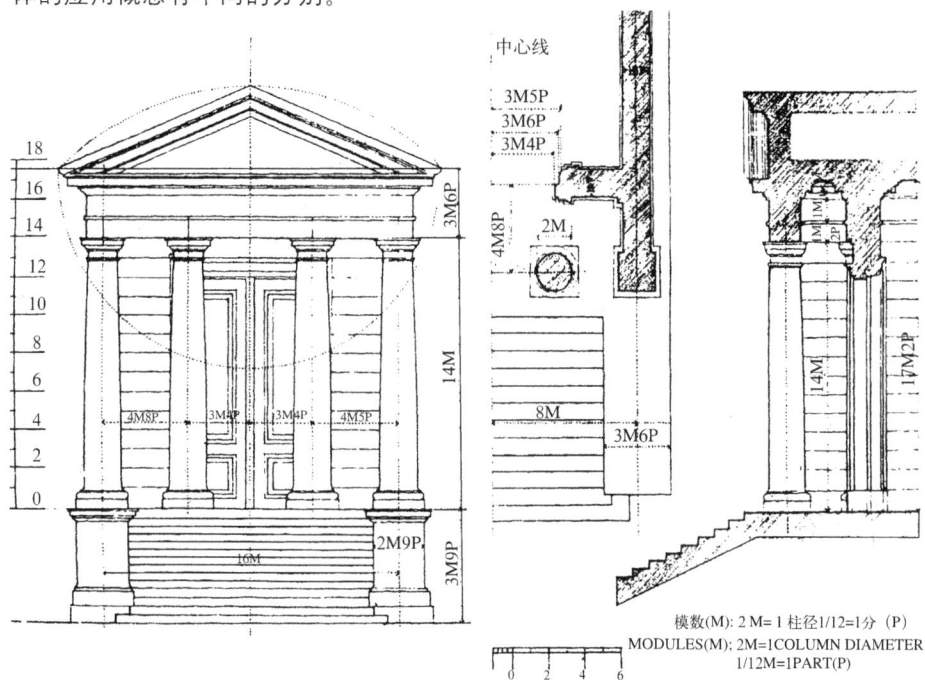

模数(M)：2 M= 1 柱径1/12=1分（P）
MODULES(M); 2M=1COLUMN DIAMETER
1/12M=1PART(P)

图2-1　由人的视觉、心理和审美决定的尺度

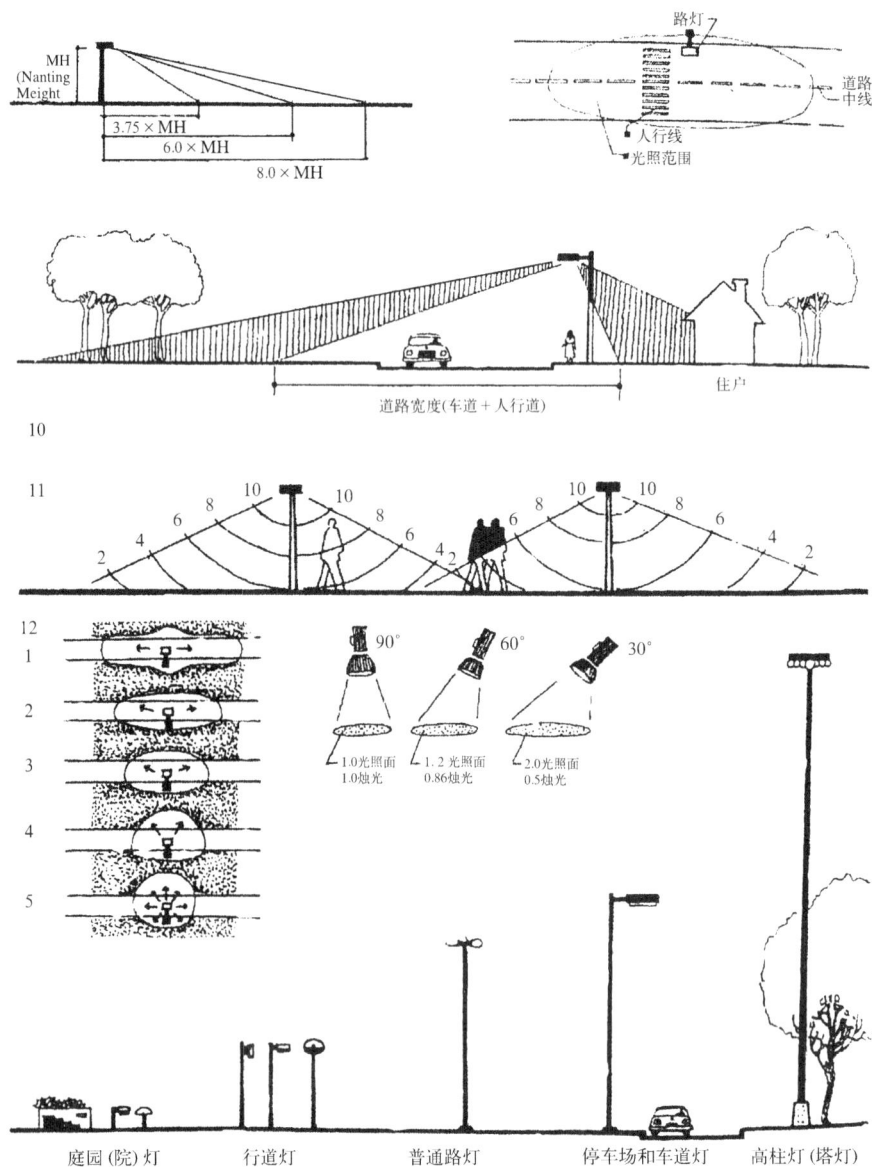

MH
(Nanting
Meight)

3.75 × MH
6.0 × MH
8.0 × MH

路灯
道路中线
人行线
光照范围

道路宽度(车道＋人行道)
住户
10

11

10
8
10
8
10
10
8
6
6
4
2
4
6
4
2
4
2

12
1
2
3
4
5

90°
60°
30°

1.0光照面
1.0烛光
1.2光照面
0.86烛光
2.0光照面
0.5烛光

庭园(院)灯　　　　行道灯　　　　普通路灯　　　　停车场和车道灯　　高柱灯(塔灯)

图2-2　由生理及行为、技术等因素决定的尺度

从内涵来说，在空间尺度系统中的尺度概念包含了两方面的内容。一方面是指空间中的客观自然尺度，可以称为客观尺度、技术尺度、功能尺度，其中主要有人的生理及行为因素，技术与结构的因素。这类尺度问题以满足功能和技术需要为基本准则。是尺寸 (dimension) 的问题，绝对的问题，没有比较关系，决定的尺度因素是不以人的意志为转移的客观规律。另一方面是主观精神尺度，可以称为主观尺度、心理尺度、审美尺度。它是指空间本身的界面与构造的尺度比例。主要满足于空间构图比例，在空间审美上有十分重要的意义。这类尺度主要是满足人类心理审美。是由人的视觉、心理和审美决定的尺度因素，是相对的尺度 (scale) 问题，有比较与比例关系（图 2—1、图 2—2）。

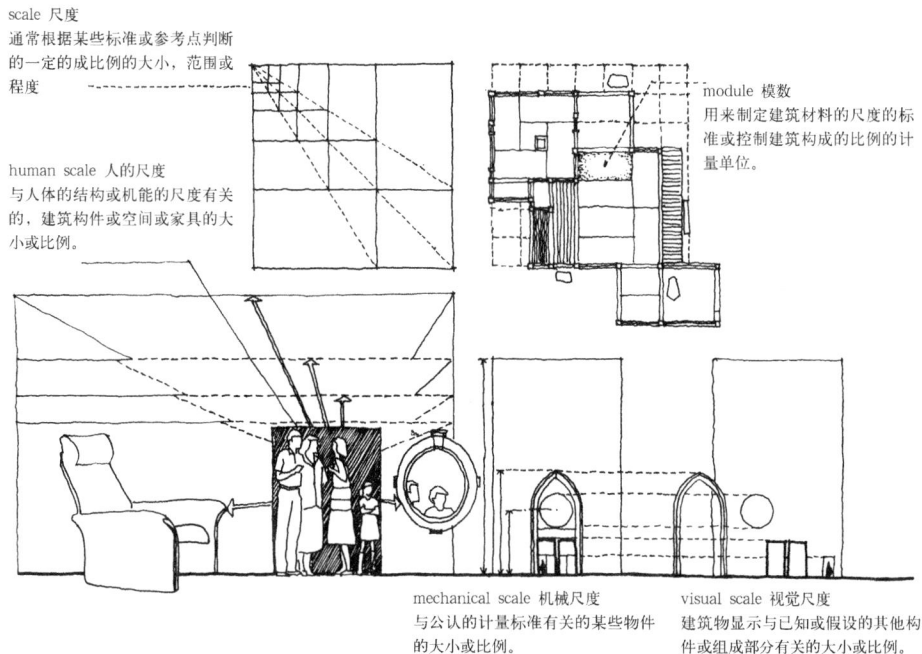

scale 尺度
通常根据某些标准或参考点判断的一定的成比例的大小，范围或程度

human scale 人的尺度
与人体的结构或机能的尺度有关的，建筑构件或空间或家具的大小或比例。

module 模数
用来制定建筑材料的尺度的标准或控制建筑构成的比例的计量单位。

mechanical scale 机械尺度
与公认的计量标准有关的某些物件的大小或比例。

visual scale 视觉尺度
建筑物显示与已知或假设的其他构件或组成部分有关的大小或比例。

图2-3 不同的尺度内涵

从具体的应用概念来说，空间的尺度是对空间环境的大小进行度量与描述的一组概念，每一个概念从不同的角度描述了空间环境在大小度量中的特征。包括尺寸、尺度、比例和模数。小原二郎（日）在《室内空间设计手册》一书中对尺度概念的描述比较全面地阐述了尺度内涵。尺度有四个方面的意义。第一是以技术和功能为主导的尺寸（dimension），即把空间和家具结构的合理与便于使用的大小作为标准的尺寸。第二是尺寸的比例（proportion），它是由所看到的目的物的美观程度与合理性引导出来的，它作为地区、时代固有的文化遗产，与样式深深地联系在一起，如古代的黄金分割比例。第三是生产、流通所需的尺寸——模数制（module），建筑生产的工业化和批量化构件的制造，在广泛的经济圈内把流通的各种产品组合成建筑产品，需要统一的标准，这就是规格的尺寸。第四为设计师作为工具使用的尺寸的意义——尺度（scale）（图2-3），每个设计师具有不同的经验和各自不同的尺度感觉及尺寸设计的技法。毋庸置疑，其中大多数人遵循的是习惯、共同的尺度，但由于设计本身是自由的，个人的经验与技法不尽相同。每个设计师对尺度有不同的理解。

2.1.3 尺寸

尺寸（dimension）

尺寸是空间的真实的大小的度量，尺寸是按照一定的物理规则严格界定的，用以客观描述周围世界在几何概念上量的关系的概念，有基本单位，是绝对的，

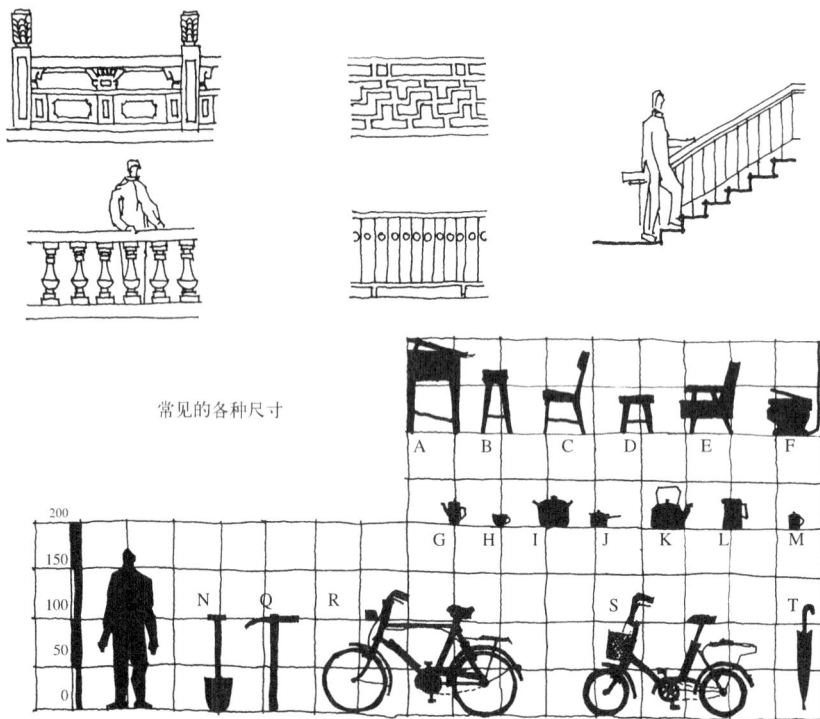

常见的各种尺寸

图2-4　常见的各种尺寸

是一种量的概念，不具有评价特征。

在环境艺术的空间尺度中，大量的空间要素由于自然规律、使用功能等因素，在尺寸上有严格的限定，如人体尺寸、家具的尺寸、人所使用的设备机具的尺寸等，还有很多涉及空间环境的物理量的尺寸，如声学、光学、热等问题，都会根据所要达到的功能目的，对人造的空间环境提出特定的尺寸要求。这些尺寸是相对固定的，不会随着人的心理感受而变化。最常见的尺寸数据是人体尺寸、家具与建筑构件的尺寸（图2-4）。

尺寸是尺度的基础，尺度在某种意义上说实际上是长期应用的习惯尺寸的心理积淀。尺寸反映了客观规律，尺度是对习惯尺寸的认可。

2.1.4　尺度

1. 尺度（scale）

尺度通常指根据某些标准或参考点判断的一定的成比例的大小、范围或程度。Scale 一词在英文中与 dimension（尺寸）不同，它不仅指物体的大小，而且有比例的含义。

在诸多的设计要素中尺度是衡量环境空间形体最重要的方面，尺度是同比例相联系的，指我们如何在与其他形式相比中去看一个环境要素或空间的大小。在环境艺术中的空间尺度，指空间要素显示的与已知或假设的其他构件或组成部分有关的大小和比例。托伯特·哈姆林（美）在他的《建筑形式美的原则》中指出："尺度这一特性使环境空间呈现出恰当的或预期的某种尺寸"，也可以说是视觉或心理的尺度。

尺度涉及具体的尺寸，不过尺度一般不是指真实的尺寸和大小，而是给人感觉上的大小印象与真实尺寸大小的关系。虽然按理两者应当是一致的，而实践中却有可能出现不一致。如果两者一致意味着空间形象正确的反映了真实的大小。如果不一致就失掉了应有的尺度感，会产生对本来应有大小的错误判断。经验丰富的设计师也难免在尺度处理上出现失误。问题是人们很难准确地判断空间体量的真实大小，事实上，我们对于空间的各个实际的度量的感知，不可能是准确无误的。透视和距离引起的失真，文化渊源等都会影响我们的感知，因此要用完全客观精确的方式来控制和预知我们的感觉，决非易事。空间形式度量的细微差别，特别难以辨明，空间显出的特征——很长、很短、粗壮或者矮短，这完全取决于我们的视点，这种特征主要来源于我们对他们的感知，这不是精确的科学。

尺度的界定没有一定的严格规则，其衡量标准或单位会随着对象的不同而改变，它主要用以一定的参照系去衡量周围世界在几何关系中量的概念，没有特定的单位，是相对的，具有按照一定的参照系的评价特征。尺度是怎样产生的呢，整体结构的纯几何形状是产生不了尺度的，几何形状本身没有尺度。一个四棱锥可以是小到镇纸，大到金字塔之间的任何物体；一个球形，可以是显微镜下的单细胞动物，可以是网球，也可以是1939年纽约世界博览会的圆球。它们说明不了本身的尺寸问题。要体现尺度的第一原则是，把某个单位引入到设计中去，使之产生尺度。这个引入单位的作用，就好像一个可见的尺杆，它的尺寸人们可以简易、自然和本能的判断出来（图2-5）。

这些已知大小的单位称为尺度给与要素，分为两大类，一是人体本身；二是某些空间构件要素——空间环境中的一些构件如栏杆、扶手、台阶、坐凳等，它们的尺寸和特征是人们凭经验获得并十分熟悉的，由于功能要求，尺寸比较确定，因而能帮助我们判断周围要素的大小，有助于正确的显示出空间整体的尺度感。往往会运用它们作为已知大小的要素，当作度量的标准。像住宅的窗户、大门能使人们想像出房子的大小，有多少层。楼梯和栏杆可以帮助人们去度量一个空间的尺度。正因为这些要素为人们所熟悉，因此它们可以有意识的用来改变一个空间的尺寸感（图2-6、图2-7）。

（1）人体尺度

人体尺度是指与人体尺寸和比例有关的环境要素和空间尺寸。这里的尺度是以人体与建筑之间的关系比例为基准的，由此产生的建筑之间的大小关系与这种基准有直接的联系。人总是按照自己习惯和熟悉的尺寸大小去衡量建筑的大小，

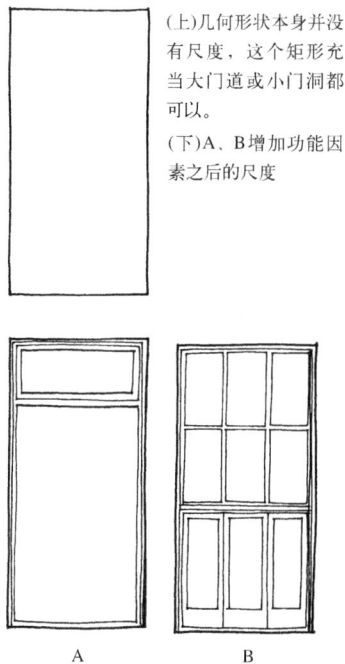

（上）几何形状本身并没有尺度，这个矩形充当大门道或小门洞都可以。
（下）A、B增加功能因素之后的尺度

A　　　　　B

图2-5

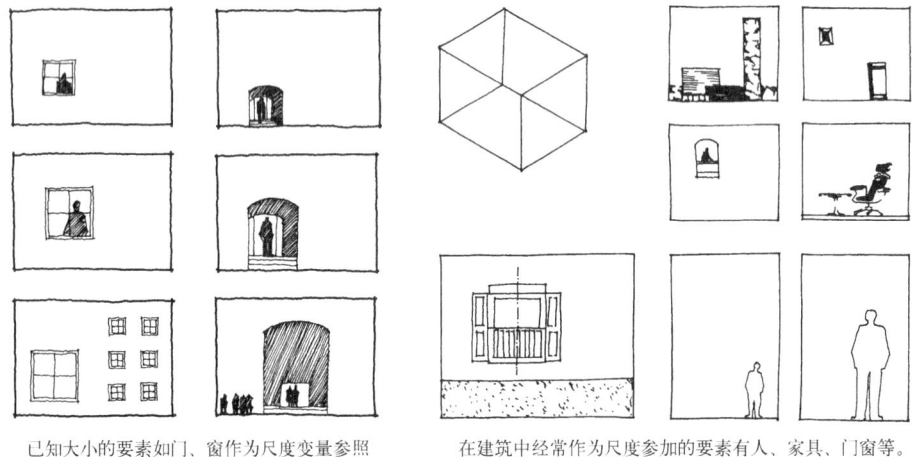

引入了人作为单位使不同的门产生尺度感　　　　用同一比例尺绘制的各种不同形式的窗

图2-6

已知大小的要素如门、窗作为尺度变量参照　　　在建筑中经常作为尺度参加的要素有人、家具、门窗等。

我们自身就变成了度量空间的真正尺度了，也就是说建筑的尺寸感能在人体尺寸或人体动作尺寸的体会中最终分析清楚。由于空间体系与人体在客观规律及影响因素方面各不相同，所以在尺度体系上会产生脱离联系的现象，而人造空间环境最终的使用者是人，因此在考虑了其他的客观因素的前提下，空间环境在尺度因素方面要综合考虑适应人的生理及心理因素。这就是空间尺度问题的核心（图2-8）。

（2）结构尺度

人体尺度因素包揽不了设计师创造空间尺度的全部内容，还有一些对我们来说已经变成习惯运用的结构单元的尺寸，几乎每个人都可以直觉的领悟到一块砖的大体尺寸，又如瓦、护墙板也是拥有尺度感觉的单位。其他的较大型的结构构件如木制梁架、砖石拱、钢构架等，它们是与公认的计量单位有关的由于技术因素构成的构件的大小与比例，由于功能、材料与工艺等一系列的问题要求，尺寸比较确定。

如果这些构件的尺寸超越常规（人们习以为常的大小），就会造成错觉，对空间整体的真实大小的判断就难以准确。如果这个构件看起来比较小，建筑就会显得大，若是看来比较大，这个体就会显得小。假定有许多这样易于判断尺寸的

以不变要素来显示建筑物尺度

通过栏杆、踏步等不变要素往往可以显示出正常的尺度感，这些要素在建筑中所占的比重愈大，其作用就愈显著。例如近代的住宅或旅馆建筑往往就是通过回廊、阳台的处理而使建筑获得正常的尺度感。

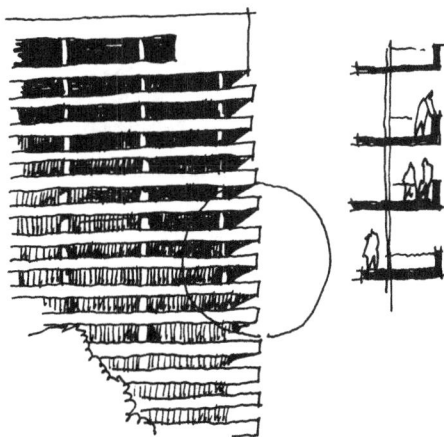

通过挑台以显示其整体的尺度感。

1.通过栏杆这种常见的、具有确定高度的要素与其他部分相对比而有效地显示出整体的尺度。

门本来是一种可变的要素。但在近代建筑中出于功能的考虑一般设计的很小巧，在这种情况下也可以通过它来显示整体的尺度。

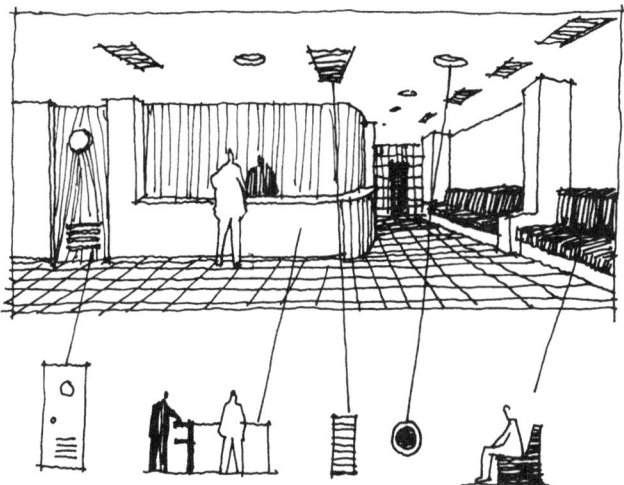

2.中国古典园林建筑所采用的"小式做法"往往通过瓦、栏杆等要素与整体的比给人以亲切的尺度感。

家具和室内的许多功能性的细部也是可以显示尺度的要素。

阳台作为要素来显示建筑的尺度。

图2-7

弗兰斯索·德·乔治所绘维特鲁威的
人体　16世纪

图2-8

人体尺度

单位，其概念的重复性会让人觉得空间的尺度比较大，相反，人们自然就会趋向于认为空间比较小。所以细部结构的尺寸、细节的多少都会对空间整体的尺度产生影响。

还有许多的细部要素可以帮助体现空间的尺度，如构件的大小、空间的图案、门窗开洞的形状、位置，以及房间里家具的大小、光的强弱，甚至材料表面的肌理粗细等都影响空间的尺度（图2-9）。

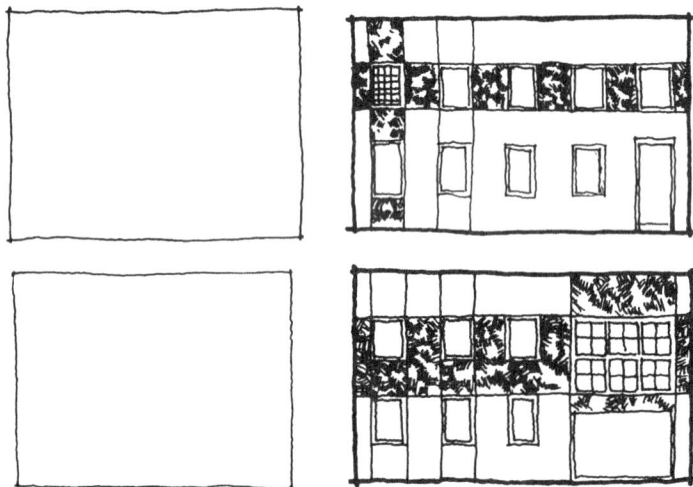

图2-9　门窗影响的结构尺度

（3）尺度与空间构图

满足于空间立面构图的尺度标准在空间形象审美上起着重要作用。同时结构与材料也在扮演着尺寸度量的角色。空间最显著的特点是：它是由界面围合的虚空，但主要的视觉感受却来自界面，因此界面的尺度就成了评价空间的重

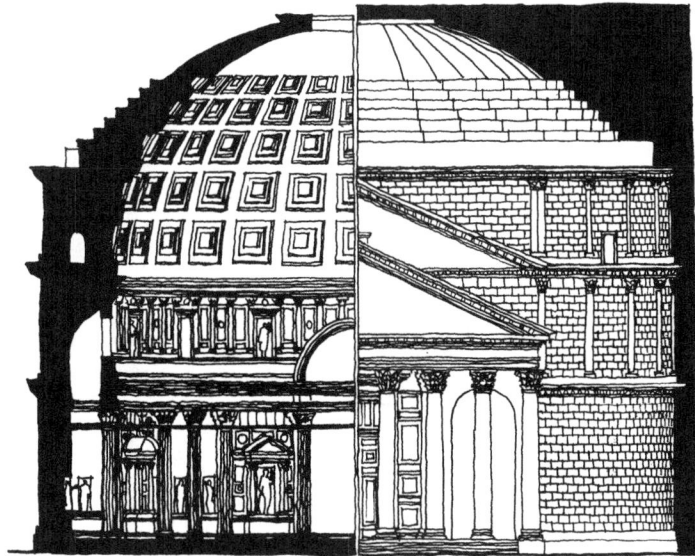

罗马，万神庙120~124年　　　　　　　　　　　图2-10

要因素。界面的构图是设计者审美素质的体现。这种艺术素养的形成主要来自于美术类的专业基础训练。界面的尺度具体体现在面积的大小、线形的粗细、长宽比的确定、材质纹理对比等不同方面。任何的空间由于功能、技术和审美的特定约束，都会有特定的尺度关系，设计师的任务就在于找出这种理想的尺度关系（图2-10）。

（4）尺度的主观意识（尺度感）

尺度是时空的客观存在，对于设计者来讲只有将它转换成主观的意识尺度才具有实际的意义。这种将客观存在转换成主观意识的最终结果就是一个人尺度感的建立。人的某种尺度感的建立主要来自于人体本身尺度与客观物体的对比，当这种对比达到一定的数量积累时，就会使人产生对某种类型物体的尺度概念，从而形成某个人特有的尺度感。以建筑为例，尺度是以人体与建筑之间的关系比例为基础的，由此产生的建筑各部分之间的大小关系与这种基准有直接的联系。人们总是按照自己习惯的大小去衡量建筑的大小，于是出现了正常尺度与超常尺度的问题。在空间环境设计中通过不同的尺度对比处理，会产生完全不同的空间艺术效果（图2-11）。

2. 整体尺度的把握

空间的尺度问题，不仅牵扯到形成某种尺度印象的问题，还涉及设计者要选择一种什么样的尺寸印象问题。作为尺子可以度量的实际尺寸是没有什么重要意义的，要想传达的尺寸感觉是什么呢？一般来说设计师总是力图使观赏者所得的印象与空间的真实大小一致，但对于某些特殊的类型如纪念性的空间环境，则

空间的尺度与感受

为了造成宏伟、博大或亲切的气氛，还必须按照不同情况赋予不同建筑空间以应有的尺度感。空间的大小首先必须保证功能要求，但在满足功能要求的前提下还必须考虑到给人以某种感受。对于一般的建筑来讲这两者是统一的，但也有少数建筑——如宗教建筑、纪念性建筑、精神方面的要求有时会大大超出功能的要求，为此，就应当根据具体情况区别对待，力求把功能要求与精神感受方面的要求统一起来。

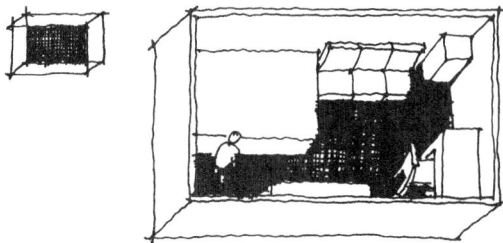

1. 对于住宅建筑，过大的空间将难于保持小巧、亲切、宁静的气氛，为此其空间大小只要能保证功能的合理性，即可获得良好的尺度感。

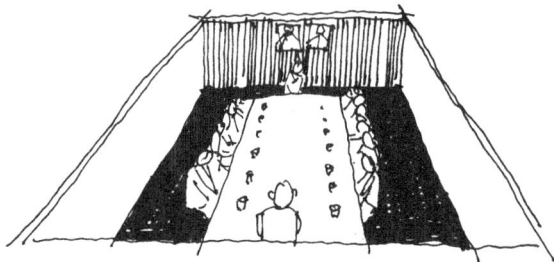

2. 一般的建筑，只要实事求是地按照功能要求来确定空间的大小，都可以获得与功能性质相适应的尺度感。

3. 就是一些政治纪念性建筑如人民大会堂的观众厅（下），从功能上讲要容纳万人集会；从艺术性上讲要具有庄严、宏伟、博大的气氛，都要求有巨大的空间，这里功能与艺术的要求也是一致的。然而历史上确有一些建筑如高直教堂、同教礼拜堂（左），其巨大的空间体量主要是由精神方面的因素确定的。

上图所示为圣·索菲亚教堂人与空间的尺度关系；下图所示为人民大会堂人与空间的尺度关系

图2-11

往往通过尺度处理给人以崇高的尺度感。对于亲切的空间则希望使人感到小巧而亲切。这些情况下虽然产生的感觉与真实的尺度不尽吻合，但为了实现某种艺术意图变成了有用的艺术手段。我们乐于领受大型建筑或重点建筑的巨大尺度和壮丽场面；也喜欢小型住宅亲切宜人的特点。一般来说尺度感觉分为三类：自然尺度、超常尺度和亲切尺度（图2-12）。

（1）自然尺度

自然尺度是让空间环境表现它自身自然的尺寸，使观者就个人对空间的关系而言，能度量出它本身正常的存在。自然的尺度问题是比较简单的，但也需要仔细处理细部尺寸的互相关系与真实空间的关系。优秀的自然尺度，常常是随着功能问题毫不牵强的解决，而糅合在设计中的。如能这样，观者在他的持续活动中，处处置身于以这些活动为目的且尺寸适当的构件中，肯定会出现尺度适当的愉快感。

（2）超常尺度

通常所说的超人尺度，它企图使一个空间环境尽可能显得大，超人尺度并不是一种虚假的尺度，因为人们仰慕某种过人的巨大，这是一种共同的和健康的情绪。超人尺度的巨大空间是人们对于超越他本身、对于超越时代的一种憧憬。超人尺度在很多的纪念性、政治性的空间环境中是适宜的。超常的尺度常常是以某种大尺寸的单元为基础的，它是一种比人们所习惯的尺寸要大一些的单元。但是，大尺寸的单元并不能独自形成超人的尺度。比方说，不能把一个尺度合适的设计拿来，将细部的每一个尺寸放大50％，以期得到一个良好的超人尺度，结果可能适得其反，空间看起来会比实际上要小。缩小空间构件的尺度，并期望获得原来尺度的任何宏伟感，也同样是不行的（图2-13）。

（3）亲切尺度

希望把空间环境设计得比它实际尺度明显小一些，例如在大型室内共享空间中的工人停留的休息处，在大型餐馆里，经营者愿意让它产生一种非正规的和私人的亲切感。而在剧院里由于希望有大量的座席，就和想使每个观众与舞台的关系尽可能紧密亲切的愿望相抵触。要成功的产生亲切的尺度决不能简单地把构件的尺寸缩小到比通常的尺寸还小，这样常常会产生相反的效果。偶尔，尺度的亲切感可以利用超尺寸的装饰与十分简洁的安排相结合而获得。另外一种情况，大面积和大型的构件细分成更小的部分也可以得到预期的效果。

3. 尺度协调与对比

在空间尺度中，必须强调的一个原则是：在任何单个的空间环境中一定要尺度协调。一旦基本的尺度感觉已经决定，设计者必须使同样的尺度类型贯彻到全部的结构中。庞大复杂的环境需要不同用途的空间，这就决定了尺寸关系的形式

妥善地处理可变的要素

关于尺度的概念讲起来并不深奥，但是在实际处理中却并非很容易，就连一些有经验的建筑师也难免在这个问题上犯错误。问题在哪里呢？就在于一些可变要素太灵活了。例如以西方古典建筑的柱式来讲，尽管它的比例关系相对来讲还是比较确定的，但是它们的尺度却可大可小，其他如穹隆屋顶、拱券、门窗、线脚等要素其形象与大小之间从建筑处理的观点来看，都有相当大的灵活性，如果处理不当或超出了一定的限度，就会失去应有的尺度感。

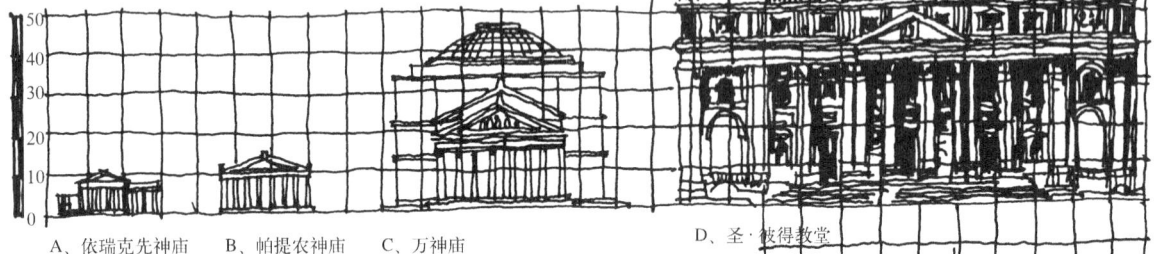

A、依瑞克先神庙　　B、帕提农神庙　　C、万神庙

D、圣·彼得教堂

E、圣·保罗教堂

究竟哪一个的尺度最为合适呢？历史上并无一定的说法，但一般却公认罗马的圣·彼得教堂大而不见其大，失去了应有的尺度感，而伦敦的圣·保罗教堂，由于把柱廊划分成为两层来处理，虽然绝对大小比不上前者，但却能使人感到高大而雄伟，其原因就在于它的尺度处理比较合适。

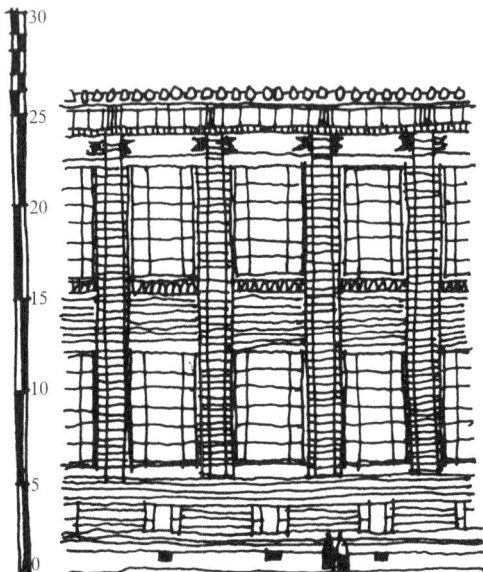

图为用同一比例尺所绘制的三个立面图：左面为历史博物馆的立面片断；中为一办公楼建筑；右为一住宅建筑。这三者的实际高度相差甚大，但立面处理却大体相同，从而使高大的历史博物馆犹如一般建筑的放大，显示不出真实的尺度感。

图2-12

A、中国历史博物馆立面片断　　　B、一般办公楼建筑的立面片断　　　C、住宅建筑主立面片断

图2-13

是多种多样的。每个空间依靠它的用途，依靠所期望得到的情绪效果，而拥有自己的尺度。设计师的任务就是利用分级的尺度系统在这种多样性中促成统一的协调关系。因此有些空间同时要采用两种尺度。一种是以整个空间形式为尺度的，另一个则是以人体作为尺度的，两种尺度各有侧重，又有一定的联系。设计者首要的任务之一，就是给特定的空间对象选择正确的尺度。因此，尺寸问题的自然答案常常就决定着这种选择。如果尺度的处理不是按照空间的要求，而是一种故意的强加，所得到的常常是卖弄的夸张（图2-14）。

在空间尺度中运用对比是一个重要的因素，当形状或类型相同时，一大一小两个物体摆在一起时，由于它们之间的对比效果，会使较大的物体显得更大。所以在空间中，如果在一个形状相似尺寸较小的连续母题中插入一个形状相似尺寸较大的母题，从整体上看将增加巨大尺度的效果。

另外有助于表现建筑尺度的方式与组成单元的数目有关。一般来说多单元的建筑要比单元数目不多的建筑物显得大。比如罗马大角斗场，其极为壮观的尺度感多半来自拱券行列的无限重复。

同一物体，在室内看和在室外看，所表现的尺寸感是大不相同的，所以内外的尺度也就各不相同。物体在室外看总比在室内看小一些。这种道理差不多在每一种可以想到的构件中都是适用的，若把室内看起来舒适雅致的楼梯踏步照搬到室外台阶上去，就显得局促且颇不舒服。线脚和突起在室外看起来精巧洗练，在室内看就粗糙得多，甚至成了庞然大物。

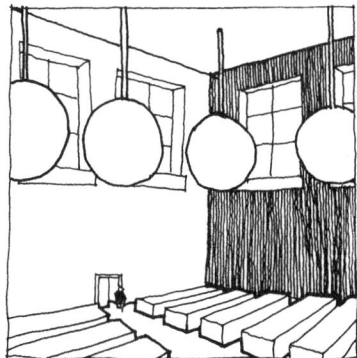

图2-14

在空间的三个度量中，高度比长度和宽度具有更大的影响。墙壁起到封闭作用，而头上的顶棚却决定了空间的亲切性和庇护性。除了垂直尺寸外，其他因素也会影响空间的尺度，如：表面的色彩、形状和图案；开口的形状和位置；细部构件的尺度和特性。

4. 尺度与尺寸的关系

尺寸与尺度相关，尺度需要实际具体的尺寸去实现，尺度需要通过尺寸去计算，获得实际操作的可能。而尺寸是尺度产生的客观依据，尺度是对尺寸的心理评判。人对空间的尺度评判实际上有很多是尺寸经验的潜移默化，由生理感受上升为心理定势以至产生了对特定空间要素尺寸的心理评判。

尺寸是绝对概念，是实际的度量，与尺寸相关的多是功能要素，尺度是相对概念，是环境要素的相对关系，与尺度相关的多是视觉要素。

2.1.5 比例

比例（proportion）。比例主要表现为一部分对另一部分或对整体在量度上的比较、长短、高低、宽窄、适当或协调的关系。一般不涉及具体的尺寸。由于建筑材料的性质，结构功能以及建造过程的原因，空间形式的比例不得不受到一定的约束。即使是这样，设计师仍然期望通过控制空间的形式和比例，把环境空间建造成人们预期的结果。

在为环境和空间的尺寸提供美学理论基础方面，比例系统的地位领先功能和技术因素。通过各个局部归属与一个比例谱系的方法，比例系统可以使空间构图中的众多要素具有视觉统一性。它能使空间序列具秩序感，加强连续性，还能在室内室外要素中建立起某种联系。

在建筑和它的各个局部，当发现所有主要尺寸中间都有相同的比时，好的比例就产生了。这是指要素之间的比例。但在建筑中比例的含义问题还不仅仅局限于这些，这里还有纯粹要素自身的比例问题，例如门窗、房间的长宽之比。有关绝对美的比例的研究主要就集中在这方面。

和谐的比例可以引起人们的美感，公元前6世纪古希腊的毕达哥拉斯学派认为万物最基本的元素是数，数的原则统治着宇宙中一切现象。该学派运用这种观点研究美学问题，探求数量比例与美的关系并提出了著名的"黄金分割"理论。提出在组合要素之间及整体与局部之间无不保持着某种比例的制约关系，任何要素超出了和谐的限度，就会导致整体比例的失调。历史上对于什么样的比例关系能产生和谐并产生美感有许多不同的理论。比例系统多种多样，但它们的基本原则和价值是一致的（图 2-15）、（图 2-16）。

eurythmy 和谐
比例或运动的协调。

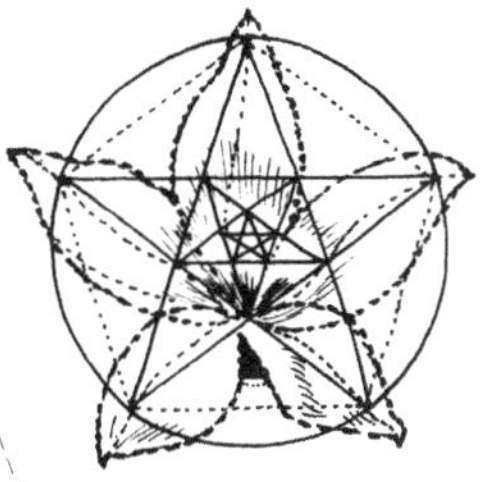

proportion 比例
一部分对另一部分或对整体在量
级、数量或程度上的比较的、适
当的或协调的关系。

$$\frac{A}{B} = \frac{B}{A+B}$$

proportion 成比例
两个比之间的等式，其中四项的
第一项除以第二项等于第三项除
以第四项。

ratio 比
两种或多种相似的物件在
量级、数量或程度方面的
关系。

golden sections 黄金分割
一个平面图形的两个尺度或一条
线的两个分段之间的比，其中
较小的与较大的之比等同于较大
的与整体之比，此比近于0.618对
1.000。也称为golden mean。

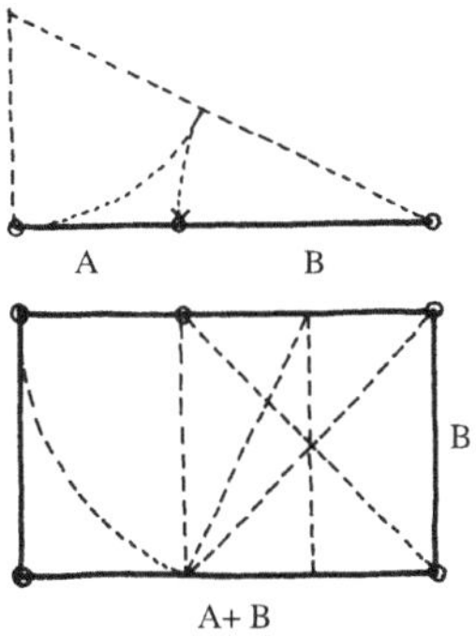

A   B

B

A+ B

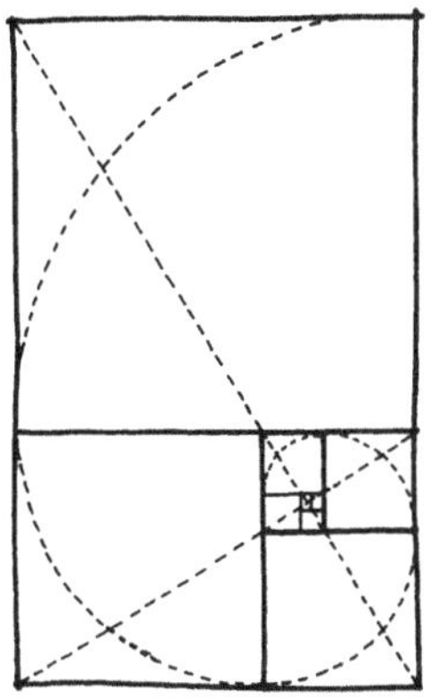

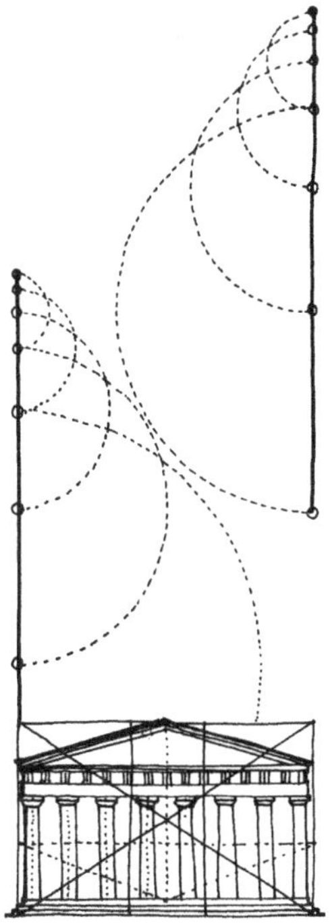

1,1,2,3,5,8,13,21...
1/2,1/2,2/3,3/5,5/8,8/13

Fibonacci series 菲伯纳齐级数
无尽的数的序列，其中头两项为1和1，而且每一继续的
项是两个前者之和。也称为Fibonacci sequence。

harmonic series 调和级数
各项成为调和数列的级数。

1,1/3,1/5,1/7,1/9

harmonic progression 调和数列
倒数形成算术级数的序列。

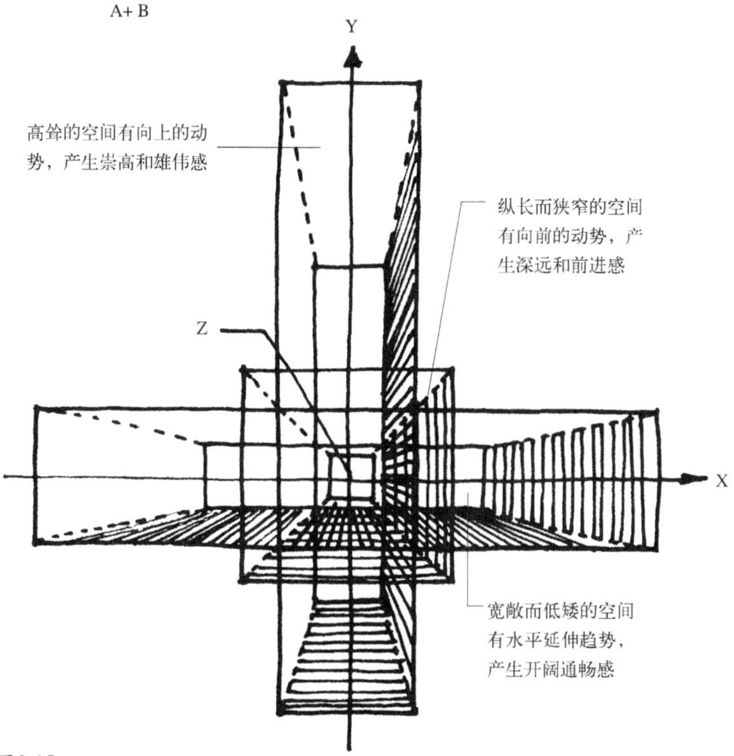

高耸的空间有向上的动
势，产生崇高和雄伟感

纵长而狭窄的空间
有向前的动势，产
生深远和前进感

Y

Z

X

宽敞而低矮的空间
有水平延伸趋势，
产生开阔通畅感

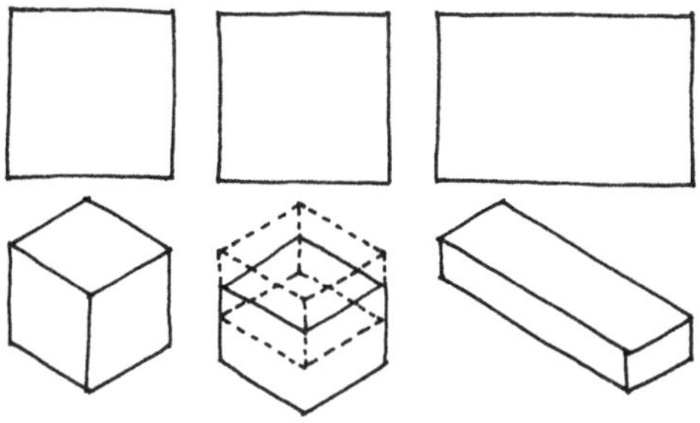

比 $\dfrac{a}{b}$

比例：$\dfrac{a}{b}=\dfrac{c}{b}$ 或 $\dfrac{a}{b}=\dfrac{b}{c}=\dfrac{c}{d}=\dfrac{d}{e}$

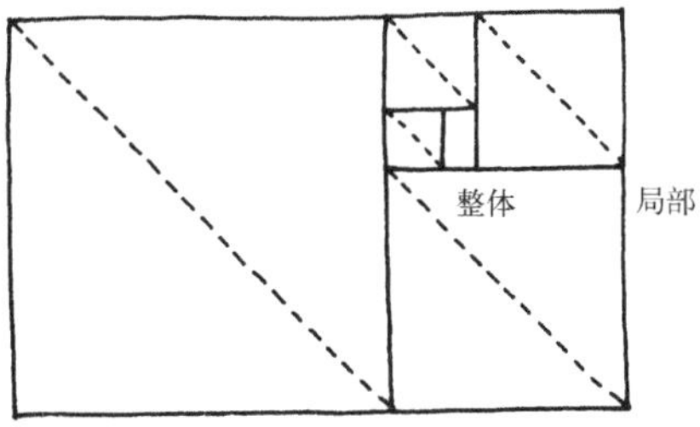

整体   局部

图2-15   空间的不同比例产生不同的空间感

图2-16　　　　　　　　　　　　　　　立面中各个局部不同的比例产生的影响

1. 古典时期追求的绝对客观比例体系

古典时期的艺术家、哲学家、设计师，认为存在着绝对客观的美的尺度比例，法国皇家建筑学院第一建筑学教授法兰索亚·布龙台断言，建筑上整体的美观来自绝对、简单的、可以认识的数字比例。他们认为优美的比例是纯理性的，而不是直觉的产物，每个对象都有存在于它本身之中的比例。按照这种理论，他们发展了许多的有关尺度的学说，其中最著名的是黄金分割、相同比率等。

（1）人体比例

人体比例系统是根据人体的尺寸和比例而建立的。文艺复兴时期的建筑师们把人体比例看作是一个证明，表明某些数学的比反映着宇宙的和谐。但我们的人体比例研究的不是抽象的象征意义的比例，而是功能方面的比例。从理论上说，建筑的形式和空间，不是人体的维护物便是人体的延伸，因此它们的大小应该取决于人体的比例（图2-17）。

（2）黄金分割

希腊人毕达哥拉斯相信：世界上的一切都是数字。某些数字关系表明了宇宙结构的和谐。称为黄金分割的比例，便是自古以来所运用的数字关系之一。古希腊人发现在人体比例中黄金分割起着支配的作用。他们认为，不管是人类还是他

人体比例

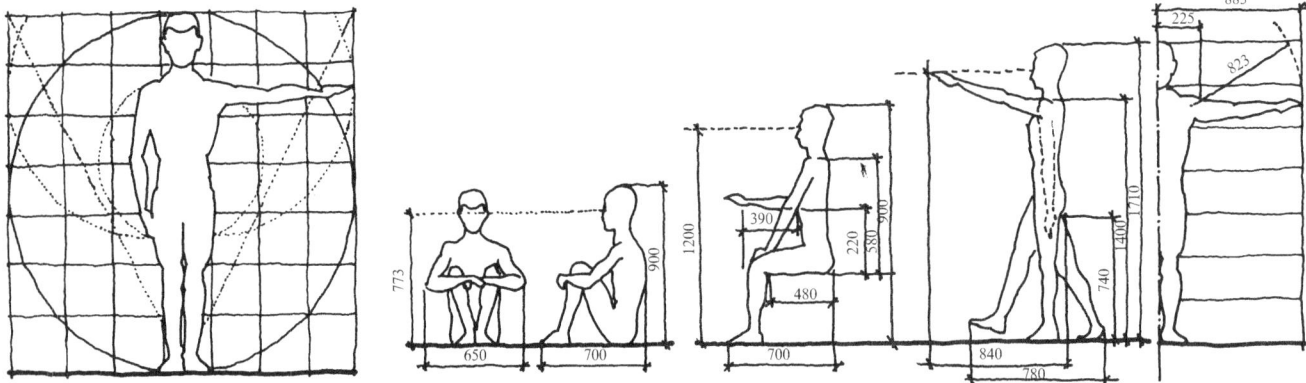

图2-17

们供奉的庙宇，都应该属于一种比较高级的宇宙秩序，因而这些相同的比例便反映在他们的庙宇建筑中。文艺复兴时期的建筑中也探索了黄金分割，后来的现代主义大师柯布西耶在他建立的模度体系中也引入了黄金分割的方法。

黄金分割的几何定义：一条线段被分为两部分，短段与长段（x）之比等于长段与全长（l）之比。用代数公式表示为：$x : l = (l-x) : x$　　$x = \dfrac{\sqrt{5}-1}{2} = 0.618\cdots$

黄金分割有着一些奇妙的几何与代数的特性，是它得以存在于空间结构之中，而且存在于生命机体结构中的原因。边长比黄金分割比的矩形为称为黄金矩形（图2-18、图2-19、图2-20）。

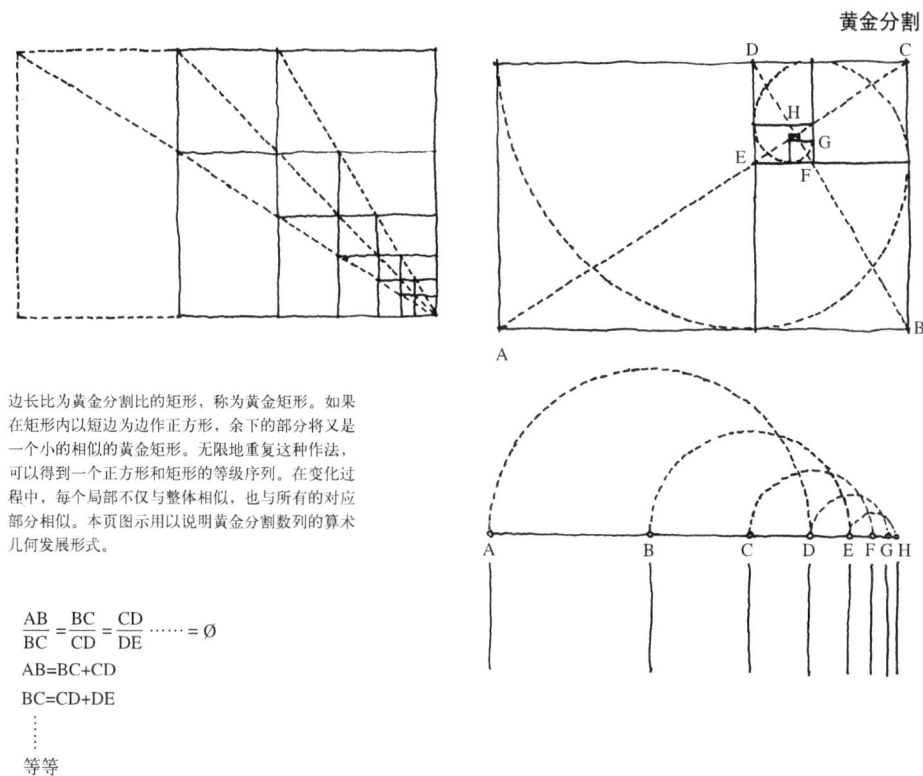

黄金分割

边长比为黄金分割比的矩形，称为黄金矩形。如果在矩形内以短边为边作正方形，余下的部分将又是一个小的相似的黄金矩形。无限地重复这种作法，可以得到一个正方形和矩形的等级序列。在变化过程中，每个局部不仅与整体相似，也与所有的对应部分相似。本页图示用以说明黄金分割数列的算术几何发展形式。

$$\frac{AB}{BC} = \frac{BC}{CD} = \frac{CD}{DE} \cdots\cdots = \emptyset$$

AB=BC+CD

BC=CD+DE

等等

图2-18

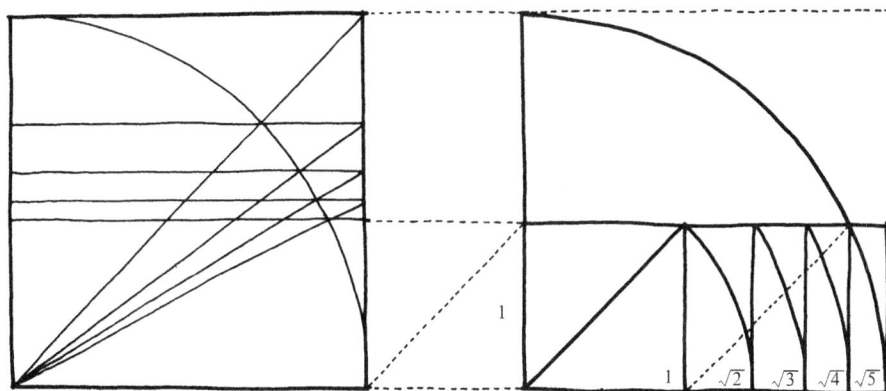

图2-19

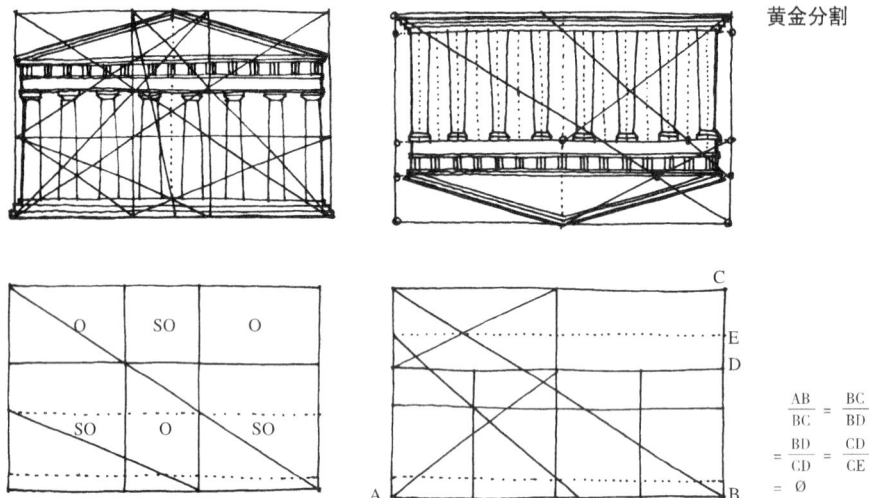

黄金分割

$$\frac{AB}{BC} = \frac{BC}{BD}$$
$$= \frac{BD}{CD} = \frac{CD}{CE}$$
$$= \varnothing$$

图2-20

这两个分析图说明，黄金分割在帕提农神庙（雅典，公元前447～432年，依克提努斯Clctinus和卡里克来特Callicrates）正立面的比例上的运用。值得注意的是，虽然两种分析法都从用黄金分割法划分正立面入手，但证明黄金分割存在的途径不同，因而对正立面的尺寸及各构件的分布等分析效果也不相同，这是很有趣的。

(3) 控制线及相同比率

控制线的方法在空间环境的设计中非常有用。它是传统的建筑设计师发展出的一种有效控制空间各部分比例关系的方法。如果两个矩形的相应对角线互相平行或垂直，那么两个矩形的比例是相同的。这些对角线以及表示各个要素的测定线都称为控制线。控制线用于各类比例系统来控制空间要素的比例和布置。柯布西耶曾经指出：一条控制线是反对任意性的保证：是一种验证的方法……它赋予一个作品以韵律感。控制线带来了数学中的抽象形式，提供了规律的稳定性。相同比例的方法是使建筑立面上门窗和诸如此类构件比例协调的一种简单的方法。

相同比率理论提出，若干比邻的矩形，如果它们的对角线相互平行或垂直，就是说它们都是有相同比率的相似形，一般可以产生和谐的关系，同这种情况相似的还有 1：2，1：3，1：5 的长方形。由于它们可以划分成与元素比例相同的长方形，因而它们之间也保持着和谐的关系，上述几种矩形中 1：5 最受推崇，对古希腊神庙的分析，发现很多部分都符合这种比例关系。当代建筑是这样的多姿善变，形状可以如此全盘的为建筑师所左右，以至于比例成了至关重要的问题。诸如这类控制现在获取协调的比例和有趣的空间间隔时，常常是一种得力的助手（图 2-21、图 2-22）。

(4) 文艺复兴理论

文艺复兴时期的建筑师们认为，他们的建筑应该属于一种更高的秩序，便转向了希腊的数学比例关系。希腊人把音乐视为几何学的音乐化，而文艺复兴的建筑师则认为，建筑是将数学转化为空间单位的艺术。他们应用了毕达哥拉斯的中

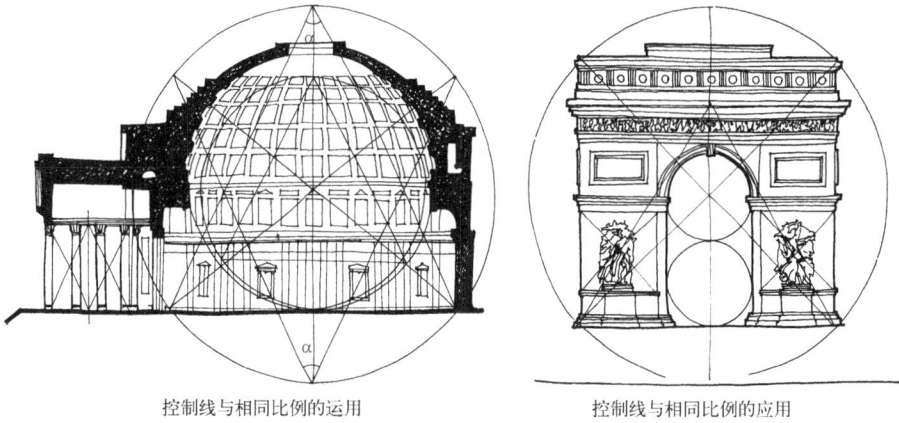

控制线与相同比例的运用　　　　　　控制线与相同比例的应用　　　　图2-21

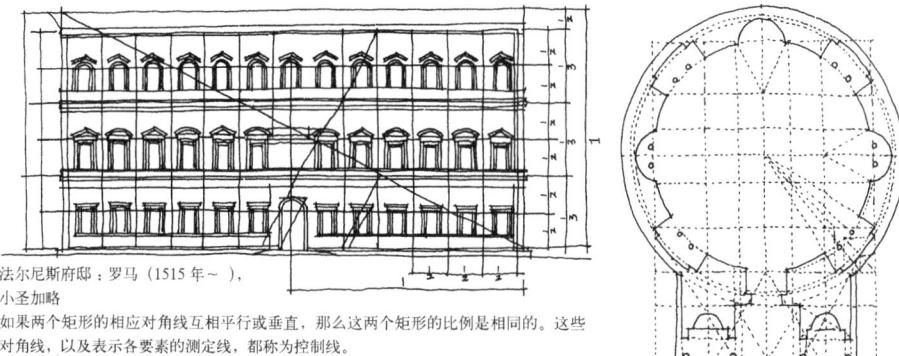

法尔尼斯府邸：罗马（1515 年～ ），

小圣加略

如果两个矩形的相应对角线互相平行或垂直，那么这两个矩形的比例是相同的。这些对角线，以及表示各要素的测定线，都称为控制线。

控制线

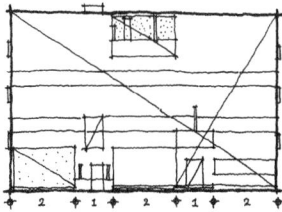

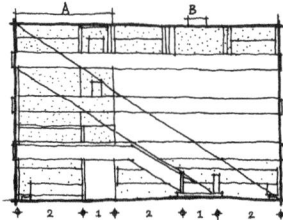

万神庙：罗马　公元120～124年

加切斯别墅，法国，沃克列森，
1926年，勒·柯布西耶

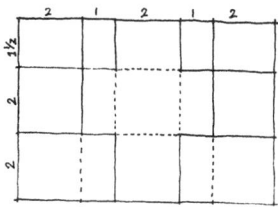

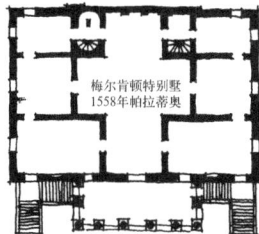

梅尔肯顿特别墅
1558年帕拉蒂奥

加切斯别墅

高直建筑券洞的几何分析：各主
要控制点连线所构成的三角形均
为大小相等的正三角形。

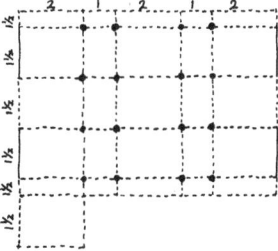

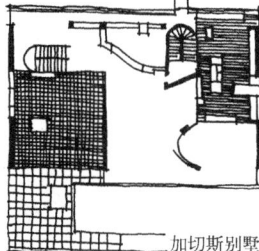

图2-22

项定理的音乐音阶间隔的比，发展了一个连续的比的数列，作为他们建筑的比例基础。这一系列的比，不仅体现在一个房间或者一个立面的各个度量上，还体现在一个空间序列甚至整个平面布局中互相交错的比例之间。

安德烈·帕拉第奥也许是意大利文艺复兴时期最有影响的建筑师，在《建筑四书》中提出了"七种最优美最合乎比例的房间。"他还提出了一些方法确定房间的高度，使得房间的高度与宽度和长度形成恰当的比例（图2-23）。

2. 现代的比例体系理论

（1）理性的比例

理性的比例理论认为良好的比例关系不能单纯按抽象的几何关系来确定。强调功能要求、结构、材料以及民族文化传统都会对构成良好的比例发生影响。良好的比例不但是直觉的产物，并且还应符合理性。

例如在石结构和木结构时期，支柱间的宽度是自然地按照梁的有效长度来布局的，柱间宽度与支柱的高度并不相干。古典建筑师们并不管理论家在安排比例方面的主张，不管柱子的高度如何，总是趋向于把柱子的间距保持一致。高的柱列柱子关系紧凑，矮的柱列柱子间距显得稀松。当隔着一定的距离看这些柱列时

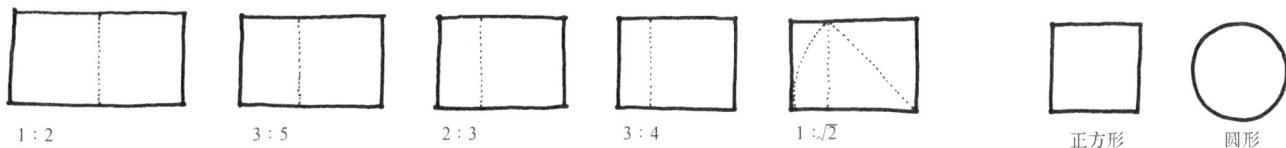

| 1:2 | 3:5 | 2:3 | 3:4 | 1:√2 | 正方形 | 圆形 |

房间的7种理想平面形状

安德烈·帕拉第奥（1508～1580年）也许是意大利文艺复兴时期最有影响的建筑师，他沿着阿尔伯特（Albert）和塞利奥等前辈的足迹，在《建筑四书》（1570年发表于威尼斯）中，提出了七种"最优美，最合乎比例的房间"。

房间高度的确定

帕拉蒂奥还提出了一些方法确定房间的高度，使得房间的高度与宽度和长度形成恰当的比例。平的顶棚的房间，高与宽相等；拱形顶棚的正方形房间，高为宽度加1/3宽。至于其他形状的房间，帕拉蒂奥运用毕氏中项定理来确定其高度。有三种比例中项的类型：算术法、几何法、和谐法：

1. 算术法：$\frac{c-b}{b-a} = \frac{c}{c}$　　　例：1，2，3，或6，9，12，

2. 几何法：$\frac{c-b}{b-a} = \frac{c}{b}$　　　例：1，2，4，或4，6，9，

3. 和谐法：$\frac{c-b}{b-a} = \frac{c}{a}$　　　例：2，3，6，或6，8，12，

在各法中，房间的宽（a）及长（c）两个端点之间的中项（b），为房间的高。

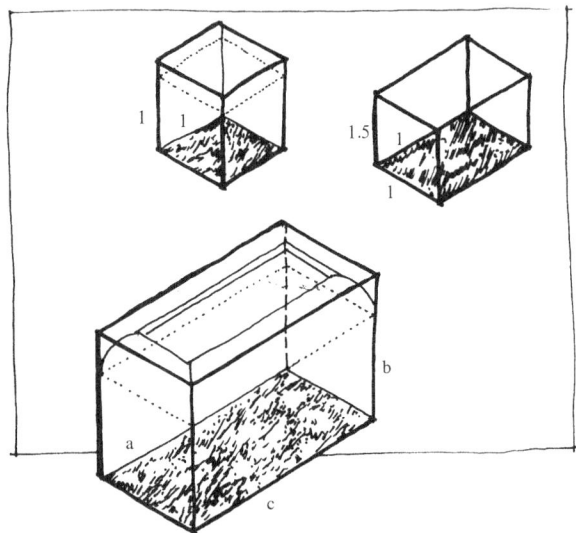

图2-23

人们很快会对它的实际尺寸作出判断。假若用钢或者混凝土来做梁，就有可能形成看起来比那些老式的结构所能允许的要宽得多的跨度。可以看出不同的结构体系和不同的材料运用，得到的基本比例是有极大差别的，这样一些结构的要求，容不得任何强加于它的算术比例系统（图2-24）。

许多长、宽、高的关系，既不依附于结构的要求，也不可以随意选取，而只能以空间或它的局部功能用途为依据。功能的需要支配着大部分的空间尺寸和高度，房间尺寸是因使用而变化的，有些要求窄长，有些要求近于方，不一而足。空间的效率与经济性往往依赖正确地调整各部分的尺寸关系。

但是，仅仅在结构和功能的指导下完成空间是不够的。在巨大的空间环境中，不论室内和室外，都有强调哪些是重要部位的问题，这些部位支配着整个空间环境。表现它们的重要性常常是一种象征性的或者意味深长的事情。还应该有美观。波夫兰德早在200年前就指出："优美的艺术意趣是建立在方便、适用、结构强度、健康要求及合乎常理的基础上的"。作为比例，其意思是指整体与局部的实际关系——这个关系合乎逻辑的必要；而作为一种特性，它们同时又满足理性和眼睛的要求。

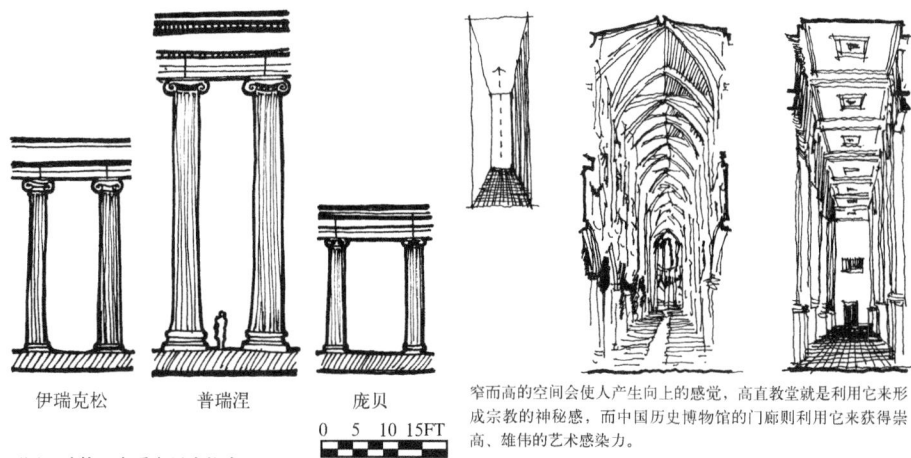

伊瑞克松　　普瑞涅　　庞贝

0　5　10　15FT

不同尺寸的三个爱奥尼克柱式

窄而高的空间会使人产生向上的感觉，高直教堂就是利用它来形成宗教的神秘感，而中国历史博物馆的门廊则利用它来获得崇高、雄伟的艺术感染力。

低而宽的空间会使人产生侧向广延的感觉，利用这种空间可以形成开阔、博大的气氛。但如果处理不当也可能产生压抑的感觉。

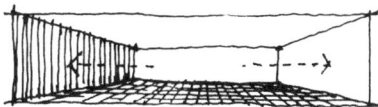

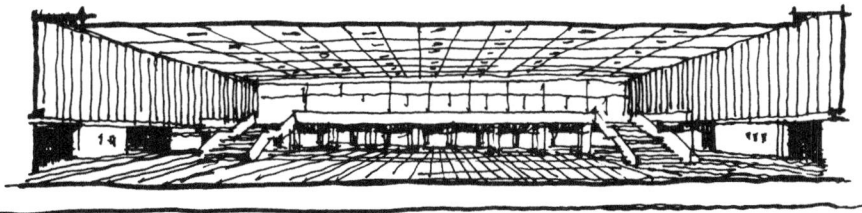

图2-24

(2) 模度体系

现代建筑师勒·柯布西耶把比例和尺度结合起来研究，提出了"模度体系"。用以确定"容纳和被容纳的物体的尺寸"。他称赞希腊和其他高度文明的度量方法"无比的丰富和微妙，因为他们造就了人体数学的一部分，优美雅致，并且坚实有力；也造就了动人心弦的和谐的源泉——美。"因此，勒·柯布西耶将他的度量方法模数制，建立在数学（黄金分割和裴波纳契数列）和人体比例（人体尺寸）的基础上。从人体的三个基本尺寸（人体高度1.83m，手上举指尖距地2.26m，肚脐至地1.13m）出发，按照黄金分割引出两个数列，用这两个数列组合成矩形网格，由于网格之间保持着特定的比例关系，因而能给人以和谐感。

模数制

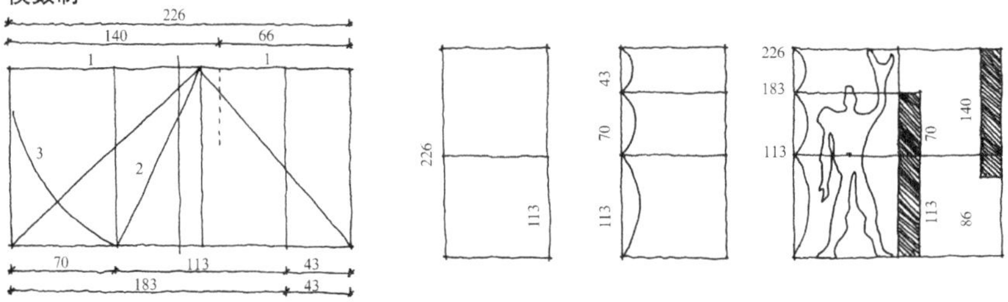

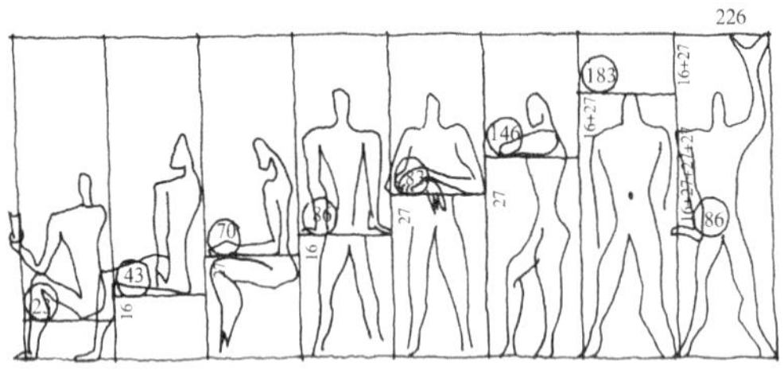

勒·柯布西耶于1942年开始研究模数制，1948年发表了《模数制——广泛应用于建筑和机械中的人体尺度的和谐度量标准》一书。第二卷《模数制卷二》于1954年发表。

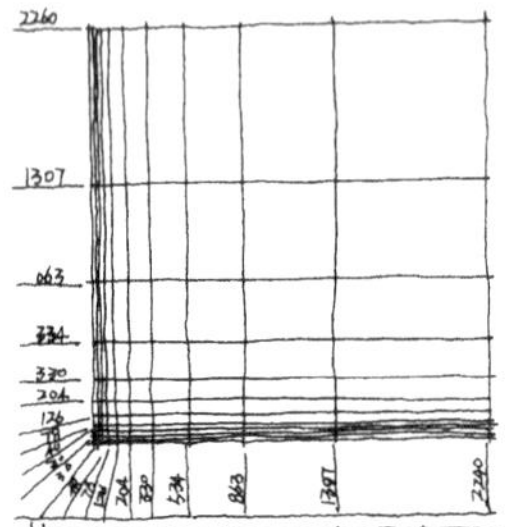

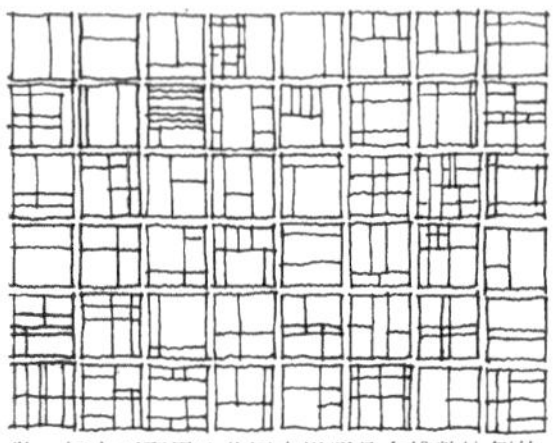

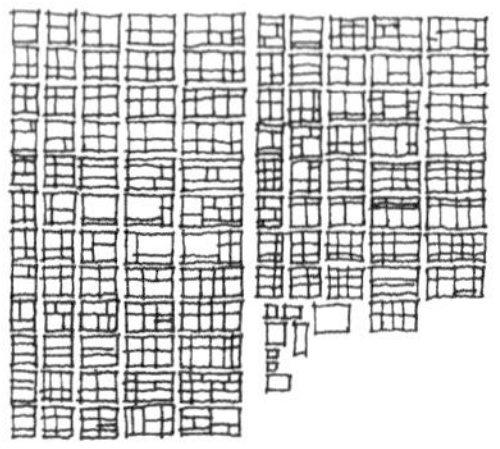

勒·柯布西耶用这些图表说明具有模数比例的板块拼嵌时的尺寸和表面积的多种变化。

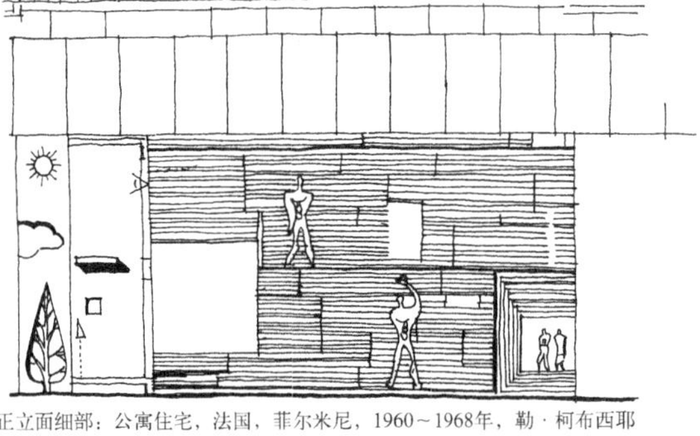

勒·柯布西耶运用模数制的主要典型作品是在马赛的公寓大楼（1946～1952年）。住宅以15个模数制的尺寸，将人体尺度运用到一个长140米，宽24米，高70米的建筑物中。

图2-25

正立面细部：公寓住宅，法国，菲尔米尼，1960～1968年，勒·柯布西耶

模数制的基本网格由三个尺寸构成：113cm、70cm、43cm，按黄金分割成为比例：

43 + 70=113

113 + 70=183

113 + 70 + 43=226= (2×113)

113、183、226 确定人体所占用的空间。

勒·柯布西耶于 1942 年开始研究模数制，1948 年发表了《模数制——广泛应用于建筑和机械中的人体尺度的和谐度量标准》一书。勒·柯布西耶不仅将模数制看成是一系列具有内在和谐的数字，而且是一个度量体系。它支配着一切长度、表面及体积，并"在任何地方都保持着人体尺度"，"它是无穷组合的助手,确保了变化中的统一……"。模数系统会形成许多相同尺寸和简单倍数的重复，恰如控制线的作用一样，它常常有助于建立协调的比例关系。

勒·柯布西耶运用模数制的主要典型作品是在马赛的公寓大楼（1946～1952年）。住宅以 15 个模数制的尺寸将人体尺度运用到一个长 140m、宽 24m、高 70m 的建筑物中（图 2-25、图 2-26）。

一切关于比例的理论，都致力于在空间的可见结构要素中建立起一种秩序感。欧几里德说，比是指两个相似事物的量的比较，而比例则指两个比的相等关系。这样，一个比例系统在空间环境的局部之间、局部和整体之间建立起了一套有连贯性的视觉关系。取得良好的比例是一件费心机的事。如上所述，比例的源泉包括了形状、结构、用途和和谐，从这些复杂的基本要求出发，要完成好的比例不只是一个鉴别主次并区别对待的问题，要进行反复的推敲研究。

3．尺度与比例的关系

比例与尺度概念不完全一样，比例是指空间各个要素和要素之间整体和局部之间的关系，而尺度是指人对空间的比例关系所产生的心理感受。尺度与比例又是密切关联的，如果说确定比例而不管尺度是不正确的，那么同样，确定尺度而不管比例也是错误的。一座建筑物可能论尺度大小是很巨大的，另一座建筑很可能尺度上较小，但后一座建筑物可能会显得高大得多。如在一般的城市中普通的高层建筑会非常突出，但在纽约市则可能反而会不突出甚至会显得比较低矮。在这里尺度效果则反过来了，在华尔街的摩天楼群中，那座小小的教堂在周围环境中则因其小而居于主导地位。

2.1.6　模数制

1．模数 (module)

用于设计、生产的尺寸单位或尺寸体系称为模数。是用来制定建筑材料的尺

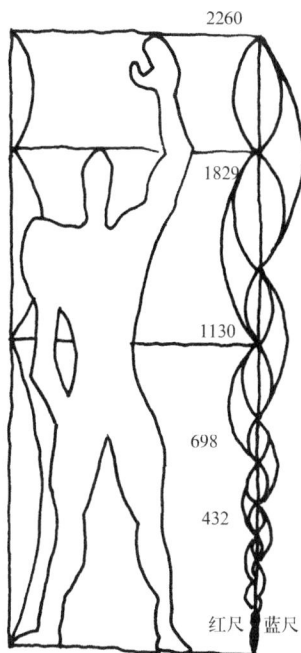

2260

1829

1130

698

432

红尺 蓝尺

勒·柯布西耶以数学关系和人体尺度为基础所创立的模数制具有内在的和谐关系，可作为度量体系支配建筑空间的尺寸和容积。

勒·柯布西耶的模数制
图2-26

度标准或控制建筑构成比例的计量单位，原称建筑模数制。使用这些模数构成的建筑空间称为模数制空间。制定建筑模数制的目的是用标准化的方法实现建筑制品、建筑构件的生产工业化。英文 Module 一词原意是小尺度。模数作为统一构件尺度的基本最小单位，在古代建筑中就已应用，在古希腊罗马建筑中的古典柱式高度与柱底直径成倍数关系。在古希腊的神殿建筑中，把柱子基础的直径称为一个模量，作为基本单位确定柱距、柱高及其他各部分的尺寸。中国宋代的《营造法式》规定的大木作制度，构件尺寸都用材份来度量。清《工部工程做法》用斗口作为木构建筑的基本模数。1920 年美国人比米斯提出了利用模数坐标网格和基本模数制来预制构件的想法，后来的德国人诺伊费特、瑞典人贝里瓦尔也各自提出了不同的模数理论。二次大战以后，工业化体系建筑兴起，模数制体系受到重视。20 世纪 70 年代国际标准化组织房屋建筑委员会陆续公布了一系列有关建筑模数的规定。模数体系已经成为国际标准化范围内的一种质量标准。在决定国际流通制品规格的国际标准化组织（ISO），把建筑构成材料的尺寸标准定为 10cm 的倍数，并把这个尺寸作为唯一基本单位的模数，用 M 表示（在水平方向上一般优先使用 3M，垂直方向优先使用 2M）。

尺寸的单位，实际上也可以看作是模数的一种，"尺"是相当于人体的足骨长度的尺寸。"英尺"如文字所表述的那样相当于一个脚的长度。建筑上如日本的"席"、中国的"斗口"也都有类似的功能。在这种情况下可以理解为建筑尺寸的单位与模数同时具有功能尺寸的性质。

考虑到建筑设计的特殊性，模数仅仅作为尺寸单位存在是不完整的。为什么呢？建筑物的尺寸并不使用相同的单位测定。决定总体布局时只要给出大的粗略的尺寸就可以了，而细部的详图就有必要给出详细的尺寸。因此把模数作为设计的工具考虑时，是小的尺寸用小，大尺寸用大。因此，对基本尺寸模数进行加减时，其结果应符合设计的基本模数尺寸。这里把这个性质称为设计基本尺度的可分解性。对满足这些条件的尺寸集合定义为数列。数列有等差数列和等比数列。

模数制主要适合于构件的工业化生产和装配化施工。在空间环境设计中要求用有限的数列作为实际工作的参数，运用叠加和倍数原理在基本数列上发展整个的尺度系列。其标准化的尺度适合于工业化大生产的制造方式。它主要适用于预制构件及预制装配式的空间环境。

2. 希腊罗马柱式

对于古希腊和古罗马的古典建筑来说，柱式以它的各部分的比例，尽善尽美地体现了优美与和谐。柱径是基本的计量单位，柱身、柱头、柱础的尺寸、乃至柱式上部的柱檐到最小的细部，都出自这个模数，柱式的间距也同样以柱径为基础。

由于建筑的大小不同，柱头的尺寸也不一样，因此柱式并不以一个固定的计量单位作基础。这样的目的是为了保证空间环境所有的局部都成比例并且相互协调。古罗马时期的建筑师维特鲁威研究了柱式的典型实例，并在他的《建筑十书》里从每个实例中找出了他的"理想比例"。维尼奥拉从意大利文艺复兴时期的建筑中重新整理了这些法则，他的柱式造型堪称世界上最负盛名的（图2-27、图2-28）。

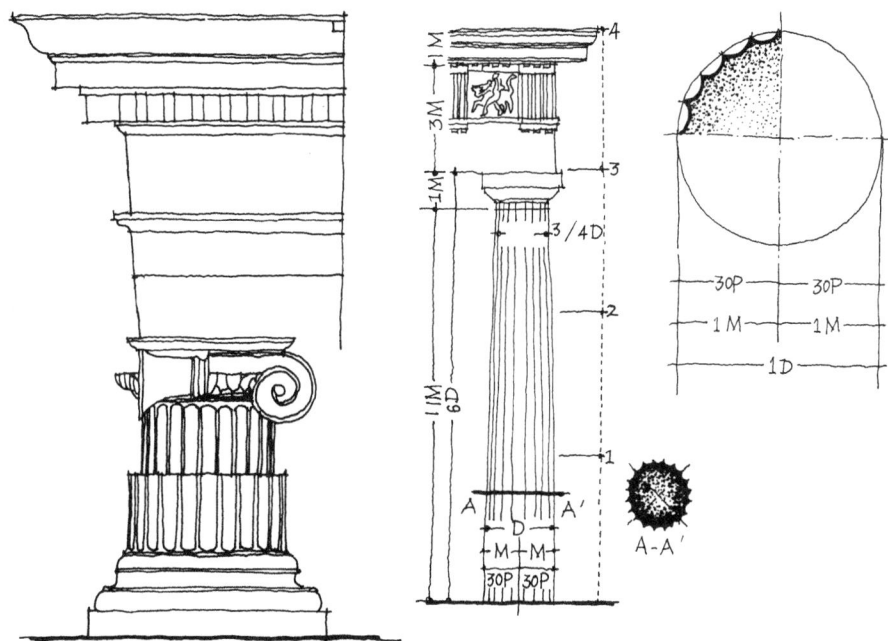

把柱基的直径作为1的比例构成（具有阿蒂卡风格柱础的爱奥尼柱式）

古典柱式可以说是研究比例的典范。经过精心研究而确定的各部分——从整体到细部的度量关系全部以柱的半径为模量来计算，不论柱的绝对尺寸如何变化，但各部分的比例关系不变。

图2-27

维特鲁威的柱径、柱高和柱距规则

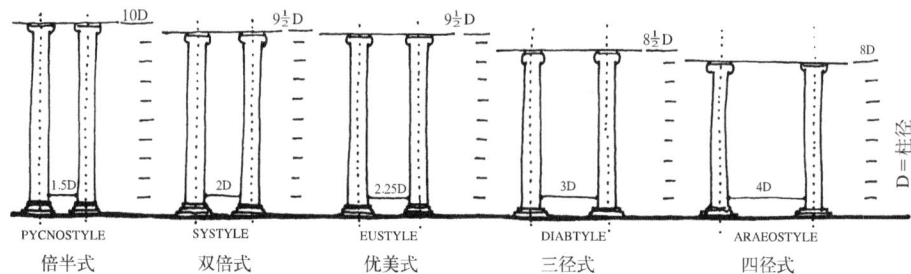

图2-28

103

3. "材分" "斗口"

中国古典建筑的设计建造中也有类似的度量单位，在宋代《营造法式》的大木作制度中，建筑中所用构件大小、房屋高深皆以"材"为计算单位。"材"有8种尺寸，按房屋的大小等级分别采用不同的材等。材质断面规格以10分为厚，15分为高，成三比二之矩形。

到了清代，计算单位演变为"斗口"，清《工部做法》大木作制度中称材的厚度为"斗口"，相当于宋代《营造法式》中的10分，木作的许多尺寸都是以"斗口"为基本单位，如柱径为6个斗口、柱高为60个斗口等。"材"与"斗口"均不是固定的尺寸单位，其大小分为很多等级，不同的等级对应不同大小的建筑，因此，它们的功能主要是为了恒定建筑各部分尺寸的比例关系，当然在实际的施工中也便于计算（图2-29、图2-30）。

4. 日本的"间"

传统的日本度量单位"间"是在日本中世纪下半叶传入的。虽然"间"原先的尺寸并不统一，仅仅用于设计柱子的间距，但不久就成了住宅建筑的统一标准。古典柱式的模数会随着建筑的大小不同而变化，但"间"则不同，它是一个绝对度量尺寸。"间"不仅是房屋结构的度量尺寸，而且发展成了一种审美模数，确定了日本建筑的结构、材料及空间的秩序。

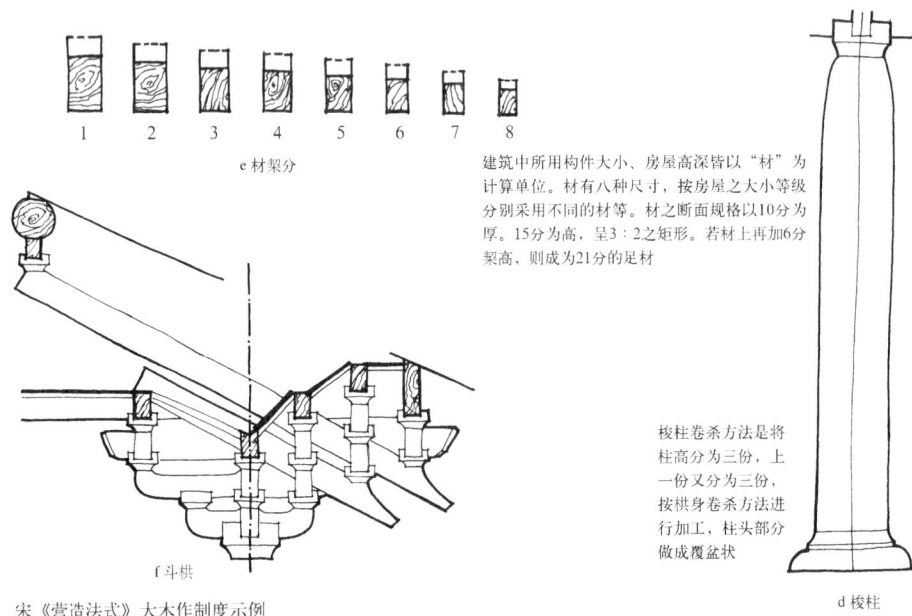

1 2 3 4 5 6 7 8

e 材栔分

建筑中所用构件大小、房屋高深皆以"材"为计算单位。材有八种尺寸，按房屋之大小等级分别采用不同的材等。材之断面规格以10分为厚。15分为高，呈3：2之矩形。若材上再加6分栔高，则成为21分的足材

f 斗栱

梭柱卷杀方法是将柱高分为三份，上一份又分为三份，按栱身卷杀方法进行加工，柱头部分做成覆盆状

d 梭柱

图2-29　　宋《营造法式》大木作制度示例

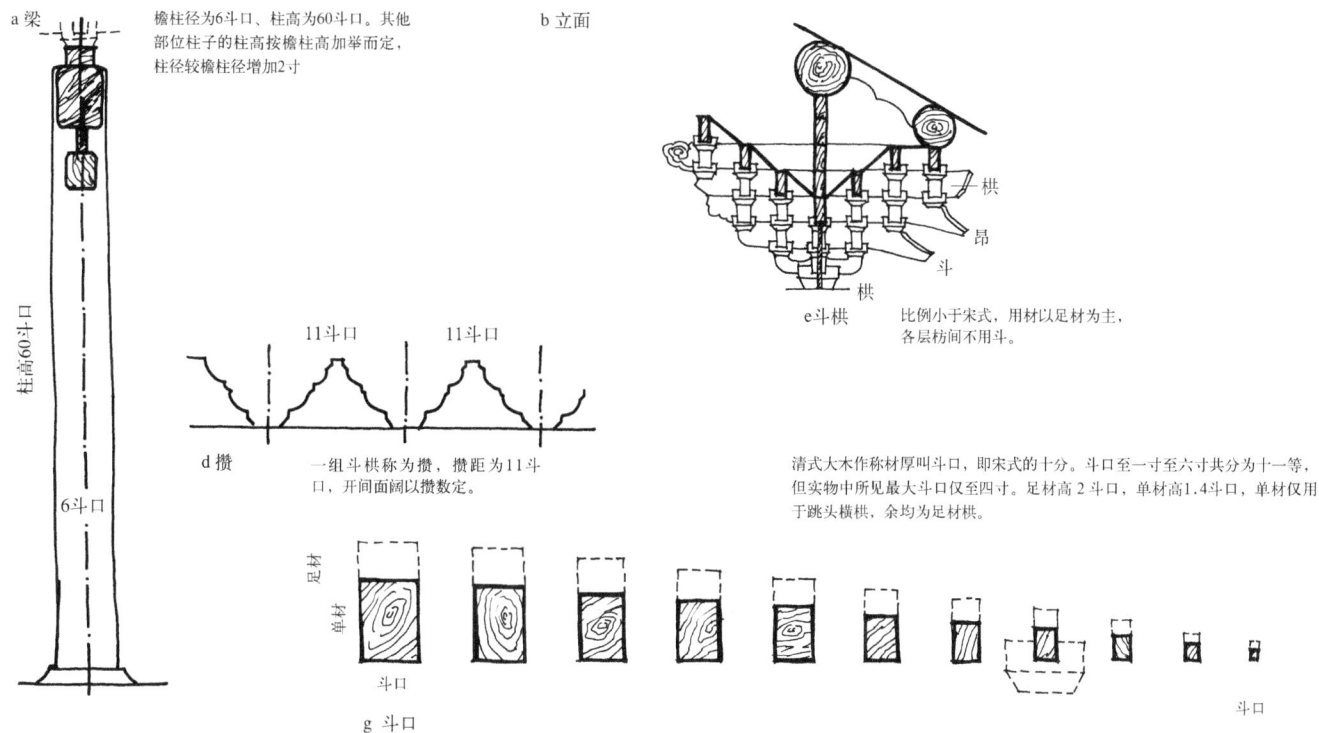

a 梁

榆柱径为6斗口、柱高为60斗口。其他
部位柱子的柱高按榆柱高加举而定，
柱径较榆柱径增加2寸

b 立面

柱高60斗口

6斗口

11斗口　11斗口

d 攒

一组斗栱称为攒，攒距为11斗
口，开间面阔以攒数定。

栱

昂

斗

栱

e 斗栱

比例小于宋式，用材以足材为主，
各层枋间不用斗。

清式大木作称材厚叫斗口，即宋式的十分。斗口至一寸至六寸共分为十一等，
但实物中所见最大斗口仅至四寸。足材高 2 斗口，单材高1.4斗口，单材仅用
于跳头横栱，余以为足材栱。

足材　材高

斗口

g 斗口

斗口

图2-30

在典型的日本住宅建筑中，"间"网格决定着房间的
结构和房间的空间及空间的增加序列。矩形空间则以较
小的模数单位自由的布置成线式、交错式、组团式图案。

房间的尺寸按地席的数量来设计，地席原来是按坐
二人或者躺一人的面积而设计的，但是随着"间"网格
系统的发展，地席逐渐失掉了对人体尺寸的依赖性，而
服从于结构系统和柱间距离的要求。地席的模数为1：2，
因而可在任何房间里采用多种排列方式，并且各个不同
房间的顶棚高度是按下面的方法得出的：顶棚高（尺）=
地席数 ×0.03（图 2-31、图 2-32）。

5. 模数与比例

模数与比例在很多时候是相互渗透的，比如中国的斗
口、西方的柱式、日本的"间"等，既是模数，同时又
是比例关系的基础，模数和比例只不过是一种事物的两
种表现罢了。模数侧重于制造与施工的便利，而比例则
侧重于视觉美感。

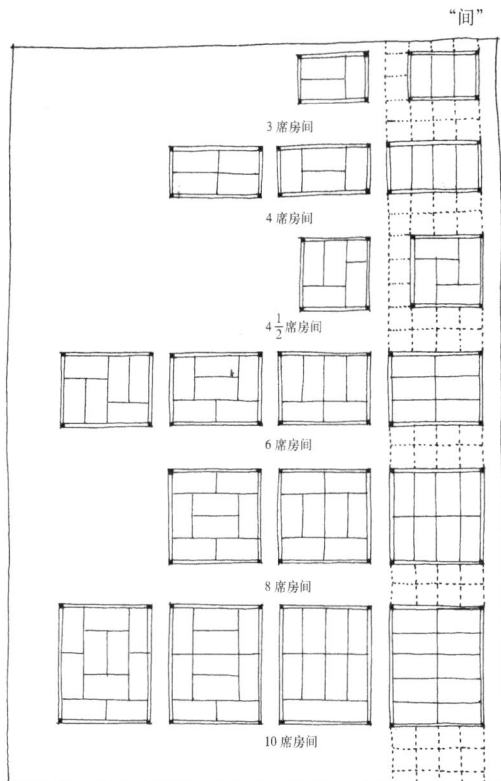

"间"

3 席房间

4 席房间

4$\frac{1}{2}$ 席房间

6 席房间

8 席房间

10 席房间

图2-31

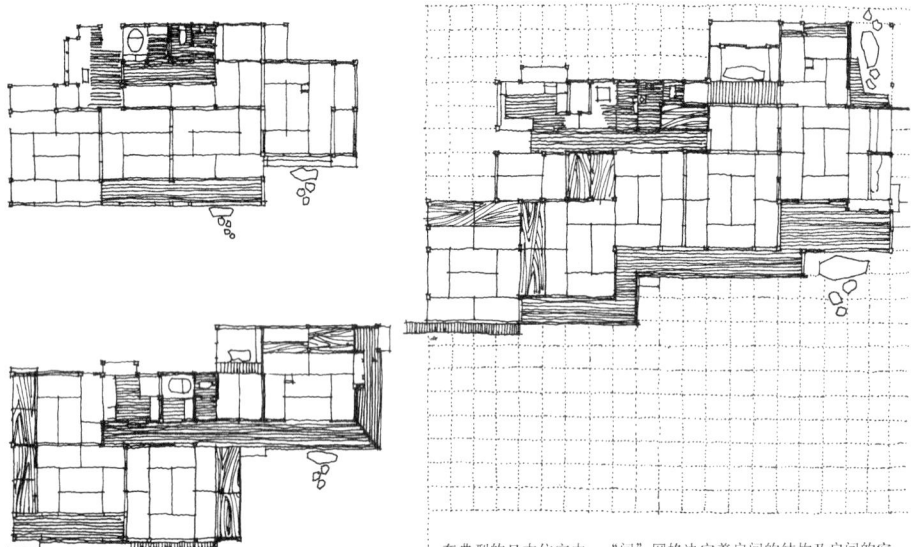

在典型的日本住宅中，"间"网格决定着房间的结构及房间的空间至空间的增加序列。矩形空间，则可按较小的模数单位自由地布置成线式、交错式、组团式图案。

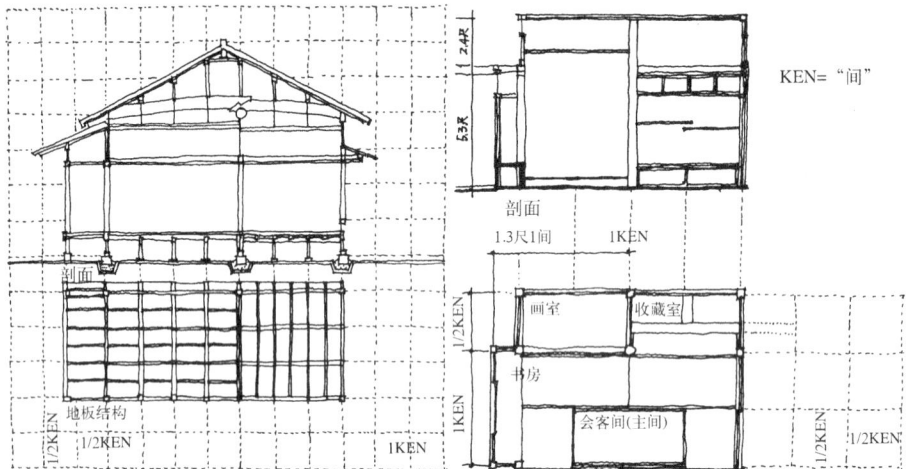

图2-32　　　　典型的日本住宅　　　　局部平面：画室

2.2　影响尺度的因素

正如我们之前所述，尺度所涉及的原因十分复杂，是艺术与科学错综复杂交织的问题。在环境艺术的空间尺度中有很多影响的因素，几乎任何设计中所涉及的每一个要素都会引起尺度的问题。从总的方面来说，可以界定有以下几个方面：

(1) 人的因素——包括生理的、心理的及其所产生的功能的因素；

（2）技术的因素——客观的自然规律决定的空间环境中的各种技术问题；

（3）环境因素——环境的因素包括了两类环境：社会环境——文化、自然环境——地理与物产。

2.2.1　人的因素

人的因素应该说是所有设计要素中对尺度影响的核心因素，问题很简单，因为所有的空间涉及的最终使用者绝大部分是人。所以人从自身的各个方面——身体的生理条件、直觉与感觉的感知特点、心理活动的特征，都对环境空间的尺度直接或间接地产生影响。

1. 人体因素

人体尺度比例是根据人的尺寸和比例而建立的，文艺复兴时期的艺术家和建筑师把人体比例看作是宇宙和谐与美的体现，但随着现代人体科学的发展，人体尺度比例的研究并不完全是仅具美学的抽象象征意义。而是具有功能意义的科学尺度比例，环境艺术的空间环境不是人体的维护物就是人体的延伸，因此它们的大小与人体尺寸密切相关。人体尺寸影响着我们使用和接触的物体的尺度，影响着我们坐卧、饮食和工作的家具的尺寸。而这些要素又会间接地影响建筑室内、室外环境的空间尺度，我们的行走、活动和休息所需空间的大小也产生了对周围生活环境的尺度要求。

（1）人体尺度与动作空间

人的体位与尺度是研究行为心理作用于设计的主要内容。人在日常的活动通常保持着四种基本的体位，即站位、坐位、跪位和卧位，不同的体位形成不同的动作姿态，不同的动作姿态往往与特定的生活行为有关连，这就构成了行为与姿态、姿态与空间形态及尺度之间的影响链条。最终建立了行为与空间尺度之间的对应关系（图2-33、图2-34）。

由于人在日常生活中存在不同的运动状态而有静态配合、动态配合的不同。在静态配合中人的体位相对静止，人体体位的各向尺度及人的肢体结构尺度决定了空间的范围尺度。对于很多的相对静态的行为方式的空间考虑是有用的。在动态配合中，由于人是在运动中，力的平衡、功能性质与顺序、身体的运动轨迹等都会对周围的空间范围尺度产生变化的要求。因此，动态的配合要考虑除了人体尺度以外的很多因素（尤其是运动的因素）。今天的设计师往往会错误地用静态的人体尺度去解决所有的空间问题，这是一个严重的误区。

具体的运用人体尺度是一项困难而复杂的工作，一般的人体尺寸数据是一个平均值，仅仅是一个参考数，人体尺寸会因为运用的时间、地点与使用方式不同而产生很多的不定因素，而且人体尺寸本身因为年龄、性别、种族

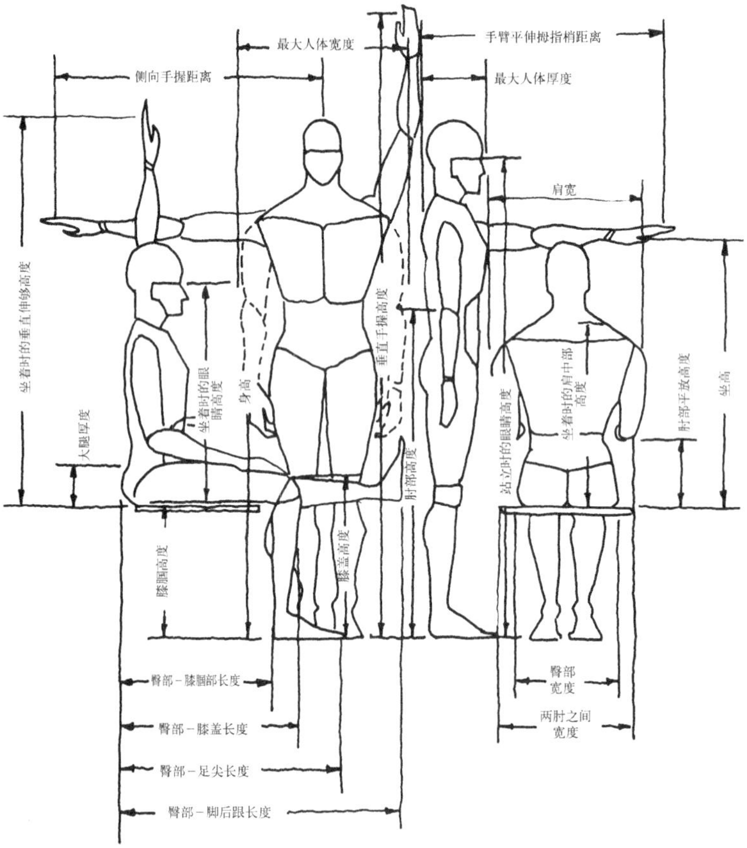
最大人体宽度
手臂平伸拇指梢距离
侧向手握距离
最大人体厚度
肩宽
坐着时的垂直伸够高度
大腿厚度
坐着时的眼睛高度
身高
垂直手握高度
肘部高度
站立时的眼睛高度
坐着时的肩中部高度
肘部平放高度
坐高
膝腘高度
膝盖高度
臀部－膝腘部长度
臀部－膝盖长度
臀部－足尖长度
臀部－脚后跟长度
臀部宽度
两肘之间宽度

图2-33　室内设计者常用的人体测量尺寸

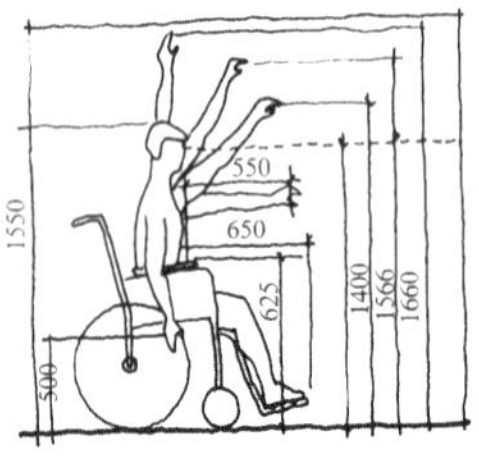
1550
550
650
625
500
1400
1566
1660

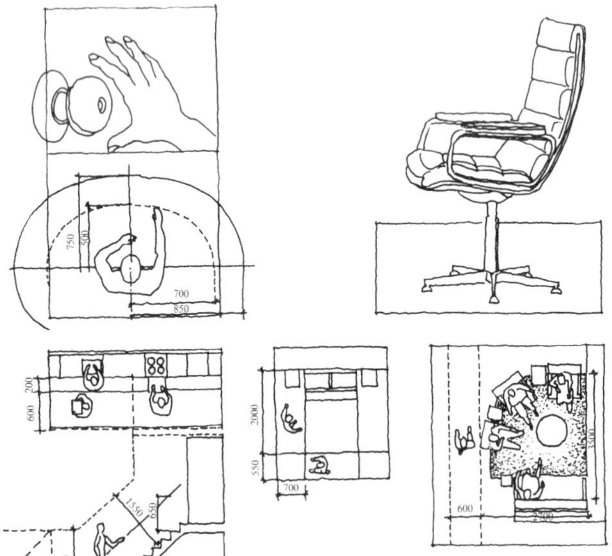
750
500
700
850
200
600
2000
550
700
1500
600
2200

人体的尺寸和比例，影响着我们使用的物件的比例，影响着我们要接触的物件的高度和距离，也影响着我们用以坐卧，饮食和工作的家具的尺寸。

除了在建筑里使用的这些要素之外，人体尺寸还影响着我们行走、活动和休息所需的空间的大小。

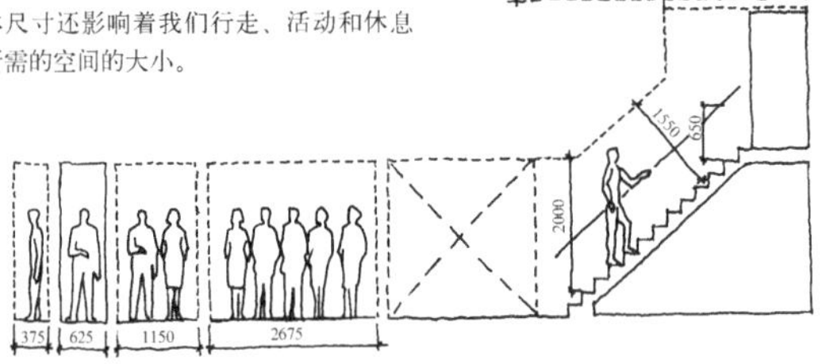
1550
650
2000
375
625
1150
2675

图2-34

等的差别有很大的变化，因此需要谨慎认真地加以对待，不能当作一种绝对的度量标准。

（2）人体尺度

除了具有功能意义的实际度量标准，人体尺寸还可以作为一种视觉的参照尺度，我们可以根据环境空间与人体的相互关系来判断其大小，我们可以用手臂量出一个房间的宽度，也可以伸手向上的触及它的高度。在我们鞭长莫及时，就可以依赖一些别的直观的线索，而不是凭触觉来得到空间的尺度概念了。我们可以用那些从尺寸上与人体密切相关的要素线索，如桌子、邮筒、椅子、电话亭等，或栏杆、门窗、踏步等空间构件，帮助我们判断一个环境空间的尺度。同时也使空间具有人体尺度和亲切感。在酒店中巨大的共享空间，布置紧凑的休息区在保持空间开阔的同时，划出了适合人体的亲切尺度。回廊和楼梯会暗示房间的垂直尺度，窗户使建筑的立面有了尺度感，露天咖啡座的阳伞使人与街道环境有了和谐的尺度关系。

2．知觉与感觉的因素

知觉与感觉是人类与周围环境进行交流并获得有用信息的重要途径。如果说人体尺度是人们用身体与周围的空间环境接触的尺度，而知觉与感觉因素会透过感觉器官的特点对空间环境提出限定。

（1）视觉的尺度

我们将眼睛能够看清对象的距离，称为视觉尺度。人眼的视力因人而异，特别是老年人与年轻人差距尤大，一般我们假定以成人的视力所能达到的距离为准。观察外界的事务，判断尺度，首要的一点是视点的位置。人所处的位置差别具有决定性影响，如从高处向下看，或者从低处向上看，其判断结果差别极大。在水平距离上人们对各种感知对象的观察距离，有豪尔和斯普雷根研究绘制的如图2-35所示，由人头正前方延伸的水平线为视轴，视轴上的刻度表示了不同的尺度。

视觉尺度从视觉功能上决定了空间环境中与视觉有关的尺度关系，比如被观察物的大小、距离等，进而限定了空间的尺度。如观演空间中观看对象的属性与观看距离的对应关系。还有展示与标志物的尺度与观看距离的关系（图2-36）。

视觉尺度观察中的一个重要问题是视错觉，视错觉是心理学研究中发现的人类视觉的一种有趣现象。错觉并不是看错了，而是指所有人的眼睛都会产生的视觉扭曲现象。视错觉的类型很多，其中也包括对空间图形尺度的错觉，由于图形干扰与对比的原因，对很多的尺度判断是错误的。例如关于直线的长度的错觉（图2-37）。

在建筑上增加水平方向的分割构图，可以获得垂直方向增高的效果。相同道理，没有明确分割的界面也很难获得明确的尺度感（图2-38）。

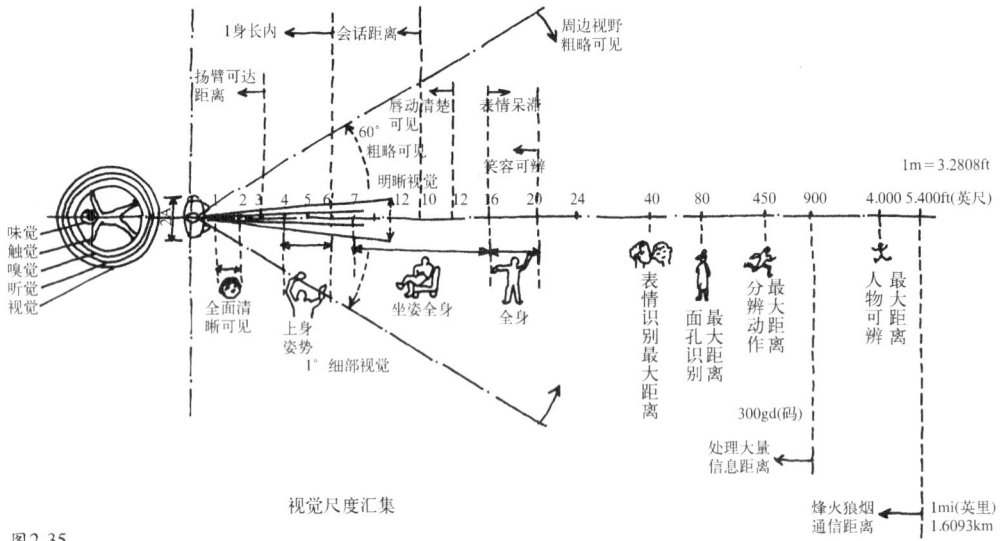

视觉尺度汇集

图2-35

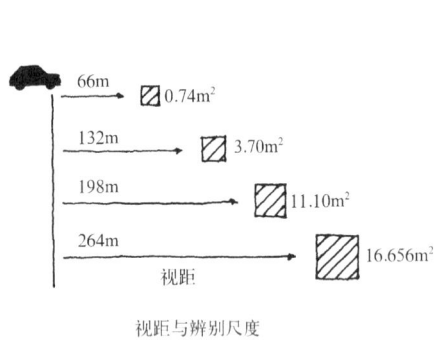

视距与辨别尺度

图2-36

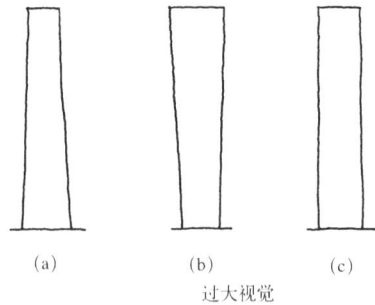

过大视觉

(a) 准确的几何图形；
(b) 过大视觉变形；

图2-37

(c) 收分纠正图形

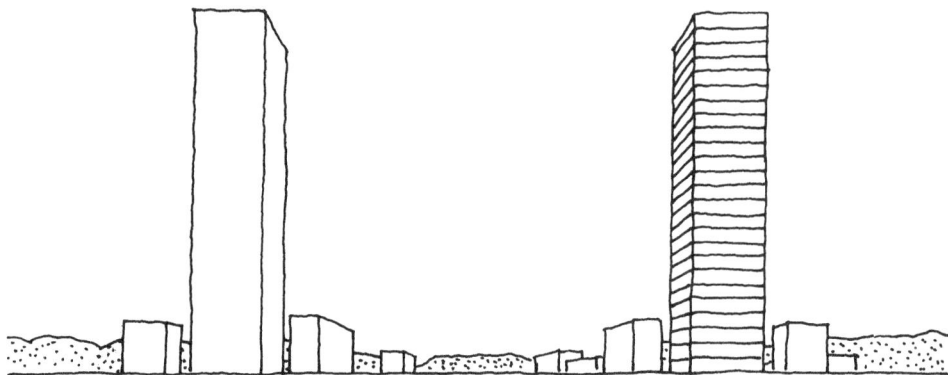

哪一栋建筑看起来高一些

图2-38

视错觉的问题对尺度的意义在于，除了那些与技术、功能直接相关的尺度问题需要尊重客观规律，其他的有关空间尺度的评判，并不是以它真实的客观为依据，而是以人看起来的印象为评判标准。

（2）听觉尺度

声音的传播距离，即听觉尺度，同声源的声音大小、高低、强弱、清晰度以及空间的广度、声音通道的材质等因素有关。与空间距离相对应的听觉尺度对于人际之间的信息交流非常重要。它指出了在正常会话时的距离，超过某种程度则会影响人的正常交流。根据豪尔的研究：

会话方便的距离＜3m

耳听最有效的距离＜6m

单方向声音交流可能，双方向会话困难＜30m

人的听觉急剧失效距离＜30m

人们在会话时会有意识地调整自己的声调，与关系密切的人近距离对话时会小声耳语，当超过3m对群体讲话时会提高声调，超过6m时会大声变调，这是对空间扩大时的补偿。因此人在会话时的距离要视情况而定，并不是绝对的物理量推导关系。根据经验，人在会话时的空间距离关系如下：

1人面对1人，1～3m²，谈话伙伴之间距离自如，关系密切声音也轻。

1人面对15～20人，～20m²以内，这时保持个人会话声调的上限。

1人面对50人，～50m²以内，单方面的交流，通过表情可以理解听者的反应。

1人面对250～300人，～300m²以内，单方面交流，看清听者面孔的上限。

1人面对300人以上，～300m²以上，完全成为讲演，听众一体化，难以区别个人状态。

3. 行为心理因素

人体尺寸及人体活动空间决定了人们生活的基本空间范围，然而，人们并不仅仅以生理的尺度去衡量空间，对空间的满意程度及使用方式还取决于人们的心理尺度，这就是心理空间。心理因素指人的心理活动，人的心理活动会对周围的空间环境在尺度上提出限定或进行评判，并由此产生由心理因素决定的心理空间问题。空间对人的心理影响很大，其表现形式也有很多种。英国的心理学家 D·肯特说过："人们不以随意的方式使用空间。"意思是说人们在空间中采取什么样的行为并不是随意的，而是有特定的方式。这些方式有些是受生理和心理的影响，有些则是人类从生物进化的背景中带来的。如领域性，这已经为心理学界的研究所证明。心理学中很多问题的讨论对尺度与尺寸的关系——"既有关、又不同"提供了理解的可能。

（1）行为与环境的关系——空间的生气感

空间的生气感与活动的人数有关，一定范围内的活动人数可以反映空间的活跃程度。实验表明，当人与人之间的距离与身高的比大于 4 时，人与人之间几乎没有什么影响，这一比值小于 2 时气氛就转向活跃。其次，一个富有生气的空间要求人与人之间保持感觉涉及。保持感觉涉及的适合距离一般在 20 ~ 25m 的范围。因为在这个距离中，人们恰好能辨认对方的脸部；同时，在典型的城市背景噪声强度下，这一距离也恰好能使人对周围的言谈略有所闻，大于这一距离时，互相的感觉涉及就不复存在（图 2-39）。

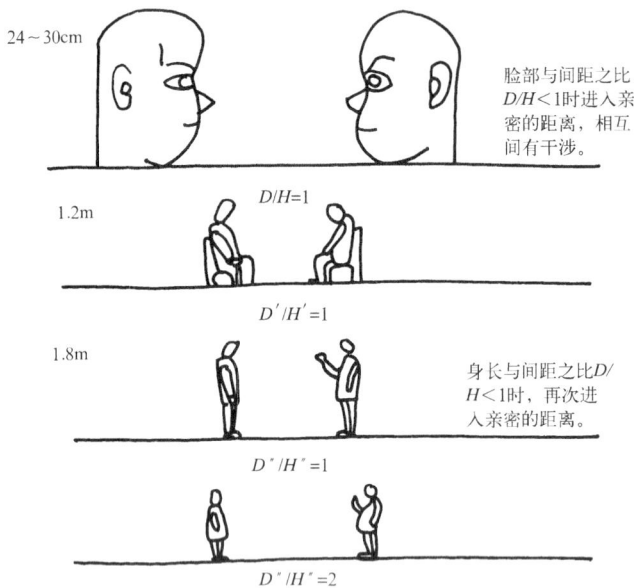

图 2-39

（2）个人空间

每个人都有自己的个人空间，它被描述为是围绕个人而存在的有限空间，有限是指适当的距离。这是直接在每个人的周围的空间，通常是具有看不见的边界，在边界以内不允许"闯入者"进来。它可以随着人移动，其内涵表达出个人空间，它是相对稳定的，同时又会根据环境具有灵活的伸缩性。在某些情况下（例如在地铁或球赛中）我们可以比在其他情况下（例如在办公室中）允许他人靠得近些。其次它是人际的，而非个人的，只有人们与其他人交往时个人空间才存在。它强调了距离，有时还会有角度和视线。

个人空间的存在可以有很多的证明。如你在一群交谈的人中、在图书馆中、在公共汽车上或在公园中找一个座位时，总是想找一个与其他不相关的人分开的座位；在人行道上与别人保持一定的距离。人们用各种不同的方法来限定空间，例如在公园长凳对坐得太近的陌生人怒目而视，或者将手提包或帽子放在自己和陌生人之间作为界限。人与人之间的密切程度就反映在个人空间的交叉和排斥上。不适当的距离会引起不舒服、缺乏保护、激动、紧张、刺激过度、焦急、交流受阻和自由受限。产生一种或更多的反面效果；而适当的距离通常能产生正面的、积极的效果。

个人空间所具有的作用表现为：

舒服，人们在交谈时离的太近或离的太远会觉得不舒服。人在近距离交流时具有一定的空间限制。

保护，可将个人空间看成是一种保护措施，这里引进了威胁概念，当对一个人的身体或自尊心的威胁增长时，个人空间也扩大了。据吉福德（R.Gifford）（美）研究发现，孩子们在教师办公室这种轻度威胁的环境里，如果他们互相熟悉，就会彼此靠拢，如果他们互相陌生，就会彼此离开。互相关系密切的人在创造一个防御外来威胁的共同保护区时，不是扩大他们的身体缓冲区，而是彼此更加靠拢。

交流，在个人空间中的交流，除了语言之外，还在于别人的面孔、身体、气味、声调和其他方面的感觉和感性认识。假如你所面对的人是一位不想交流的人，但距离很近时，你所不想要的各种信息会通过各种的感知渠道向你压来。反之，你期望交流的人如果离得太远，所传递的信息就不足以满足你的所需。从这个方面来说，个人空间是一个交流的渠道或过滤器，通过空间的调整加强或减弱信息量的多少。个人空间的这种特点实际上与视觉的尺度、听觉的尺度、嗅觉的尺度和触觉的尺度（后面论述）等生理方面的特征有直接的关系。

紧张，埃文斯（G.Evans）认为个人空间可以作为一种直至攻击的措施而发挥作用。过度拥挤时引起攻击行为的激发因素（图2-40）。

（3）人际距离

人际距离是心理学中的概念，是个人空间被解释为人际关系中的距离部分，是一种空间机制，是一种个人的、可活动的领域。在豪尔（E.Hall）看来，人际距离会告诉当事人和局外人关于当事人之间关系的真正性质，指的是社交场合中人与人身体之间保持的空间距离。不同的民族、文化、职业、阶层、人际关系以及不同的场合、时间会影响人际距离。豪尔的研究提出人际距离的尺度按照人们的亲疏程度分为四类：密切距离、个体距离、社交距离、公众距离。

密切距离：

这个距离的范围在150～600mm之间，只有感情相近的人才能彼此进入。爱人、双亲、孩子、近亲和密友之间的身体接触可以进入这个范围。

barrier-free 无障碍的
属于或关于完全可由包括身体残疾者在内
的所有人接近和使用的空间、建筑物和设
施的。

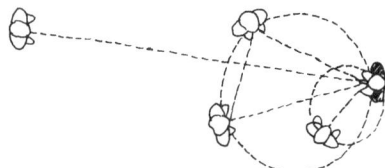

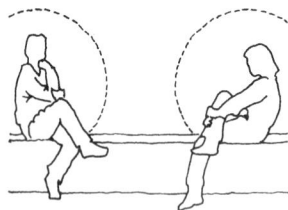

territoriality 领域性
与划定和防守一个范围或领域有
联系的行为方式。

personal space 个人间隔
一个人与另一个人谈话感觉舒适的可变的
主观距离。也称为personal distance。

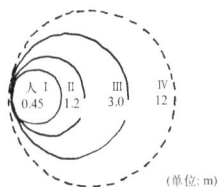

I:密接范围　　II:个人范围
III:社会范围　　IV:公众范围

E·T·霍尔的隐现量纲[1]

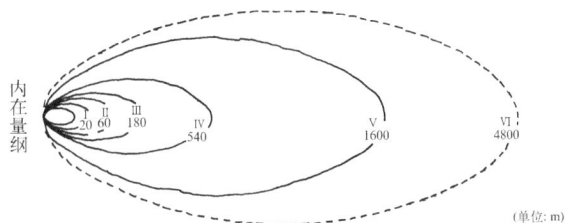

I:接触　II:近接　III:选择
IV:等价　V:隐藏　VI:变容

识别尺度[1]

图2-40

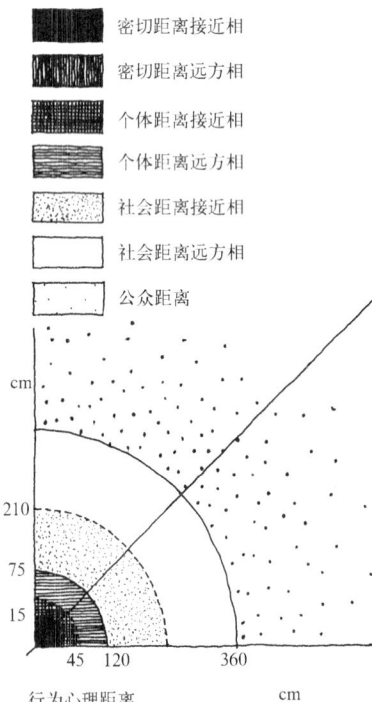

密切距离接近相

密切距离远方相

个体距离接近相

个体距离远方相

社会距离接近相

社会距离远方相

公众距离

行为心理距离

图2-41

个体距离：

范围在 600 ～ 1200mm 之间，是个体与他人在一般日常活动中保持的距离，如家中、办公室、聚会等场合。

社交距离：

范围在 1200 ～ 3600mm 之间，是在较为正式的场合及活动中人与人之间保持的距离。如办公室中的交谈，正式的会谈、与陌生人的接触等都在此范围内。

公众距离：

范围在 3600mm 以外，是人们在公众场所如街道、会场、商业场所等与他人保持的距离（图 2-41）。

(4) 心理评判——对尺度的心理判断

在孩提时代曾感觉到高高的山丘，宽阔的河流，长大以后再去看却会认为只是小山小河。还有一个现象，上小学的时候常常觉得高年级的学生很高大。对于大小的认知实际上是随着年龄的增长而变化的，这与人的身高等有关系。有这样一个例子，让小学二、四、六年级的学生以自己的身高为标准，按照比例来判断教室的入口、走廊的高度。大致来说高年级的判断更接近于实际值，随着年龄的增高误差随之减少。

　　对于距离的判断实际上是与去哪里、交通的方式（步行还是乘车）、去的频率等问题都有关系。对于比较小的距离如 100m 以内的判断比较接近实际值，这是因为 100m 内的距离可以根据各种生活中的参照系估计出来，如判断 500m 以上的距离，其判断就很不准确了。人们对什么样的距离感到近，什么样的距离感到远，也是判断距离尺度的重要参照系。一些实验的数据可以帮助我们了解一些人们的心理倾向，调查人们从自己家里到车站的距离感时发现，500m 以内的距离被判断为近，超过 500m 远近不太明确，超过 1000m 则判断为远。大约在 500 ~ 600m 可以说是远近的分界线。这里主要是指步行者，步行者的速度是判断的依据。使用不同的交通工具也会有不同的结果，在现代城市中随着交通工具的发展，步行逐渐减少，其结果现在多半是采用时间来判断距离，不用尺寸来衡量远近，而用时间来判断。因此在大尺度的空间例如城市的尺度上，速度与时间也成了与尺度相关的重要参考量。空间对于人来说不是连续的一步一步的空间感受，而是两点之间时间的概念。

　　还有研究表明，人们在判断两地的实际距离时会根据一条路的信息量的多少而产生不同的距离感，当人们经过一条路时，会注意和存储有关的信息，如果他们记忆的信息越多，所判断的路的距离就越长。所以，沿途空间细节变化的多少会影响空间的尺度感。如提示和线索的增加，更多的转弯和十字路口都会使路途的估计距离变长；当在两地之间有很多的城市时，估计距离会增加，如果两地之间没有什么城市，则估计距离会降低（图 2-42）。

　　（5）迁移现象

　　迁移现象也是心理学中的一种人类心理活动现象，人类在对外界环境的感觉与认知过程中，在时间顺序上先期接受的外界刺激和建立的感觉模式会影响到人对后来刺激的判断和感觉模式。迁移现象的影响有正向与逆向的不同，正向的会扩大后期的刺激效果，逆向的会减弱后期刺激的效果。因此，当人们接受外界环境信息的刺激内容相同而排列顺序不同时，对信息的判断结果会有显著的差异。这一点在空间序列安排对空间尺度的印象影响中非常明显。在空间序列的安排上有意利用迁移的影响，使人产生比空间的实际尺度更强烈的心理尺度感，是空间艺术的典型手法之一。历史上无论是东方还是西方的设计师都有很多经典的例子，如埃及的神庙、中国江南园林等。

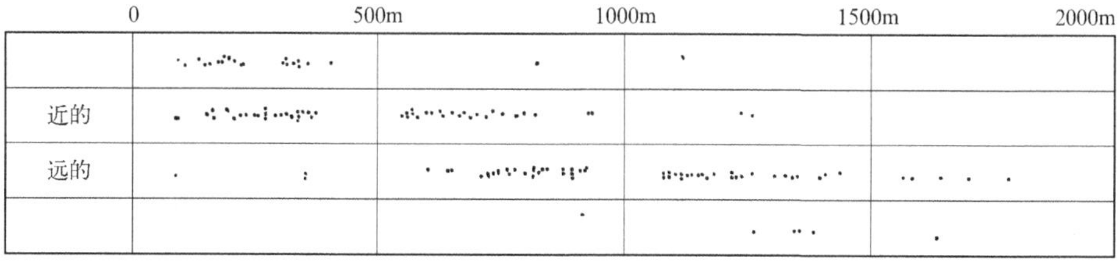

	0	500m	1000m	1500m	2000m
近的					
远的					

图2-42

(6) 交通方式与移动的因素

前述有关道路的信息量与人对街道尺度的判断之间的影响关系，在另一个方面的体现，是人在空间中的移动速度影响到人对沿途的空间要素尺度的判断。一定尺度大小的空间要素，人们对它的尺度判断随着人移动速度的变化而变化，速度慢时感觉尺度大，速度快时感觉尺度小，其原因可能是由于人的感觉器官接受外界信息的速度能力是一定的，当移动速度加快时，信息变化的速度也加快，当变化速度超过人的接受能力时，信息被忽略（很像闪光融合的概念），只有更大尺度的变化才被感知。由于这种心理现象的存在，因此，在涉及视觉景观设计的时候，人们观察时移动速度的不同会对空间的尺度有不同的要求，以步行为主的街道景观和以交通工具为移动看点的空间景观，在尺度的大小上应该是不同的。即步行的尺度和车行的尺度不同（图2-43、图2-44）。

运动中的视效时差（假定水平视角为60°）

运动种类	速度(m/s)	视距(m) 20	40	100	1200	1600
🚶	1.1	20.77	41.54	103.93	1247.06	1662.77
🚌	5.6	4.15	8.30	20.79	249.42	332.55
🚗	11.1	2.08	4.15	10.39	124.70	166.28
🚆	16.7	1.38	2.77	6.93	83.14	110.85

图2-43

人的视效距离

| 1m 触度范围 | 3m 会话可辨距离 | 12m 表情可见距离 | 24m 颜面可辨距离 | 140m 动作可见距离 | 1200m 人的可辨距离 |

不同速度的视点运动密度

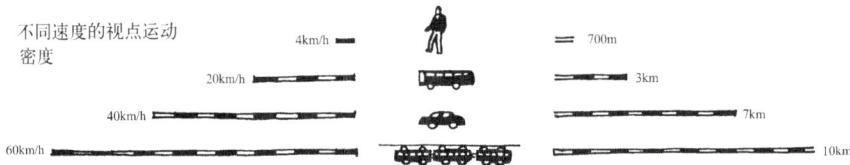

4km/h　700m
20km/h　3km
40km/h　7km
60km/h　10km

广场的手画幅度(中世纪广场的平均取值—约58×141m)
由此可以求得一个广场空间单位—20×20m

步行的距限

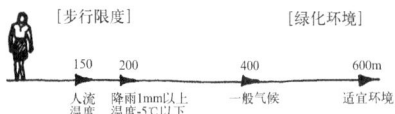

[步行限度]　　　[绿化环境]
150　200　　400　　600m
人流 温度　降雨1mm以上 一般气候　适宜环境
　　　温度-5℃以下

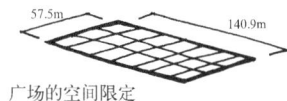

57.5m　140.9m
广场的空间限定

图2-44

116

2.2.2　技术的因素

1. 材料的尺度

所有的建筑材料都有韧性、硬度、耐久性等不同的属性。一般都有一定的强度极限，超过极限可能会引起由形变导致的材料结构的破坏，如断裂、折断、倒塌等。因为重力的作用，材料内的应力会随着物体的体量增加而增大，因此，所有的材料都有一个合理的尺寸比例范围，超过了不行，例如一块长 2.5m，厚 0.1m 的石条可以用作石梁，但是如果将它放大四倍则很可能由于自身的重量而崩溃。即使是钢材这样高强度的材料也有一定的尺度限制，太大的尺度也会超过它的极限。

同样，每一种材料也有一个合理的比例，它是由材料固有的强度和特点决定的。例如砌块的石块、砖等的抗压强度大，而且依靠整体获得强度，因此其形式是具有体量的。钢材的抗拉和抗压都很强，因而可以做成较为轻巧且截面相对较小的框架。木材是一种易变形的却有相当弹性的材料，可做框架、板材，由于材料特点及强度限制，很少有单跨的大尺度空间。

在合成技术发明之前，建筑材料只能取之于自然界，如土、石材、竹材和木材等，这些材料的强度受到其自身自然状态和性能的限制，只能将建筑控制在一定的跨度和高度范围内。钢和钢筋混凝土等现代材料得到应用后，随之大跨度建筑和高层建筑也得以产生（图 2-45、图 2-46）。

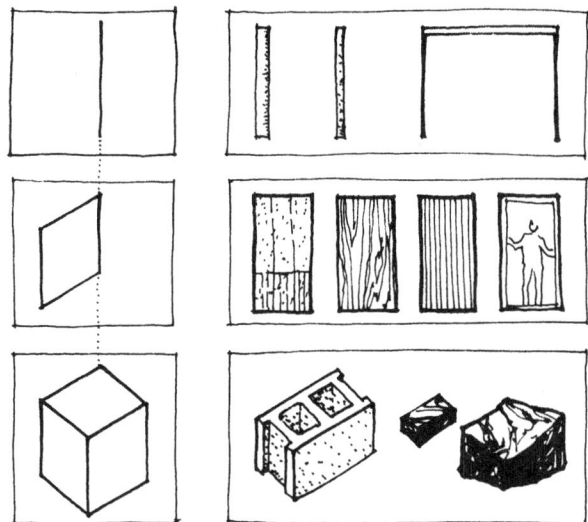

不同材料形成的比例

图2-45

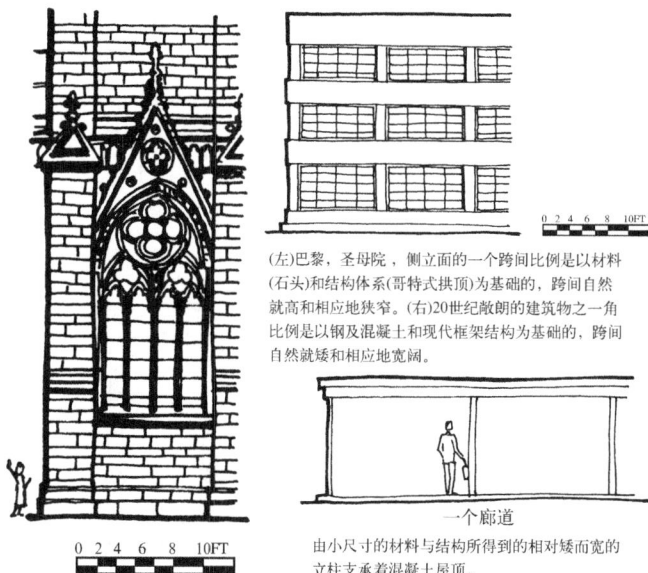

(左)巴黎，圣母院，侧立面的一个跨间比例是以材料(石头)和结构体系(哥特式拱顶)为基础的，跨间自然就高和相应地狭窄。(右)20世纪敞朗的建筑物之一角比例是以钢和混凝土和现代框架结构为基础的，跨间自然就矮和相应地宽阔。

一个廊道

由小尺寸的材料与结构所得到的相对矮而宽的立柱支承着混凝土屋顶。

图2-46

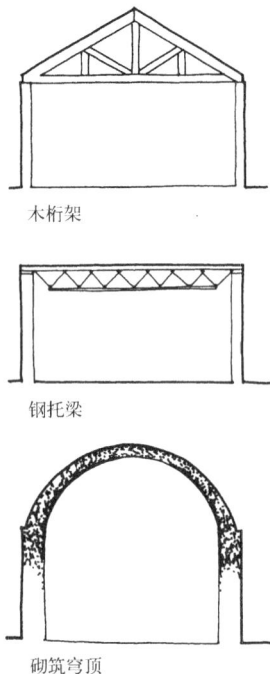

木桁架

钢托梁

砌筑穹顶

图2-47

2. 空间结构形态的尺度

在所有的空间结构中，以一定的材料构成的结构要素跨过一定的空间，以某种结构方式将它们的受力荷载传递到预定的支撑点，形成稳定的空间形态。这些要素的尺寸比例直接与它们承担的结构功能有关，因此人们可以直接通过它们感觉到建筑空间的尺寸和尺度。建筑的尺度与结构层次可以通过主次结构的层次观察出来，当荷载和跨度增加时各种构件的断面都要增加。

结构的形式也会因使用的材料不同，工艺与结构特点不同，呈现出不同的比例尺度特征。诸如承重墙、地板、屋面板和穹顶等，以它们的比例使我们得到直观的线索，不仅了解它们在结构中的作用，而且知道所用材料的特性。一堵砖石砌体由于抗压强度大而抗拉强度小，要比承担同样工作的钢筋混凝土厚一些。承受同样重量的钢柱，比木柱要细一些。厚的钢筋混凝土板的跨度可以大于同样厚度的木板。

由于结构的稳定性主要依靠它的几何形状而不是材料的强度和重量，因此，不同的结构断面与空间跨度的比例差距很大，如梁柱结构、拱券结构、壳体和拉伸结构之间的比例差距就很大（图2-47、图2-48、图2-49）。

3. 制造的尺度

许多建造构件的尺寸和比例不仅受到结构特征和功能的影响，还要受到生产过程的影响。由于构件或者构件使用的材料都是在工厂里大批生产的，因此它们受制造能力、工艺和标准的要求影响，有一定的尺度比例。例如混凝土预制件和

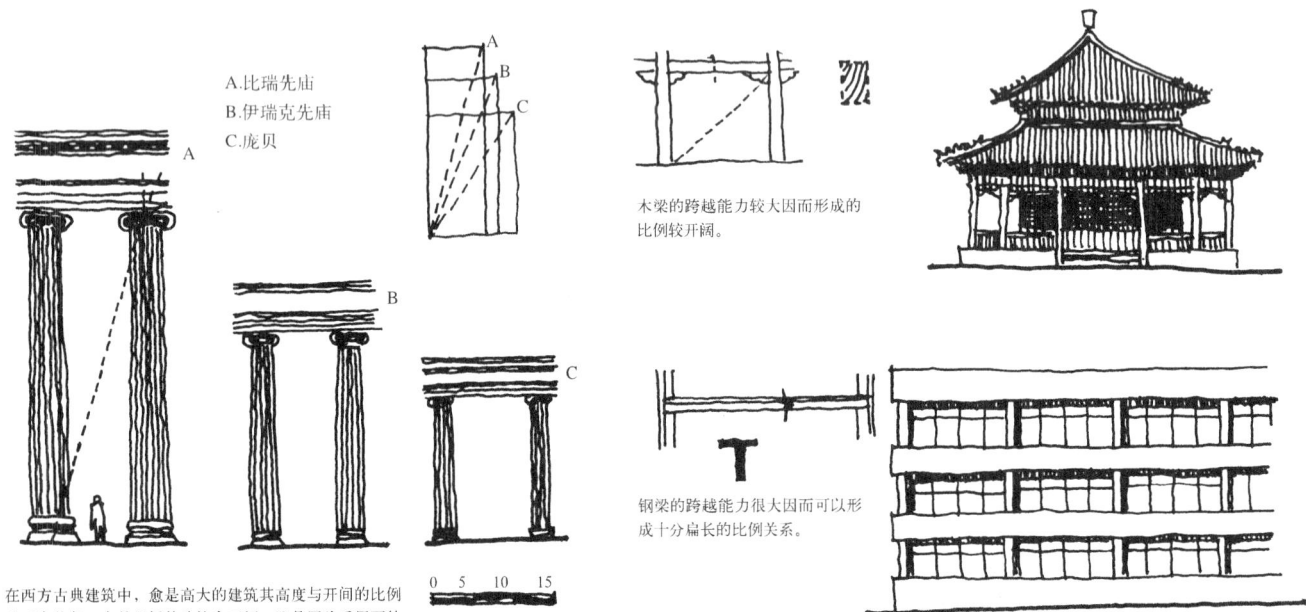

A.比瑞先庙
B.伊瑞克先庙
C.庞贝

0 5 10 15

在西方古典建筑中，愈是高大的建筑其高度与开间的比例关系愈狭长，愈是低矮的建筑愈开阔，这是因为采用石结构的原因。

图2-48

木梁的跨越能力较大因而形成的比例较开阔。

钢梁的跨越能力很大因而可以形成十分扁长的比例关系。

在梁柱结构体系中，比例在很大程度上取决于梁的跨越能力。跨越能力愈小愈狭长，愈大愈开阔。

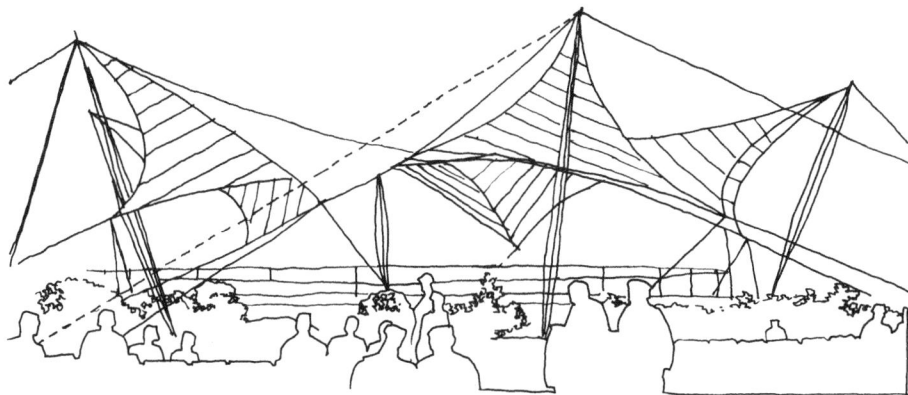

张拉式结构：张在跳舞场的地层上；德国，科隆，国家公园展出，1957年

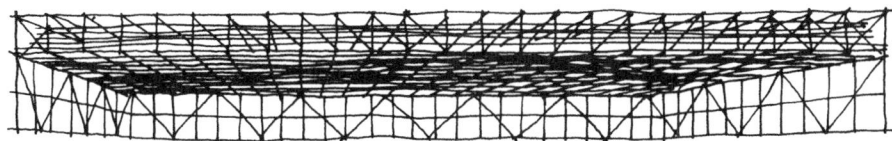

为芝加哥设计的会议厅(方案)
1953年　密斯

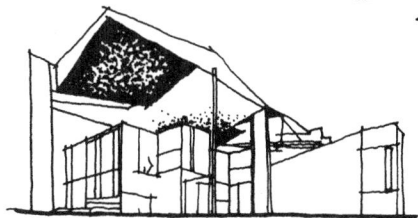

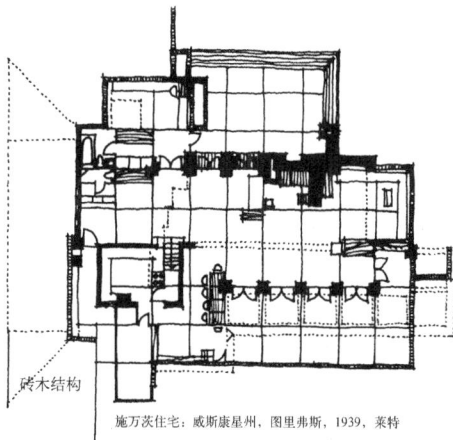

砖木结构

施万茨住宅：威斯康星州，图里弗斯，1939，莱特

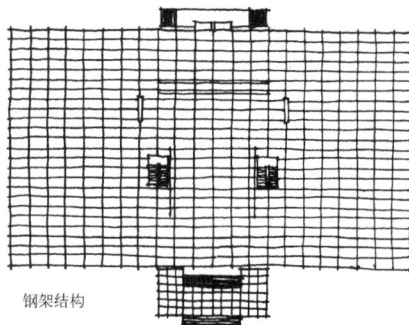

钢架结构

克朗大楼：芝加哥，伊利诺理工学院，
1956年，密斯

图2-49

砖就是以一定的建筑模数生产的，虽然它们的尺寸不相同，但是都有统一的比例基础。各种各样的板材和型材等建筑材料也都制作成固定的比例模数单位，比如木板和型钢。由于各种各样的材料最终汇集在一起，高度吻合地进行建造，所以工厂生产的构件尺寸和比例将会影响到其他的材料尺寸、比例和间隔，例如门窗的尺寸与砌块的模数相吻合，龙骨的尺寸和间隔与板材的标准一致（图2-50）。

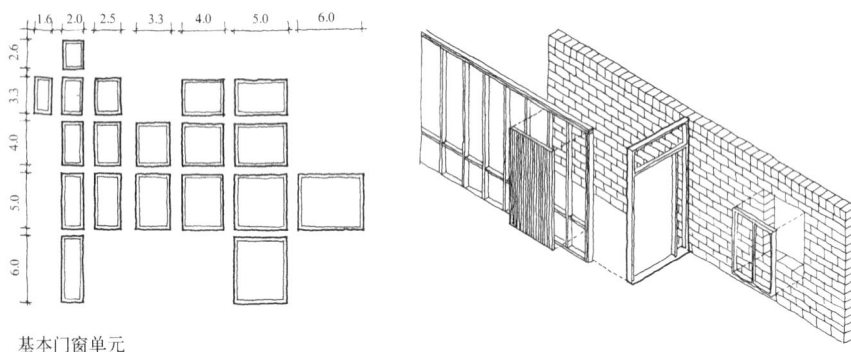

基本门窗单元

图2-50

2.2.3　环境因素

这里环境因素是界定于影响环境空间的整体综合性环境，其中主要以社会环境——人类文化；自然环境——地理和物产两个方面为主。

1. 文化的因素

（1）不同生活方式

在世界各地，由于社会发达程度和文化背景、历史传统的不同，不同地区的人会有不同的生活方式。而不同的生活方式，会以不同的形式经过不同的途径来影响空间环境的尺度。如高坐具与席地而居的不同对建筑空间尺度的影响；传统的农耕手工业式的生活与现代化生产、交通对城市尺度的不同影响。

（2）传统建筑文化

在传统建筑文化中，有很多因素是由纯观念性的文化因素控制，建筑的形制、数字的选择，经常会有一些观念性的东西掺杂其中。如中国文化认为6、8、9等数字的吉祥含意使得很多的尺度界定由这些数字或它们的倍数来决定。不论是东方还是西方建筑，这种由文化观念影响的建筑形态与尺度的例子很多，如哥特式建筑的高耸式空间。

我们说过，尺度实质是空间环境与人的关系方面的一种性质，就此而言，它是第一重要的，因为人居空间环境的存在，是为了让人们去使用去喜爱，当人居空间环境和人类的身体及内在感情之间建立起紧密和间接的关系时，建筑物就会更加有用，更加美观（图2-51）。

兰斯大教堂　1211～1290年

苏列曼清真寺：伊斯坦布尔　1551～1558年　辛南

法隆寺：日本，奈良　607年

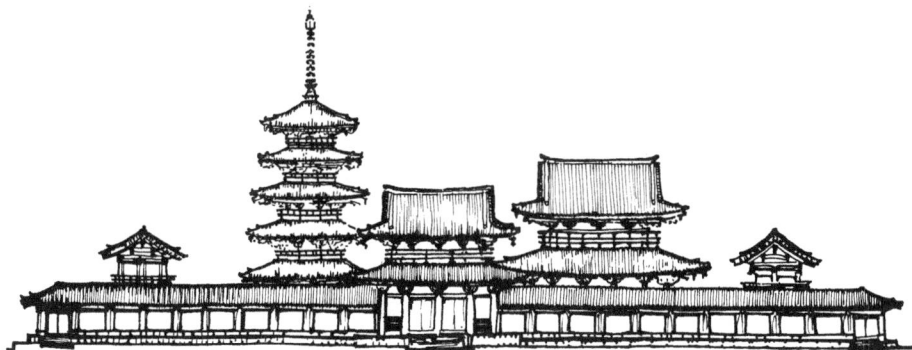

法隆寺建筑群：日本，奈良县，公元607～746年

图2-51

2. 地理环境因素

各地不同的自然地理条件也对空间尺度产生影响。因日照、气象、植被、地形等因素的变化，在建筑的空间尺度上就有很多的例子：如北方气候寒冷，冬季时间长，所以建筑的整体上更加封闭，而中间的庭院则为了获得更多的日照而比较宽敞，整个空间的比例为横向的低平空间。在南方，夏天日照强烈，故遮阳为首要考虑的因素，从而在建筑上将院落缩小为天井，天井既可以满足采光要求，又有利于通风和遮蔽强烈的日光辐射。这种院落与建筑的尺度变化就与气候类型有密切的关系（图2-52）。

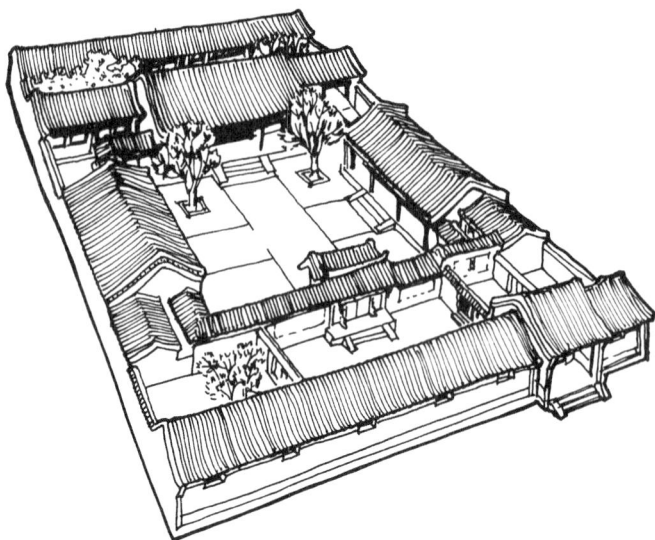

北京四合院

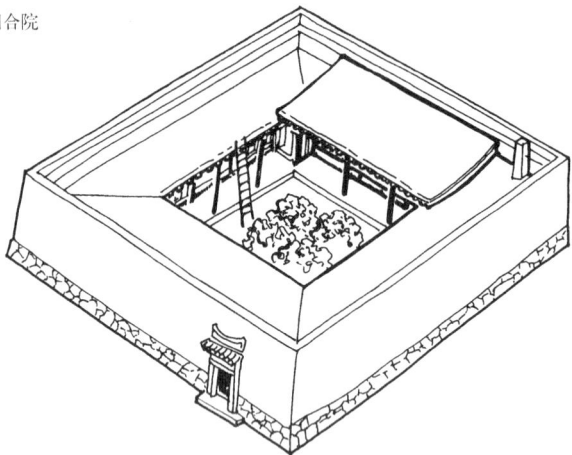

青海"庄窠"民居

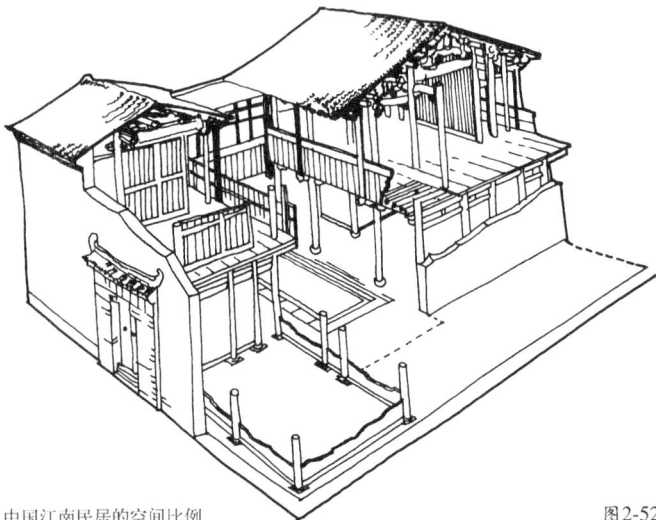

中国江南民居的空间比例　　　　图2-52

2.3　不同范围的尺度

2.3.1　不同范围的尺度

三维空间的尺度范围可以说是无疆无界，大到浩淼的宇宙，小到微观的分子结构。而我们这里所说的不同范围的尺度则主要是指环境艺术所能涉及的空间范围。在这其中从广义的方面包含了两重的尺度范围：自然环境的尺度和人工环境的尺度。这是因为环境艺术所涉及的空间环境主要是以人类的生存环境为主，在人类的生存空间中，包含了经过人类选择的自然环境和人类自己创造的人工环境。从狭义的方面来说，空间尺度的范围是指在人工环境中具体的不同尺度范围，如规划、建筑、室内等。

（1）自然环境的尺度

自然环境指人类生活的地球表面大气圈以内的部分，它是自然界按照自身的运动规律发展演化而成，由各种自然环境类型如海洋、山川、平原、河湖等构成，它在空间的尺度比例上是地球地质运动的结果，不以人的意志为转移，但各种不同的环境类型会对人类创造的人工环境的尺度比例产生影响，如狭小地域会产生小巧精致的人工的环境，如日本；广阔的山河产生恢弘壮阔的建筑风格，如中国等。

（2）人工环境的尺度

人工环境指人类在自然环境的基础上通过自身的选择和改造创造的次生的二次环境。它是人类社会发展与演进的结果，不同的人类社会的文化（历史、宗教、政治、经济、习俗等）会产生出不同的空间尺度类型。宗教的超人尺度、政治的庄严尺度、世俗的近人尺度、经济的合理尺度等等都是由人的价值取向决定的。它的空间尺度是由人类活动的需求与人类所掌握的科学技术的能力所决定的，在符合自然规律的基础上由人的意志决定。它包含了人类自身身心两方面的要求。我们这里讲的环境空间尺度就是人工环境中的一部分。因此它也包括了自然规律、人的生理条件和心理需求三方面的因素。

现代意义上的环境艺术从它的专业范围来说涵盖了巨大的空间跨度，虽然它不是也不能代替城市设计、城市规划、建筑设计、园林景观设计等传统的空间艺术设计专业，但它所涉及的以建筑、雕塑和绿化为要素的外部环境艺术设计；以室内、家具和陈设等要素为对象的内部环境艺术设计，在空间尺度上跨越了不同专业的尺度范围（图2-53、图2-54、图2-55、图2-56）。

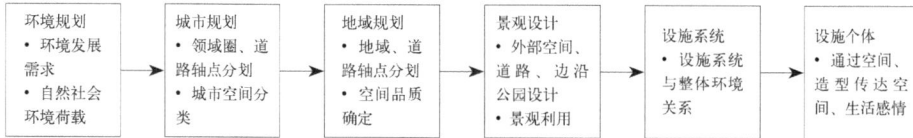

图2-53

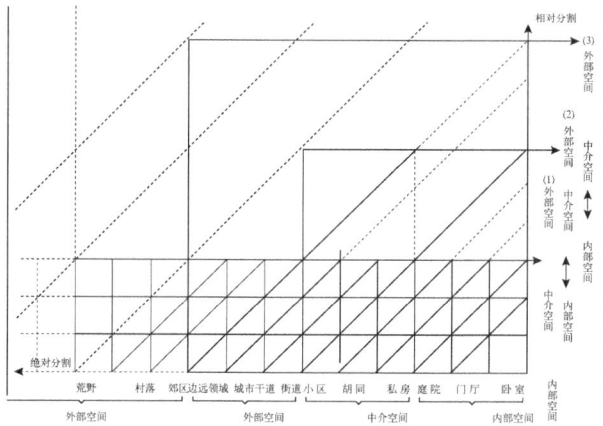

图2-54

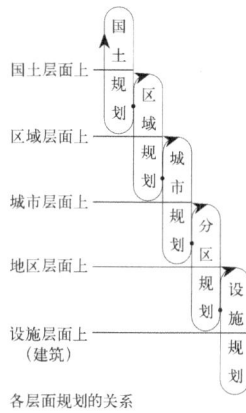

图2-56　各层面规划的关系

图2-55　人类居住生活的空间单位

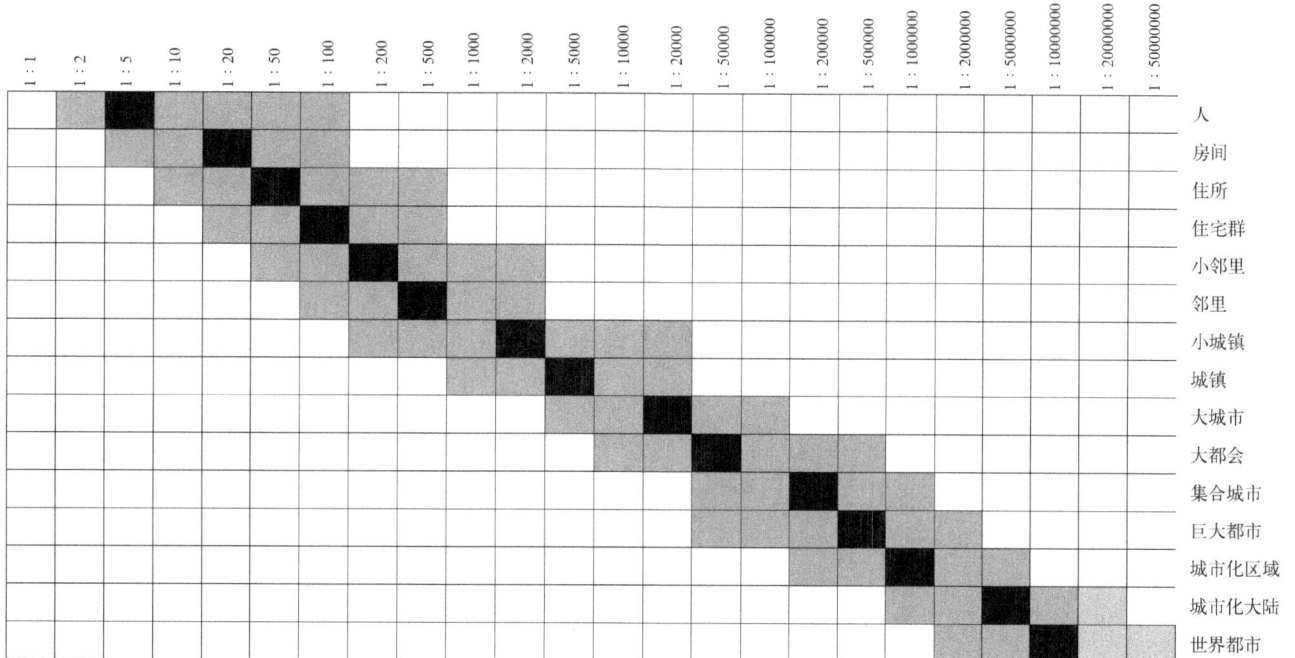

	1:1	1:2	1:5	1:10	1:20	1:50	1:100	1:200	1:500	1:1000	1:2000	1:5000	1:10000	1:20000	1:50000	1:100000	1:200000	1:500000	1:1000000	1:2000000	1:5000000	1:10000000	1:20000000	1:50000000
人																								
房间																								
住所																								
住宅群																								
小邻里																								
邻里																								
小城镇																								
城镇																								
大城市																								
大都会																								
集合城市																								
巨大都市																								
城市化区域																								
城市化大陆																								
世界都市																								

2.3.2　不同范围的尺度观

不同的尺度范围，由于涉及与考虑问题不同，背后的影响因素也不同，所以无论其对于尺度的评价体系与观念，还是尺度所包含的内容都是不同的。

室内空间以其直接为人使用与接触的性质，其组成要素主要是人与人直接使用的物品。由人体的尺寸及与人密切相关的设施设备的尺寸，决定了室内空间的是近人的尺度，触觉的尺度，以人体局部结构为尺度单位。其尺度单位必然是细节的细小的。

建筑虽然也构成人使用的空间环境，但它主要的构成要素是空间和结构要素，它并不直接为人使用，而是为人的活动提供适当大小的空间环境及空间组织序列。它主要由人的行动能力限度（如步行）与视觉能力限度因素决定，因此建筑的尺度是行动的尺度、视觉的尺度。其尺度单位是以整个人体、人体运动、人群为尺度。

城市规划与景观的构成要素并不直接针对具体的个体的人，而是以建筑、植被、大型工具（如交通工具）及设施为基本的构成要素，由它们构成更大的区域性的人群活动社区，单体建筑、植物、交通工具等的尺度决定了城市空间的尺度范围。

以人的固定视觉感受而言，不同尺度的形态会形成不同的景观意识，这种意识体现在设计上就形成了以不同尺度单位为基础的景观尺度概念。作为一个特定专业的设计者，必须具备该类专业所需的单位尺度概念，城市规划设计者需要确立以"km"为单位的尺度概念；建筑设计者需要确立以"m"为单位的尺度概念；室内设计师则是要确立以"cm"为单位的尺度概念。这种不同专业的尺度概念，不同的尺度范围的形成，其原因之一是其构成要素的尺度不同决定的。由于所依托的感觉平台、客观依据不同，而不同的设计师长期建立的感觉平台与知识背景差别很大，所以一旦确立某种尺度的概念，很难转换。

2.3.3　规划与景观的空间尺度

1. 规划与景观尺度的分类

规划与景观的尺度的形成，不是简单的视觉问题，是地理环境、城市功能、经济结构、文化背景、技术发展和历史演变等因素的综合结果。是公众利益与环境建造者互动的结果。

以规划与景观为主的外部空间应该是指经人选择的、经人为改造的、为人所使用的空间。因此外部空间的尺度应该在人的能力控制范围之内才有意义，外部空间尺度除了人体直接接触的近人空间环境，还包括有视觉控制的视觉空间尺度、心理控制的心理空间尺度、功能控制的规模尺度。在任何的空间创造时总希望有一个可以参考的尺度体系，特别是设计外部空间时，因为大部分的尺度与人体的关系并不是十分直接的，因此会产生尺度的漠然效应。因此更有必要预先掌握尺度比例系列的关系。

规划与景观的空间尺度包括以下的内容：

功能控制的规模尺度：如密度控制计划、建筑容积率与覆盖率控制、建筑形制与高度控制。规模尺度从宏观尺度的层面，根据城市或区域的功能对空间环境的尺度进行界定。

视觉控制的视觉空间尺度：视觉的尺度，是人们可以通过视觉把握的，如城市天际线控制、建筑与构筑物尺度控制、退缩空地控制等。

心理控制的心理空间尺度：邻里尺度、小区尺度、领域尺度、城市尺度。它是一种体现人的精神向度的空间尺度分类，是抽象的心理感受。

在城市环境中往往有多种尺度参加景观的演出，这些尺度与概念尺度、空间尺度相互交融彼此作用，是人们衡量和品评环境质量的综合尺度。比如时间尺度（古代、近代、现代、未来），环境尺度（自然、人际、社会）等。

在设计实践中，从环境艺术的本身来看，在规划与景观的范畴中它更多的侧重于视觉与空间造型，它与城市设计、规划设计各有不同的侧重点，因此在空间尺度上更多的是视觉方面的、心理方面的考虑，因此与视觉尺度、心理尺度有关的尺度问题是环境艺术的空间尺度核心。而城市外部空间环境（建筑以外的和周围的）与景观则正是视觉尺度考虑的重点（图2-57、图2-58）。

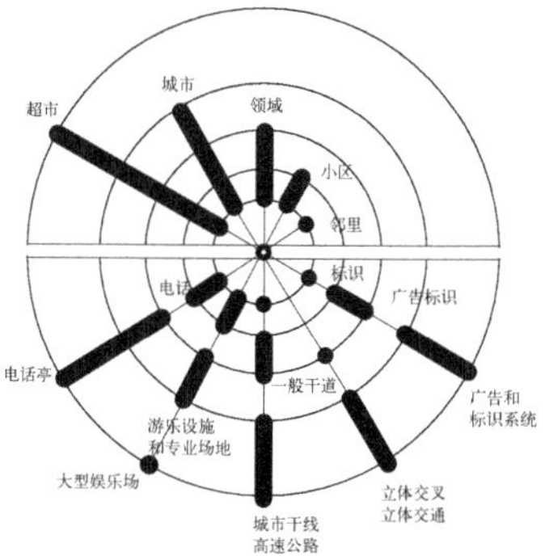

图2-57

人均居住用地控制指标（单位：m²/人）

规模	层数	大城市	中等城市	小城市（镇）
居住区	多层	15～21	16～22	16～25
	多层、中层	14～18	15～20	15～20
	多、中、高层	12.5～17	13～17	13～17
	多层、高层	12.5～15	13～16	13～16
居住小区	低层	20～25	20～25	20～30
	多层	15～20	15～20	15～22
	多层、中层	14～18	14～20	14～20
	中层	13～14	13～15	13～15
	多层、高层	11～14	12.5～15	—
	高层	10～12	10～13	—
居住组团	低层	18～20	20～23	20～25
	多层	14～15	14～16	14～20
	多层、中层	12.5～15	12.5～15	12.5～15
	中层	12.5～14	12.5～14	12.5～15
	多层、高层	10～13	10～13	—
	高层	7～10	8～10	—

注：本图按每户人口3.5人计。

图2-58

2. 外部空间构成尺度

(1) 外部空间环境的度量

一般来说空间环境的构件——门窗、梯磴、栏杆、阳台等与人体关系密切的尺寸特征是我们最为熟悉的度量标准。在城市景观中，除建筑构件外，还有路牙、路灯、座椅等街道设施，小品建筑及车辆等。可以将尺度分为人体尺度——是人感到适当且自然的尺寸标准；超人尺度——超乎人体和自然的虚拟夸张的尺寸标准。超人尺度往往造成特定环境中的戏剧性效果。

当设计外部空间时，它的空间尺度与室内空间相比是有很大不同的，虽然那些由人直接使用的如栏杆、台阶等构件，还是要象室内一样按照人体尺寸去考虑尺度，但在空间的尺度上要大于室内相同性质空间，芦原义信在他的《外部空间设计》中提出了外部空间是室内空间的 8 ~ 10 倍的理论。外部空间的尺度也是要先确定其使用功能，再根据其功能参照室内空间尺度推算。例如在室内空间中，一个边长 2.7m 的空间是亲密的空间尺度，而在外部空间中，要想得到同样亲密的空间感，尺度要放大 8 ~ 10 倍，2.7×(8 ~ 10) ≈ 27m。这是能看清对方面部表情的距离。又比如作为公共交往空间的室内空间，如宴会厅、酒店大堂，普通的尺度为 12m×25m 左右，而外部空间的公众交往空间如普通的广场即应为 120m×250m 左右。这个十分之一的理论尽管并不十分严密，到底是几倍合适也不是绝对的，5、8、10 倍都是可以的，但可以作为外部空间确定尺度的参考（图 2-59、图 2-60）。

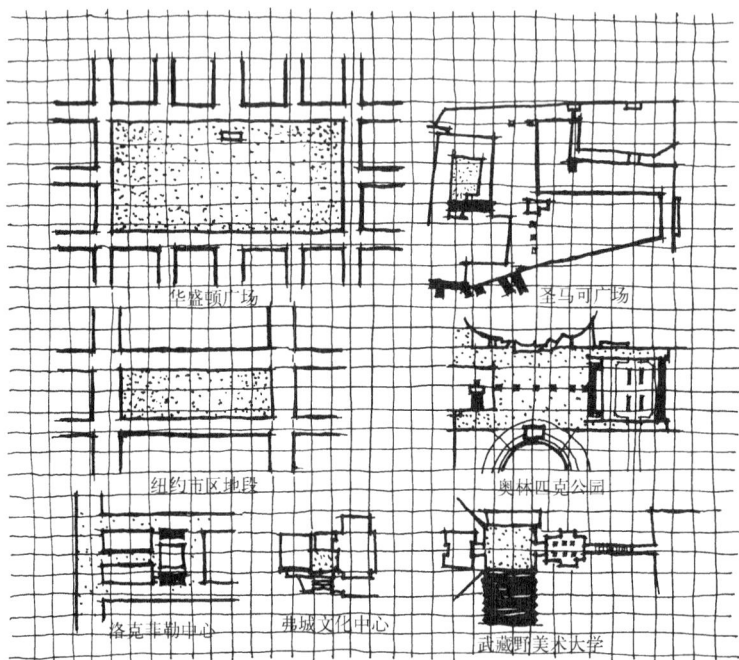

图2-59

城市广场的规模与尺度

城市广场的规模与发展，应结合围合广场的建筑物的尺度、形体、功能以及人的尺度来考虑。大而单纯的广场对人有排斥性，小而局促的广场则令人有压抑感，而尺度适中有较多景点的广场具有较强的吸引力。具有特殊主题的广场（如政治集会、纪念性广场）应用相应规模以满足其特殊需求。对于广场的适宜尺度，一般应遵循以下几条原则：

平均面积	140×60m	亲切距离	12m
视距与楼高的比值	1.5～2.5	良好距离	24m
视距与楼高构成的视角	18°～27°	最大尺度	140m

中外城市广场面积参考表

广场名称	面积（公顷）	广场名称	面积（公顷）
普列也城集会广场	0.35	大同红旗广场	2.9
庞贝城中心广场	0.39	太原五一广场	6.3
佛罗伦萨长老会议广场	0.54	天津海河广场	1.6
威尼斯圣马可广场	1.28	南昌八一广场	5.0
巴黎协和广场	4.28	郑州二七广场	4.0
莫斯科红场	5.0	北京天安门广场	30.0

图2-60

（2）形成外部空间的尺度

外部空间环境的形成，也与周围空间构成要素的尺度有关。当单独的一个要素存在时，环境是开放的，不具有空间体量感。当两个要素出现时，二者之间开始产生封闭性的干涉作用，在两者之间形成封闭的空间场，具有强烈的空间感。这种空间场的形成、有无、强弱均与两者的高度及距离相关，以 $D/H=1$ 为界线，大于 1 时空间感弱，有远离感；小于 1 时空间感强，有紧迫感。卡米洛·希泰（Camillo.Sitte）对广场空间的大小的描述也有类似的理论，按照他的说法，广场宽度的最小尺寸等于主要建筑的高度，最大尺寸不超过其高度的 2 倍。以前面的公式表示为 $1 \leqslant D/H \leqslant 2$。当 $D/H < 1$ 时，建筑之间的干涉性过强，空间过于压抑。当 $D/H = 2$，则有点过于分离，作为广场的封闭性就不容易起作用了。D/H 在 1 与 2 之间时，空间平衡，是最适当的广场空间（图 2-61、图 2-62、图 2-63、图 2-64）。

（3）空间要素的间距

在特定的空间和场所中，参演物和基本构件之间的距离，在同一要素中，间距过小将呈现一体化的特征；而距离过大相互间的连接趋势又减弱。其最佳距离

图2-61

127

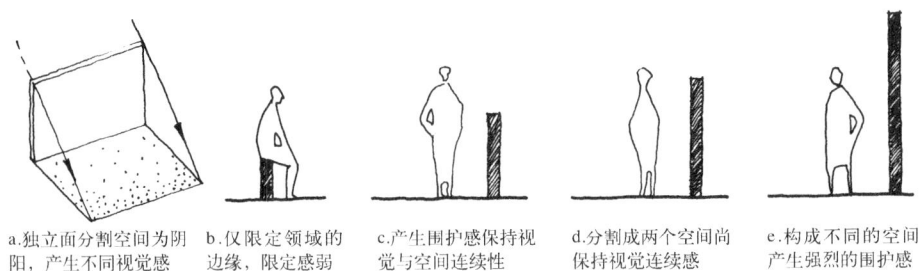

a.独立面分割空间为阴　b.仅限定领域的　c.产生围护感保持视　d.分割成两个空间尚　e.构成不同的空间
阳，产生不同视觉感　　边缘，限定感弱　　觉与空间连续性　　保持视觉连续感　　产生强烈的围护感

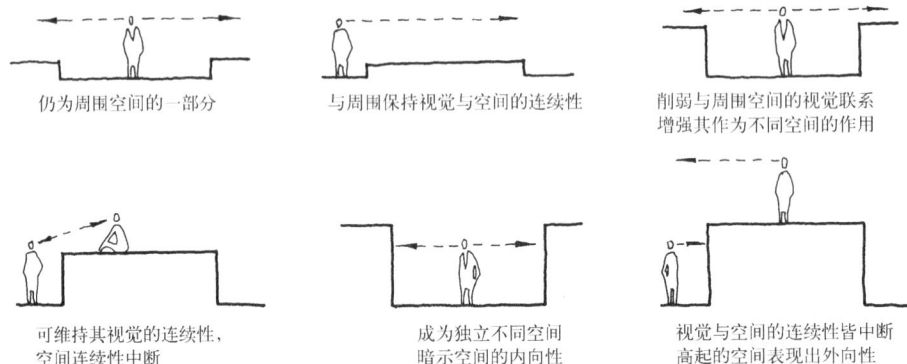

仍为周围空间的一部分　　　与周围保持视觉与空间的连续性　　削弱与周围空间的视觉联系
　　　　　　　　　　　　　　　　　　　　　　　　　　　　　增强其作为不同空间的作用

可维持其视觉的连续性，　　　　成为独立不同空间　　　视觉与空间的连续性皆中断
空间连续性中断　　　　　　　　暗示空间的内向性　　　高起的空间表现出外向性

图 2-62

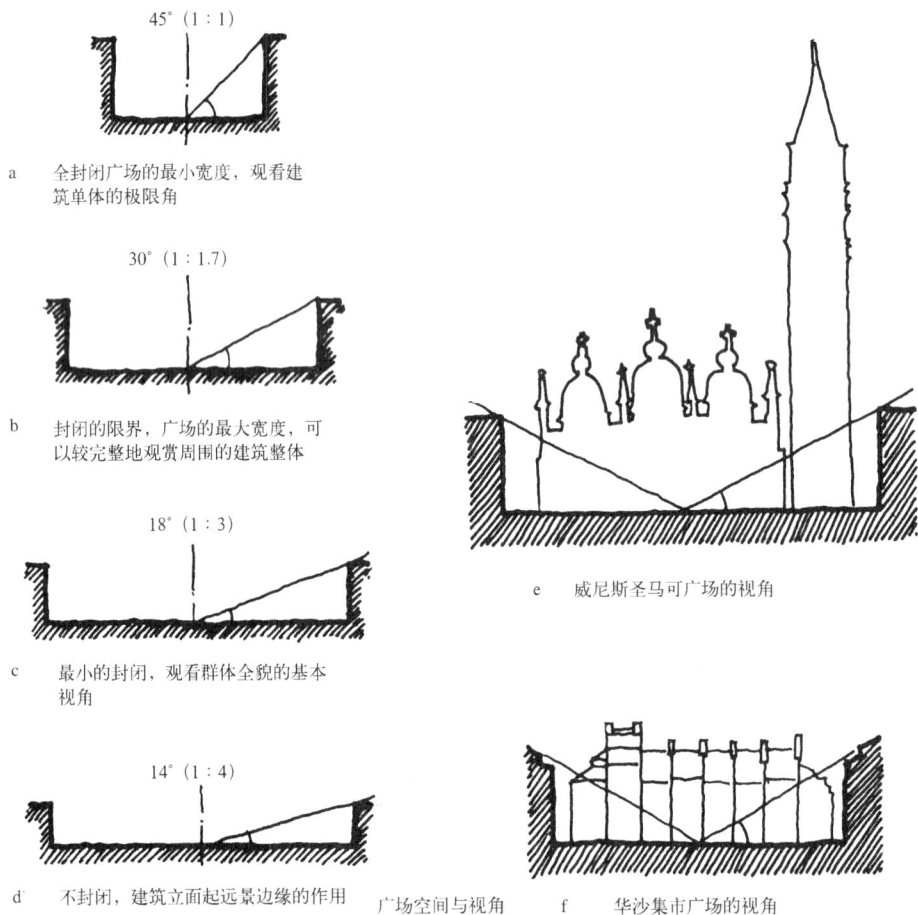

45° (1:1)

a　全封闭广场的最小宽度，观看建
　　筑单体的极限角

30° (1:1.7)

b　封闭的限界，广场的最大宽度，可
　　以较完整地观赏周围的建筑整体

18° (1:3)

c　最小的封闭，观看群体全貌的基本
　　视角

e　威尼斯圣马可广场的视角

14° (1:4)

d　不封闭，建筑立面起远景边缘的作用

广场空间与视角　　f　华沙集市广场的视角

图 2-63

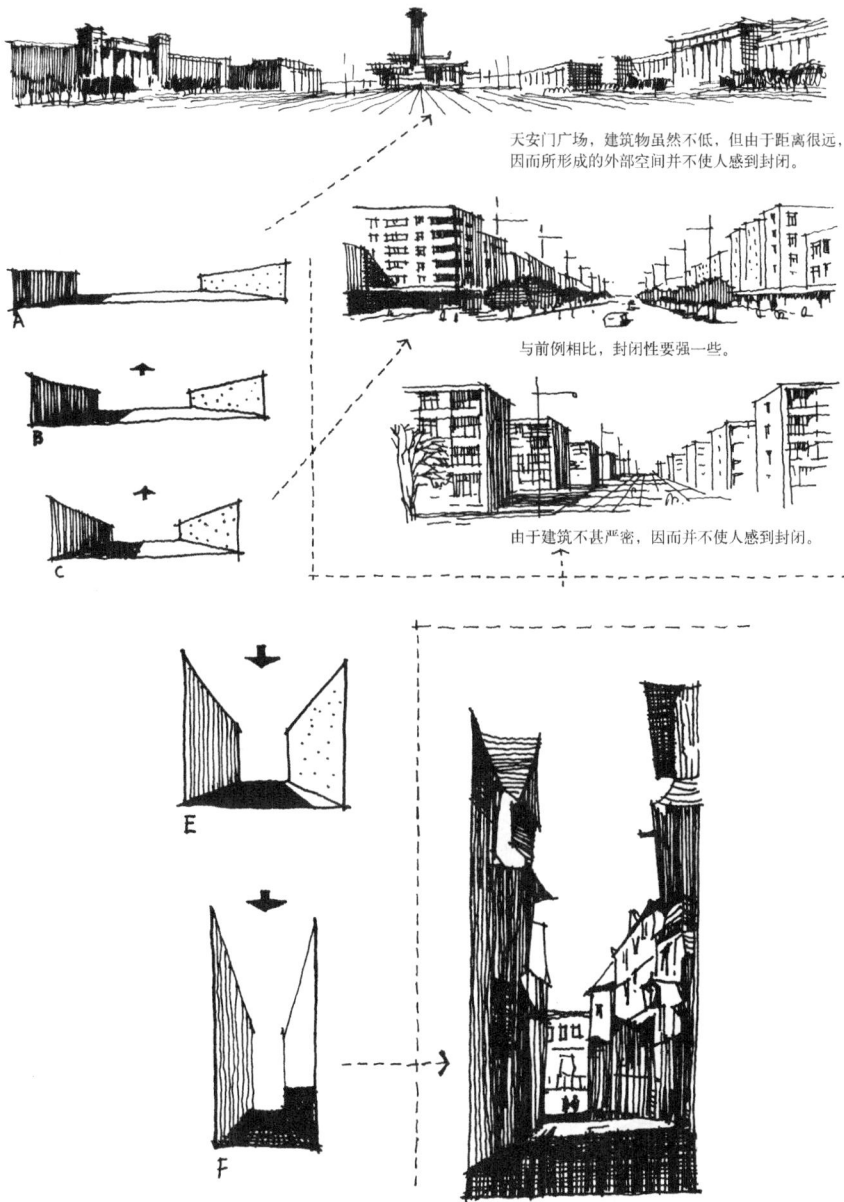

天安门广场，建筑物虽然不低，但由于距离很远，因而所形成的外部空间并不使人感到封闭。

与前例相比，封闭性要强一些。

由于建筑不甚严密，因而并不使人感到封闭。

图2-64

的选择要根据物体本身特点、场所的环境性质及人的使用和心理要求。一般来说同类要素的空间相对距离不宜超过 $D/H = 2$（平面距离不小于两者高度之和）。在不同要素间，距离过小将呈现归属性；距离过大，彼此的相关性很弱而独立性又很强。当然视觉上的联系不强，并不等于环境氛围的减弱或没有联系。所谓的距离选择分为：①视觉距离，固定视场的物体距离；②第一心理距离，视线运动而感知的物体距离，一般用作于领域或相近领域；③第二心理距离，人以往的经验和心理揣测的物体距离，它一般用作于不同领域和城市大空间。其中第②、③

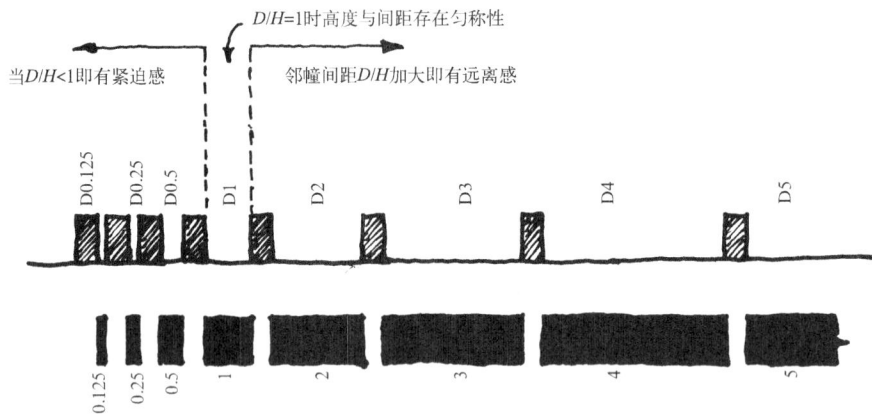

图2-65

两项应属于观者的经验和心理联结。比如虽然两棵年逾古稀的松树相隔数百米之遥，且被道路和院墙分割，但人们会自然的将它们联系起来（图2-65）。

（4）功能性尺度

在城市规划设计中，有很多的具体技术功能性的问题会对尺度提出不同的参照系，如交通体系中由不同的使用功能决定的街道的横截面，主要交通干道、步行街、休闲小径会因为功能的不同形成不同的尺度空间。还有诸如公共设施、交通工具、绿化植被、景观要素等会以自己的特性对环境空间施加影响（图2-66、图2-67、图2-68、图2-69、图2-70、图2-71、图2-72、图2-73、图2-74、图2-75）。

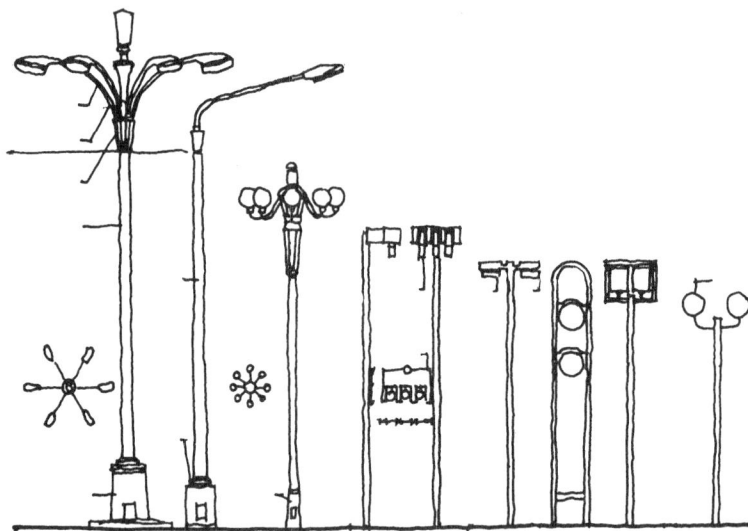

图2-66

街道宽度 m	交通组织方式		路面铺装	顶盖		行道树		街道设施
	步行车道分离	步行专用街道		两侧设	全盖顶	单侧	双侧	设置
4								
6		▨	▨		▨			
8	▨	▨	▨					
10	▨	▨	▨			▨		
12	▨	▨	▨	▨		▨		
14	▨	▨	▨			▨	▨	▨
16	▨	▨	▨	▨		▨	▨	▨

图2-67

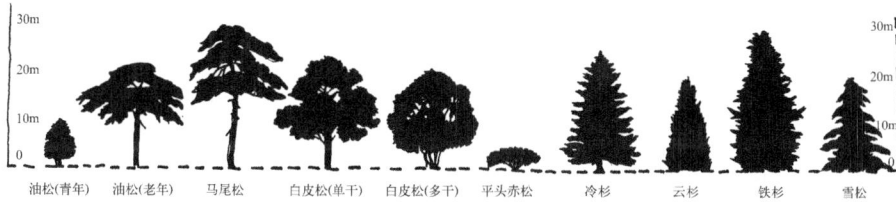

图2-68

油松(青年)　油松(老年)　马尾松　白皮松(单干)　白皮松(多干)　平头赤松　冷杉　云杉　铁杉　雪松

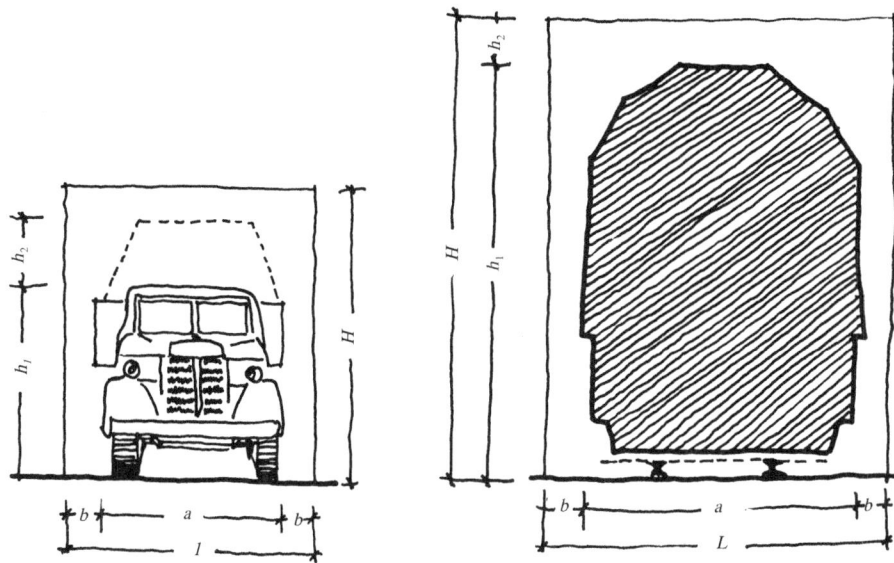

交通工具的尺度对道路设施的影响

图2-69

131

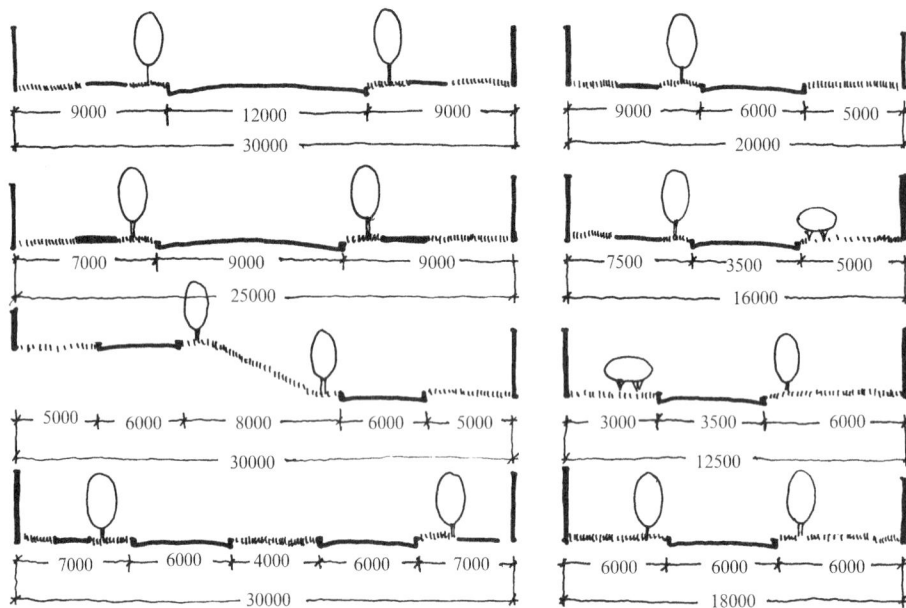

图2-70   道路断面尺度

河南省郑州市互助路绿化设计   广西南宁市中华路绿化设计

图2-71

广西南宁市河南路绿化设计   河南省郑州市互助路绿化设计   河南省郑州市金水路绿化设计

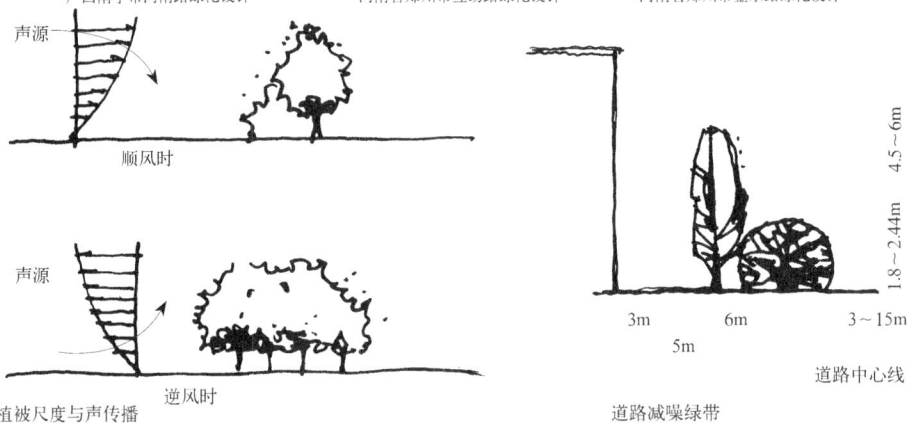

图2-72   植被尺度与声传播   道路减噪绿带

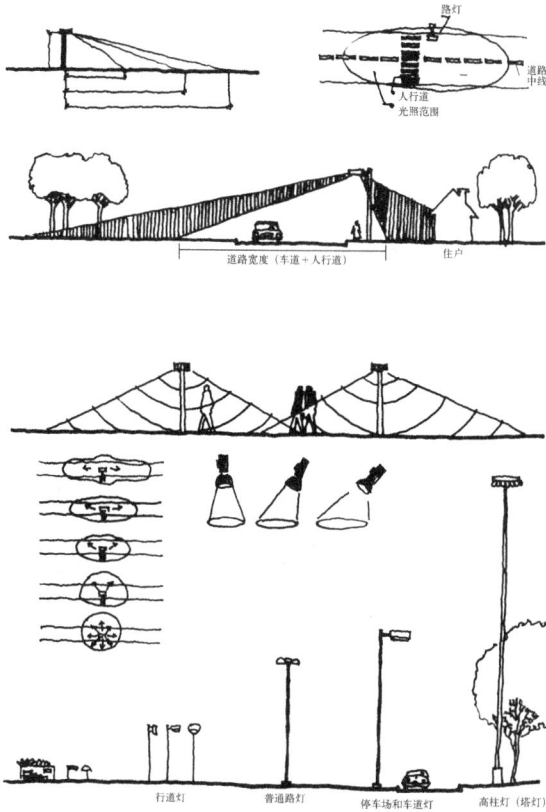

图2-73

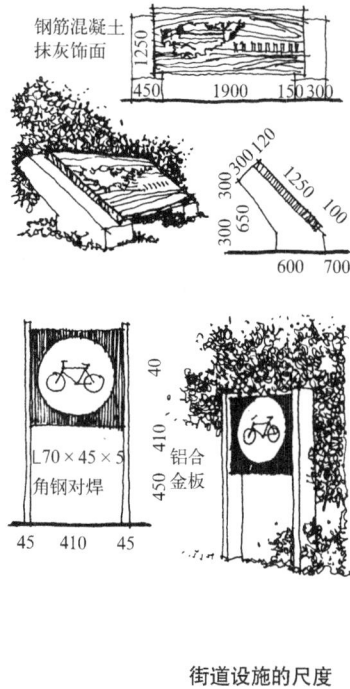

街道设施的尺度

图2-74

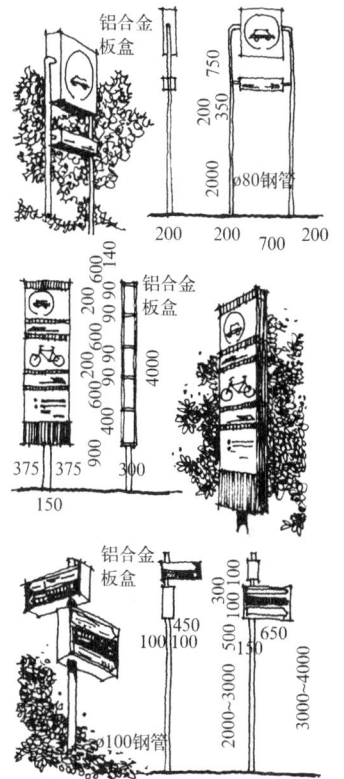

种植方式	隔声效果	图示
种植单排树	对二、三层建筑有减弱噪声的作用，噪声穿过12m宽的叶层后可减少12dB左右	
种植塔状树冠的乔木	可减弱噪声9dB，比仅种植落叶乔木时的噪声减弱量大4～5dB	
种植多排乔木	对低于树冠的空间只减少5dB；对高于树冠的空间，减弱量大于12dB	
种植常绿乔木、落叶乔木、灌木及绿篱	可减少噪声12dB，比仅种植乔木时的噪声减弱量大5～7dB	
种植多排常绿乔木	18m宽的绿带可减少噪声16dB，36m宽的绿带可减少噪声30dB，较自然衰减多10～15dB	
种植一行乔木、一行高绿篱	可减少噪声8.5dB	

图2-75

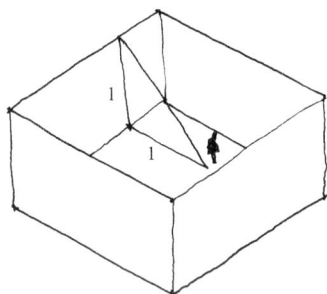

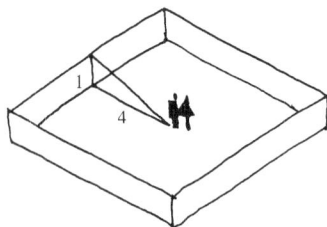

视距与建筑物高度的关系

图2-76

3．视觉空间尺度

（1）观看的尺度比例

关于景观的视觉，19世纪德国建筑师麦尔登斯（H.Martens）的见解在《城市与规划中的尺度》中阐述，人在看建筑时，如果考虑建筑上面看到天空，那么建筑与视点的距离（D）与建筑高度（H）之比 $D/H=2$ 时，则可以整体的看到建筑。若不到建筑高度（H）的2倍，就不能看到整体。若从单栋建筑进而看一群建筑时，一般认为距离为 $D=3H$。不过在今天快速变动的人类生活环境中，很难机械的要求这样的比例。但是并不能否认这一关系在外部空间环境的尺度考虑上的重要性。

视距与建筑高度的比例影响空间感的产生，当人的视距与建筑的外立面高度的比例为1：1时，即视角为45°时，构成全封闭状态的空间。当视距与高度比为2：1时，构成半封闭空间，当视角与高度比为3：1或4：1时，封闭感很小或消失。这种比例关系还会影响空间的情感和使用。随着比值的变化，空间会呈现私密性或开放性的不同空间情态（图2-76、图2-77、图2-78）。

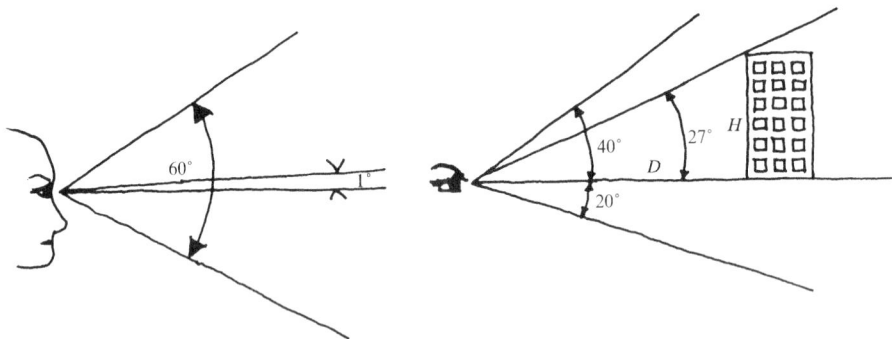

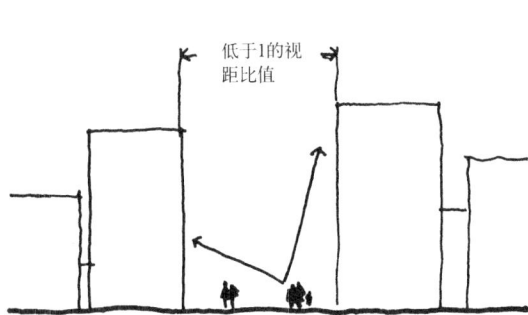

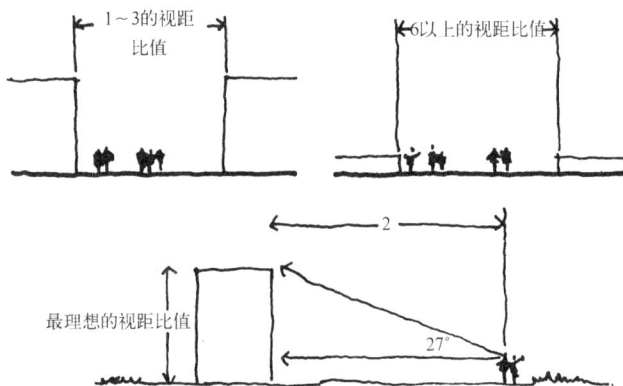

图2-77　　视距与建筑物对空间情感的影响

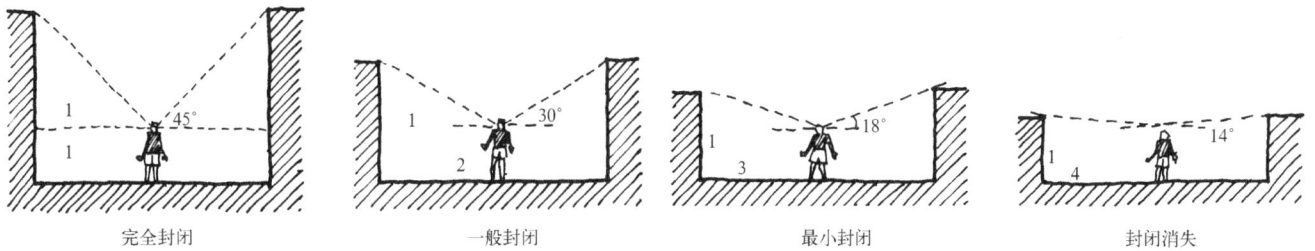

| 完全封闭 | 一般封闭 | 最小封闭 | 封闭消失 |

图2-78

（2）距离与质感或细节的尺度关系

在外部环境设计中，距离与质感或细节的尺度是极其重要的设计重点。预先了解从什么距离可以看清材料，才能选择适合与不同距离的材质。在外部环境中，空间构件的尺度相对都比较大，比如一座建筑，要看到建筑的整体外貌需要离开一定的距离，如以 $D/H=2$，那一般就要几十米至上百米的距离，在这种距离上，那种平时在室内看起来很大的纹理和细节被减弱了，可能看起来会非常的平淡。在设计图面上，因为立面的窗子、檐口都是缩小在不大的图面上给人看，美丽的饰面分割体现在图纸上，若只注意图面，不去注意距离与质感的关系，就会常常达不到预期的效果。为使实际的效果为人看到就需要仔细的推敲肌理与细节的尺寸。

比如一个裸露混凝土外墙的例子，从 60cm 开始，2.4、3m 处浇筑模板的印记清晰可见。20～30m 外裸露的混凝土质感就全部消失了。因为不能排除在外部空间中有近距离观看空间结构的时候，因此应该考虑在不同的距离观看的质感效果，即所谓一次质感和二次质感的处理（图 2-79、图 2-80）。

图2-79

日本 东京，八王子商业街　　巴西 马瑙斯市，歌剧院前广场，1986年

地面铺装细节的尺度与空间尺度的关系

当然，建筑装饰的形式是多样的，除了雕刻、绘画
外，还可以通过建筑构件本身的变化来获得装饰性的
效果。图示为美国驻都柏林大使馆的墙面处理，在弧
形的墙面上以预制混凝土做成的特殊形式的构件，具
有明显的韵律感，既是结构的一个组成部分，同时又
富有装饰性的效果。

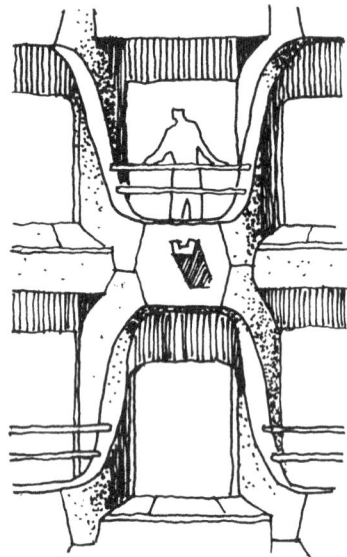

图2-80

4. 心理空间尺度

(1) 心理空间尺度

它以整体环境和空间为背景，将具有亲切感和庇护感的室内空间作为室内的尺度；将人们熟悉的庭院邻里和有特色的小区作为邻里和小区的尺度；而将各层次的城市街道、公共活动空间作为领域或城市的尺度；然后是宏大的超乎普通城市空间的都市的尺度。它们往往反应或象征一个地区的历史、经济、文化、政治、疆界和行政等级。领域尺度多见于某些大型城市，邻里尺度、小区尺度、领域尺度、城市尺度是一个连续的空间心理转化过程，并不单纯表现于物体和空间的尺寸关系。其中邻里与领域的尺度经常被设计师忽略，例如住宅小区的建筑外延环境硬性按城市尺度处理，使亲切感大为减弱。某些适于领域尺度的小城市也建造过街桥、盖高大建筑、拓宽道路，导致整体空间尺度与实际功能的不和谐。把现代宽阔的柏油马路延伸到幽深的古建胜迹中也属于尺度运用不当。

除了前述的各类问题，在规划与景观的空间尺度中需要考虑的因素还有很多，诸如地形、植被与城市的整体形态，交通方式，城市功能，产业类型，社会活动形态等，都会以不同的方式制约空间尺度的选择。尤其是有关这一层面的问题的解决所产生的影响是深层的、潜伏的、缓慢的，对环境和人类社会的影响也是巨大的。因此在决定有关的空间尺度问题时应做各方面的深入地探讨（图 2-81）。

(2) 行走的尺度比例

外部空间可以采用一个行程为 20 ~ 25m 的模数，称之为"外部模数理论"。

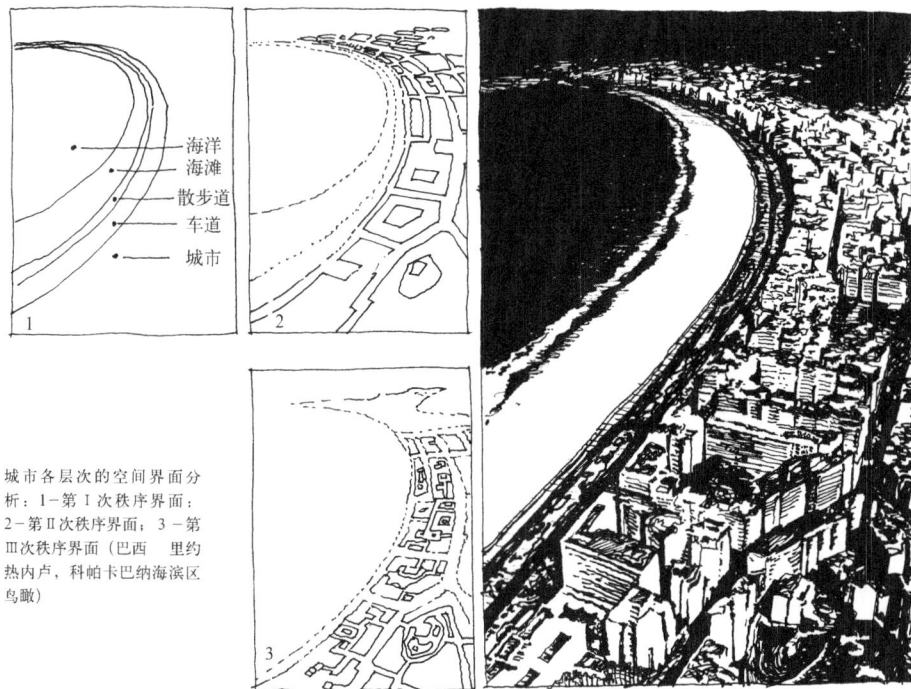

城市各层次的空间界面分析：1-第Ⅰ次秩序界面；2-第Ⅱ次秩序界面；3-第Ⅲ次秩序界面（巴西 里约热内卢，科帕卡巴纳海滨区鸟瞰）

图2-81

实际走走看，可以体会出在一个单边有 200～300m 的建筑旁走过，若单调的墙面延续很长，街道就容易形成非人性的感觉。可安排每 20～25m 设置变化，如重复的节奏、改变的橱窗、后退的空间、突出的构件装饰、材质的变化或地面高差的变化等，用各种办法为外部空间带来节奏感。即使在大空间里也可以打破单调，有时会一下子生动起来。这个模数太小了不行，太大了也不行。一般看来可以识别人脸的距离正好与这个 20～25m 吻合，这可能不完全是巧合。

在确定空间大小时，如前所述，先要明确它的使用功能，根据 1/10 理论确定空间的大小。从空间的视觉结构来说，虽然过小的空间不行，但没有意义的过大的空间则更不好。以行程 20～25m 的模数为参考，当 1～5 个行程时是比较适当的。超过 8～10 个行程以上时，作为统一的单个外部空间已经是极限了。但是可以通过多个适当大小的空间按照空间序列组织的方法构成更大尺度的外部环境。

人作为步行者活动时，一般心情愉快的步行距离为 300m，超过它时，根据天气情况而希望乘坐交通工具的距离为 500m，再超过它时一般可以说超过了建筑的尺度了，而且人就开始感到疲惫。大体上作为人的领域而得体的规模可考虑为 500m 见方。骑自行车时为 2000～3000m 感到轻松自如，超 5000m 人就感觉费劲了。总之，能看清人存在的最大距离为 1200m，不管什么样的空间，只要超过 1600m 时，作为城市景观来说可以说是过大了（图 2-82、图 2-83）。

（3）高度

在城市空间中，物体或物体的相对高度参照标准，第一次空间界面是路灯或街道树木，第二次空间界面是沿街建筑，最后是城市天际线。高度的变化意味着间距的相对变化，也决定了空间要素空间外涉力的作用范围（图2-84）。

5. 城市建筑尺度控制

城市建筑尺度控制是从城市的整体区域角度出发，对大体和群体建筑密度、平面尺度、高度、立面尺度实行的尺度控制。这种尺度控制除了针对建筑本身，更主要的是协调建筑与其他城市构成要素之间的关系，使整个城市按照预定的城市功能合理地组成有机的整体（图2-85）。

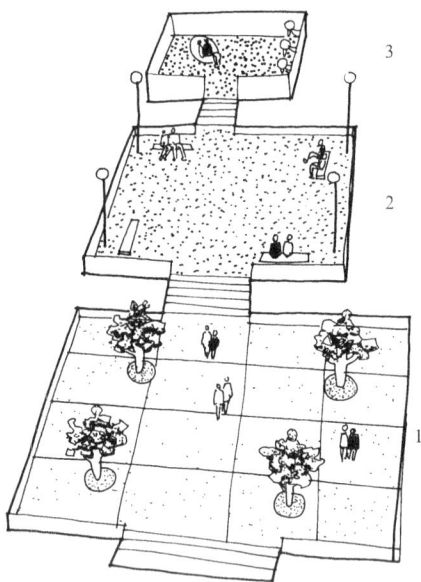

图2-82

不同环境条件中的步行距离控制(m)

	100	200	300	400	500	600	700	800	900	1000	1500

吸引力不强时

有吸引力但气候不良条件下

有遮盖具有吸引力时

最大步行距离

欧洲一般步行街长度

日本步行街

美国步行街长度

图2-83

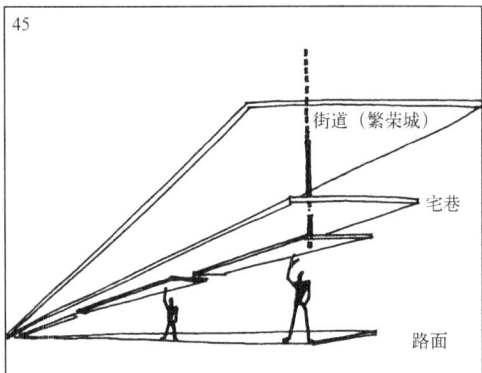

图2-84

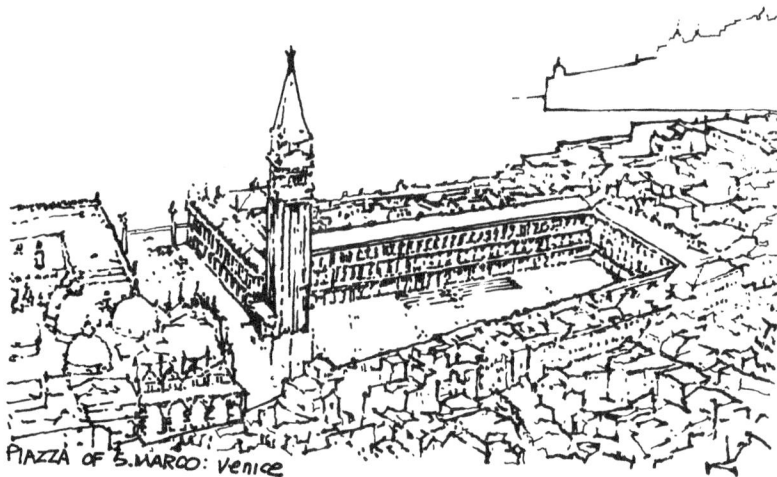

圣马可广场，威尼斯

图2-85

(1) 视线与建筑尺度

建筑与其他城市要素尺度控制的问题最多见于建筑与街道、广场的关系。这里除了合理的功能问题，如交通设施的尺度、城市绿化、公共设施尺度，更重要的是在其中活动的人的视线与建筑的关系，这种关系产生了两个问题，一是观察的位置使人产生的对建筑尺度的把握，影响着人对建筑艺术造型整体意向的评判。二是建筑与街道之间、建筑与广场之间的尺度比例影响着人们对街道空间意向、广场空间意向的评判，进而潜在的影响这些城市空间的功能和艺术性的大成（图2-86、图2-87、图2-88、图2-89）。

图2-86

锡耶那的大街，意大利
图2-87

意大利，罗马，西班牙广场
图2-88

捷克，特尔奇
图2-89

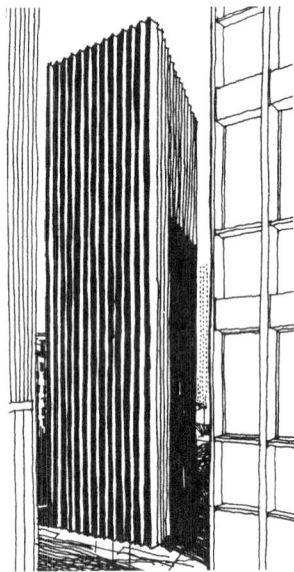

CBS大厦：纽约市，伊罗·沙里宁及事务所

图2-90

（2）世界城市建筑尺度

世界各地的城市建筑，因各自不同的发展历史及其影响历史发展的因素——诸如宗教、政治、地理环境、技术的发展和经济水平等，在城市建筑的空间尺度比例形态上形成了千姿百态的不同风格。有以手工业时代特征，亲近自然、亲近人、低速度、小尺度、高密度等为特征的传统城市，如中国传统城市的平面延伸式的空间。有现代工业与设施产生的高速度大尺度的现代城市，如以纽约为典型的现代竖向高密度的城市空间。这些不同的城市空间比例尺度作为各种综合因素影响的结果，反过来也在影响着人们对城市空间的使用方式与价值取向（图2-90、图2-91、图2-92）。

2.3.4 建筑的空间尺度

建筑构成人使用的空间环境，它主要的构成要素是空间和结构要素，为人的活动提供适当大小空间环境及空间组织序列。它主要由人的行动能力限度与视觉能力限度因素决定，因此建筑的尺度是行动的尺度、视觉的尺度。其尺度单位是以整个人体、人体运动、人群为尺度。建筑的空间尺度也如其他的空间尺度一样，有由各类实用功能决定的功能尺度，各种环境及结构技术条件决定的技术的尺度，由人的视觉心里决定的视觉形态尺度。其中功能尺度、技术结构尺度受人体尺寸、环境条件、结构技术等客观因素的限制具有一定的客观性。而视觉形态尺度尽管会影响建筑的使用功能，却主要是由人的主观心理与审美决定。

建筑的空间尺度存在着两重性，即以外在环境为视点的外部空间尺度，以内

朝向旧金山一条大街的维克多利亚式房屋立面

赫莫萨山村景象，西班牙

图2-91

圣·马可广场，威尼斯，左边的道奇宫及右边的圣马可图书馆两建筑之间框起的海景

图2-92

部空间为视点的内部空间尺度。外部空间尺度与城市规划的尺度相联系，成为规划尺度的末梢。内部的空间尺度与室内设计的空间尺度关联，成为室内空间尺度的外延与框架。建筑的外部空间尺度在近人的空间部分会考虑人体尺度、人的行为心理，如沿街立面、入口空间、室外公共设施等。在其他的空间关系中，诸如建筑的体量、外立面的构图中则会考虑如建筑与街道、广场、建筑与街区的关系等视觉与心理的因素。

1. 功能的尺度

有史以来，有关建筑的形式是服从功能还是根据审美的争论就一直存在，今天的设计师认为尽管不能绝对地说形式必须追随功能，但功能确实是建筑形式产生的重要因素之一。在尺度问题上也是如此，建筑的功能决定了主要的建筑尺度，从宏观上决定了建筑的空间规模尺度，从细节上决定了建筑的功能构造尺度。

空间规模与设施规模。

要用一句话来论述室内的规模大小是很困难的。这里既有物品的储藏、布置日常生活起居的必要空间的意义，也有在心理上不存在压迫感的空间的意义。另外，还有座位的数量、厕所数量等以收容能力或服务能力表示的建筑规模。在这里把室内的规模分为有关功能性、知觉性的空间大小的空间规模和有关收容能力、服务能力的设施的规模。

有关空间规模问题，与室内关系最密切的乃是为适应各种生活行为所需的空间功能的尺寸。单位空间的大小首先要由这种因素的空间集约体来评价，但仅按这样的标准划分空间的大小是成问题的。因为与空间大小的评价有关的还有人们的心理与感觉。E·T·豪尔的研究根据对人的距离分层次地整理出空间领域的大小。此外，关于行为与距离或行为与空间领域的关系及其规律已有很多的研究成果，它们作为考虑空间规模的基础资料可以提供有益的帮助。另外，如同根据听清声音的程度来确定剧场或音乐厅的大小一样，由知觉、感觉来直接限定空间规模的也是一个重要的因素。对于规定了特定行为的空间，通过整理归纳其规模、水准，可以作为人口密度及人均面积的参考。

设施规模是按以设施的服务能力评价空间规模的手法。在公共设施及商业设施中具有重要意义，它是根据统计概率的方法，确定使用者使用满意、方便的设施规模（例如厕所的数量、可利用的窗口的数量等）。因此，设计者应该掌握潜在的使用者的需求、使用者的行为特性及使用者所受服务的实况（例如男女洗手间的区别）。所谓等待排列的手法，就是把使用者从到达后接受服务到离去为止的一系列行为作为规范的方法。在应用某种概率到达分布及服务时间分布的条件下，对如何缩短等待时间和等待排列长度进行评价，从而决定服务窗口的数量。这样的分析现在采用计算机进行模拟（图2-93、图2-94、图2-95、图2-96）。

空间的体量大小与功能[4]

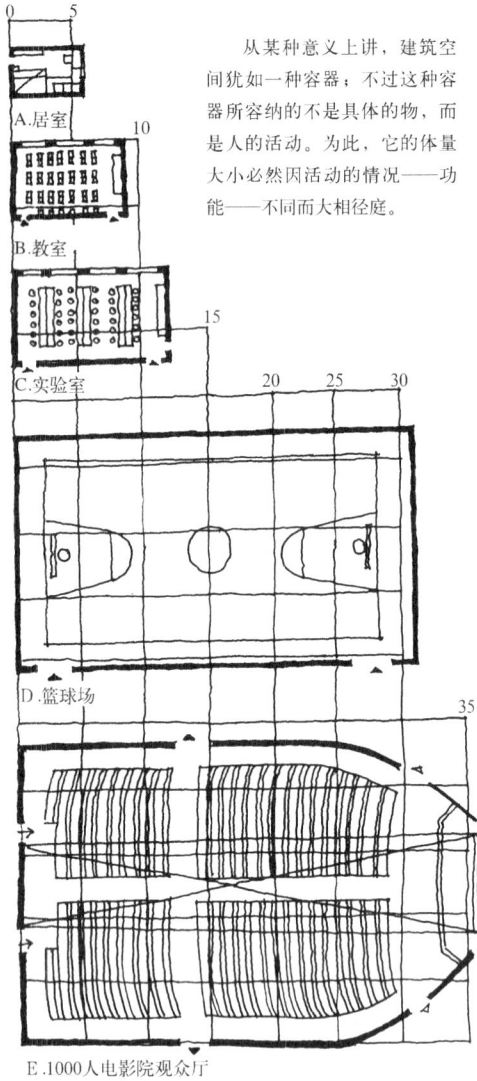

A.居室

B.教室

C.实验室

D.篮球场

E.1000人电影院观众厅

图2-93

从某种意义上讲，建筑空间犹如一种容器；不过这种容器所容纳的不是具体的物，而是人的活动。为此，它的体量大小必然因活动的情况——功能——不同而大相径庭。

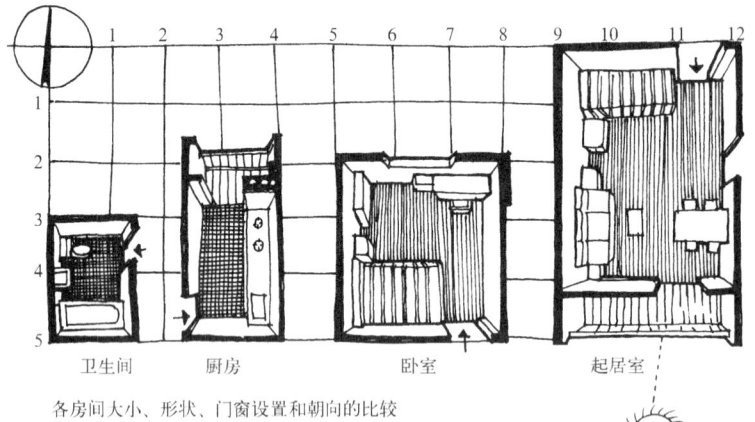

卫生间　　厨房　　卧室　　起居室

各房间大小、形状、门窗设置和朝向的比较

图2-94

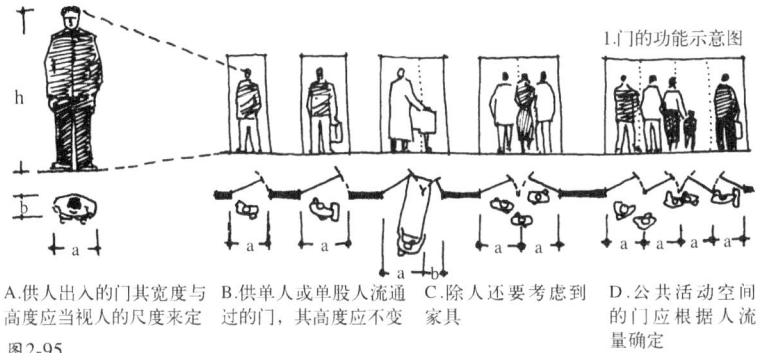

1.门的功能示意图

A.供人出入的门其宽度与高度应当视人的尺度来定

B.供单人或单股人流通过的门，其高度应不变

C.除人还要考虑到家具

D.公共活动空间的门应根据人流量确定

图2-95

因素空间的规模水准（人—人，人—物，人—动线）*1

图2-96

2. 技术的尺度

技术的尺度受环境条件、结构技术等客观因素的限制具有一定的客观性。影响建筑的客观因素很多，从建筑的外部空间尺度来说，地形因素、气候因素、日照间距、周围关系、噪声控制、城市建筑尺度控制等都会产生对建筑外在尺度的影响；对于建筑的内部空间尺度来说，材料与构造技术的不同、环境因素（如采光、通风、气候特点）、技术设备条件（空调、水电、消防）等会对室内空间的尺度产生重要的影响。总的来说，建筑的尺度控制是在满足功能的前提下，由各种技术条件综合作用的结果（图2-97、图2-98、图2-99）。

在建筑上，结构与材料技术的影响要大大超过其他的空间环境类型。在建筑史上，每一次重大的结构与材料的进步都会带来建筑空间形式与空间尺度的巨大变化，由梁柱结构到拱券结构的发展，产生了帕提农与万神庙的不同，尖拱则为中世纪神圣高耸的宗教殿堂提供了支撑。钢筋混凝土、钢结构的出现缔造了现代都市的建筑风貌（图2-100、图2-101、图2-102）。

3. 视觉尺度

在建筑设计中，视觉尺度这一特性是建筑呈现出恰当或人们预期的尺寸。这是一种独特的似乎是建筑物本能所要求的特性。由于经验和社会习俗的传承，人们会对特定功能的建筑或建筑的要素产生某种尺度上的预期，如乐于接受重要空间的巨大尺寸，另一方面希望亲切宜人时偏爱小而亲近的尺度。寓于建筑尺度

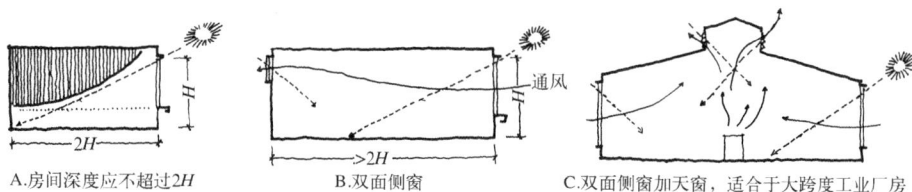

A.房间深度应不超过2H　　B.双面侧窗　　C.双面侧窗加天窗，适合于大跨度工业厂房

几种开窗形式例举　　　　　　　　　　　　　　　　　　　　　　　　　图2-97

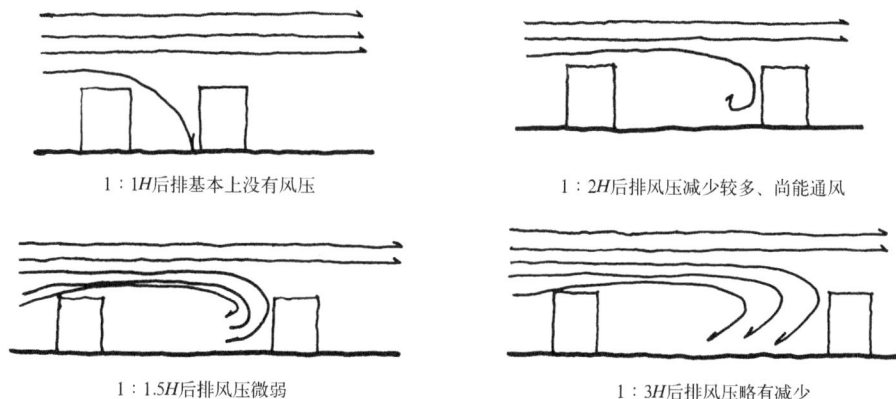

1：1H后排基本上没有风压　　　　　　1：2H后排风压减少较多、尚能通风

1：1.5H后排风压微弱　　　　　　　　1：3H后排风压略有减少

住宅间距对气压变化的影响　　　　　　　　　　　　　　　　　　　图2-98

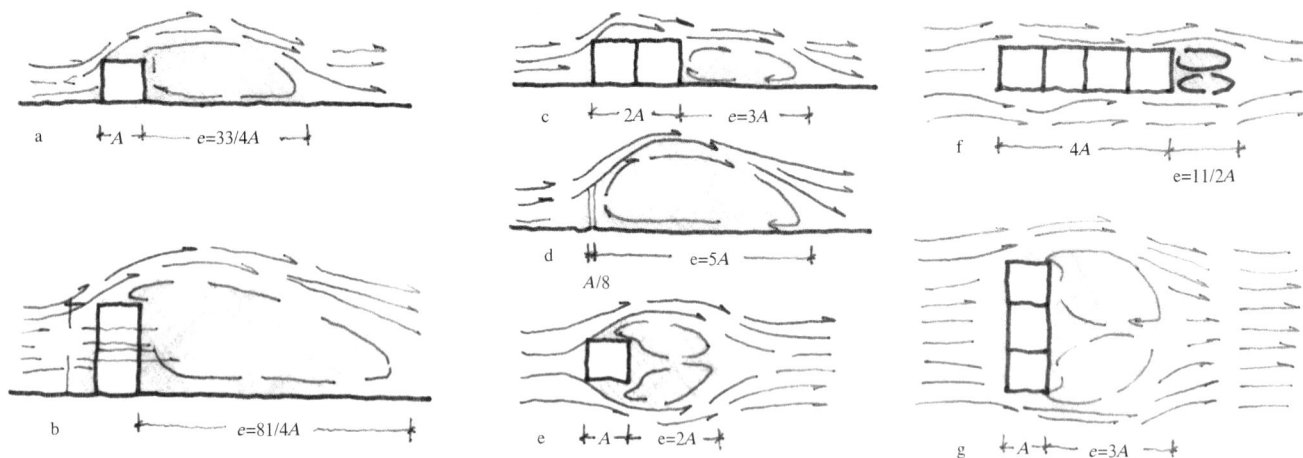

建筑物长（l）宽（A）高（h）对涡流区的影响 a～d l=4A e～g h=A

图2-99

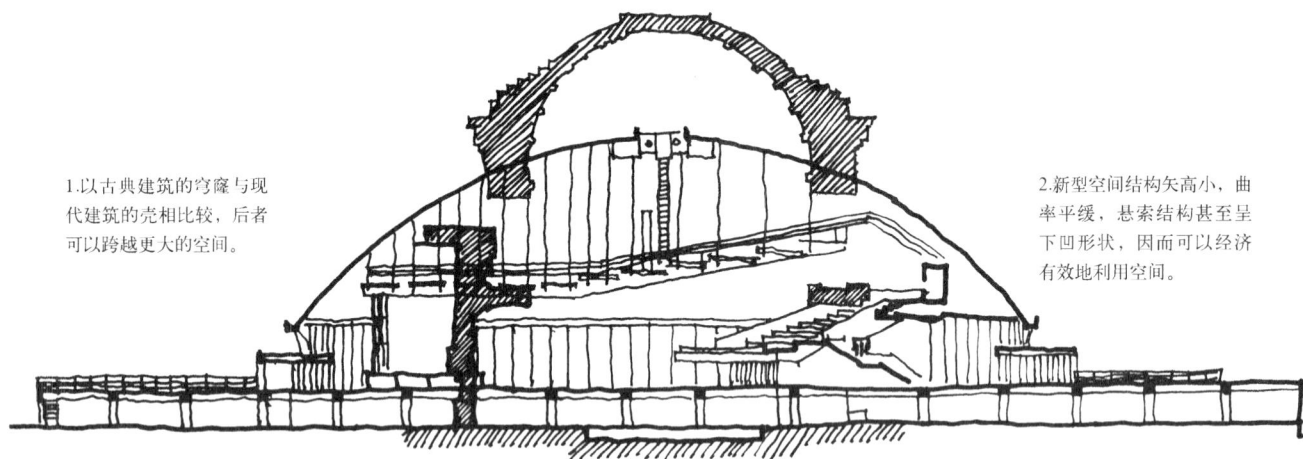

1.以古典建筑的穹窿与现代建筑的壳相比较，后者可以跨越更大的空间。

2.新型空间结构矢高小，曲率平缓，悬索结构甚至呈下凹形状，因而可以经济有效地利用空间。

新型空间结构受力合理，材料强度高。

图2-100

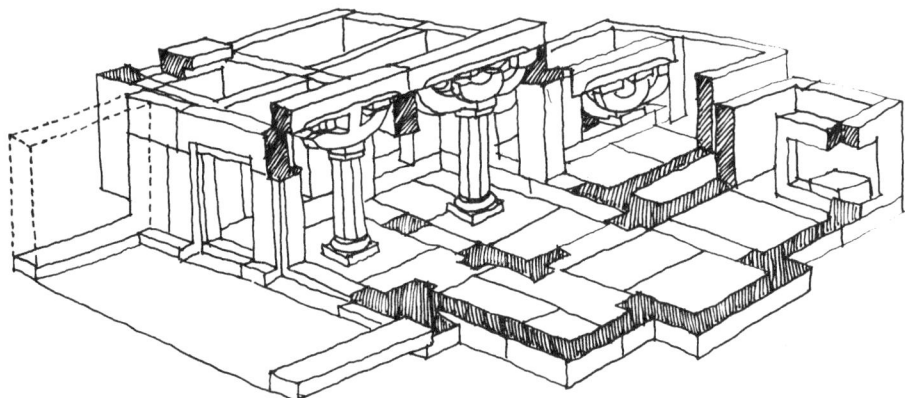

图2-101

厚重的石材梁柱结构

拱肋结构

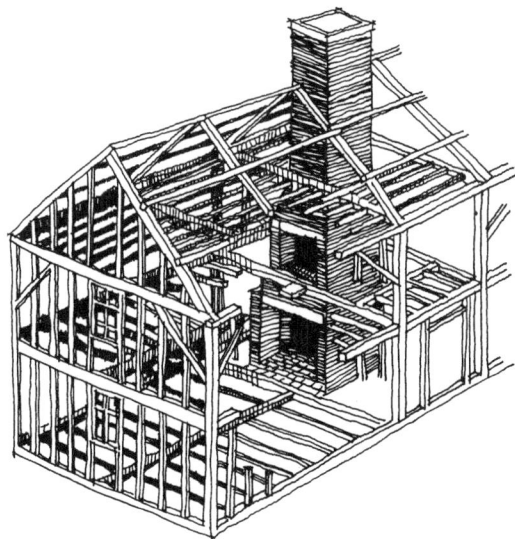

木质结构的尺度　　　　　　　拱券结构的跨度更大　　　　　　　图2-102

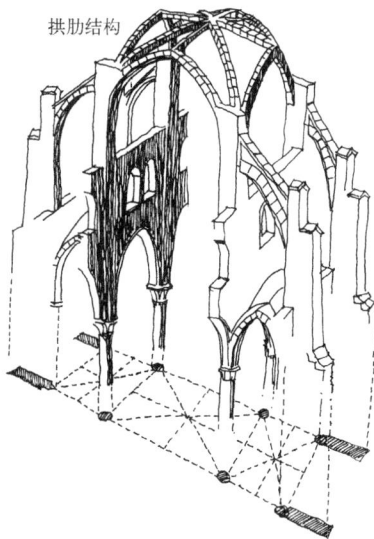

中的这种人类的心理决定的视觉尺度，是一般人都能意识到的。建筑的视觉尺度是建筑审美的重要因子。建筑视觉尺度评判的重要参照系是人体尺度，人是根据自身的尺度及与自身尺度密切关联的建筑要素作为参照系。由于这种视觉形态的尺度主要是依据视觉观察的结果，因此视线与建筑的关系就显得十分重要（图2-103、图2-104、图2-105）。

巴黎，星形广场凯旋门，正立面

图2-103

面朝加罗维拉斯城市广场的拱廊，西班牙

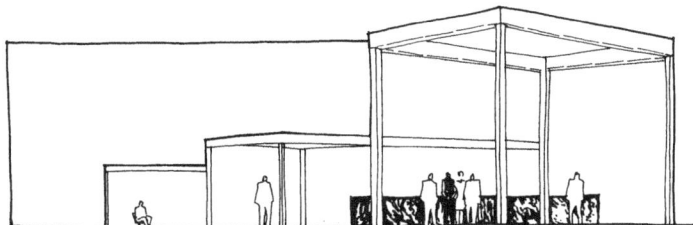

人体尺度在视觉上对建筑尺度的影响

图2-104

5.北京车站候车厅。层高约为普通建筑的两倍，由于采用了拱形的大窗，从而具有应有的尺度感。

6.我国传统建筑。为适应不同要求而分为两大类：一类是大式做法；一类是小式做法，前者使人感到高大雄伟，后者使人感到小巧亲切，这实际上就是用程式化的方法来处理尺度上的统一问题

7.纪念性建筑理应采取夸张的尺度处理手法而使人感到高

图2-105

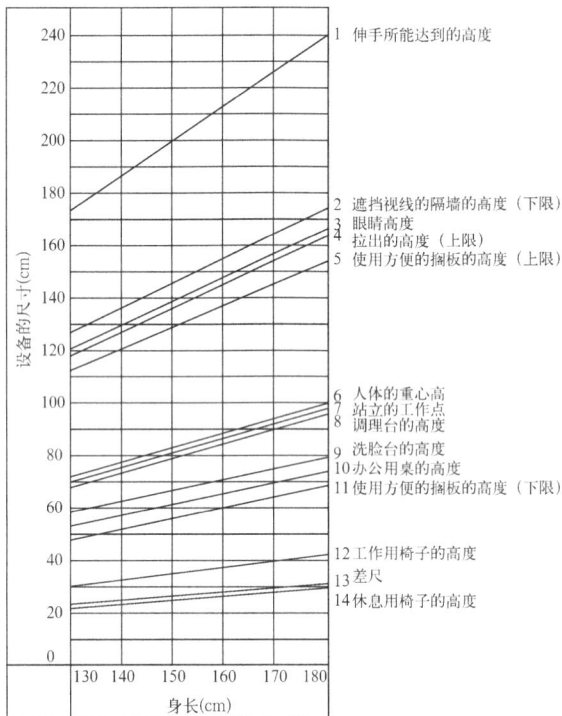

图2-106

人体尺度

人体尺度的问题我们在前面的章节中已经有了比较全面地论述，但人体尺度在不同空间范围内作用不同。在规划中由于其大部分空间与人体的直接关联不大，所以存在人体尺度的漠然性。在室内空间中，绝大多数设计要素与人体有十分紧密的关系，无论是家具、装修构造、设备等都与人体尺寸关联性极强，因此无论是功能上的人体尺寸还是视觉上的人体尺度都十分敏感。在建筑空间环境中的人体尺度，虽然也有细部的人体尺寸问题，但主要还是人体尺度在视觉上对建筑空间的尺度控制作用。

2.3.5 室内的空间尺度

1. 室内空间尺度的构成要素

在室内空间形象与尺度系统中，尺度的概念包含了两方面的内容。一方面指空间结构设施的尺度；另一方面指室内空间中人的行为心理尺度，这种因素主要体现在与人的行为心理有直接关系的功能空间设计上。由于室内尺度是以人体尺度为模数，人的活动受界面围和的影响，其尺度感受十分敏锐，从而形成了以"厘米"为单位的度量体系（图2-106）。

在室内空间结构设施的尺度中包括了家具的尺度、装饰构件的尺度、常用器物与设备的尺度，在人的行为心里尺度中包括了人体尺度、使用功能行为的尺度、心理的尺度等。

人、物是构成室内空间的基本因素。人决定了物体的尺寸，物与人的空间加人体活动空间决定了室内空间的基本尺度。对室内空间的构成加以分析，可以划分为各种基本功能单位空间，然后从人体尺寸出发核实是否有矛盾。室内的设备器具可以分为人体系统、准人体系统和贮藏系统，可以把相应的尺寸模数分为人体尺寸和物体尺寸。人体系统是以人体尺寸为主，物体尺寸为辅；贮藏系统是以物体尺寸为主，人体尺寸为辅；准人体系统则是介于两者之间。

（1）人体尺寸

人体尺寸是室内空间尺度中最基本的资料之一，然而符合必要要求的数据却不容易收集。人体尺寸具有动态和静态的两部分内容：静态是指静止的人体及其相应的尺寸，即人体的大小和姿势与建筑构件或家具之间的对应关系，称静态配合（static fit）；动态是指人们以生活行为为中心移动时所必需的空间以及人和物组合的空间为对象所需要的尺寸，称动态配合（dynamic fit）。在环境空间领域中动态的尺寸更重要（图2-107）。

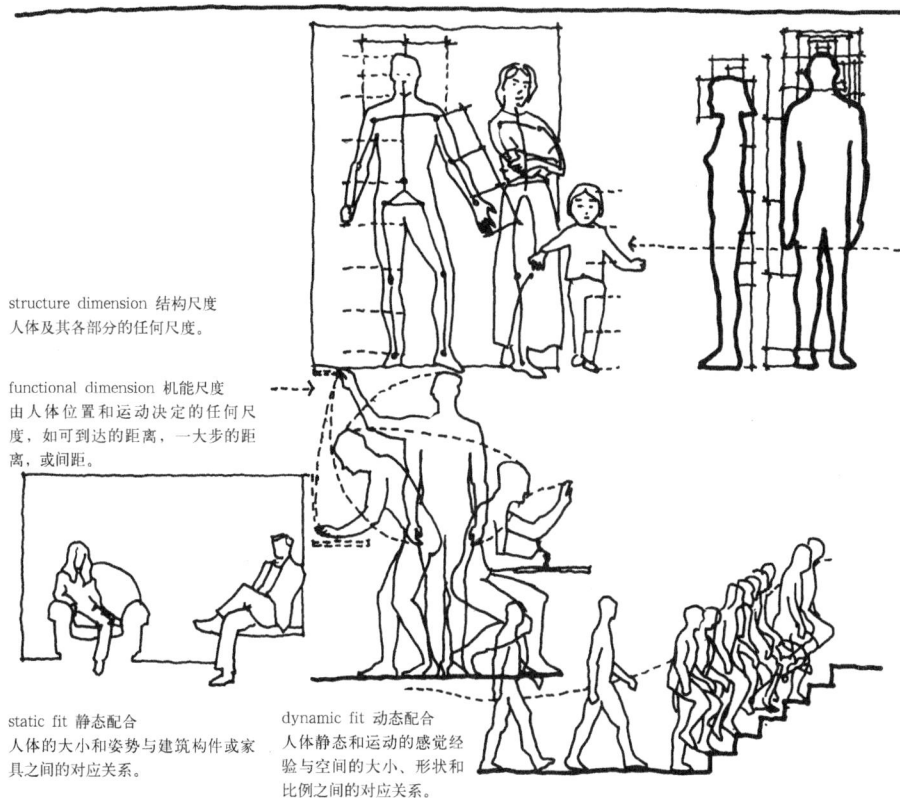

structure dimension 结构尺度
人体及其各部分的任何尺度。

functional dimension 机能尺度
由人体位置和运动决定的任何尺度，如可到达的距离，一大步的距离，或间距。

static fit 静态配合
人体的大小和姿势与建筑构件或家具之间的对应关系。

dynamic fit 动态配合
人体静态和运动的感觉经验与空间的大小、形状和比例之间的对应关系。

图2-107

使用人体尺寸需要注意以下两点：其一，即使有明确的人体尺寸，也不能直接作为尺寸来用，设计时所考虑的尺寸是以人体尺寸为基础，再加上或减掉某个"空隙"而成的。这个空隙尺寸极其重要，根据设计对象的不同而不同。另一个问题是，人体尺寸因民族、职业、年龄、性别以及地区的不同而存在差异，认为某个数值是全体通用的想法是很危险的。

（2）动作空间与机能尺度

动作空间与机能尺度是指由人体运动和位置决定的尺度，如肢体可达到的距离。人在一定的场所中活动身体的各个部位时，就会创造出平面或立体的动作空间领域，这就是动作空间。不合理的动作导致工作效率的低下，容易使人疲劳，引发事故。活动时的动作空间可以在身体活动范围与机械的空间组合起来处理。动作空间还包括了人与物的关系，人体在进行各种活动中，很多的情况下是与一定的物体发生联系的，人与物体相互作用产生的空间范围可能大于或小于人与物各自空间之和。所以人与物占用空间的大小要视其活动方式而定（图2-108、图2-109、图2-110）。

人体活动空间与室内空间的关系：

室内设计一般由于建筑的空间高度是固定的，所以在考虑人体活动空间时只考虑平面的空间尺寸。设计机械产品只考虑人体的尺寸和活动空间就可以了。而建筑与室内设计所考虑不仅仅是这些。

室内空间的核心是人体活动空间，是由人体活动的生理因素决定的，也称生理空间。它包括：①人体空间；②家具空间；③人和物之活动空间。人体活动空间之外的空间是空余的空间，是由人的心理因素决定的，也称心理空间。人体活动空间与心理空间之和即为完整的室内空间（图2-111、图2-112）。

（3）家具的空间尺度

家具是构成室内空间最重要的因素之一，不仅为人们的生活提供功能上的便利，家具的形状、材质、大小及布置会很大程度地营造房间的气氛。家具的布置和功能会很大程度上影响人们的行为和活动，生活在其中的人际关系也会因此而产生变化。家具是以人的尺度为标准设计，人们又可以根据家具把握房间的空间尺度，家具起到了联系人和空间的媒体的作用（图2-113、图2-114）。

2. 视觉与心理的尺度

当然，在处理室内空间的尺度时，除了功能与结构的考虑外，心理与视觉的因素也是重要而不可忽视的，它决定了人们对室内环境的心理判断。在人们关照室内空间的尺度时习惯以建筑构件为参照，尺度可以比较简易而本能地判断出来，人们在对室内空间的一瞥中就把尺度看得明明白白，这种能力几乎成了人的一种本能直觉。当空间的尺度比人体尺度大很多倍时就会给人带来超常的心理感受。

例如著名的"水晶教堂"的内部空间，由于纪念性、宗教性的巨大尺度而形成了雄伟壮观的感觉。古罗马的许多建筑是帝国权威和力量的象征，尺度是神话般的，非人类的。一般来说，室内空间的尺度应与空间的功能使用要求相一致，例如住宅中的居室，过大的空间将难以造成亲切宁静的气氛，为此居室的空间只要能够保证功能的合理性，即可获得适当的尺度感，但这样的尺度却不能适应公共活动的需求。对于公共活动来说，过小过低的空间将会使人感到局限和压抑，这样的空间会影响空间的公共性，出于功能要求公共空间一般也都具有较大的空间，如

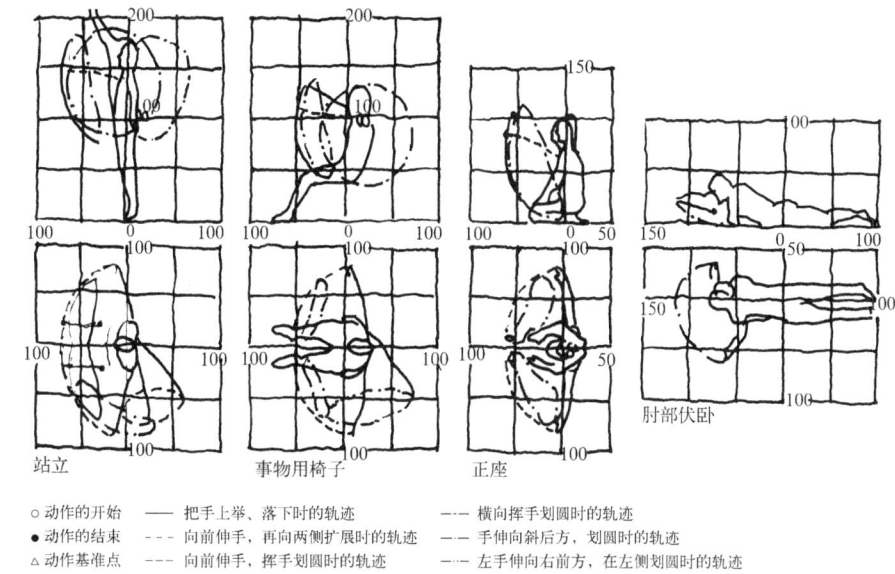

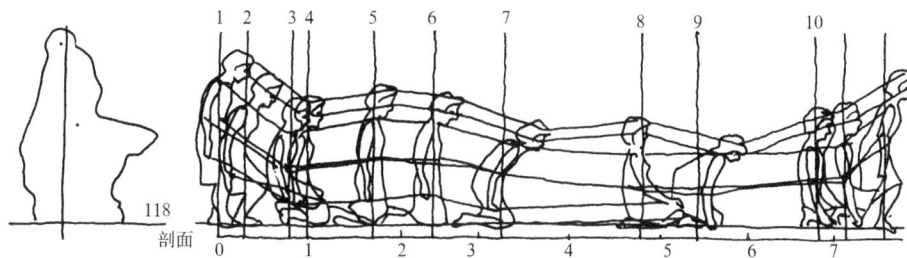

站立　　　　　　事物用椅子　　　　　正座　　　　　　　肘部伏卧

○ 动作的开始　　　　—— 把手上举、落下时的轨迹　　　—— 横向挥手划圆时的轨迹
● 动作的结束　　　- - - 向前伸手，再向两侧扩展时的轨迹　—— 手伸向斜后方，划圆时的轨迹
△ 动作基准点　　　—·— 向前伸手，挥手划圆时的轨迹　　—·— 左手伸向右前方，在左侧划圆时的轨迹

从正座到站立起为止的动作

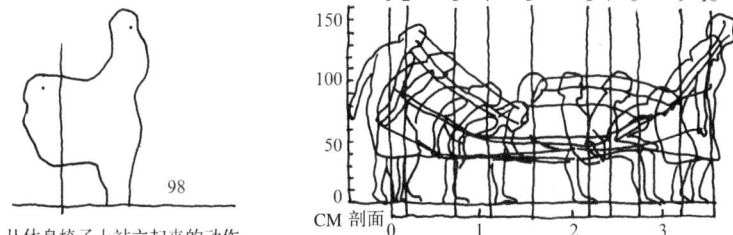

从休息椅子上站立起来的动作
动作的分析与动作空间

图2-108

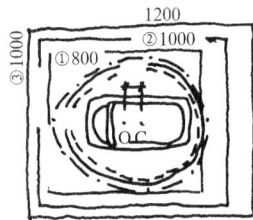

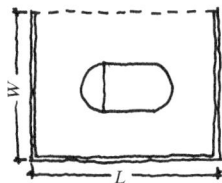

O：厕所的中心，C：大便器的中心
日式厕所

$W>L$ 有不稳定感 $L/W\le1.1$
有稳定感一般L为95cm$\le L$
$\le$120cm

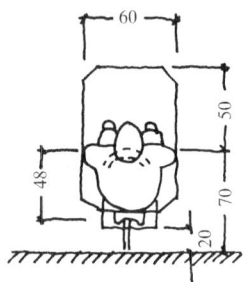

水箱在高处

水箱在低处

西式厕所

厕所的大小和人体尺寸（单位：cm）[3]

图2-109

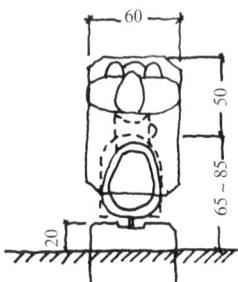

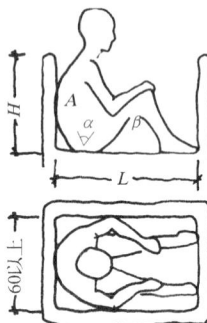

高度H
45以下 姿势不稳定
50~60 最合适
70以上 臀部有上浮感

长度L
60以下 姿势不适（$\alpha\beta$：小）
105~115最合适（$\alpha=\beta=80°~90°$）
过大则下肢上浮，有不稳定感（$\alpha\beta$：大）

浴缸和人体尺寸（单位：cm）[4]

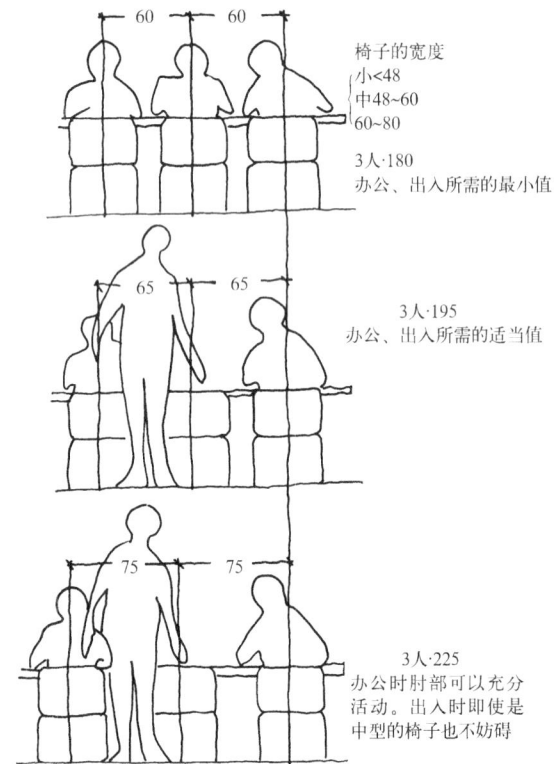

椅子的宽度
小<48
中48~60
60~80

3人·180
办公、出入所需的最小值

3人·195
办公、出入所需的适当值

3人·225
办公时肘部可以充分
活动。出入时即使是
中型的椅子也不妨碍

桌子周围的必要尺寸（单位：cm）　　图2-110

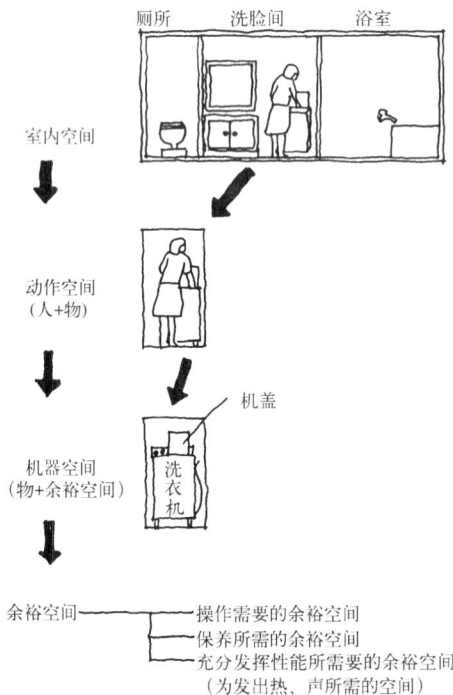

室内空间=动作的集合
动作空间=机器空间+使用空间
机器空间=机器本身+余裕空间

厕所　　洗脸间　　浴室

室内空间

动作空间
（人+物）

机盖

洗衣机

机器空间
（物+余裕空间）

余裕空间 ── 操作需要的余裕空间
　　　　 ── 保养所需的余裕空间
　　　　 ── 充分发挥性能所需要的余裕空间
　　　　　　（为发出热、声所需的空间）

空间的划分与尺寸调整[2]　　　图2-111

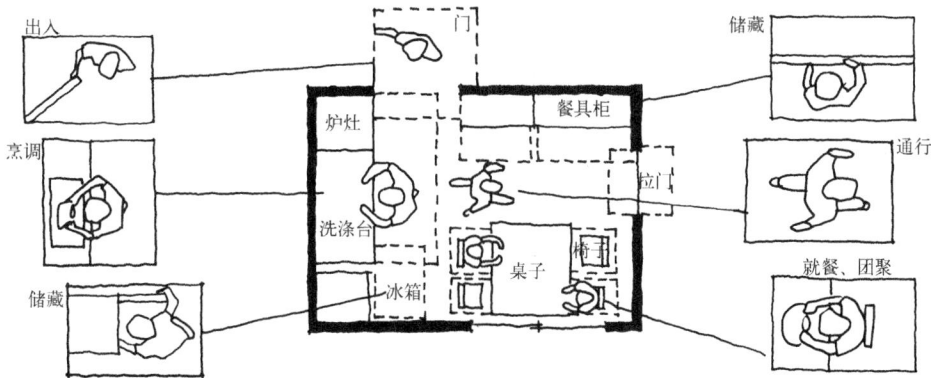

要注意动作空间既有可以重叠的，也有不可重叠的。

房间的空间构成[1]

图2-112

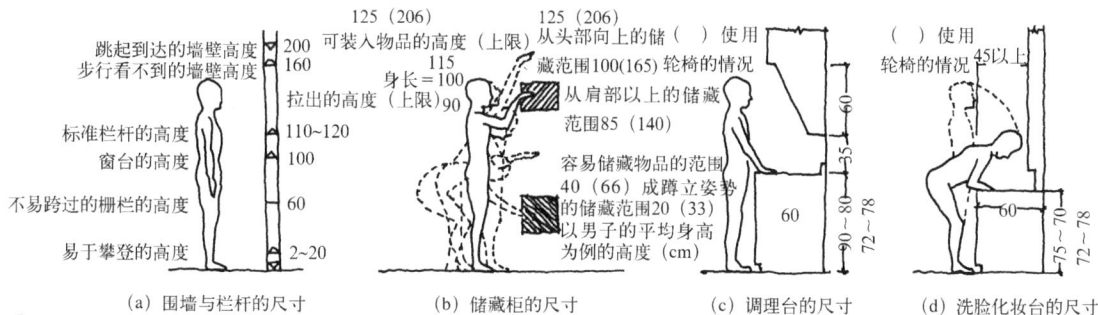

(a) 围墙与栏杆的尺寸　　(b) 储藏柜的尺寸　　(c) 调理台的尺寸　　(d) 洗脸化妆台的尺寸

图2-113

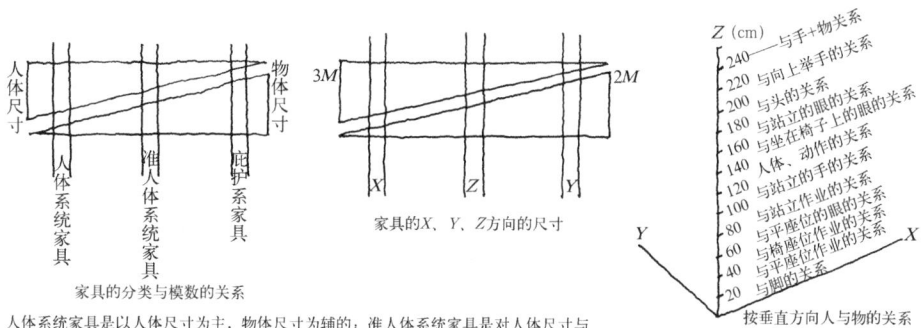

家具的分类与模数的关系

人体系统家具是以人体尺寸为主，物体尺寸为辅的；准人体系统家具是对人体尺寸与物体尺寸的比例基本相当；庇护系统的家具是以物体尺寸为主、人体尺寸为辅的。

家具的X、Y、Z方向的尺寸

按垂直方向人与物的关系

图2-114

酒店的大堂、银行的营业大厅车站、机场等，从功能上满足人群的使用，从精神上要有宏伟、力量、博大的气氛，都要有大尺度的空间。历史上的教堂建筑，其异乎寻常高大的室内空间尺度，主要不全是由于功能需要，而是精神方面的要求决定的（图2-115）。

在处理室内空间的尺度时，合理地确定空间的高度具有特别重要的意义；在空间的三个度量种，高度比长宽具有更大的影响，顶棚的高度决定了空间的亲切性和遮蔽性。室内空间从高度上有两种意义：一是绝对高度，即实际的层高，由

大的空间尺度是由其功能本身决定的　　家具在空间中显得无足轻重　　　完全的建筑尺度的体现　　　上部的整体尺度与下部人体尺度的结合

图2-115

功能、人体尺度和心理感受决定；另一个是相对高度，不单纯着眼于绝对的尺寸，往往要联系到空间的平面面积来考虑。人们常从经验中感受到，绝对高度不变时，面积越大，空间显得就越低，因此保持合适的水平尺度与高度的比例比增加绝对高度对于空间尺度感的塑造来说更有意义（图2—116）。

3. 室内空间的模数

模数作为两个变量成比例关系的比例常数，通常含有某种度量的标准意义。在建筑与室内设计中，建筑模数与室内模数所代表的内容是不尽相同的。建筑的模数主要针对建筑物的构造、配件、制品和设备而言，室内模数则与人的体位状态在空间中的尺度相关联。室内设计的空间模数应该是100mm（国家标准）的3倍300mm，这个数字的取得主要依据人的体位姿态与相关行为尺度，中国成年人的平均肩宽是400mm，加上空间的余量正好是600mm，600mm的1/2正好是300mm。这个数字之所以能够担当室内空间的模数，是它在人的行为心理与室内的空间设计中的控制力有关。如室内设计的平面功能规划。室内单人通道的最小尺寸为600mm，适宜的尺寸为900mm；双人通道的尺寸1200mm，高限为1500mm；室内公共通道的底线尺寸为1500～2100mm，高限为2100～2700mm等等，所有这些通道宽度尺寸都与300mm有着倍数关系。室内设计的构件尺度同样也与300mm有着直接的联系。以办公空间的隔断为例：900mm的隔断能阻挡桌面物品；1200mm的隔断正好处于坐姿人体的视平线高度，低头可以用心于工作，抬头可以观察周围；1500mm超过了坐姿人体视平线，却遮挡不了站立的人的视线，使坐着的人有空间安定感，而站着的人仍可以通观全局；1800mm一般来讲遮挡了所有人的站立视线，产生了空间分割感。不仅如此，室内空间模数同时又与装修材料的规格尺寸相吻合。

空间的三个度量中，高度比长和宽对空间的尺度感影响大。空间高度分为
绝对高度和相对高度。空间构成要考虑人体尺度和整体尺度。空间构成可
产生不同的尺度感：宏伟（大）尺度和亲切（小）尺度。

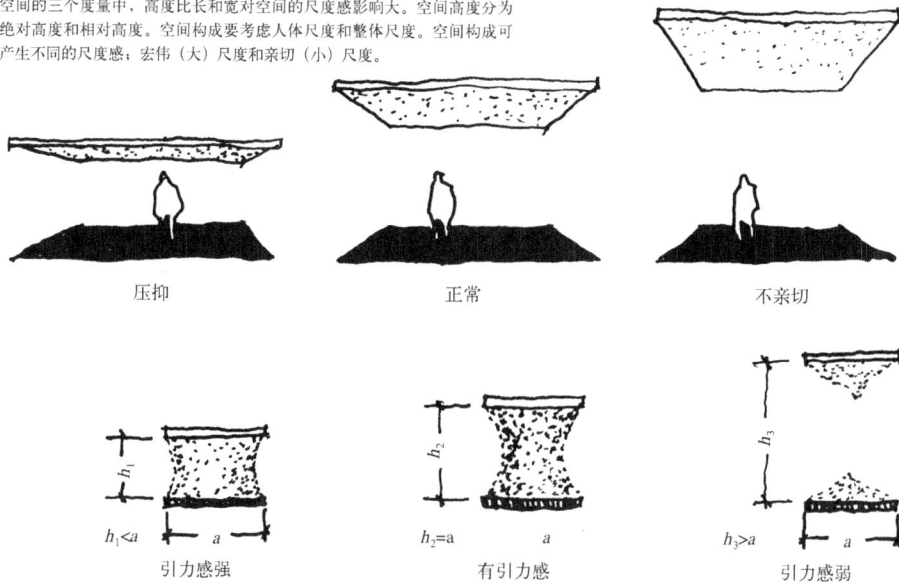

压抑	正常	不亲切

$h_1 < a$　　引力感强　　　　　　$h_2 = a$　　有引力感　　　　　　$h_3 > a$　　引力感弱

绝对高度和相对高度

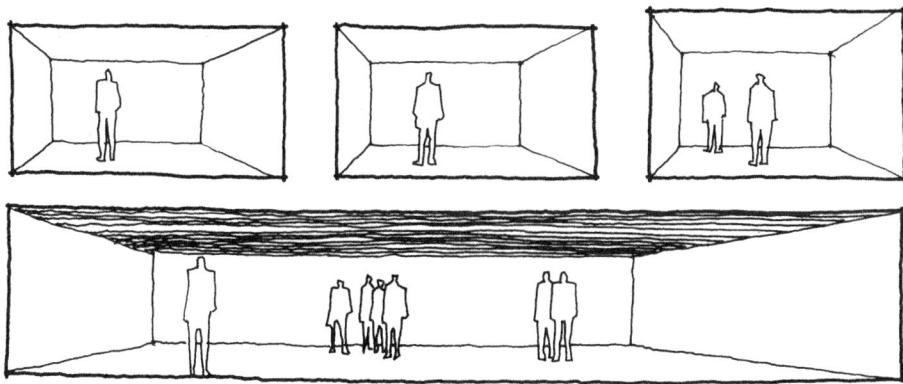

图2-116

2.4　结语

通过我们对尺度问题的深入讨论，可以得出这样的结论：

1. 尺度问题并不是一个纯粹的数字游戏，并不存在绝对的抽象的，可以由
人任意组合的关系，所有的尺度都是有客观规则的，有原因的。也就是说尺寸的
增加必然增加了什么、减少也一定减少了某些要素。

2. 作为设计师，不要寄希望于简单的数据表格和公式，这些东西只能表明
存在着某种现象、关系和大致的趋势和范围。在处理有关尺度的问题时应该充分
地了解该尺度所关联的客观要素，经过自己的思考来推敲出合理的尺度。

3. 尺度问题是一个很重要的要素，并不是简单的审美问题，它涉及几乎每
个环境设计中要考虑的问题，应该引起重视。

第3章

环境艺术设计的空间形态

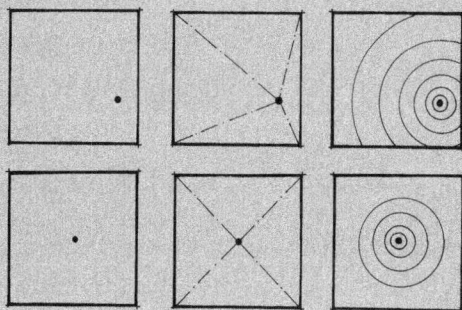

第 3 章　环境艺术设计的空间形态

3.1　空间形态的基本要素

对于环境艺术设计而言，我们应该知道，空间本身是处于无形的、不能触知的存在，好像也就无所谓其形态性。但我们可以把充满或形成空间的立体或实体作为媒介，以达到进行触知的目的。这里的"空间"指的是未涵盖实体在内的空间关系，即"负"的形态。这种负的形态也是知觉对象，也可以表现人的感知方式、生活方式和人文气息。因此，认识负的形态，也是人类意识进化的一种姿态，人将意识表象化，从而使空间有形化并具有视觉特征。这种"负形态"的显现是以传递实体之间的关系而形成的。显然，从空间形态的概念出发，对于环境艺术设计的整体创意及构思是符合其创作规律的。

这里阐述的环境艺术设计的空间形态概念，实际上是以其视觉形态的特征展现出来的，通过空间限定要素组成的界面围合而形成。不同形状、尺度的界面所构成的空间，由于其形态发生了变化，会使人产生不同的心理感受和视觉感受。无论是室内空间环境设计，还是室外空间环境设计，对于空间形态的把握和定位，要依据人的活动尺度、空间的使用类型、材料结构的合理选用等功能因素，以及设计的审美、人的行为心理等精神因素进行综合权衡。可以说，环境艺术的空间设计是环境艺术的空间形态设计，也是环境艺术的空间视觉形态设计。

就三维空间形态整体来看，应包含实体形态和虚"体"形态两大方面，而人在感知空间形态时，对这两方面的感受是有所区别的。实体形态的视觉表象是处于静止状态的；而虚"体"形态的视觉表象则是动态的，含有时间因素，而且注意的性质也不同。对于实体形态，人们感知的是其外表；对于虚"体"形态，人们的感知则产生于实体与实体之间。因此，环境艺术的空间形态要素不仅有实体的"点"、"线"、"面"、"体"，还涵盖了"虚的点"、"虚的线"、"虚的面"、"虚的体"，而"虚的体"则是我们专业时常挂在嘴边的"空间"概念。

所谓"虚"，是指一种心理上的存在和感知，逻辑上它可能是不可见的，但其可以通过实的形所暗示或由关系被感知。这种感觉有时是明显清晰的，有时是含混模糊的，它表明了结构及要素之间的关系，这也正是我们分析空间的着眼点。因为这是把握形的主要特征的一种提示性的要素，也是环境艺术设计的空间视觉语言中的重要语汇。

由此可见，环境艺术设计的空间形态是由实体与虚空两个部分构成。从空间限定的概念出发，环境艺术设计的实际意义，就是研究空间环境中静态实体、动态虚体以及它们之间相互关系的统一问题。对于空间形态的视觉处理和艺术创造，既要从实体要素入手，更要对虚"体"要素进行观照，二者不可偏颇。

3.1.1 空间形态的实体要素

实体形态具有三维空间特征，空间的形态是通过点、线、面的运动形成的界面围合而产生的形状，以加强人们对空间的视觉认知性。人们对世间的物象，首先要从视觉方面来进行感受，对某种形状或色彩产生一种观赏效应，形状本身也因视觉而获得形象，这即是实体形态创造思维的基本雏形。

如果将实体的形进行分解，应该可以得到以下基本构成要素，即点、线、面和体。这些要素在形象塑造方面具有普遍性意义，在环境艺术设计空间形态的实体存在中，主要体现于客观的限定要素，地面、墙面、顶棚或室外环境中的硬质及软质构成设置就是这些实在、具体的限定要素。我们对这些限定要素赋予一定的形式、比例、尺度和样式，形成了具有特定意义的空间形态，并造就了特定意义的空间氛围。

相对于环境艺术设计的空间实体，将它们看作点、线、面或体，并不取决于实体自身绝对的尺度大小，而是与视觉上观赏位置、实体本身比例和与周围环境的比例关系等诸多因素有很大关系，均是相对而言的。可以这样理解，"点"是因其体量小而以位置为主要特征；"线"是以长度、方向为主要特征；"面"不仅具有长度，还有相当的宽度；而"体"则以其体量大小为主要特征。它们在空间中各自具有其独特的表情，并在空间形态中发挥其不同的作用，从而展现出不同的视觉效果。

对于城市环境中的室外局部环境设计，其分布形态可分为点状布局、线状布局、面状布局，而环境内部的空间形态同样存在着点实体、线实体和面实体，其分布一方面是按照功能要求进行布局的，另一方面则应完全考虑到整体的视觉需求来布置。点状布局的室外环境具有相对的独立性，表达着一定范围的环境意义，但其自身又具有"面"的概念；线状布局的室外环境呈线形连续分布的环境状态，具有清晰的方向性和较强的功能性，通过线形联系，将许多"点"贯穿起来，形成一定规模的空间环境。面状布局相对于城市空间，实际上可以理解为较大的"点"。

可见，无论是城市环境分布形态的点状布局、线状布局、面状布局，还是环境本体空间形态构成的点、线、面、体等要素，对其审视、定位，均是相对而言的。

1. 点

从纯粹意义上讲，狭义的"点"是概念性的，没有体型或形状，通常以交点的形式出现，在空间构造上起着形状支点的作用，是若干边棱的汇聚点。但在环境艺术设计空间中，具有"点"的视觉意义的形象却是随处可见的。较小的形、面或体也可被视作"点"，它起到在空间中标明位置或使人的视觉形成集中注视的作用，因而它可被看作是静态的、无方向性的。如室内墙面的交汇处，楼梯扶手的端点；室外环境的灯柱，广场的点状花坛等均可视为"点"。只要相对于它所处的空间够小，而且是以位置为主要特征的，都具有"点"的意义。一幅小装饰画，对于一面墙；或一件家具，对于一个房间，都可作为视觉上的点来看待。尽管这个点相对很小，但其在室内空间中却能起到以小压多的作用。大教堂中的圣坛，若与整个空间相比尺度很小，但它却是视觉与心理的汇聚中心。形状与背景具有明显反差的或色彩突出的"点"，尤其是动的"点"，则会更引人注目（图 3-1）。

有时一个"点"过小，不足以成为视觉重点时，可以采用多个点以一定形式进行组合，旨在强化视觉和形式感。"点"可以有规律的排列，形成"线"或"面"的感觉；也可通过自由形式，形成一个区域；或者可以按照某种几何关系以塑造一定形体。

2. 线

"线"是空间形态的基本要素之一，它是由"点"的运动或延伸形成的，同时也是"面"的边缘和界限，它能够在视觉上表现出方向、运动和生长。尽管从概念上来讲，一条线只有一个量度，但它必须具备一定的粗细才能成为可视的。之所以被当作线，就是因为线的长度远远超过其宽度（或曰粗度），否则线太宽或太短均会引起面或点的感觉，线的特征也就荡然无存了。长的线保持着

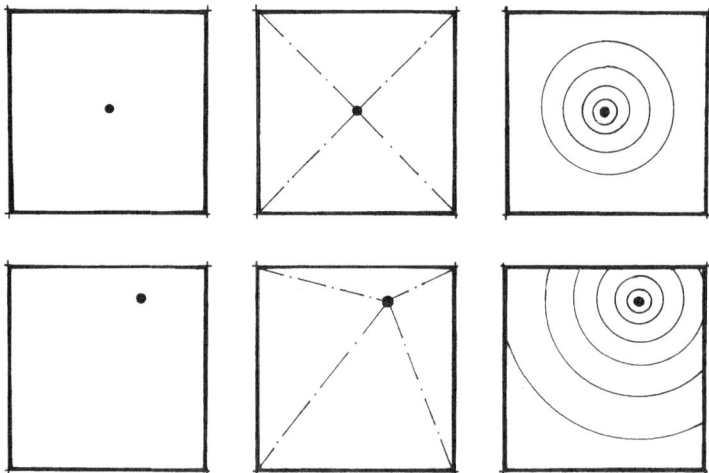

图3-1 "点"的概念

一种连续性，如城市道路、绵延的河流；短的线则可以限定空间，具有一定的不确定性。方向感是线的主要特征。

关于线的体系也颇为庞大，有直线、有曲线，直线分为垂直、水平和各种角度的斜线；曲线的种类有几何形、有机形与自由形等。线与线相接又会产生更为复杂的线形，如折线是直线的接合，波形线是弧线的延展等。

垂直线可以表现一种竖向的、平衡的状态，或者标示出空间中的位置。一个特定的点，如作为垂直线要素的柱子或庭院灯，有时可用来限定空间的相对通透性。垂直线给人的感觉一般来说是向上、强直、严肃、理智等；水平线则是稳定、静止、舒缓、平和等；斜线给人的感觉则是不安定、积极和动势，因此它是视觉上呈现动态的活跃因素（图3-2）。

直线与曲线相比，其表情是明确和较为单纯的。在空间的构成方面，直线的造型一般给人带来规整简洁，富有现代气息，但有时由于过于简单、规整又会使人感到缺乏人情味。当然，同是直线造型，由于线自身的比例、材质、色彩等的不同仍会有很大差异。在尺度较小的情况下，线可以清楚地表明"面"和"体"的轮廓和表面，这些线可以是在材料之中或之间的结合处，或者是门窗周围的装饰套，或者展现空间中梁、柱的结构网格。粗短的线显得强而有力，细长的线则显得较为纤弱细腻，给人带来明显不同的视觉感受（图3-3）。

曲线常常会带来与直线不同的各种联想。曲线由于互相之间在曲度和长度上有所不同而呈现出截然不同的动态。螺旋线具有升腾感和生长感；抛物线则流畅悦目，富有速度感；圆弧线规整、稳定，具有向心的力量感。

一般来说，曲线总是显得比直线更富有变化，更丰富，更复杂。特别在充满

图3-2　斜线与曲线在空间中的结合呈现
出动势和现代感
图3-3　顶部的构架和垂直的立柱成为空
间的线要素

直线条的空间环境中，如果有曲线来打破这种呆板的感觉，会使空间环境更具亲切感和人性魅力。即使没有条件创造曲面空间，仅通过曲线家具造型、曲面的墙体划分、曲线的绿化或水体等，也都能不同程度地为空间环境带来相应变化。因此，在设计中曲线的特征会产生强烈的视觉变化，给人们的视觉带来或质或量上的冲击。直线和曲线同时运用在设计中会产生丰富、变化的效果，具有刚柔相济的感觉。当然，曲线的运用要适可而止，恰到好处，否则会使人产生杂乱无序之感，矫揉造作之态（图3-4）。

不同样式的"线"以及不同的组合方式往往还带有一定的地域风格、时代气息或人（设计师或使用者）的性格特征。

3. 面

"面"是线在二维空间运动或扩展的轨迹，也可以由扩大点或增加线的宽度来形成，还可被看成是体或空间的界面，起到限定体积或空间界限的作用。因为作为视知觉艺术范畴的环境艺术设计，是专门处理形式与空间三度问题的综合学科，所以"面"在设计语汇中便成为一个较为关键的要素。

常见的面在三维空间中有直面和曲面之分。直面在空间中具有延展、平和的特征，而曲面则多表现出流畅、不安、自由、舒展之态。最为常见的面莫过于地面、墙面、顶面等空间界面。顶面可以是屋顶面，也可以是吊顶面；墙面则是视觉上限定空间和围合空间中最为积极的要素，当然它可实可虚，或虚实相间。甚至可以说，在现代社会中我们见到的物体都是由"面"构成的。

直面最为常见。一个相对单独的直面其表情可能会显得呆板、平淡，但经过有效的组织也会产生富有变化的生动效果。折面就是直面组织后的形象反映，如楼梯、室外台阶等（图3-5）。

斜面可为规整的空间形态带来变化。视线以上的斜面能强化空间的透视感；视线以下的斜面则常常具有功能上的引导性，如坡道等。这些斜面均具有一定动势，使空间富有流动性。

随着科技的不断发展，在现代设计中运用曲面形式的处理也并不鲜见。作为限定或分隔空间的曲面比直面限定性更强，更富有弹性和活力，为空间带来流动性和明显的方向感。曲面内侧的区域感较为清晰，并使人产生较强的私密感；而曲面外侧则会令人感受到其对空间和视线的导向性。在一些室内外环境设计中，采用曲面造型似乎已成为吸引人们"眼球"的时尚语汇。自然环境中起伏变化的土丘、植被等地貌也应是曲面特征的具体体现（图3-6）。

我们知道，"点"或"线"的密集排列可以产生"面"的视觉效果。比如列柱，除了起到结构支撑的作用以外，还可以清晰地表示空间领域的界限，同时又能使该空间很方便地与相邻空间渗透、穿插。因此，"面"的表情主要由该"面"所

图3-4 曲线与直线的结合，打破了直线带来的生硬感

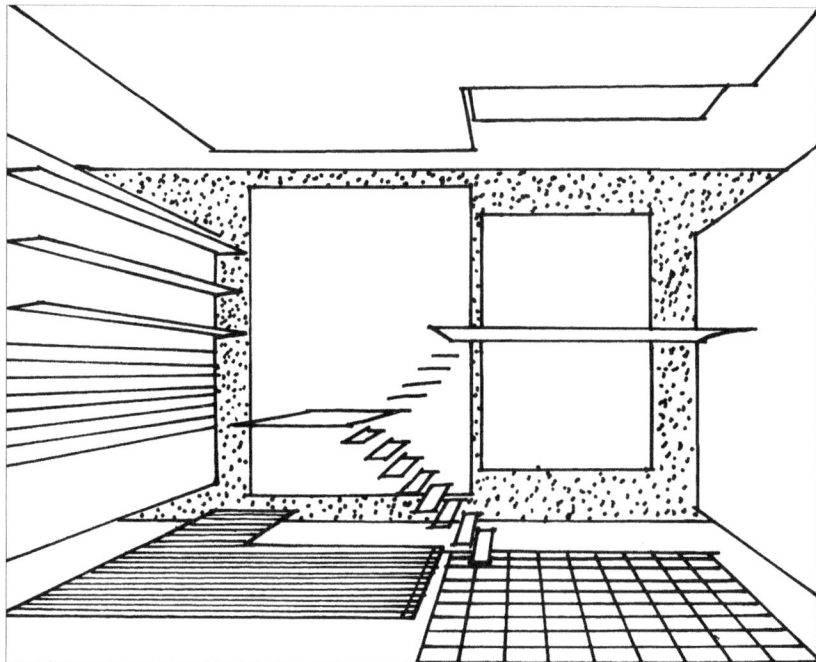

包含的"线"的表情以及其轮廓线的表情所决定。一个面的表面属性，它的色彩和质感将影响到它视觉上的重量感和稳定感。由面形成的各种家具、颜色和材质的变化也会产生不同的视觉效果（图3-7）。

图3-5 各种不同面的组合
图3-6 曲面使空间形成动势

4. 体

"体"是通过面的平移或线的旋转而形成的三维实体。"体"不是仅靠一个角度的外轮廓线所能表现的，它是从不同角度观察的不同视觉印象叠加而获得的综合感觉的总和。对"体"的理解应融入时间因素，否则可能会以偏盖全，使"体"的形象不够完整和丰满。

形式是体的基本的可视特征，它是由面的形状和面之间的相互关系所决定的，这些面暗示着体的界限。体可以是实体，由其占据空间；也可以是虚空，即由面所包容或围合的空间。实的实体和空的虚体，这种双重物代表着环境艺术设计中的存在的相互关系。体形能给空间以尺寸、大小、尺度关系、颜色和质地，而同时空间也映衬着各种体形，这种体形与空间之间的共生关系可以通过空间设计中比例、尺度的层面去感知。

体可以是有规则的几何形体，也可能是不规则的自由形体。在空间环境中，体一般都是由较为规则的几何形体以及形体的组合所构成。可以看作体的构成物，要以空间环境的尺度大小而定，室内空间主要体现在结构构件、家具、雕塑、墙面凸出部分等；室外空间则体现于地势的变化、雕塑、水体、树木及建筑小品等。如果没有一定的空间限定，上述环境要素就可能变成"线"或"点"的感觉；如

图3-7 由曲面构成的家具

果存在空间的限定性，并且它占据了相当的空间，那么其"体"的特征也就相当明显和突兀了。牛的体量不算小，但卧在颐和园昆明湖边的铜牛就只能当作一个"点"来看待。

"体"通常与"量"、"块"等概念相联系。"体"的重量感与其造型、各部分之间的比例、尺度、材质甚至色彩均存在一定关系（图3-8）。例如同是柱子，其表面材质贴石材与表面包镜面不锈钢，重量感会大不相同；同时，"体"表面的某些装饰处理也会使视觉效果得到一定程度的改变。如果在柱表面作竖向划分，其视觉效果就会显得轻盈纤秀，感觉不到柱子的粗大笨重。

"体"有诸多组合排列方式，基本上与"点"的排列与组合类型相似，如对称、成组、堆积等。因此在特定空间的环境设计中，也可将"体"理解为放大了的"点"。有时一个"体"或多个"体"的组合，将其某一个面作为视觉观察的主要面，此时"体"也可作为"面"要素来看待。

实际上，在环境艺术设计中，"体"往往是与"线"、"面"结合在一起形成的造型，但一般仍把这一综合性的"体"要素当作"个体"。从心理与视觉效果来看，体的分量足以压倒线、面而成为主角。因为有些体也未必真是实体（如椅子、透雕之类），尽管有一定的虚空成分，但大多以"体"的特征昭示于不同环境之中（图3-9）。

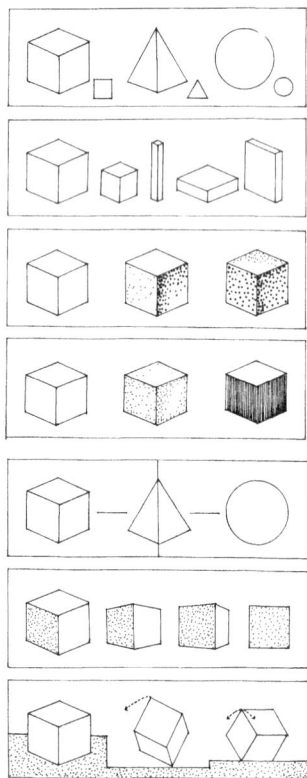

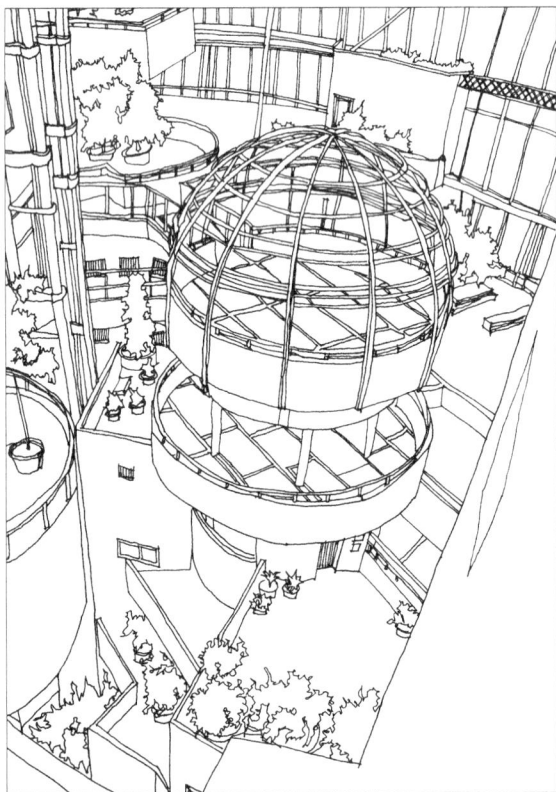

图3-8 "体"与造型、比例、尺度、材质等均存在一定关系
图3-9 圆的造型在空间中使"体"的感觉更为强烈

另外，诸如形状、尺寸、方位、采光、质感及色彩等要素都影响到实体形态的创造，反映着"体"的视觉属性。

3.1.2 虚体形态——空间的创造及相关要素

空间环境的形态要素除了实的"点"、"线"、"面"、"体"，还包含"虚的点"、"虚的线"、"虚的面"，而"虚的体"则是另外一种阐释的"空间"。所谓"虚"是指一种心理上的存在，它可能是不可见的，但它能以实的形所暗示或通过关系推知和被感受到。这种感觉有时是显而易见的，有时是模糊含混的，它表明了结构及局部之间的关系。这是把握形的主要特征的一种提示性要素，也是空间环境视觉语言中的重要语汇。

1. 虚的点

"虚的点"是指通过视觉感知过程在空间环境中形成的视觉注目点，可以控制人的视线，吸引人对空间的关注和认知。它可以是几何形空间的几何中心或轴线的相交点，也还可以是由线的方向延伸或灯光投射处所汇聚的部分。这时，"虚的点"往往是与"实的点"重合的，起到加强视觉效果的作用，使其更加引人注目。因此这部分往往也成为视觉上的重点。

虚的点一般包括透视灭点、视觉中心点以及通过视觉感知的几何中心点等。

①透视灭点是指人通过视觉感知的空间物体的透视汇聚点。空间物体透视的存在改变了空间形态，特别是随着观察角度的变化，空间视觉形态也会转变。决定空间透视灭点的是人的观察位置和空间布局。在环境设计中主要是从此两方面来处理空间的透视效果，使空间展现出其完整而富于方向性和变化性的视觉形象。

②视觉中心点是指在空间中制约人的视觉和心理的注目点。它往往决定于观察者的位置和空间中各个环境要素的布置。随着人的观察方向和角度的转变，目光会通过搜寻最终停留在可注目的点上面。应从多个角度考虑人的观察效果，在空间中形成满足不同方向的注目点。显然，在环境设计中可以只有一个视觉中心点，也可根据场所的需要设置多个视觉中心点。

③几何中心点是指空间布局的中心点，空间的构成要素往往与之存在对应关系。中心点维持了空间的完整性和内聚性。几何中心点使环境要素合乎一定的逻辑关系，形成一种内在的秩序。西方园林的格局形式大多以此关系而形成。

2. 虚的线

室内外环境中"虚的线"也是很多的，它应是一个想像中的要素，而非实际的可视要素。轴线则是一种常见的虚的线，它是指在环境布局中控制空间结构的关系线（如几何关系、对位关系等），在环境中对环境布局起到决定作用，因此在这条线上，各要素可以作相应的安排。

轴线一般包括起点、终点、方向和控制节点，整个轴线是由节点控制的。环境设计中可利用对称性突出轴线，通过两侧的布局关系，如树木、绿地、小品、建筑的对应关系，加上其他景观要素强化轴线感觉。最为典型的就是北京城的南北中轴线，天安门广场上的纪念碑、城楼、人民大会堂、国家博物馆及故宫、景山、钟鼓楼都是强化轴线的重点要素，重新复建的城南永定门城楼则更加强化了这条南北轴线。很显然，轴线可以连接各个景观，同时通过视觉转换，把不同位置上的景观要素连接成一个整体。

小空间的轴线感觉并不强烈，但要素之间有明显的对应关系，通过视觉能感受到这种主线的存在并能引导人的行为和视线，因此轴线往往与人行动的流线相重合。

一个空间可能只有一条轴线，也可能是两条甚至几条轴线相互交替转换，使空间形式显得较为自由而富于变化。各空间及实体可以在轴线两旁对称，形成严谨规整的格局；也可不完全对称，只是通过轴线确定关系或引导方向。

断开的点之间的关系线也是一种虚的线。由于它的存在，当人们看到间断排列的点时会有心理上的连续感，形成一种心理上的界限感或区域感。平面图上的列柱就是点的排列，虚的线也就形成了并且使空间有了分隔的感觉（图3-10）。

图3-10　顶部灯的点要素形成虚的线

另外，光线、影线、明暗交界线等也应看作是一种特殊意义上的"虚的线"。

3. 虚的面

由密集的点或线所形成的面的感觉，可理解为虚的面。例如一些办公空间经常使用的百叶窗帘，尽管光与视线可以部分穿透，空间也可以流动，但分隔感已相当明确，对人的行为有了较大的限定作用。再比如我国北方农村家庭，经常喜欢用串起的珠子当作门帘，也可看作是由密集的点的排列而形成虚的面，使人产生心理上的空间界限。可见，由这样的虚面划分空间，被分隔的空间的局部具有连续感并且相互渗透，使之既分又合，隔而不断（图3-11）。

还有一种虚的面，其在视觉上并不十分明显，但对于我们剖析问题颇有益处。此种虚的面，是指间断的线或面之间形成的面的感觉，这种感觉也可以由延伸面来获得。街道两旁的路灯杆或室内空间的列柱，都会给人以面的感觉，并将空间分隔成虚拟的区域。一些传统建筑如教堂、宫殿等，由于空间很大而又常受到结构、材料等条件的限制，因此常常柱身粗壮而间距较小。有的教堂室内空间，由于密柱成排，常被分为中央主空间和两侧的附属空间，使得轴线感和领域感得到加强，也是因为密柱而产生的虚面的原因。

4. 虚的体

虚的体可以说是一种特殊类型的空间,这是循着虚的点、虚的线、虚的面这思路分析的结果。该种空间有"体"的感觉,具有一定的边界和限定,只是该"体"内部是虚空的。室内空间实际上就属于这一范畴。相反,一个孤立的实体,它周围有属于其支配的空间范围,这是由"力场"形成的领域,而由此造成发散的无边界的空间,这样的空间若没有更大界面的围合,就不能看作是虚的体。实的实体和空的虚体的对立统一体,就代表着室内外空间的典型特征。只不过要结合实际情况,考虑其具体的尺寸大小、尺度关系、光色和台地等因素,以达到形体与空间的有机共生。

虚的体,其边界可以是实的面,也可以是虚的面。两面平行的墙面之间可形成三个虚面（两侧一顶），凹角的墙也可形成两个虚面（一侧一顶），若是四根立柱围合,同样也可以形成五个虚面（四侧一顶）。它们均能围合出虚的体。其内部空间是积极的、内敛的。常常围绕柱子而设计的圆形休息座,尽管可以歇歇脚、喘喘气,但总感觉身处众目睽睽之下不甚自在。而常见的沙发、圈椅等就可看作"虚的体","火车座"式的空间也显得安定感颇强,心里踏实,尽管"火车座"手法颇老,但我们可以借鉴其原理进行创新,没必要因噎废食。

图3-11　顶部的曲线组合给人以虚面的感觉

3.2 空间形态的基本构成

3.2.1 几何形

几何形几乎主宰了室内空间设计的环境构成。几何形中有两种截然不同的类型——直线形和曲线形。它们最规整的形态，曲线中以圆形为主；直线中则包括了多边形系列。所有形态中，最容易被人记住的要算是圆形、正方形和三角形，折射到三维概念中，则出现了球体、圆柱体及立方体等。

在实际设计操作过程中，各种几何形态可以独立存在，也可以相互组合，以生成另外一种新的形式，如方和圆，叠加或旋转都会演化出新的组合形式。

1. 方形

正方形表现出纯正与理性，它的四个等边和四个直角使正方形显现出规整和视觉上的准确性与清晰性。

各种矩形都可以被看作是正方形在长度和宽度上的变体，尽管矩形的清晰性与稳定性可能导致视觉的单调，但借助于改变它们的大小、比例、质地、色泽、布局方式和方位，则可取得各种变化。在室内空间中，矩形是最为规范的形状，绝大多数常规的空间形态都是以矩形或其变异而展现的（图 3-12）。

2. 圆形

圆形是一种紧凑而内敛的形状，这种内向是对着自己的圆心自行聚焦。它表现了形状的一致性、连续性和构成的严谨性。

圆的形状通常在周围环境中是稳定并自成中心的，然而当与其他线形或其他形状协同时，圆可能显示出分离趋势。曲线形都可以被看作是圆形的片断或圆形的组合，无论是有规律的或是无规律的曲线形，都有能力去表现形态的柔和、动势的流畅以及自然生长的特质。

3. 三角形

三角形表现稳定，因此三角形的这种形状和图案通常被结构体系所利用。三角形在形状上具有一定的能动性，这取决于它的三个边的角度关系，由于它的三个角度是可变的，故三角形比正方形或长方形更易灵活多变。此外，三角形也可以通过组合形成方形、矩形以及其他各种多边形（图 3-13）。

3.2.2 自然形

自然形表现了自然界中的各种形象和体形，这些形状可以被加以抽象化，但仍保留着它们天然来源的根本特点。

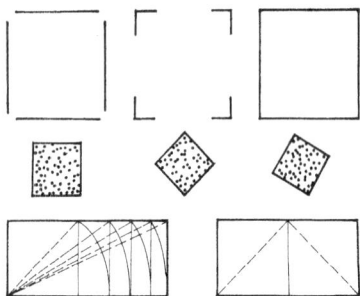

图3-12 方形的变化

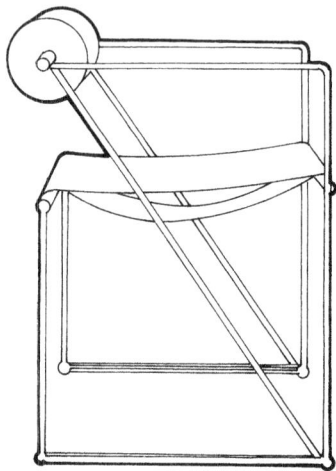

图3-13 有了斜线支撑使椅子有了三角形的感觉

3.2.3 非具象形

不模仿特定的物体，也没有去参照某个特定的主题。有些非具象形是按照某一程式化演变出来的，诸如书法或符号，携带着某种象征性的涵义；还有其他的非具象形是基于它们的纯视觉的几何性诱发而形成的（图3-14）。

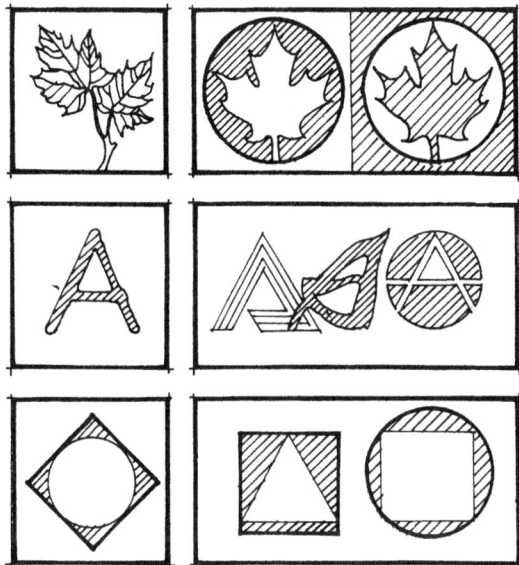

图3-14 非具象形的演变

3.3 空间形态的构成模式

无庸讳言，我们的视野通常是由形形色色的要素，不同的形态、尺寸、色彩、材质等共同组成的，这些要素既有实体，也有虚"体"。环境空间这一大的虚体就是人运用实体形态要素限定出来的。实体要素构成了空间界面，为空间限定出形状。实体要素之间的关系、尺度、比例等会影响到空间的尺度、比例及基本形态。实体要素的表情部分还决定了空间的性格和氛围（如材质、色彩、形状及样式等）。因此，空间的形态与实体要素是分不开的，同时，空间的相互关系及限定方式更是与实体要素密切相关。显然，实体要素的多少、造型、尺寸、色彩、材质、方位等都直接影响着空间的整体效果。即便是最简单的方盒子空间，实体要素的或多或少，都会得到多少不同的空间效果，给人带来不同的空间感觉。尽管是极为简化而又抽象了的，但仍存在许多可变因素，变化形式、变化材质、变化色彩，假如再将比例、尺度等进行改变的话，空间感就会因更多的变化而产生更多的变化（图3-15）。

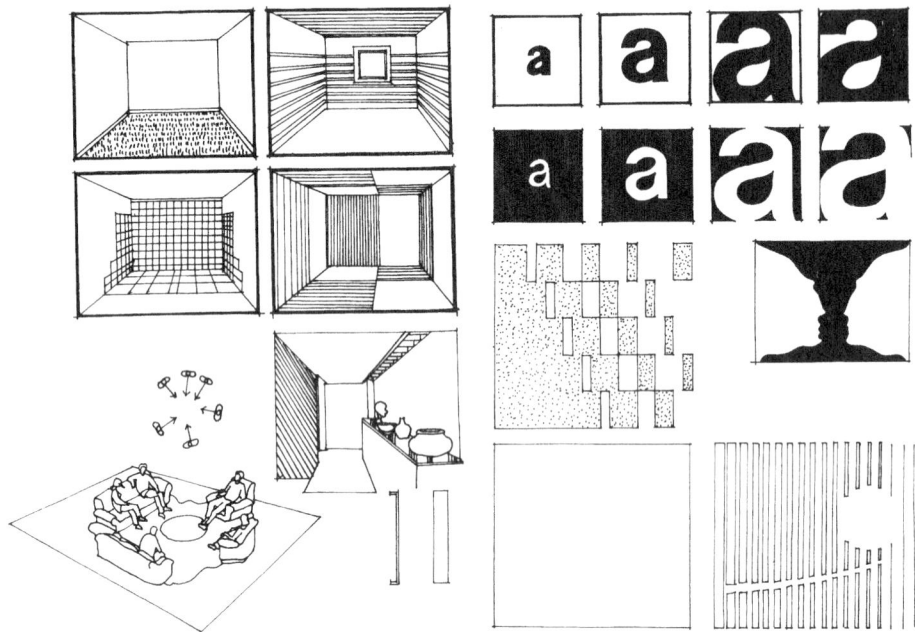

图3-15　空间感的变化
图3-16　形与底的转换关系

　　显然，形成空间与形式的静态实体与动态虚拟的相互关系，可以理解为是图形与背景的关系、正与负的关系或形与底的对立统一关系。

3.3.1　静态实体构成

1. 形与底的关系

　　我们对一个构图的感知或理解，要看对于空间中正与负两种关系之间的视觉反映做何种诠释和观照。字母"a"对于背景而言可认为是图形，因而可以从视觉上感知此单词。它与背景形成反差对比，并且其位置与周围关系分离开来；但当"a"的尺寸在所处环境中逐渐加大时，字母或其周围的非字母因素就开始争夺人们的视觉注意力。这时，形与底之间的相互关系会变得暧昧起来，以致可以将二者从视觉上转换过来：形看作底，底当作形。完全形成了另外一种视觉感受。脱离特定环境而谈论环境设计可能会变得毫无意义。对空间的实体要素的"体"和"量"的把握是设计中需要慎重处理的（图3-16）。

　　我们可能听到过这样一个说法，说胖些的人最好穿竖条纹的或者深颜色衣服，这样能使人在视觉上显得"苗条"些；瘦一些的人最好穿横条纹或者浅颜色的衣服，这样人就不会显得那么"骨瘦如柴"了。上述说法理论上完全没有问题，但是作为环境艺术设计专业，绝不能脱离环境而孤立地看待某个事物。试想，如果胖人穿着竖条纹衣服处在一个水平线条的背景之中，强烈的视觉反差会使那位先生或女士的身段更加昭然若揭；而如果这个人是身临竖线条的背景当中，其衣服的竖条纹已与背景融为一体，反而弱化了此人形体上的臃肿感。实际上这即是"形与底"关系问题的形象再现。必须明确所选择、所表现的静态实体造型其材质、肌理、纹样以及相互关系都是围绕环境空间的整体和主题来展开的。

综上所述，形式和空间在环境中存在着一定的共生关系，我们不仅要考虑到空间的形，而且还要考虑到实体要素与空间的相互关系。对于环境艺术，每一个空间形式和围护实体，不是决定了其周围的空间形式，就是被周围的空间形式所决定。

2. 构成空间形态的垂直要素

一般来说，垂直的形体，在我们的视觉范围内通常比水平的面更为引人注意，更为活跃，因此它成为限定空间体积以及给人们提供强烈围合感的关键要素。无论是室内空间还是室外环境，垂直要素都起着不可忽视的重要作用（图3–17）。

垂直要素可以用来起承重作用，还可以控制室内外空间环境之间的视觉及空间的连续性，同时还有助于约束室内外空间的采光、声音和气流等等。

（1）垂直的线要素

垂直的线要素，正如最为常见的灯柱，它在地面上确定一个点，而且在空间中引人注目。一根独立的柱子是没有方向性的，但两根柱子就可以限定出一个面。柱子本身可以依附于墙面，以强化墙体的存在；它也可以强化一个空间的转角部位，并且减弱墙面相交的感觉；柱子在空间中独立，可以限定出空间中各局部空间地带。

图3-17　垂直的织物此时成为空间的垂直要素

169

当柱子位于空间的中心时，柱子本身将确立为空间的中心，并且在它本身和周围垂直界面之间划定相等的空间地带；柱子偏离中心位置，将会划定不等的空间地带，其形式、尺寸及位置都会有所不同。

没有转角和边界的限定，就没有空间的体积。而线要素即可以用于此目的，去限定一种在环境中要求有视觉和空间连续性的场所。两个柱子限定出一个虚的面，三个或更多的柱子，则限定出空间体积的角，该空间界限保持着与更大范围空间的自由联系。有时空间体积的边缘，可以用明确它的基面和在柱间设立装饰梁，或用一个顶面的方法来确立上部的界限，从而使空间体积的边缘在视觉上得到加强。此种手法在室内外环境设计中屡见不鲜。

垂直的线要素还可以终结一个轴线，或形成一个空间的中心点，或为沿其边缘的空间提供一个视觉焦点，成为一个象征性的视觉要素。

一排列柱或一个柱廊，可以限定空间体积的边缘，同时又可以使空间及周围之间具有视觉和空间的连续性。它们也可以依附于墙面，形成壁柱，展现出其表面形式、韵律及比例。大空间的柱网，可以建立一种相对固定的、中性的（交通要素除外）空间领域。在这里面，内部空间可以进行自由分隔或划分（图 3-18a、图 3-18b）。

（2）垂直的面要素

垂直面若单独直立在空间内，其视觉特点与独立的柱子截然不同。可将其作为是无限大或无限长的面的局部，成为穿越和分隔空间体积的一个片段。

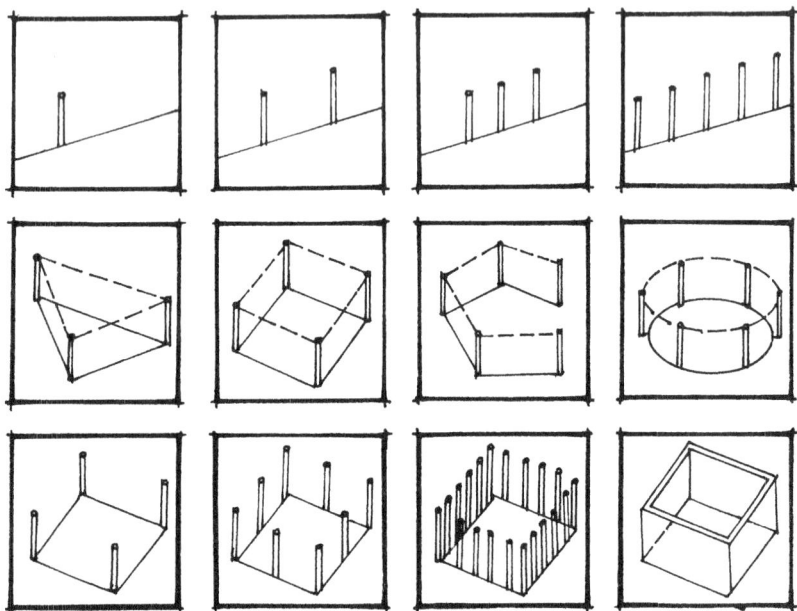

图3-18a　柱子对空间的限定作用

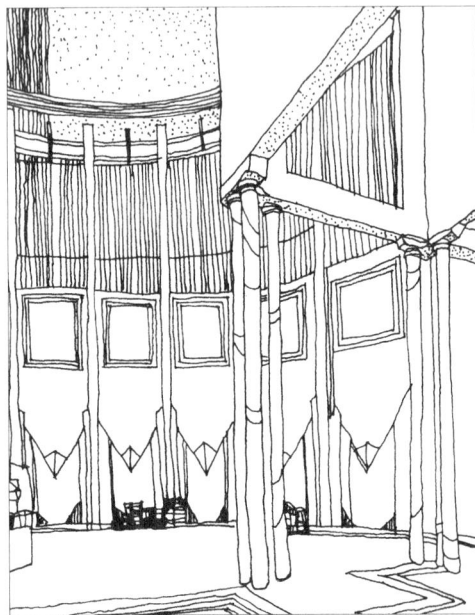

图3-18b　柱子形成的垂直线要素强化了空间的界限

一个面的两个表面，可以完全不同。面临着两个相似的空间，或者它们在样式、色彩和质感方面不同，去适应或表达不同的空间条件。最为常见的是室内空间的固定屏风或影壁，既起到空间的过渡作用，又具有一定的视觉观赏特征。

一个单独的面并不能完成限定它所处空间界定的任务，只能形成空间的一个边缘，或者划分相对的领域。为了限定一个空间体积，一个面必须与其他的形态要素相互作用。

一个面的高度影响到面从视觉上表现空间的能力。面的高矮会对空间领域的围护感起相当重要的作用，同时面的表面的形成要素、材质、色彩、图案等将影响到人们对它的视觉分量、比例等感知。实的面和虚的面会形成不同的视觉感受；同样，平的面和曲面也会带来不同的视觉形态（图 3-19a、图 3-19b、图 3-19c）。

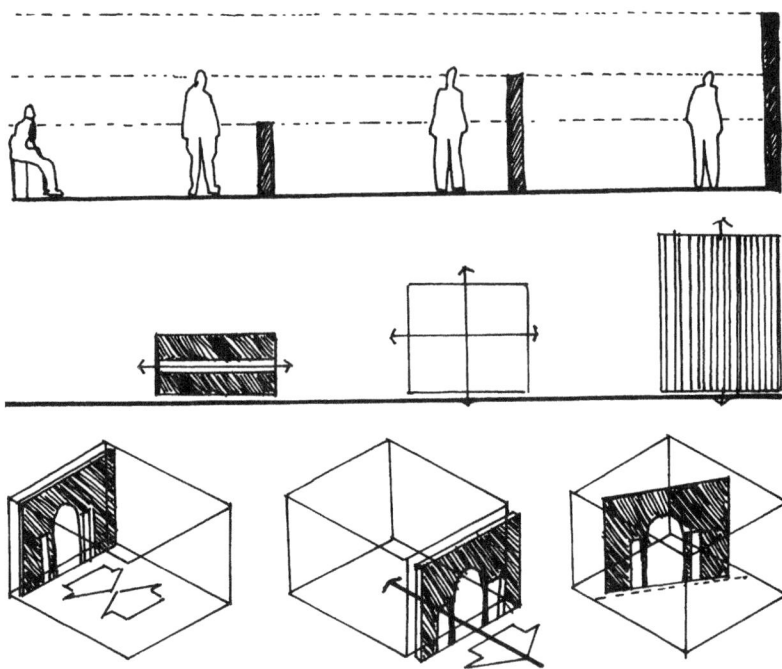

图3-19a　面的高矮和位置对视觉和空间的影响

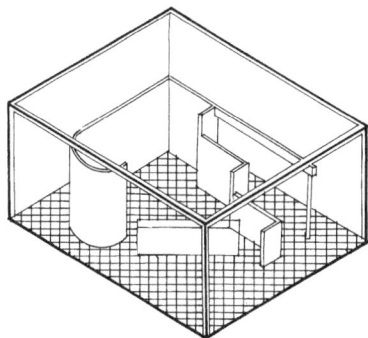

图3-19b　面对空间领域的围护

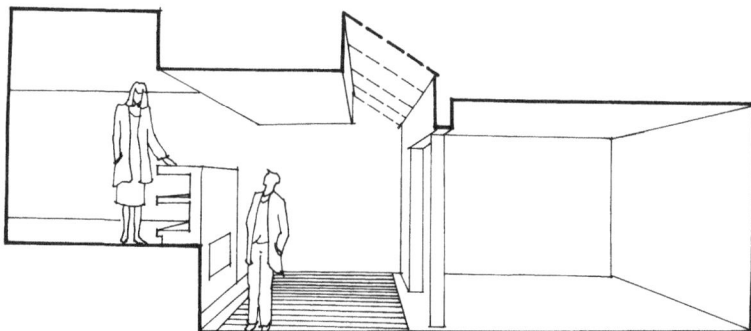

图3-19c　面的高低变化带来空间的变化

垂直的面要素不见得只是独立的，还会有其他一些形式如 L 形垂直面、平行的垂直面、U 形的垂直面等等。

①L 形垂直面会形成夹角，易产生较为强烈的区域感；

②平行的垂直面所限定出的空间范围，会带来一种强烈的方向感和外向性。有时通过对基面的处理，或者增加顶部要素的手法，使空间的界定得到强化。但如果两个平行面相互之间在形式、色彩或质感方面有所变化，那么就可能产生空间的视觉趣味；

③U 形垂直面，其开敞的一端是该形式的基本特征，因为相对于其他三个面而言，它具有独特的有利方位，允许该范围与相邻空间保持视觉上和时间上的连续性。如果将基面延伸出该造型的开放端，即会在视觉上加强此空间范围进入相邻空间之感觉。

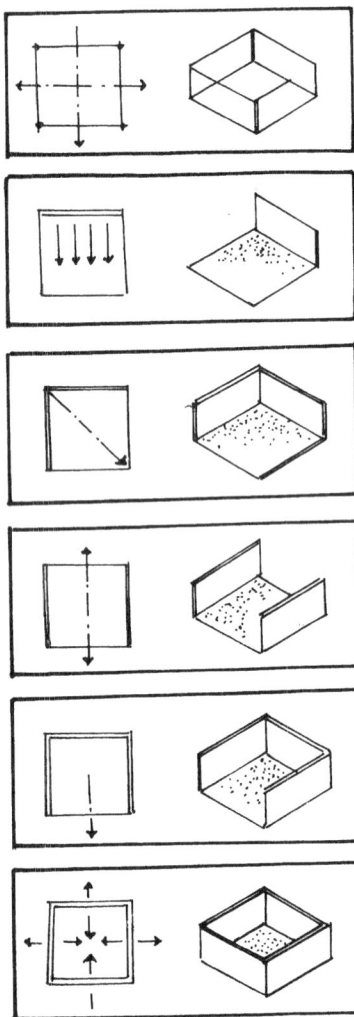

实际上，利用 U 形垂直面去限定围合起一个空间区域，此种方法也是司空见惯、俯拾皆是。沙发围合的 U 形区域也可以理解为低矮垂直要素的典型实例。另外，室内空间的 U 形围合也可以存在尺度上的变化，因此常以凹入空间或墙的壁龛作为具体体现（图 3-20、图 3-21）。

3. 构成空间形态的水平要素

无论室内空间还是室外空间，水平要素多以点、线或面的形式来体现，应该说是最为丰富的。根据空间尺度大小变化，水平要素中点、面的概念是相对的，有时可以是互为转化的。城市景观设计中水平要素的"点"实际上应理解为"面"的概念。因此水平要素通常还是以"面"作为基本特征。

（1）基面

具体到环境艺术设计，为了使水平的面可被当作一个图形，在水平面的表面上，必须通过色彩或质地方面赋予其可以感知的变化。这样，水平的面界限就会越清晰，它所界定的范围就会表现得更为明确，界限内的空间领域感就显得愈加强烈。尽管在这个已经限定的领域里视觉是可以流动的。因此，空间环境设计中常常以对基面的明确表达，使之划定出虚拟的空间领域并赋予其细部一定的风格要求（图 3-22）。

图 3-20 垂直面的变化形成不同的区域感

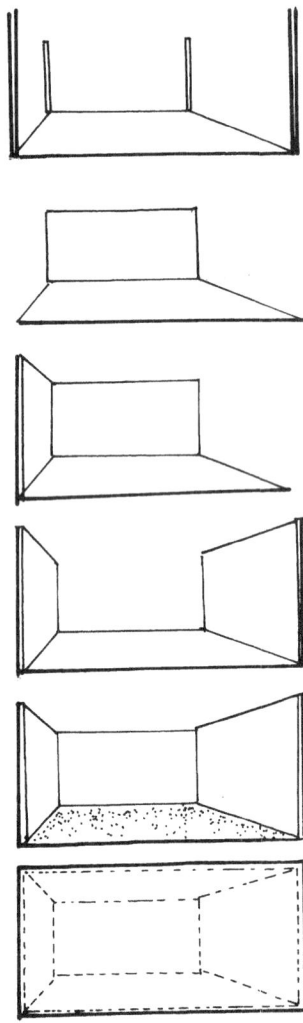

图 3-21 基面的界限既可以流动也可以明确

图3-22　基面的变化强化了空间的领域感
图3-23　基面抬高对空间和视觉均有影响

　①基面抬起。基面局部抬起，此种手法已司空见惯，抬高基面的局部，将会在大空间范围内限定出一个新的空间领域。在该局部领域内的视觉感受，将随着抬起面的高度变化而发生变化。通过对抬起面的边缘赋予造型、材质、纹样或色彩的变化，会使这个领域带有特定的性格和特色。

　抬高的空间领域与周围环境之间的空间和视觉连续程度，主要是依赖抬高面的尺度和高度变化来维系的。可以认为，抬起的面所限定的领域如果其位置居于空间的中心或轴线上时，则易于在视觉方面形成焦点，引人注目。手法虽常见，关键是如何将此手法赋予该空间以新的视觉形象和风格特色，这正是我们应努力追求的目标所在之一（图3-23）。

　②基面下沉。相对于基面抬起，基面局部下沉也是明确空间范围的方法之一。这个范围的界限，可以用下沉的垂直表面来进行限定。与基面抬起的情况不同之处是基面下沉不是依靠心理暗示形成的，而是可以明确的可见的边缘，并开始形成这个空间领域的"墙"。我们不难发现，实际上基面下沉与基面抬起也是"形"与"底"的相互转

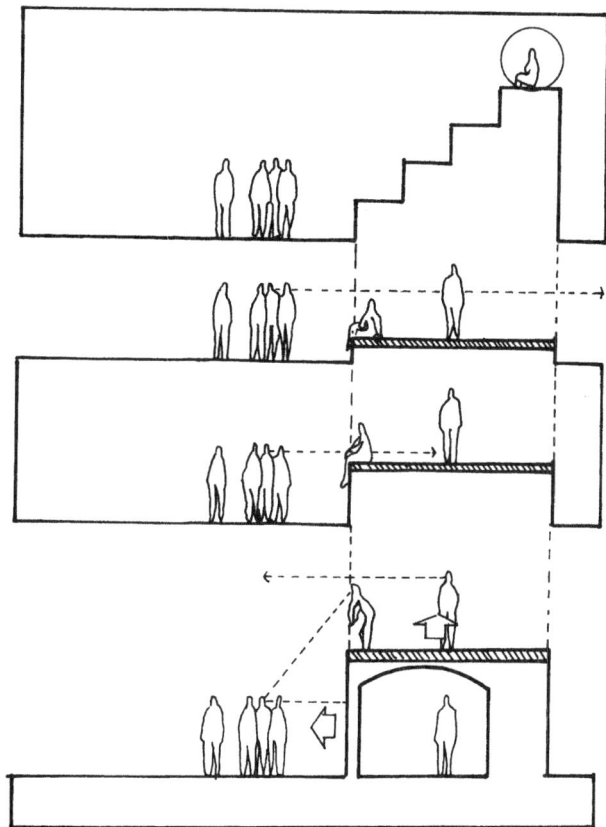

换关系，如果基面下沉的位置沿着空间的周边地带，那么中间地带也就成为相对的"基面抬起"。

基面下沉的范围和周围地带之间的空间连续程度，取决于下沉深度的变化，增加下沉部分的深度，可以削弱该领域与周围空间之间的视觉关系，并加强其作为一个不同空间体积的明确性。一旦下沉到使原来的基面高出人们的视平面时，下沉范围就成为实际上的"房间"的感觉了。

综上所述，我们可以这样理解：踏上一个抬起的基面，可以表现该空间领域的外向性或中心感；而在下沉于周围环境的特定空间领域内，则暗示着空间的内向性或私密感。

(2) 顶面

一个顶面可以限定其自身和地面之间的空间范围，该范围的外边缘是由顶面的外边缘所界定的，因此其空间的形式由顶面的形状、尺寸以及距地高度所决定。

室内空间的顶棚面，可以反映支撑作用的结构体系形式。较常出现的是，它也可以与结构分离开，形成空间中视觉上的积极因素。

如同基面一样，顶面也可以经过多种手法的处理去划分空间中的各个局部空间地带，通过下降或升起改变其空间尺度。当然，也可以使顶面演变成相互间隔的特殊造型，以强化空间的风格要求和视觉趣味，室外空间环境设计中常用的或木质、或混凝土、或金属制作的"葡萄架"或"回廊"，都运用了此表现手法。甚至也可以使顶面与垂直界面自然连成一个整体，以营造一种奇特效果。实际上，通过顶面的形式、色彩、材质以及图案的变化，都会影响到空间的视觉效果（图 3-24）。

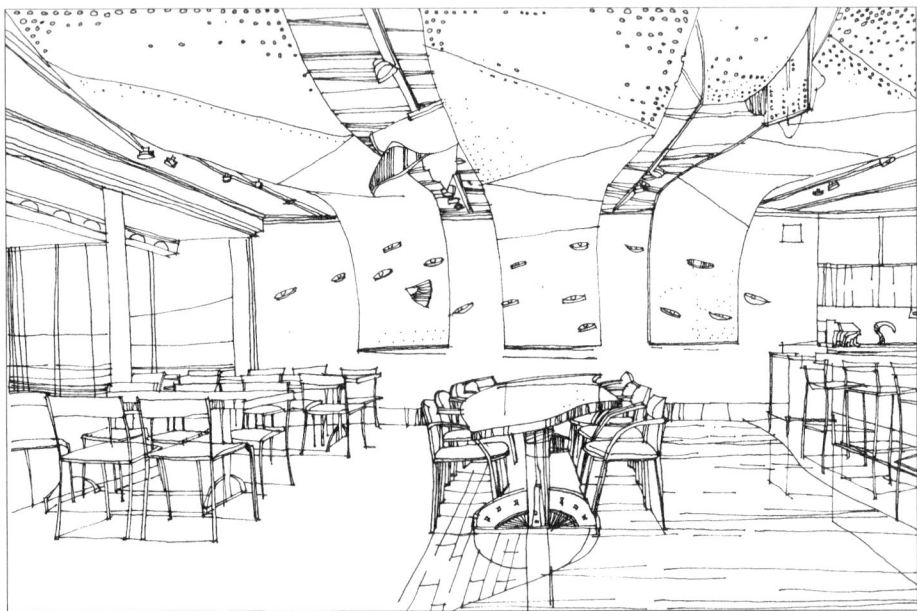

图3-24 顶面通过变化与墙面连成一体

3.3.2 动态虚拟构成

1. 空间形态的时空转换

我们知道，在环境艺术设计中，时间和空间的统一连续体是通过客观空间静态实体与动态虚形的存在，和主观人的时间运动相互交融来实现其全部设计意义的。时间和空间均是运动着的物质的存在形式，环境中的一切现象，都是运动着的物质的各种不同表现形态，其中物质的实体形态和相互作用场的形态，成为物质存在的两种基本形态。实物之间的相互作用就是依赖一种虚拟的场来实现的。环境设计中空间的"无"与"有"的关系，同样可以理解为场与实物的关系。诚然，空间形态的时空转换就成为空间形态动态构成模式的关键。

我们讲环境艺术设计是一门时空连续的四维表现艺术，主要也在于它的时间和空间艺术的不可分割性。虽然在客观上空间限定是环境设计的基础要素，但如果没有以人的主观时间感受为主导的时间序列要素穿针引线，则环境艺术设计就不可能真正存在。空间界面的效果是人在空间的流动中形成的不同视觉感受，人在时间序列中不断地感受到空间实体与空间虚形在造型、色彩、材质、样式、比例、尺度等多方面信息的刺激，从而产生出不同的空间体验。

从这里可以看出，人在环境空间中不仅涉及空间变化的实体要素，同时还要与时间要素发生关系。使人不单在静止的时候能够获得良好的心理感受，而且在运动的状态下也能得到理想的整体印象，能够使人对环境空间感到既协调统一又充满变化和节奏。

因此，如果说感觉和知觉是人接受空间信息的基本途径，那么时间与运动就是人对空间环境感知的基本方式。正是人的行动赋予了时间这个第四度空间以完全的实在性，人的行动速度也就直接影响到空间体验的效果。人在同一空间中以不同的速度行进，会产生完全不同的空间感受，因而会带来不同的环境审美感觉。因此，在环境艺术设计中关注和研究人的行进速度与空间感受之间的关系就显得尤为重要，这与特定空间环境及环境功能要求密切相关，对环境的空间布局、空间节奏等都会带来很大的影响。由于现代环境设计的使用者对所处环境的要求越来越高，人员的兴趣审美日趋多元化，这样必然会带来空间环境使用功能的多元化。正是这种多元化使环境的空间设计出现了多元的艺术处理手法和表现形式。

2. 空间形态的动与静

我们探讨空间环境的构成形态，不只限于空间的结构形态，如空间的形状、空间的方向、空间的组合等，而且还包括空间的其他造型要素、空间的动线组织等等。这些空间形态要素使动与静有机地交织在一起，从而使环境空间充满生机和活力。

"动"与"静"是相对的，是对空间组织和使用功能的特定要求。根据空间功能的需要和其性格特征的要求，不同类型的空间形态对动与静的要求都会有所侧重。该动的要动，该静的则要静；或以动为主，或以静为主；或动中有静，或静中有动，动静结合，共同构成空间形态的鲜明特征。阅览室以静为主，展览馆、购物中心则要求动、静结合，室外环境设计亦是对不同动、静要求的有机统一体。

如此这般，就空间形态的动、静问题，应从以下几方面考虑：

(1) 方向

空间的方向是所有空间形态的关系要素之一，它离不开空间的形状、尺度等。所谓不同形态的空间具有各自不同的性格和表情，主要是根据方向这个关系要素产生的，也可以说，空间的方向在很大程度上决定着空间的性格和个性。

除了一些无方向性的带有"中性"的正几何形空间，会给人以向心的、稳定的和安静的心理感受，可以说，几乎大多数空间都带有一定的方向性，只不过程度不同而已。水平方向和垂直方向的空间会给人以不同方向的动感，而斜向空间则感觉方向性更强，这种方向性较强的空间也容易使人产生心理上的不稳定。这就需要在设计时动静结合，通过静态要素的合理组织，一方面满足功能上的要求，一方面给人以心理上的平衡感（图 3-25）。

(2) 动线

空间的动线可以理解为空间中人流的路线，它是影响空间形态的主要动态要素。

在空间中对动线的要求主要存在两方面问题，一是视觉心理方面；二是功能使用方面。动线的组织决定着人在空间环境中的流动次序，这会影响到人们的视觉心理。同样，根据人的行为特征，环境空间的表现基本体现为"动"与"静"两种形态，具体到某一特定的空间，动与静的形态又转化为交通面积与实用面积。反映在空间环境的平面划分方面，动线所占有的特定空间就是交通面积，而人以站、坐、卧的行为特征停留的特定空间，则是以"静"为主的功能空间。划分这种空间动静位置的工作就称之为功能分区，成为构成空间形态的基础。

显然，空间的动线左右着空间的整体组织和使用功能，影响到空间的动静划分和区域分布。

(3) 构图

由多个空间组织的形式和关系，也是构成空间形态动与静的重要因素。空间之间的并列、穿插、围合、通透等手法都会给人带来心理上动与静的感觉。

　　对称的布局形式与非对称的灵活空间相比较，明显带有宁静感、稳定感和庄重感；而非对称布局显现出来的则是灵活、轻松的动态效果，蕴藏着勃勃生机。

　　（4）光影

　　空间环境的光影变化也会产生一定的动态效应。自然光的移动与人工照明的特殊动感会强化空间形态中"动"的因素，同时营造出丰富的空间层次。

　　（5）构件与设施

　　有些建筑的大型构件会带有相对较强的动态特征，同样会强化空间形态的动态效果；一些设施如自动滚梯、露明电梯等更是影响动与静的形态要素。这时，空间形象的运动和变化结合着人流的动线，与静态要素交织在一起形成有机统一，共同构成特定空间的主旋律。

　　（6）水体与绿化

　　我们知道，水体和绿化是环境设计中尤为重要、不可忽视的构成要素，它们以各自不同的表现形态展现着自身的独特魅力，点、线、面、体等各种基本形态要素都会有可能通过水体和绿化得到充分体现。水体和绿化也都蕴涵着内在的生命活力，相对于空间环境整体来讲，更是一种较为含蓄的动、静结合（图3-26）。

图3-25　斜向空间具有上升的动感
图3-26　阳光、绿化与扶梯，共同交织成富有活力的生命乐章

第4章
环境艺术设计的空间组织

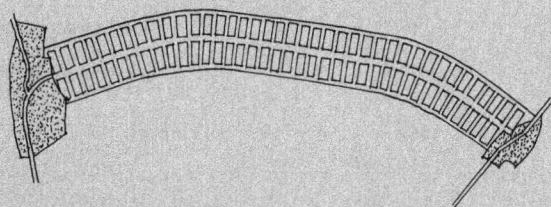

第4章　环境艺术设计的空间组织

4.1　功能与空间组织

无论是建筑外部空间环境还是建筑内部空间环境，其场所内各种功能总是依托特定的空间而展开并实现的，在进行环境艺术设计之初，首先要对场所内的各类空间进行分析，空间的分析就是将各种功能要求按其用途、目的、属性进行分类，研究并确定其相互关系，并加以安排与配置。

4.1.1　环境艺术设计的空间组织特性分析

功能分析的过程，就是将建筑内环境或外环境按所需空间进行划分，即将性质相同或相近的功能空间整合在一起，而将性质相异或相斥的功能空间作妥善的隔离，这一划分必须依照环境艺术空间的特性来进行。

1. 主要空间与次要空间

主要空间是指直接与建设项目的主要功能有关的使用空间，如在住宅建筑中室内客厅与卧房是主要空间，而厨、卫、阳台是次要空间。在一个室外广场中，休闲空间为主要空间，而为该广场配套的小商业区为次要空间。次要空间与场地的次要功能相联系，是为实现主要功能提供服务与支持的空间（图4-1）。

2. 静态空间与动态空间

按照人们在环境中活动的性质或状态，可分为静态空间与动态空间（图4-2）。

3. 功能空间的内外区分

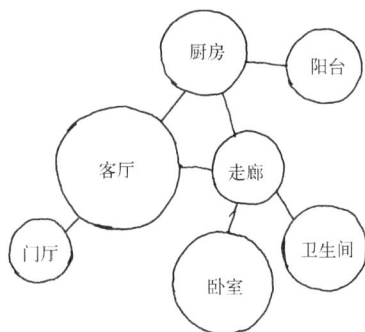

图4-1　住宅空间功能分析图
图4-2　展厅中的静态空间与动态空间

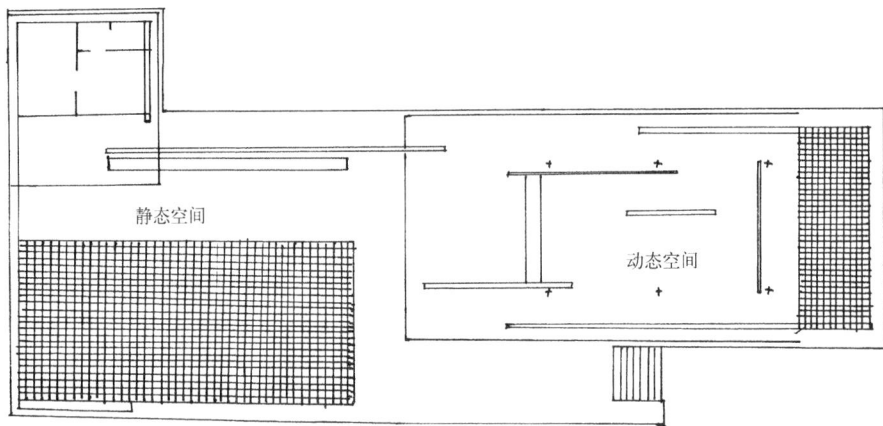

功能空间使用的对外部分，与环境场所中的主要功能相联系，是直接供项目的主要服务对象使用的空间，如餐厅中用餐的人、图书馆内的读者、机场中乘飞机的旅客等所使用的空间。功能空间使用的对内部分，是用于内部作业的空间设施，主要供工作人员使用，一般情况下不对外来人员开放。

4. 公共空间、半公共空间与私密空间

公共空间供许多人共同使用，私密性要求不高；私密空间仅供少数人或个人使用，需要相对封闭，并避免外部的视线干扰与声音向外传播；私密性要求介于两者之间的则为半公共空间。如居住小区内的住宅属私密空间，宅间庭院属半公共空间，商业服务与集中公共绿地、休闲广场则为公共空间。

在对空间的特性进行分析的同时，对空间的使用也应加以研究。

人类活动所使用的空间，最初是功能混杂、形式单一的简单空间；伴随着文明的发展和文化的进步，生活要素逐步增多，活动内容日趋丰富，所使用的空间亦进一步分化（图4-3）。

5. 专用空间与合用空间

在某一特定的时间内，仅供少数人使用的空间即为专用空间；供许多人共同使用的空间则是合用空间。前者如住宅中的主人卧室或儿童卧室，其利用率低，私密性高，后者则如大型百货商场中的售买场，其利用率高，私密性低。合用空间的使用可以是同时合用，也可以是交替合用，如大型酒店中的娱乐空间与酒店的其他配套功能空间只存在傍晚到夜间才是合用的（图4-4）。

6. 单用途空间与多用途空间

无论任何空间，仅能做单一功能使用的空间为单用途空间；而多用途空间则可以提供多种使用功能，如同时利用（并用）、交替复用（换用）等。前者如卫生间、街道中的汽车站台等。后者如多功能大厅、休闲广场等。

按照使用对象数量和功能用途，空间的使用又可细分为多用途合用、多用途专用、单用途合用和单用途专用等形式，其空间利用的经济性依次降低，而使用与管理的便利程度逐渐提高。其中，多用途合用空间是空间使用的最原始状态（如学校中的食堂，又可作为课堂、舞厅和展厅）。空间利用较为经济，但有时难以满足特定使用功能的要求。反之，单用途专用空间的使用极为准确适用，但由于其使用率低，其经济性较差（图4-5）。

图4-3 某学校空间划分平面示意图

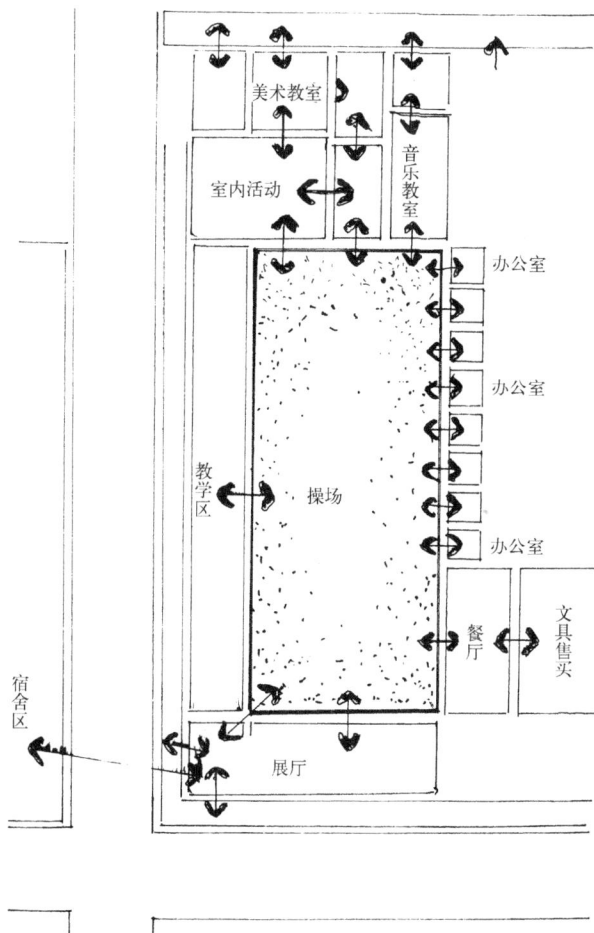

街道

广场

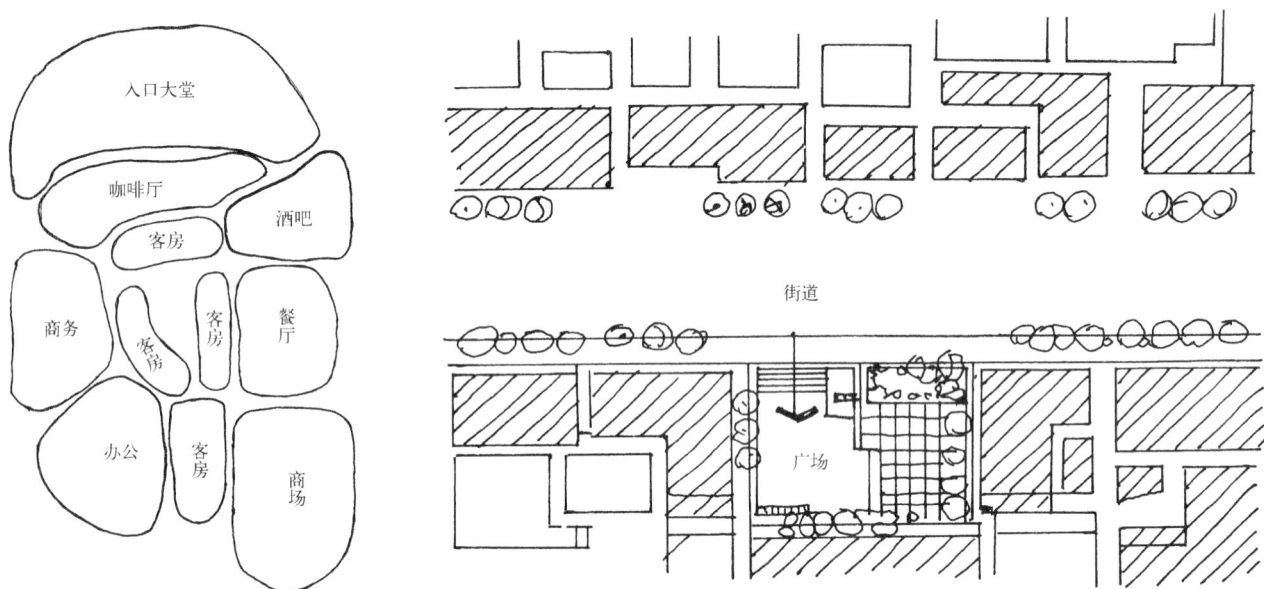

图4-4 某酒店专用空间与合用空间的划
分示意
图4-5 街区中的下沉广场可以视为多用
途空间

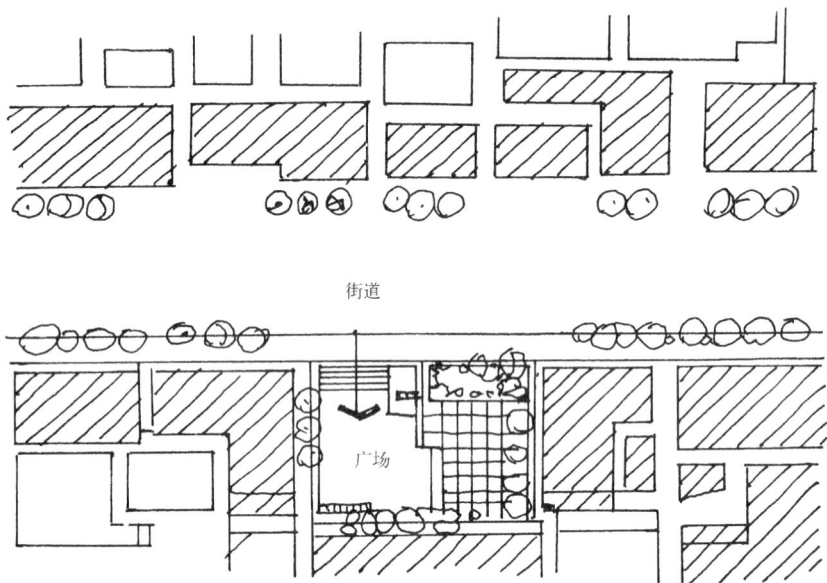

4.1.2 功能空间组织

在分析环境艺术设计项目的功能组成及相应的空间特点的基础上，进一步明确建筑内外部空间的主要组成部分及其相互关系，空间中的这一基本功能关系反映着建设项目的主要内容组成及其内在联系，是空间功能分析的主要成果，决定着环境空间的总布局关系。

环境艺术设计的功能关系分析与表达常围绕"行为主体——行为方式或程序——空间"这一思维程序进行，一般采用图解的方式，如平面分析图、行为流线图、空间形态组成图等。

平面分析图，是在场所平面上对复杂功能进行高度概括，把握全局、一般从空间场所的使用主体或基本目的出发，按其主要功能或特点作适当归纳，在设计初始阶段从整体上分析功能之间的相互关系，将复杂问题简单化。

行为流线图围绕环境空间内行为主体的行为移动过程，用以表达空间场所的主要功能关系。行为主体以人、物为主，有时也包括交通工具及信息、能源等。其分析着眼于空间场所各主要部分之间的关联状况和互动密度。

在明确了空间场所功能关系的基础上，结合场所用地的具体条件，即可进行功能分区，合理组织交通系统及与其他系统之间的关系，并最终确定场所内各空间要素的具体位置。

空间场所的功能分区和组织必须坚持从整体到局部逐次递进的设计思维过程，功能分区和组织即是对场所内大关系的总体把握，也是环境空间场所设计的关键。

在空间组成图所表达的环境场所功能关系中，已抽象地确定了各要素的相对关系。在此基础上，进一步整合空间场所内的各项功能，根据其使用功能、空间特点、交通联系等，将性质相同、功能相近、联系密切、对环境要求相似、相互之间干扰影响不大的空间或设施分别组合，归纳形成若干个功能区，从而为有序地组织空间营造良好环境。

根据各功能分区的空间规模、使用特点、环境要求、交通联系与相互影响，结合场所条件确定各功能区的具体位置，使各功能区之间既相对独立又有必要的联系，共同构成统一的有机整体。这一功能分区的过程，划定了场所内各用地的使用方式，也为环境中空间及设施的具体布置建立了一个总体框架。

环境功能分区要充分结合空间场所条件，从空间场所的内外部区域位置条件、气候日照条件、周围环境与景观特点及技术经济要求等方面，深入分析由此形成的各种有利和不利因素，分清主次，因地制宜地作出全面的综合布置与设计。

4.1.3　交通空间的组织

在进行空间场所功能分区与组织的同时，应深入分析各要素之间的联系，根据使用活动路线与行为规律的要求，有序组织建筑内部环境或建筑外部环境的人、车交通、合理布置相关设施，将空间各部分有机联系起来，形成一个统一整体（图4-6、图4-7）。

1. 交通流线与流量的安排

在建筑内部空间或建筑外部空间环境的设计中，应首先明确场所空间功能与交通流线的关系，场所内主要或大量的人流、车流等交通流线应清晰明确、易于

图4-6　交通空间与建筑物或广场关系示意

183

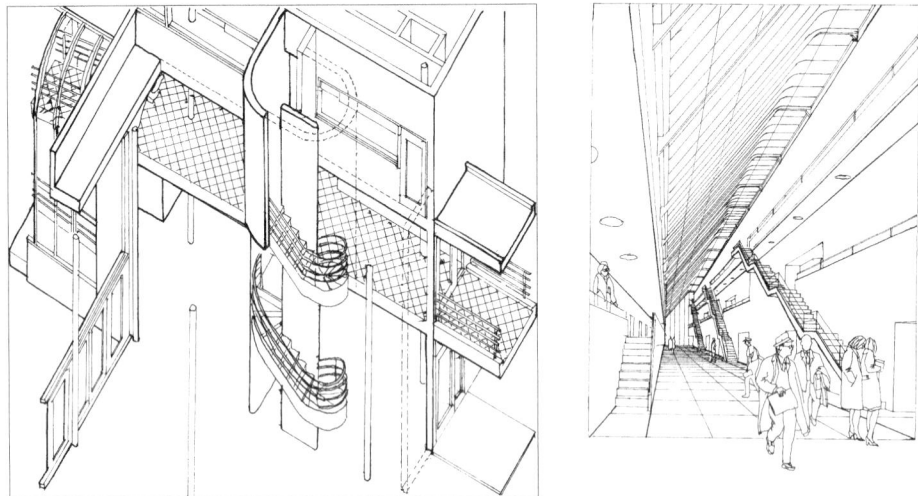

图4-7　建筑物内部空间的立体交通系统

识别、线路组织应通畅便捷，尽量避免迂回、折返。交通线路的安排应符合空间的使用功能和规律以及人物的活动特点。

交通组织与其交通特征和交通流量密切相关，空间场所内各组成部分或建筑内外部的情况往往不同，有的空间人流量大，有的空间车流量大，有些建筑外部空间人、车、货流量均需考虑，在空间布置上应予以区分，并各有侧重。对空间中的交通进行功能分区和组织时，应将交通流量大的部分靠近主要交通道路或场所的主要出入口附近，以保证线路短捷、联系方便。流量较大的人、车、货物流线的组织，应避免对其他区域正常活动的影响。一般私密性要求越高或人群活动越密集的区域，其限制过境交通穿越的要求越严格，如室外环境景观中的居住区、以休闲活动为主的广场或公园等，为防止区域以外人、车流的导入，这些区域的道路布置宜通而不畅。又如在室内环境中的展览空间，交通的布局亦要考虑流线组织，避免重复路线和交叉路线。

在建筑外部空间环境设计时，如遇在地势起伏较大的场地中组织交通时，应充分考虑地形高差的影响，使交通流量大的部分相对集中布置在场所出入口高差相近的地段，避免过多垂直交通和联系不便。

2. 交通系统的组织

场地中的主要交通方式有人行（含自行车等非机动车）、车行两种，二者的关系若处理不当就会造成人车混杂、相互干扰，人流活动影响车流的行驶速度，繁忙的车流威胁人的安全和健康。场地内根据人、车交通组织的关系，可分为人车分流系统、人车混行系统和人车部分分流系统。场地中大量人群集中活动的主要区域，更应禁止车流进入，主要货运车流也不应靠近（图 4-8）。

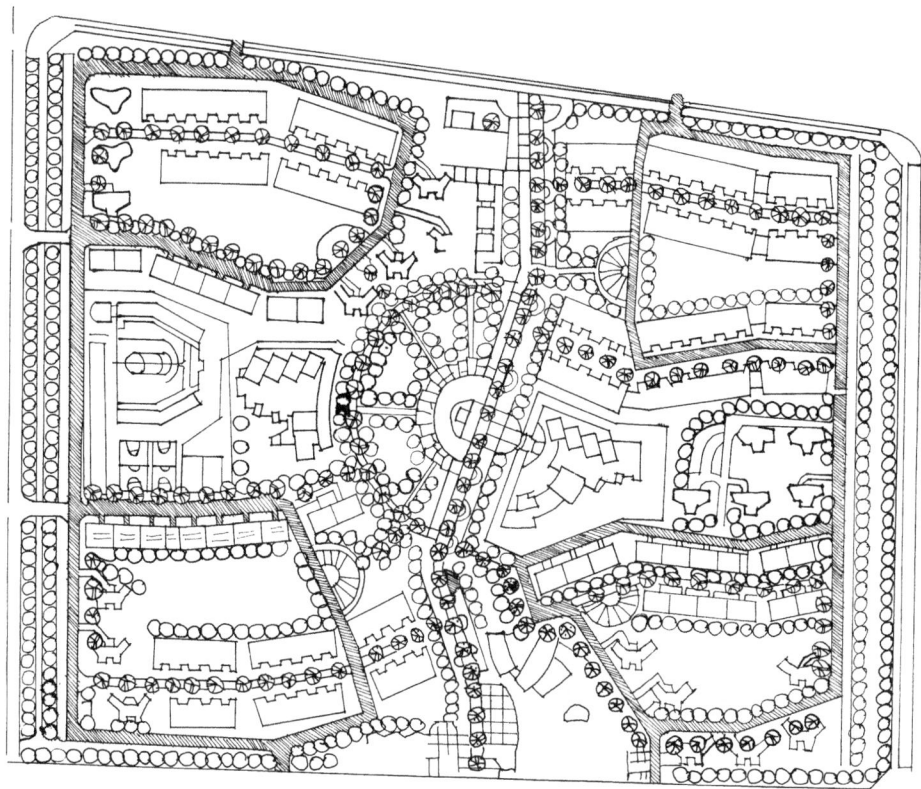

图4-8 某居住区道路系统示意图（深色为车行路线）

3. 人流的合理组织

对于有大量人流集散的建筑外部空间环境，特别是电影院、剧场、文化娱乐中心、会堂、博览建筑、商业中心等人员密集的场地，要合理组织好人流交通。

根据《民用建筑通则》的规定，人员密集的场地应至少一边邻接城市道路，该城市道路应有足够的宽度，以保证人员疏散时不影响城市正常交通；这类场地沿城市道路的长度应按建筑规模和疏散人数确定，并不得小于基地周长的1/6。

4. 合理设置集散空间

一般将各种不同方向的人流通过步行道或广场来组织，或合流或分流，使之互不交叉冲突。人员密集的建筑物主要出入口前，应有供人员集散的空地，其面积和长宽尺寸应根据使用性质和人数确定；场地内的绿化面积和停车场面积应符合当地城市规划部门的规定，其绿化布置不应影响集散空地的使用。

场地道路布局受多种因素影响，按其与各建筑的联系形式可分为：环状式、尽端式和综合式三种（图4-9）。

在交通流线有特殊要求或地形起伏较大的场地，不需要或不可能使场地内道路循环贯通，只能将道路延伸至特定位置而终止，即为尽端式道路布局（图4-10）。

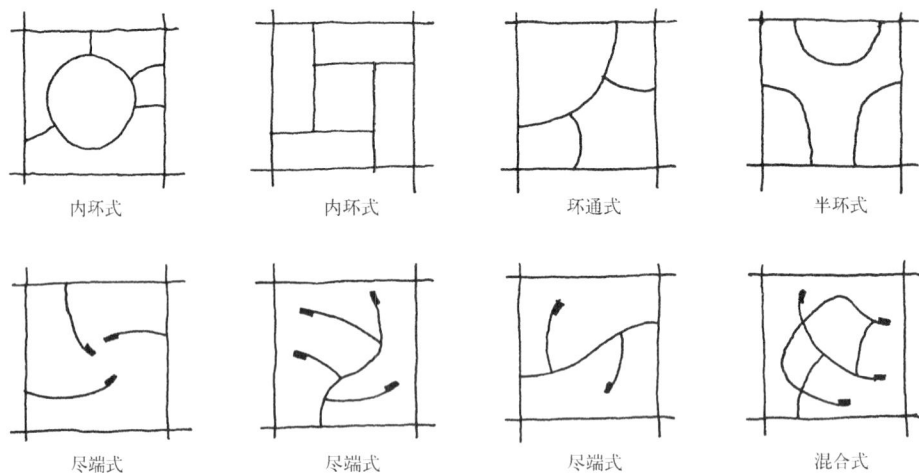

图4-9　场地内的道路布置形式示意

内环式　　内环式　　环通式　　半环式

尽端式　　尽端式　　尽端式　　混合式

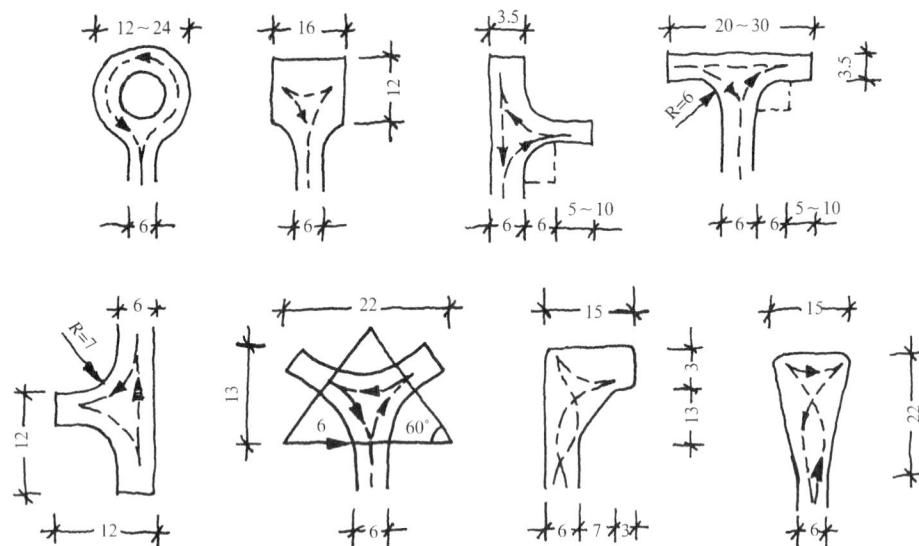

图4-10　尽端式道路的回车场尺寸示意

人流集散有两种规律：一是有经常性的大量人流集散，如商业中心、展览馆、客运站等，整天人来人往，川流不息；另外有定期性的人流集散，如体育中心、会堂、影剧院等，人流集中在比赛、会议或演映前后。前者，人流活动往往有一定的规律，应将建筑物的入口和出口分开设置，使人流沿一定方向循序前进。后者常常在短时间集散大量的人流，除了分开设置出入口外，还应根据人流数量、允许集中或疏散的时间，考虑出入口分布的合理位置和足够数量。

场地的人流出入口要与城市道路、公交站点、停车场有便捷的联系，以缩短人流出入和集散的滞留时间。

5. 空间场所出入口的位置

场地布局时应充分合理地利用周围的道路及其他交通设施，以争取便捷的对外交通联系。但同时应注意尽量减少对城市主干道上交通的干扰，当场地同时毗邻城市主干道和次干道时，应优先选择次干道一侧作为主要机动车出入口。

按照有关规定，人员密集建筑的场地应至少有两个以上不同方向通向城市道路的出口；这类场地或建筑物的主要出入口应避免直对城市主要干道的交叉口。

对于居住场地，小区内主要道路应至少有两个入口，居住区内主要道路至少应有两个方向与外围道路相连；机动车道对外出入口数应控制，其出入口间距不应小于150m；人行出口间距不宜超过80m。

对于车流量较多的基地（包括出租汽车站、车场）等，根据《民用建筑通则》GB 50352-2005，其通路的出入口连接城市道路的位置应符合下列规定：

①距大中城市主干道交叉的距离，自道路红线交点量起不应小于70m；

②距非道路交叉口的过街人行道（包括引道、引桥和地铁出入口）最边缘线不应小于5m；

③距公共交通站台边缘不应小于10m；

④距公园、学校、儿童及残疾人等建筑的出入口不应小于20m；

⑤当基地通路坡度较大时，应设缓冲段与城市道路连接。

4.2 建筑外部空间组织

建筑外部空间是建筑环境中功能、形式相互矛盾、又相互统一的结果。一方面，建筑外部空间的形成是环境形式由简单聚居。向功能多样、形态及结构复杂演化的过程。另一方面，建筑外部空间组织发展的历程也是人们不断能动地改善自己的集居环境、进行空间设计营建的过程。虽然因世界各地自然条件、社会经济发展水平均有差异，建筑外部空间出现的时期、分布、规模和景观形态不可能相同，反映这种种不同演化发展阶段的空间组织形态也必然随着时代不断演化而发展变化。同时，又由于建筑外部空间的复杂性和综合性，在一定时期内和特定的各种影响因素作用下，所基本形成的某种明确的空间组织和布局结构，是不会轻易改变的，这种渐变相对固定的现象也有其必然的规律。因此建筑外部空间形态同时具有整体上绝对的动态性和阶段上相对的稳定性这样一个特征。

由于建筑外部空间通常是人们社会活动和文化活动的一个中心部分，是一个综合性有机统一体，也是满足人们生产、生活各种需要的物质建设的空间实体。因此，影响建筑外部空间组织形成的因素是多方面的，并且是综合起作用的。一般来说，其直接因素既包括所在区域的地形、地质、水文、气象、生态等地理自然条件又包括人口规模、用地范围、城市性质在区域中的作用，能源、水源和对外交通、配套设施等社会经济和建设条件。而其间接影响因素则是该地域各历史时期的发展特征、国家政策和行政体制、规划设计理论和建筑法规、文化传统理念等等人为条件。如此众多的直接和间接因素在一定历史时限和一定空间范围内，综合地同时作用于一个环境空间实体上，每个空间组织必然千差万别，因此，由于地域的区别、各地方出现的空间组织就不可能出现完全相同的结构，正如同"世界上不存在完全相同的树叶或指纹"。但是，许多建筑外部空间组织的形成又往往具有相同的主要影响因素和不少相似的发展阶段与环境空间，使其演化的规律大体一致，因而在空间组织整体上有类似平面形状和布局结构特点。对于多种多样的建筑外部空间组织仍然可以归纳概括为几种主要的空间组织类型。也就是说，建筑外部空间形态同时具有必然的绝对多样性和大体上相对的类似性。

关于建筑外部空间的分类，也存在着许多不同的归纳分析方法和意见。有按照建筑外部空间主体平面形状或三维空间特征，有按照建筑外部空间扩展进程模式，或按照建筑外部空间活动中心和功能分区布局，也有按城市道路网结构等等多种多样的分类方法，而实际上这些不同方法都是相互关联的。因此，在这里我们采用的组织分析方法是比较直观的、简单易行的"图解式分类法"。这是以建筑外部空间区划边界以内，主体建成区总平面外轮廓形状为基本标准而形成的几个主要类型。这样，大体可以分为中心式空间组织、带状、放射型空间组织等几个主要类型（图4—11）。

4.2.1 中心式空间组织

即建筑外部空间主体轮廓长短轴之比小于4：1，是集中紧凑的空间组织形态，其中包括若干子类型，如方形、圆形、扇形等。这种类形是建筑外部空间形态中最常见的形式，空间的特点是以同心圆式同时向四周扩延。活动中心多处于平面几何中心附近，空间构筑物的高度往往变化不突出和比较平缓、区内道路网为较规整的格网状。这种空间组织形态从艺术设计角度上易突出重点，形成中心，从功能上便于集中设置市政基础设施，合理有效地利用土地，也容易组织区域内的交通系统（图4—12、图4—13、图4—14、图4—15）。

4.2.2 带状或流线式空间组织

建筑外部空间主体组织形态的长短轴之比大于4：1，并明显呈单向或双向发展，其子型具有U形、S形等。这些建筑外部空间组织往往受自然条件所限，或完全适应和依赖区域主要交通干线而形成，呈长条带状发展，有的沿着湖海水平的一侧或江河两岸延伸，有的因地处山谷狭长地形或不断沿道路干线一个轴向的长向扩展景观领域。这种形态的规模一般不会很大，整体上使空间形态的各部分均能接近周围自然生态环境，平面布局和交通流向组织也较单一（图4—16、图4—17、图4—18、图4—19、图4—20、图4—21、图4—22、图4—23）。

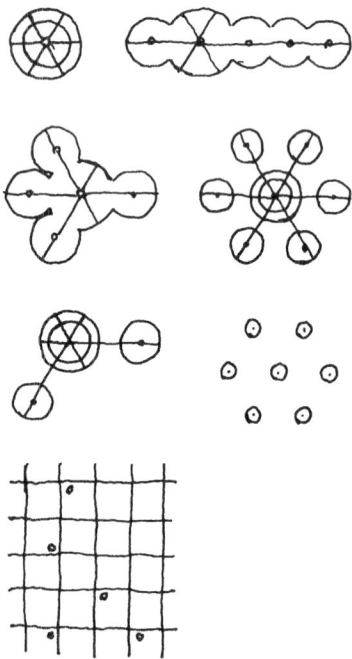

图4-11 空间组织的几种主要类型

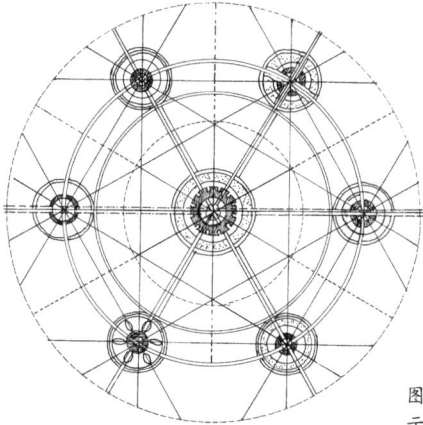

图4-12　中心放射式城市规划示意

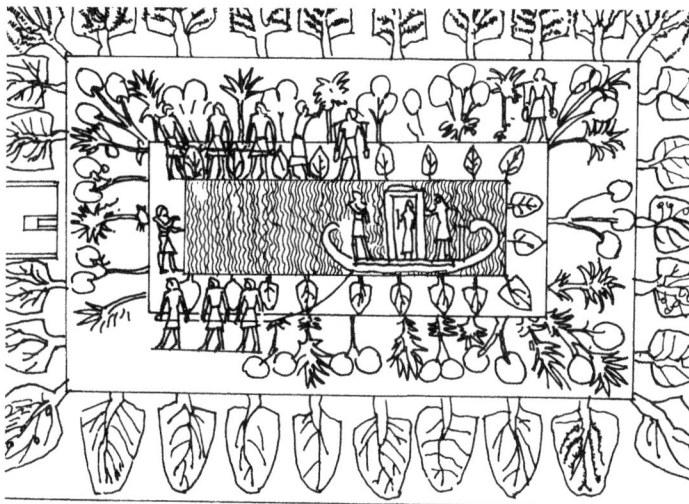

图4-13　古埃及住宅庭园平面图

图4-14　西方园林中的中心对称式布局示意

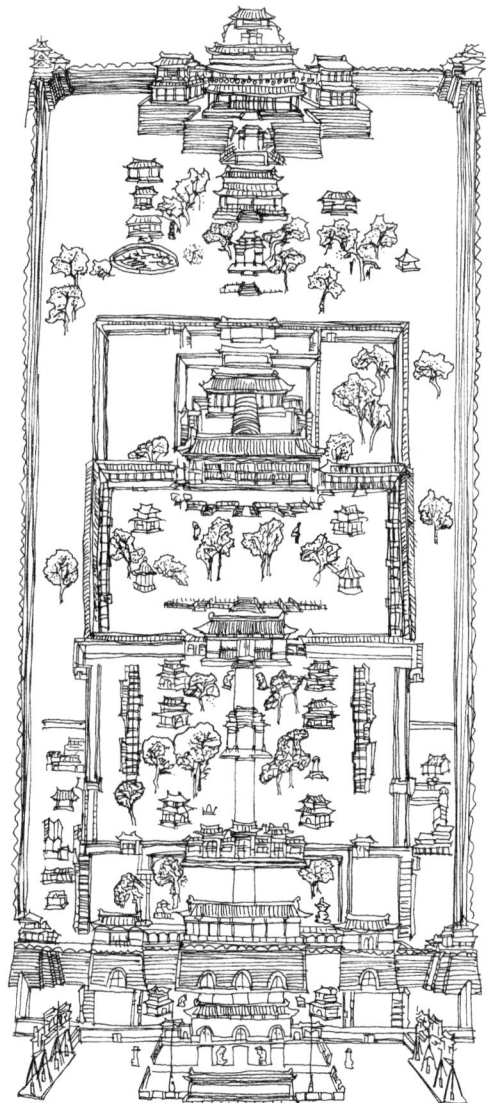

图4-15　中国古城规划中的中心对称布局示意

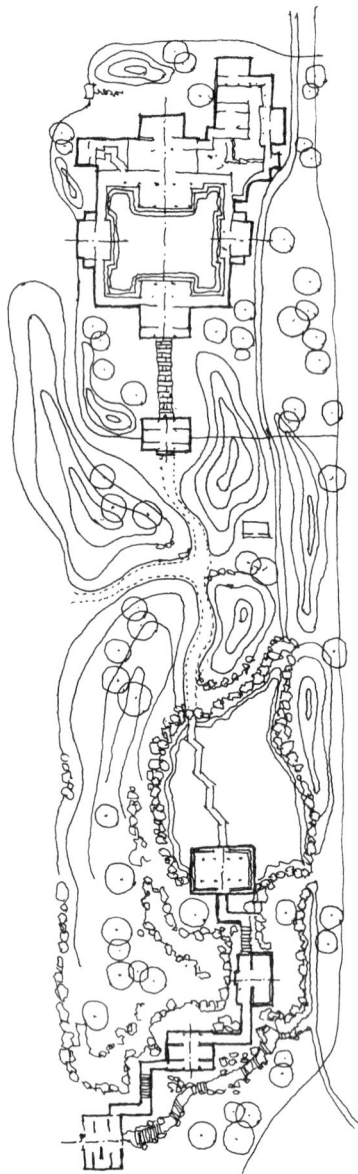

图4-16 中国古典园林中的带状布局

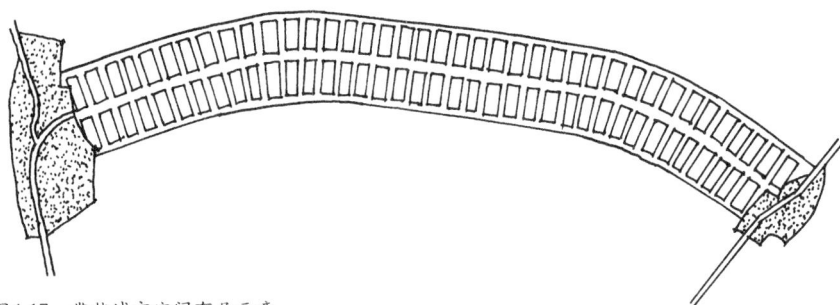

图4-17 带状城市空间布局示意

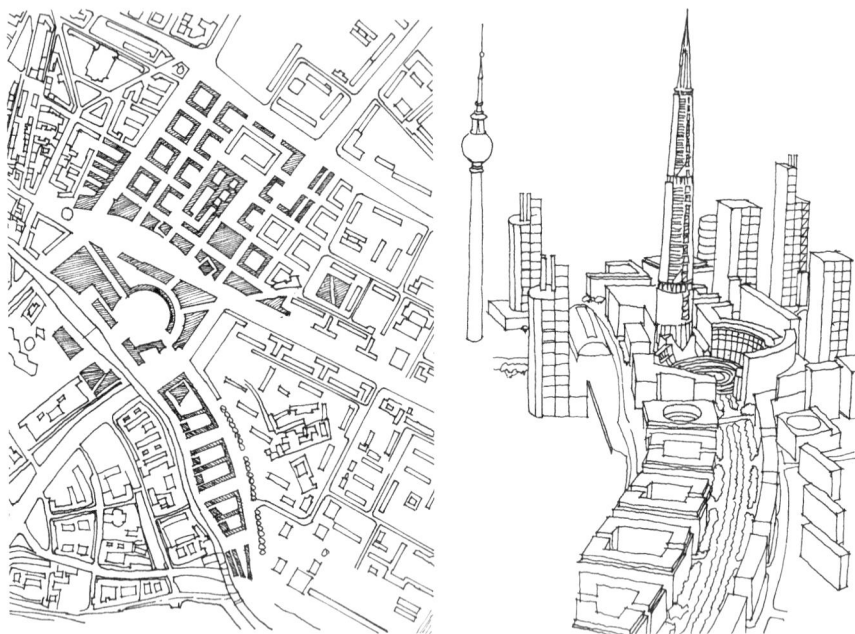

图4-18 带状城市布局的平面及效果

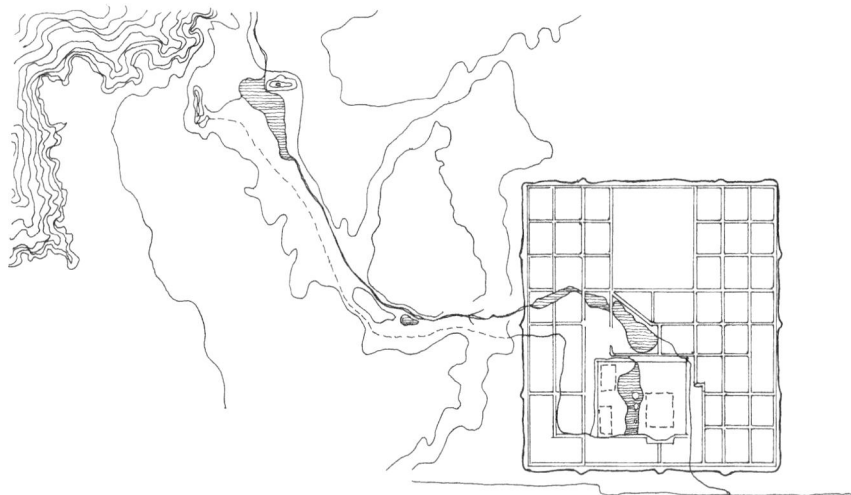

图4-19 北京城带状水系布局示意

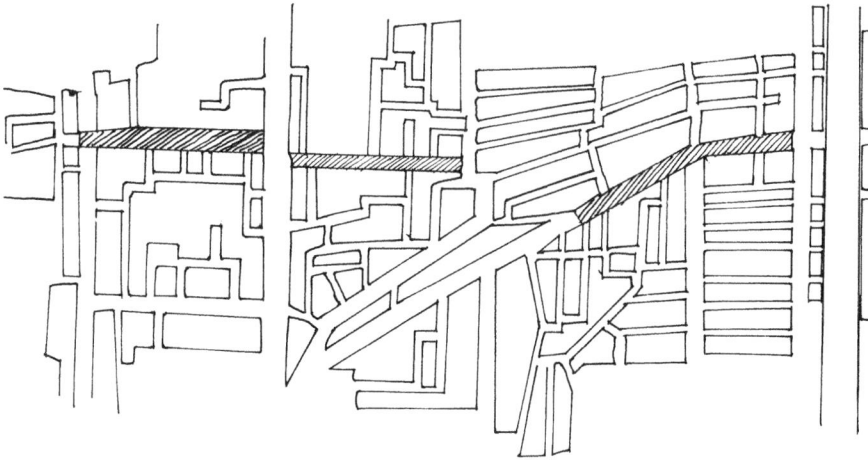

图4-20 城市带状商业区布局

图4-21 由河流导致的带状城市空间形态

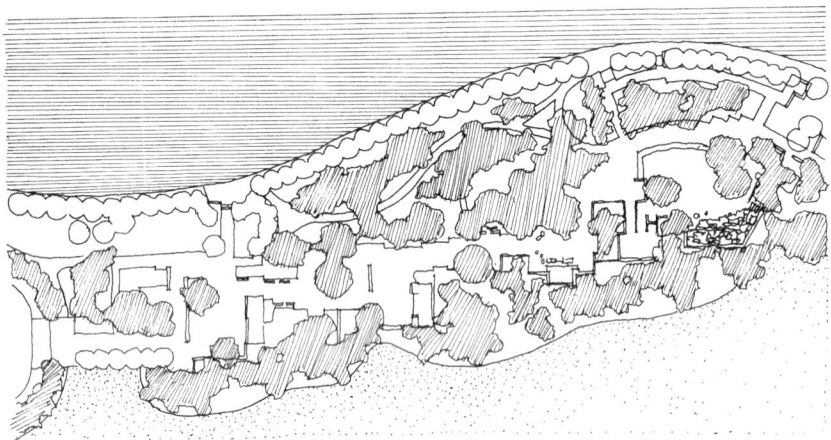

图4-22 带状绿化主导的公园空间形态

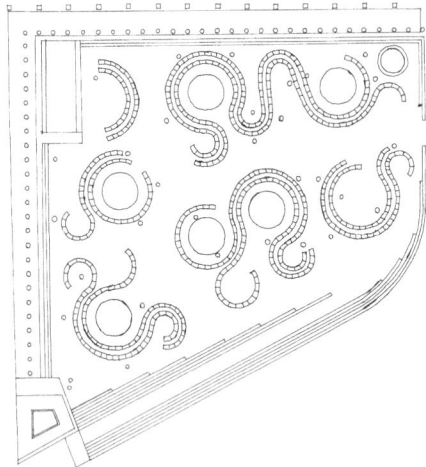

图4-23 带状座椅使广场空间富于动感

4.2.3 放射式空间组织

建筑外部空间组织总平面的主体团块有三个以上明确的发展方向，这包括指状、星状、花状等子型。这些形态大多使用于地形较平坦，而对外交通便利的地形地势上（图 4-24、图 4-25）。

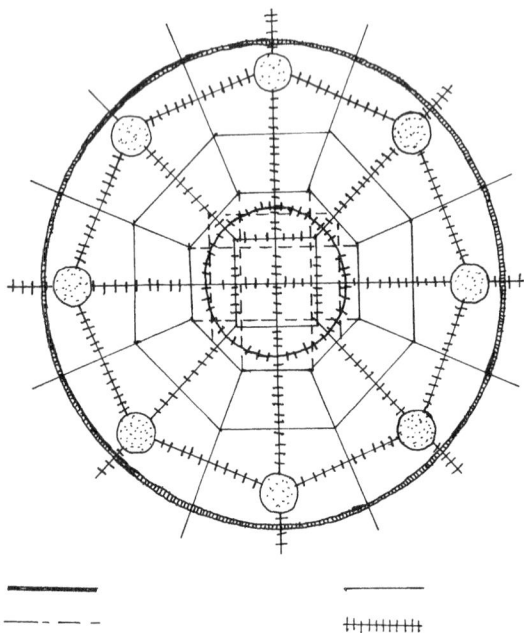

图4-24 放射式城市布局示意

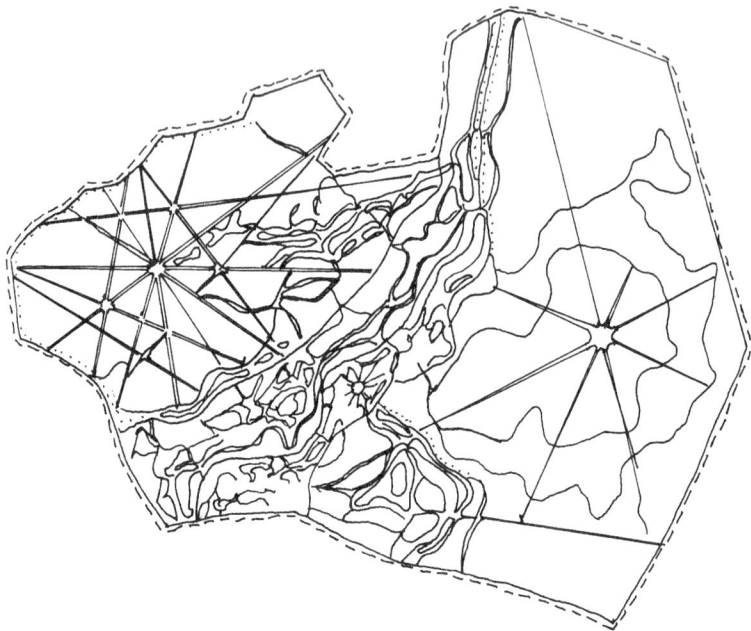

图4-25 放射式场地规划平面示意

4.2.4 星座式或组团式空间组织

建筑外部空间组织总平面是由一个颇具规模的主体团块和三个以上较次一级的基本团块组成的复合形态。这种组织整体空间结构形似大型星座，除了具有非常集中的中心区域外，往往为了扩散功能而设置若干副中心或分区中心。联系这些中心及对外交通的环形和放射道路网使这成为较复杂的综合式多元结构。依靠道路网间隔地串连一系列空间区域，形成放射性走廊或更大型空间组群。

组团型形态是指由于地域内河流、水面或其他地形等自然环境条件的影响，使建筑外部空间形态被分隔成几个有一定规模的分区团块，有各自的中心和道路系统，团块之间有一定的空间距离，但由较便捷的联系性通道使之组成一个空间实体。星座型空间形态与组团型空间形态有类似的地方，亦有差异性（图4-26、图4-27）。

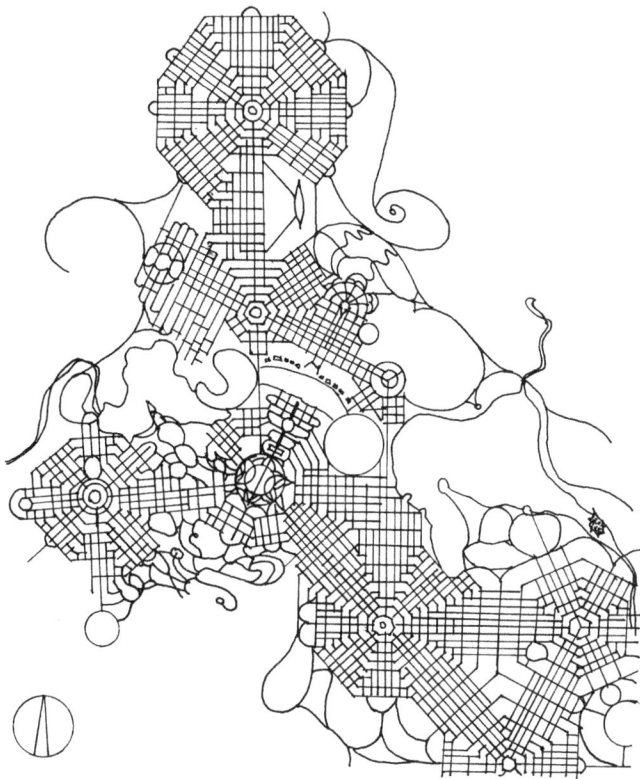

图4-27 组团式城市规划布局组织示意

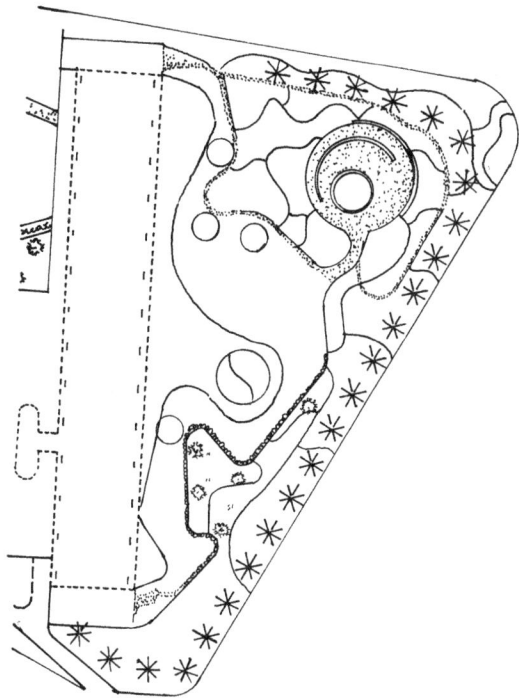

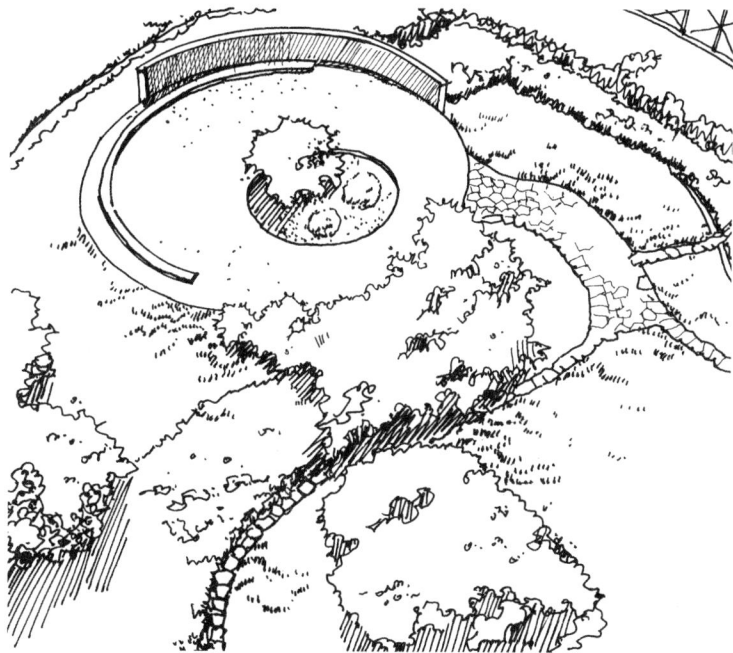

图4-26 星座式园林景观平面图及效果图

4.2.5　自由散点式空间组织

建筑外部空间组织没有明确的总体团块。各个基本团块在几个区域内呈散点状分布。这种形态往往是在地形复杂的山地丘陵或广阔平原地带，也有的是由若干相距较远的独立发展区域组合成为一个较大的空间地域（图 4-28、图 4-29、图 4-30、图 4-31、图 4-32）。

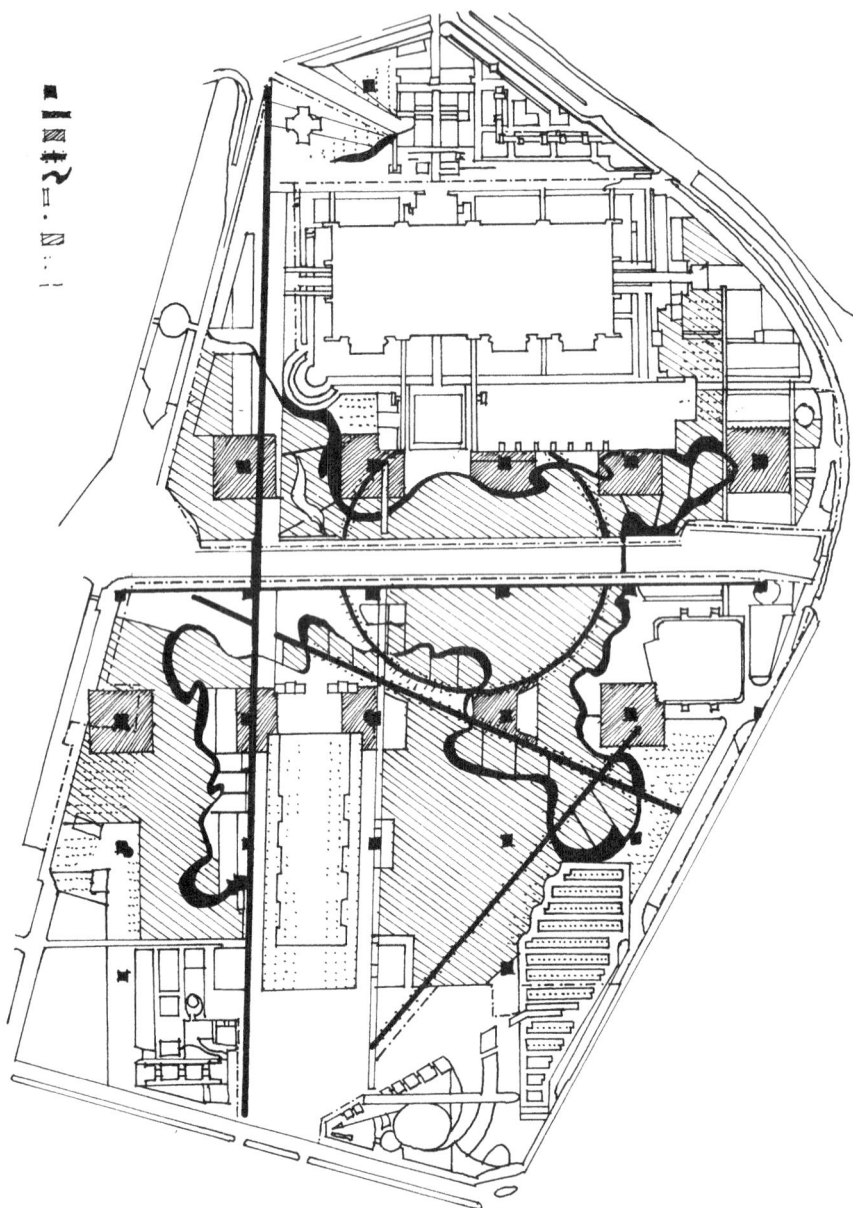

图4-28　自由散点式空间组织平面示意

图4-29 自由散点式空间组织平面示意

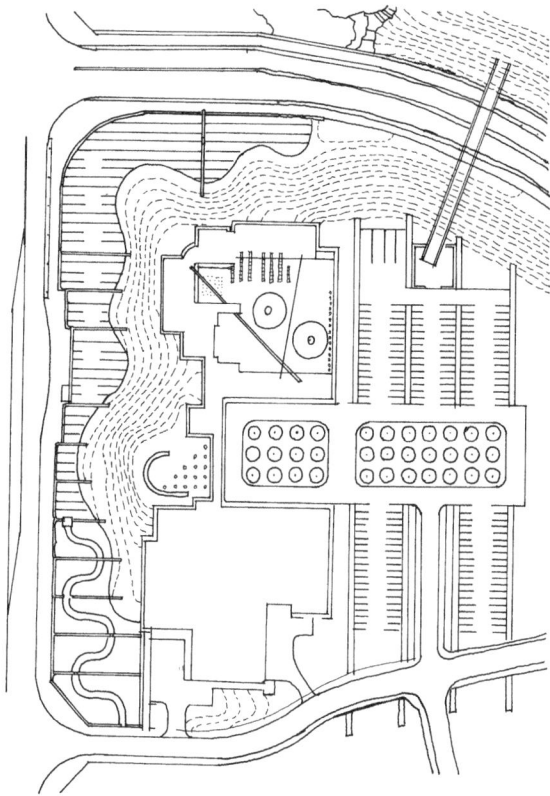

图4-30 自由散点式空间组织形式用于场地设计

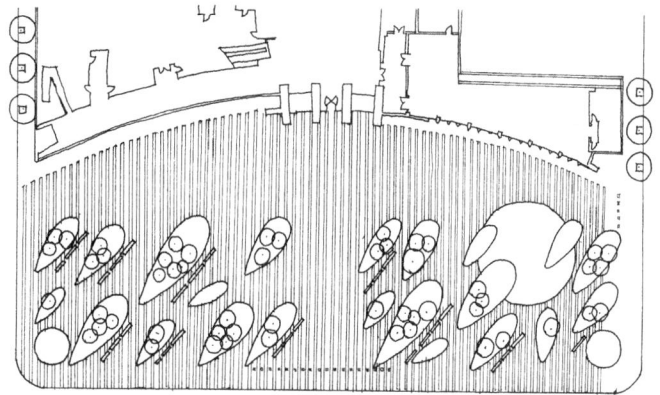

图4-31 自由式景观设计平面图及效果

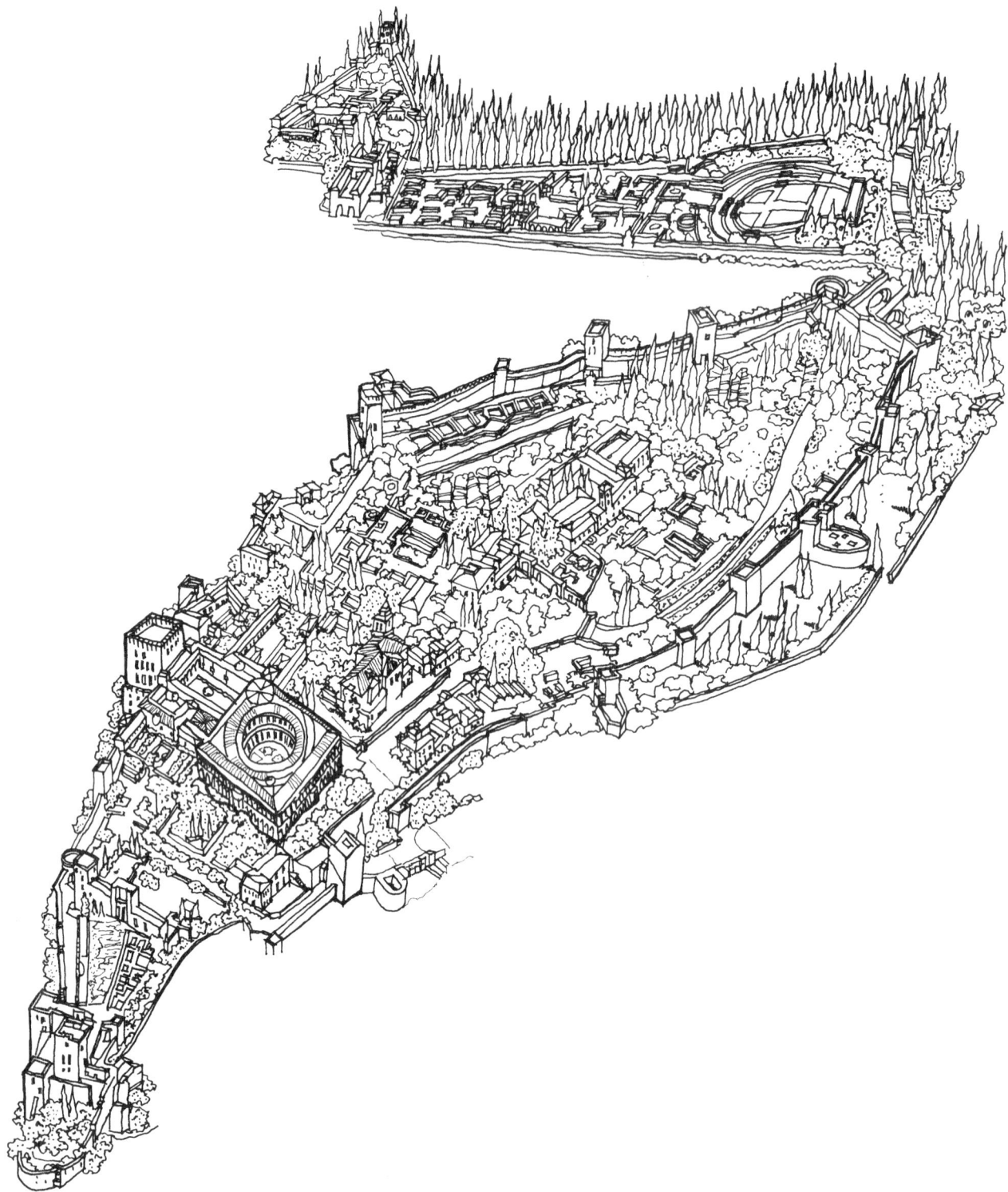

图4-32　西班牙阿尔汗布拉宫是典型的散点布局园林景观设计

4.2.6　棋盘格式空间组织

常见的棋盘格式空间组织是以道路网格为骨架的建筑外部空间布局组织方式，这种空间布局组织方式早在公元前 2000 多年埃及的卡洪城、美索不达米亚的许多城市规划中已经应用，并在重建希波战争中被毁的许多城市中付之实践，形成体系。

这种组织模式的创始人，可以追溯到公元前 5 世纪希腊建筑师希波丹姆，希波丹姆在规划设计中遵循古希腊哲理，探求几何图像和数的和谐，以取得秩序和美（图 4-33、图 4-34、图 4-35、图 4-36、图 4-37、图 4-38、图 4-39）。

图4-33　古村落棋盘格式空间布局

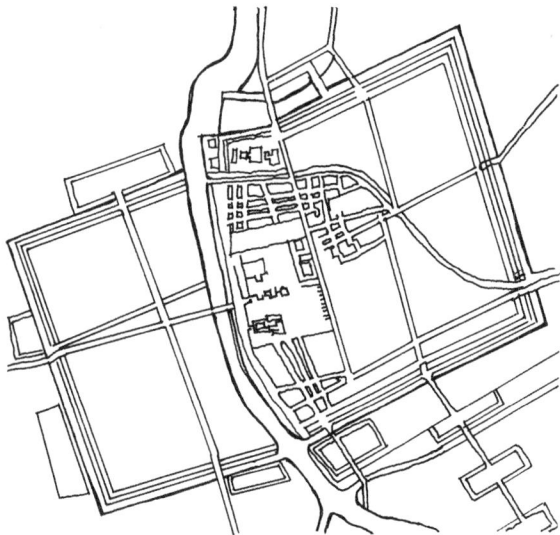

图4-34　现代城市规划中的棋盘格式空间布局

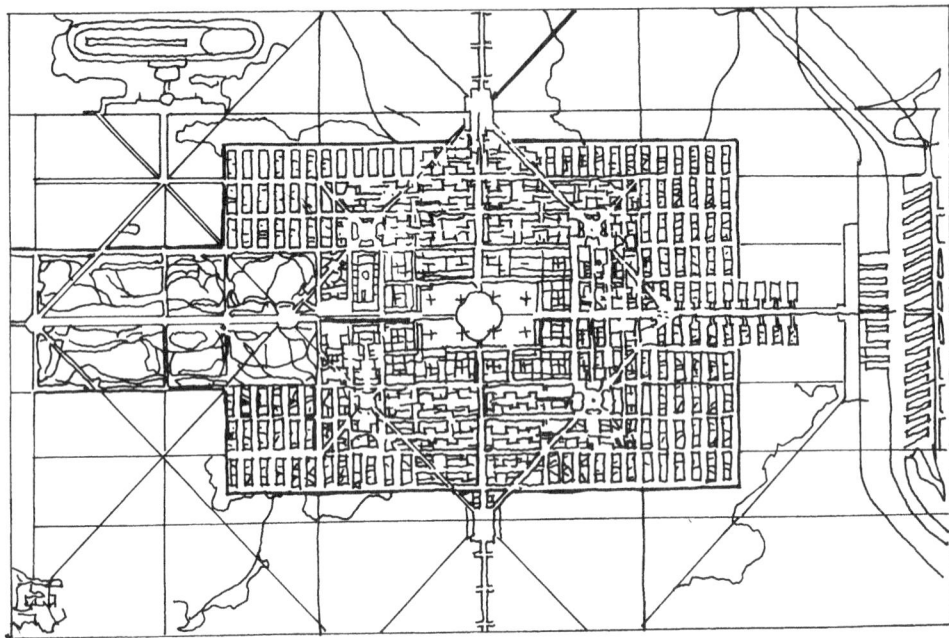

图4-35　棋盘格式城市规划

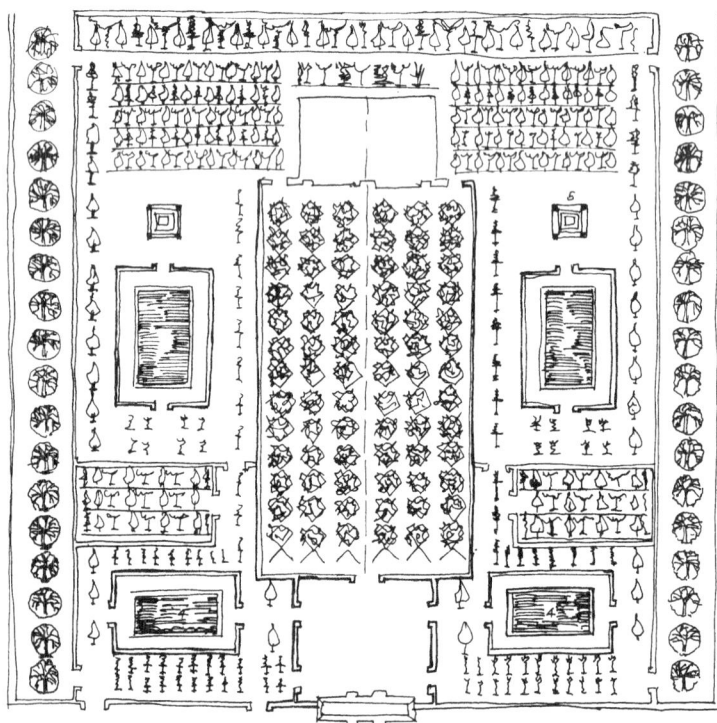

图4-36　棋盘格式园林景观设计平面图及效果

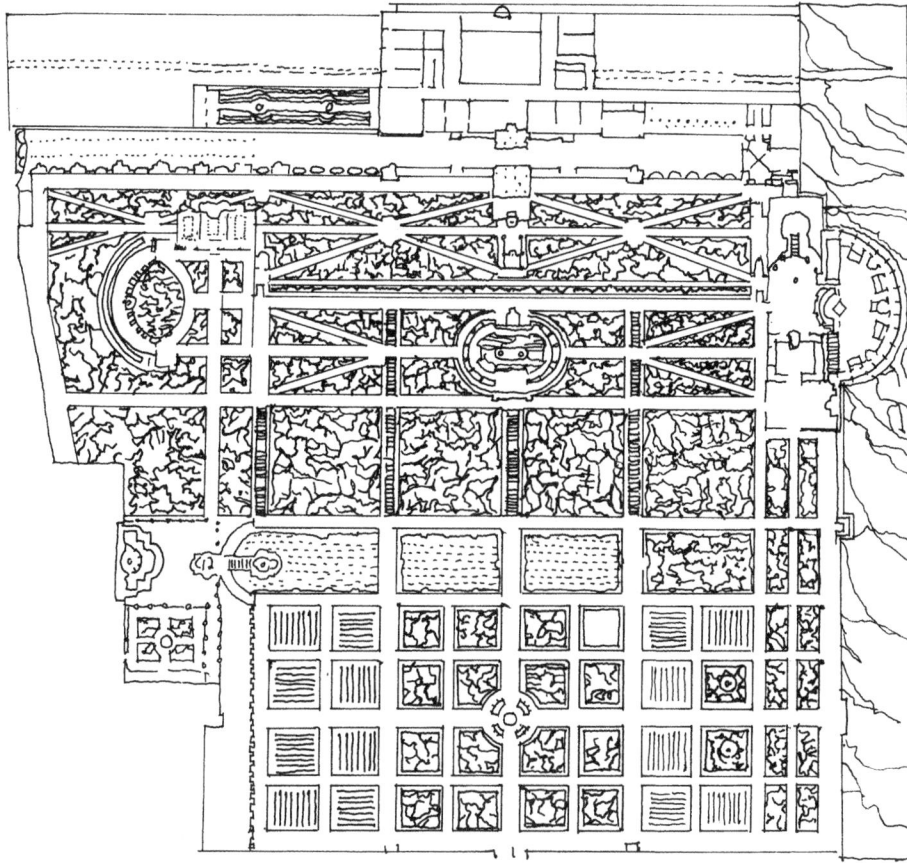

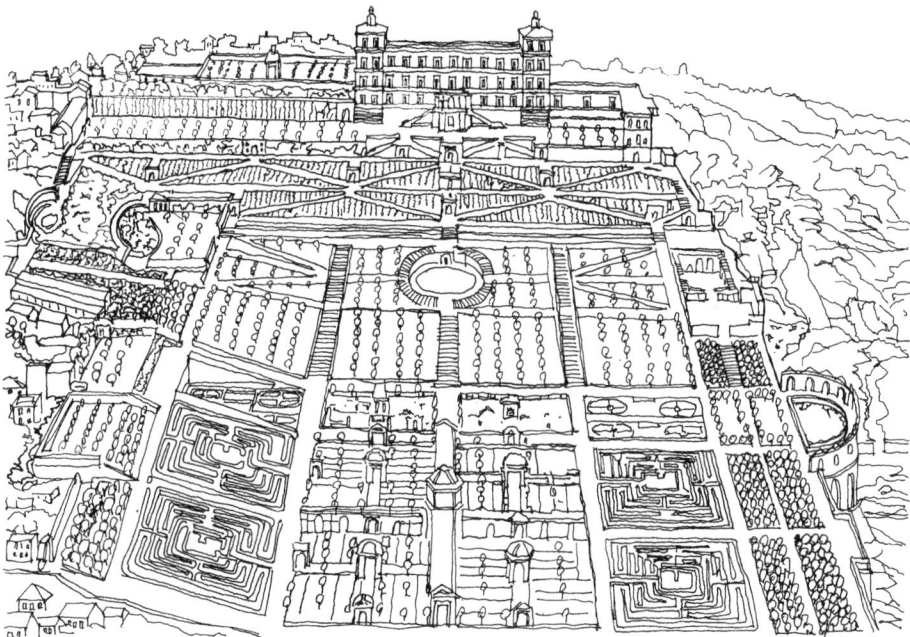

图4-37　棋盘格式园林景观设计平面图
及效果

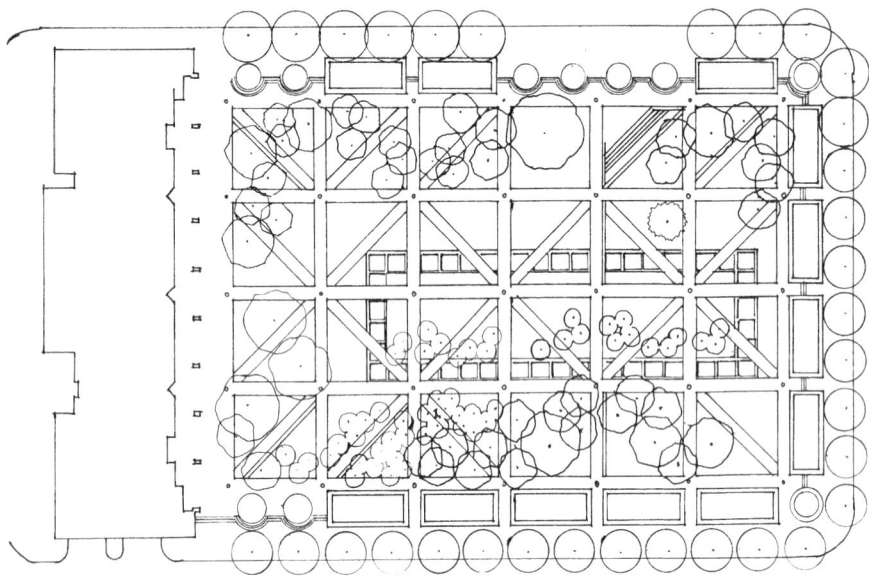

图4-38 棋盘格式广场景观设计

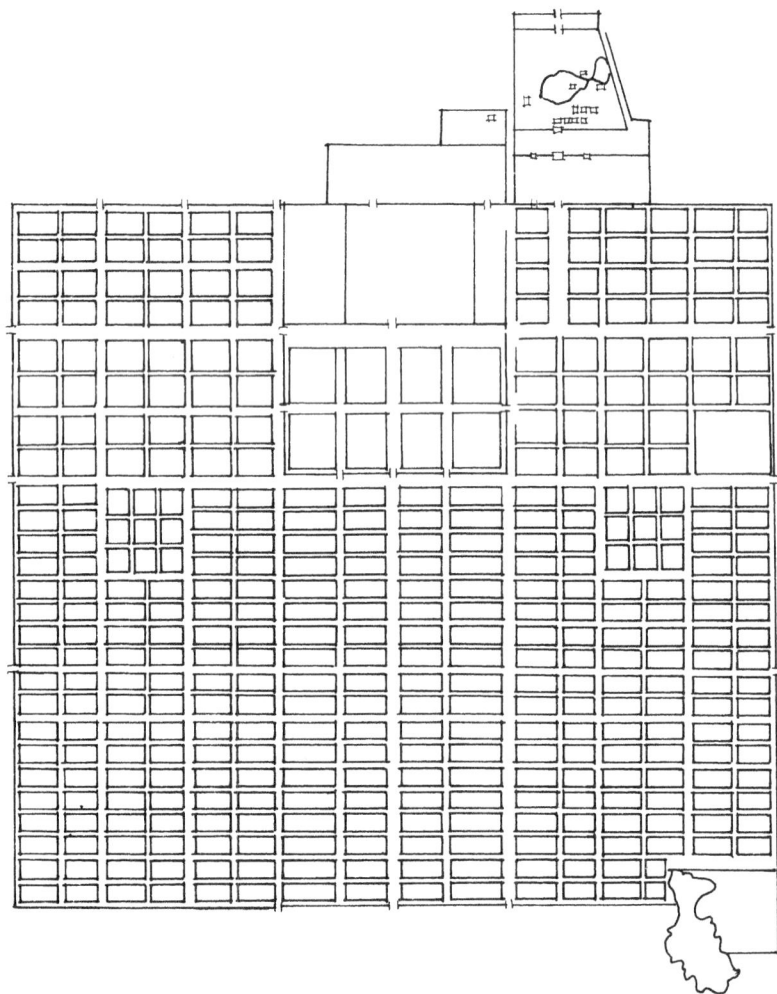

图4-39 棋盘格式城市布局示意

4.2.7 互动或借景式空间组织

利用空间中形体的起、承、转、合以及东方园林艺术中的借景手法形成的一种虚拟空间组织方式，被称之为互动式空间组织。一处建筑外部空间的图上面积是有限的，为了扩大景物的深度和广度，丰富空间的内涵，除了运用多种多样统一、迂回曲折等处理手法外，设计者常常运用借景这种巧妙的手法，收无限于有限之中。

中国古代早就运用借景的手法营造园林或建筑。唐代所建的滕王阁，借赣江之景："落霞与孤鹜齐飞，秋水共长天一色"。岳阳楼近借洞庭湖水，远借君山，构成气象万千的山水画面。杭州西湖，在"明湖一碧，青山四围，六桥锁烟水"的较大境域中，"西湖十景"互相因借，各个"景"又自成一体，形成一幅生动的画面。计成在"兴造论"里提出了"园林巧于因借，精在体宜"；"俗则屏之，嘉则收之"；"借景园虽别内外，得景则无拘远近"等基本原则。

互动式借景的种类又可分为：

近借，在园中空间欣赏园外空间近处的景物。

远借，在不封闭的园林空间中看远处的景物，例如靠水的园林，在水边眺望开阔的水面和远处的岛屿。

邻借，在园中空间中欣赏相邻园林的景物。

互借，两座园林或两个景点之间彼此借资对方的景物（图4-40a、b、图4-41a、b）。

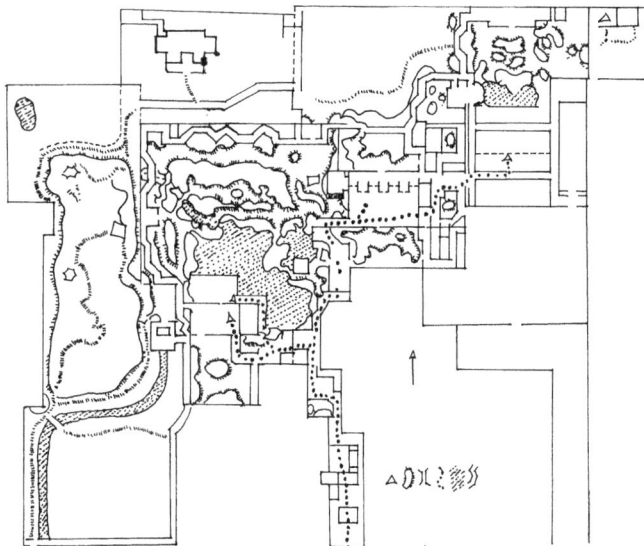

图4-40a 古典园林中借景平面示意

图4-40b 古典园林中近借景效果示意

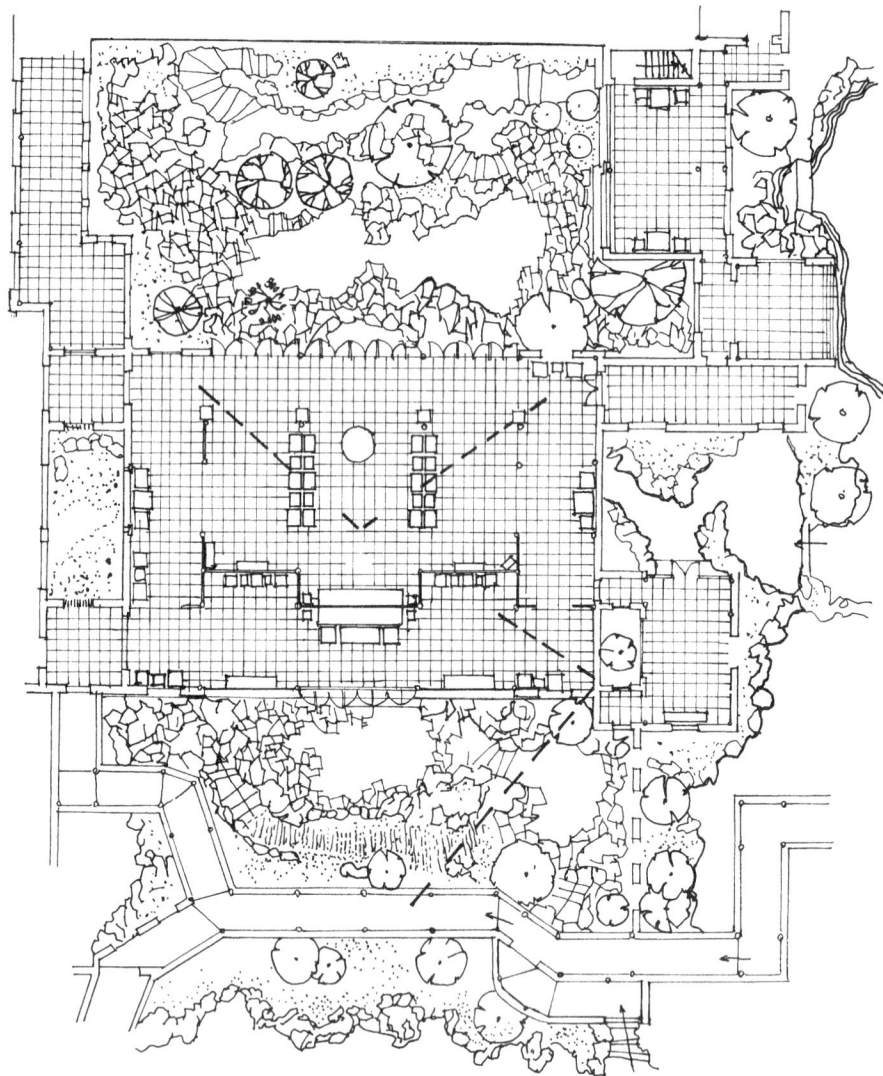

图4-41a　古典园林中远借景平面示意

图4-41b　古典园林中远借景效果示意

4.3　建筑内部空间组织

随着社会生产力的不断发展，文化技术水平的提高，人们对建筑内部空间环境的要求愈来愈高，而建筑内部空间组织乃是建筑内部空间环境的基础，它决定建筑内外空间总的效果，对空间环境的气氛、格调起着关键性的作用。建筑内部空间的各种各样的不同处理手法和不同的目的要求，最终将凝结在各种形式的空间形态之中。人类经过长期的实践，对建筑内部空间形态的创造积累了丰富的经验，但由于建筑内部空间的无限丰富性和多样性，特别是对于在不同方向、不同位置空间上的相互渗透和融合，有时确实很难找出恰当的临界范围而明确地划分这一部分空间和那一部分空间，这就为建筑内部空间组织分析带来一定的困难。然而，只要抓住了空间形态的典型特征及其处理方法的规律，也就可以从千姿百态的空间中，理出一些头绪来。建筑内部空间组织大致上有以下几类。

4.3.1　集中式空间组织

集中式空间组织主要是以一个空间母体为主结构，一些次要空间围绕展开而组成的空间组织。

集中式空间组织作为一种理想的空间模式具有表现神圣或崇高场所精神和表现具有纪念意义的人物或事件的特点特征。其主空间的形式作为观赏的主体，要求有几何的规划性、位置集中的形式，如圆形、方形或多角形。因为它的集中性，所以这些形式具有强烈的向心性。主空间作为周围环境中的一个独立单体，或空间中的控制点，在一定范围内占据中心地位。

古罗马和伊斯兰的建筑师最早应用集中式空间组织方式建造教堂、清真寺建筑，而到了近现代，集中式空间组织的运用主要表现在公共建筑内部空间中的共享大厅的设计上。以美国建筑师波特曼为首的一些建筑师通过大型酒店和办公建筑中的共享空间的设计将集中式空间形态的发展推向一个新的阶段。

近代共享空间最大的特点是从感官角度唤起了人们的空间幻想，它以一种夸张的方式，将人们放置在建筑舞台的中心。它鼓励人们活动和参与，人与人交流互动，在空间中穿行，享受室内大自然（光线、植物、流水），享受社交生活。共享空间的出现和发展对于那些千篇一律的、沉闷的内部空间和缺少形态的外部空间，无疑是提供了一种视觉上的清新剂。

共享空间的出现为城市公共空间的振兴提供了一种方式，它表述了一种广受欢迎的、大众化城市和较少清教徒气息的建筑空间语言。其中心思想非常贴近中国的"天人合一"的理想。

共享空间的表现形式大多应用在城市大型公共建筑中设置的中庭空间——一种全天候公众聚集的空间。在这个空间中，内庭院及其周围空间之间相互影响着，俯瞰中庭的空间能够透光，但避风、雨、烈日和变幻的气候，大的通透与微妙的遮蔽在起着作用，吸引着人。

通常围绕在共享空间周围的空间多是功能空间，如酒店的客房，大型公共商厦的办公室，而中庭空间是一种额外的奉送，但是这两者是相互影响的。中庭本身能够提供有用的空间，除了构成门厅与可至建筑物各部分进口的交通空间外，它的地面可作为餐厅、休息、展览或表演空间或商场用地。它所创造的对景和公共入口能使上部各层作为底层"地面"的延伸（图4-42、图4-43、图4-44）。

4.3.2 线式空间组织

线式空间组织方式实质上是一个空间系列组合。这些空间既可能是直接地逐个连接，亦可能是由一个单独的不同的线式空间来联系在一起的。

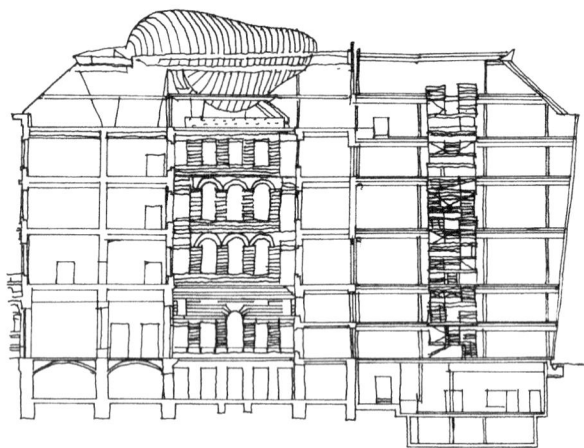

图4-42 集中式内部空间立面示意

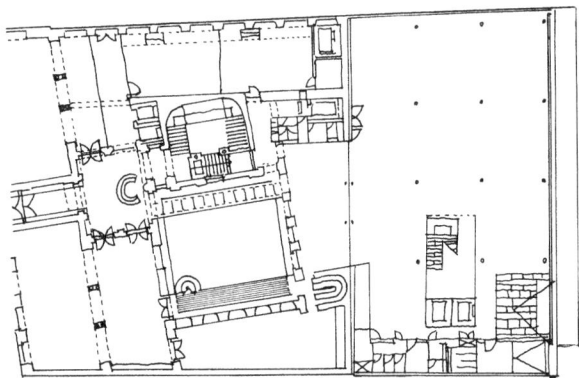

图4-43 集中式内部空间平面示意

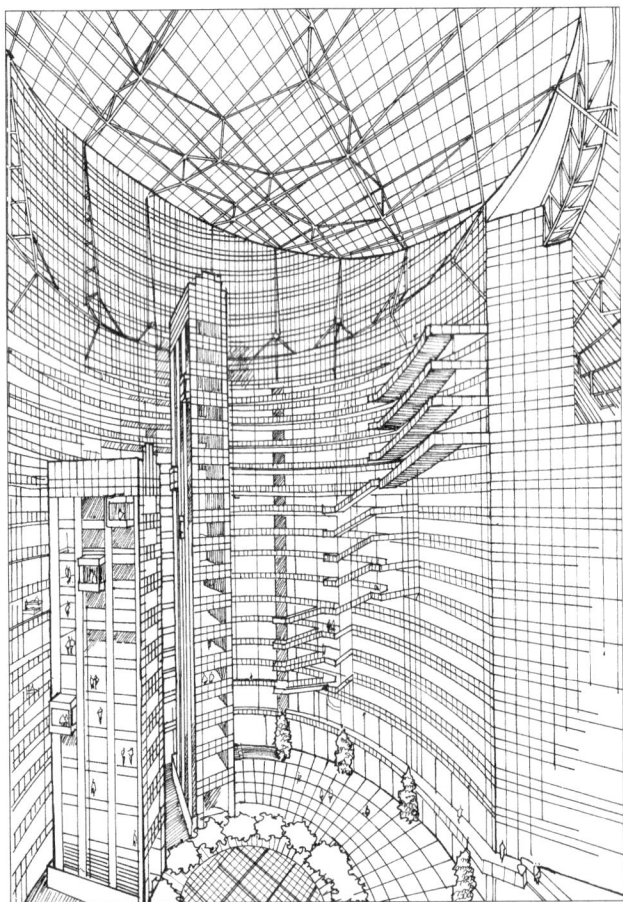

图4-44 集中式内部空间效果示意

　　线式空间组合通常是由尺寸、形式和功能都相同或相似的空间重复出现而构成。也可将一连串形式、尺寸或功能不相同的空间，由一个线式空间沿轴向组合起来。

　　在线式空间组合中，功能方面或者象征方面具有重要性的空间，可以出现在序列的任何一处，以尺寸和形式的独特表明它们的重要性。也可以通过所处的位置加以强调；置于线式序列的端点、偏移于线式组合，或者处于扇形线式组合的转折上。

　　线式空间组织的特征是"长"，因此它表达了一种方向性，具有运动、延伸、增长的意义。为使延伸感得到限制，线式空间形态组合可终止于一个主导的空间或形式，或者终止于一个经特别设计的清楚标明的空间，也可与其他的空间组织形态或者场地、地形融为一体（图4-45）。

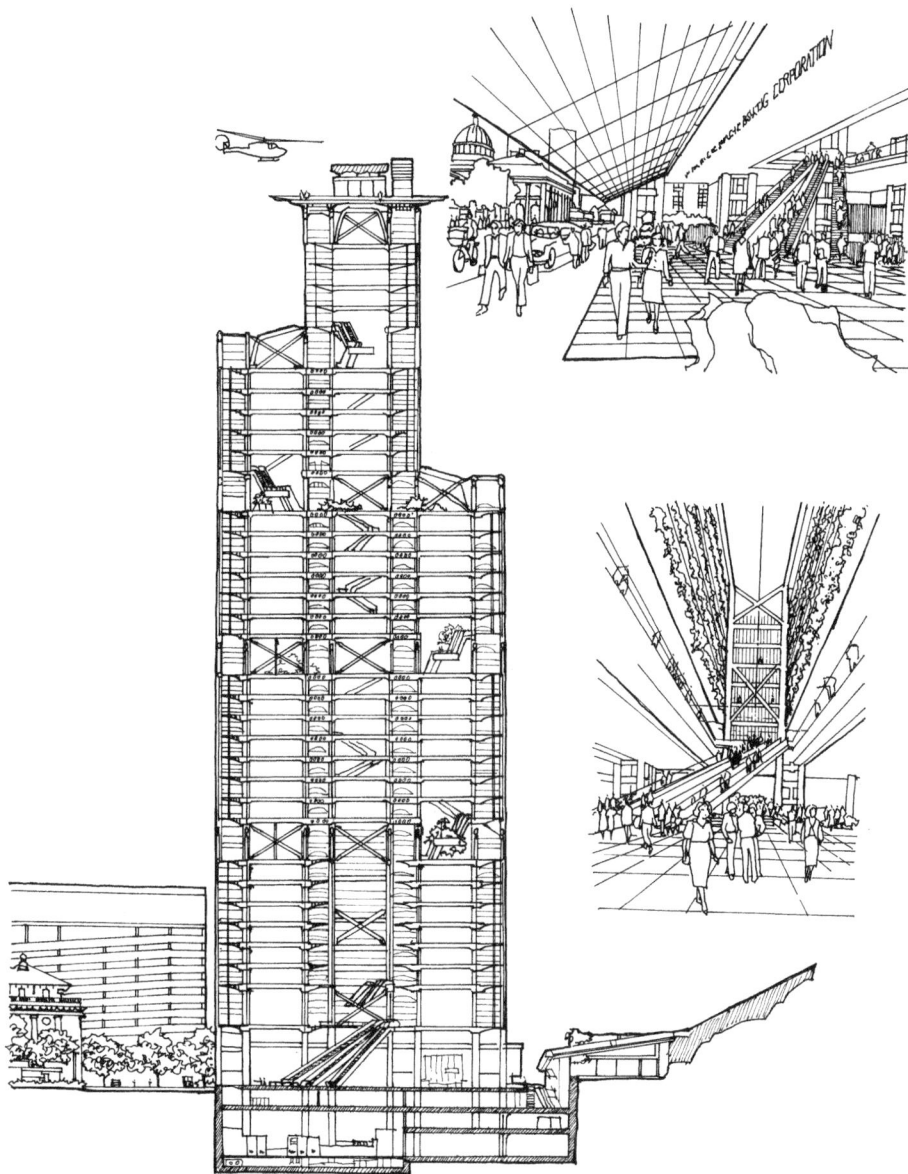

图4-45　线式内部空间形态立面示意及效果

205

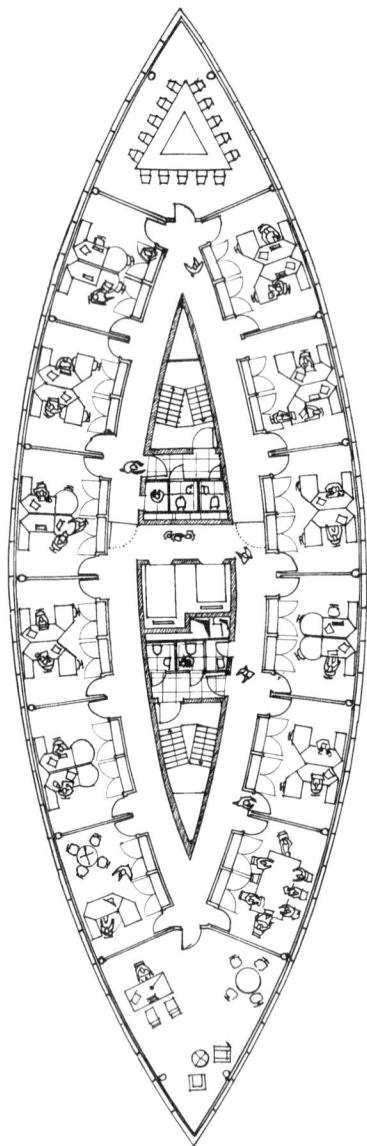

图4-46　放射式空间组织示意

4.3.3　放射式空间组织

在放射式空间组织中，集中式及线式组织的要素兼而有之。它由一个主导中央空间和一些向外放射扩展的线式空间所构成，集中式空间形态是一个内向的图案，趋向于向中心空间聚焦，而放射式空间形态更多的是一个外向的图案，它向空间组合的周围扩展。

正如集中式空间组织一样，放射式空间组织方式的中央空间一般也是规则形式。以中央空间为核心向各方向扩展。

放射式空间组合变化的一个变体是风车式图案形态。它的空间沿着正方形或规则的中央空间的各边向外延伸，形成一个富于动势的图案，在视觉上产生一种围绕中央空间旋转运动的联想。

城市中的立体交通，车水马龙川流不息，显示出一个城市的活力，也是繁华城市壮观的景象之一。现代室内空间设计亦早已不满足于习惯的封闭六面体和静止的空间形态，在创作中也常把室外的城市立交模式引进室内，不但对于大量群众的集合场所如展览馆、俱乐部等建筑，在分散和组织人流上颇为相宜，而且在某些规模较大的住宅也使用。在这样的空间中，人们上下活动交错川流，俯仰相望，静中有动，不但丰富了室内景观，也确实给室内环境增添了生气和活跃气氛（图4-46、图4-47）。

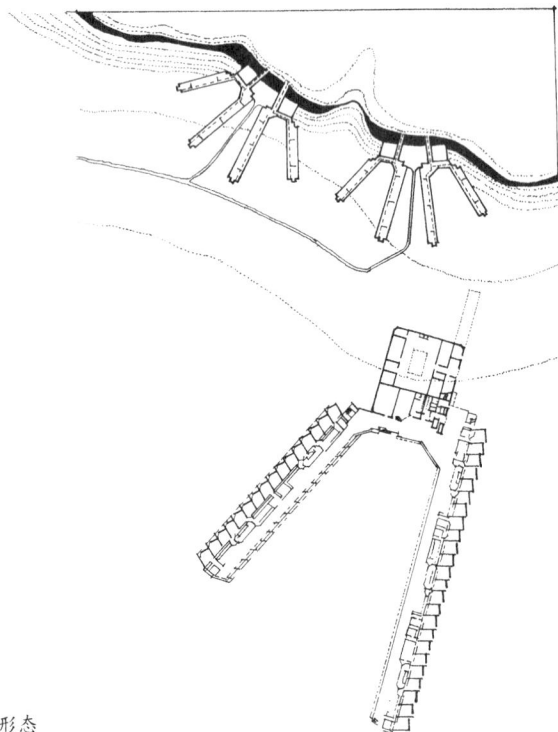

图4-47　放射式建筑形态

4.3.4 组团式空间组织

组团式空间形态通过紧密连接来使各个小空间之间互相联系，进而形成一个组团空间。又可称为包容式空间形态。每个小空间具有类似的功能，并在形状和朝向方面有共同的视觉特征。组团式空间组织结构也可在它的构图空间中采用尺寸、形式，功能各不相同的空间加以协调联系，但这些空间常要通过紧密连接和诸如对称轴线等视觉上的一些规则手段来建立关系。因为组合式空间形态的平面图形并不来源于某个固定的几何概念，因此它灵活可变，可随时增加和变化而不影响其特点。

由于组团式空间组织的平面图形中没有固定的重要位置，因此必须通过图形中的尺寸、形式或者朝向，才能显示出某个空间所具有的特别意义。

在对称及有轴线的情况下，可用于加强和统一组团式空间组织的各个局部，来加强或表达某一空间或空间组群的重要意义（图4-48、图4-49、图4-50、图4-51）。

图4-48 组团式空间组织的几种模式

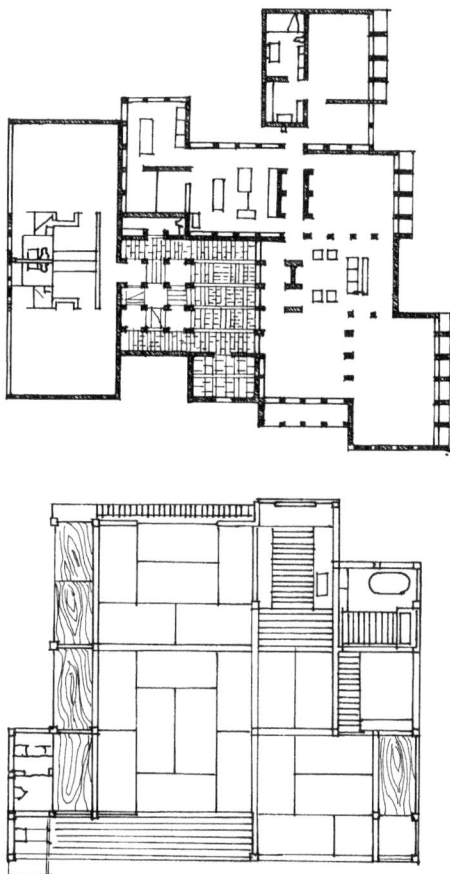

图4-49 组团式空间组织示意

图4-50　组团式空间组织示意及模型

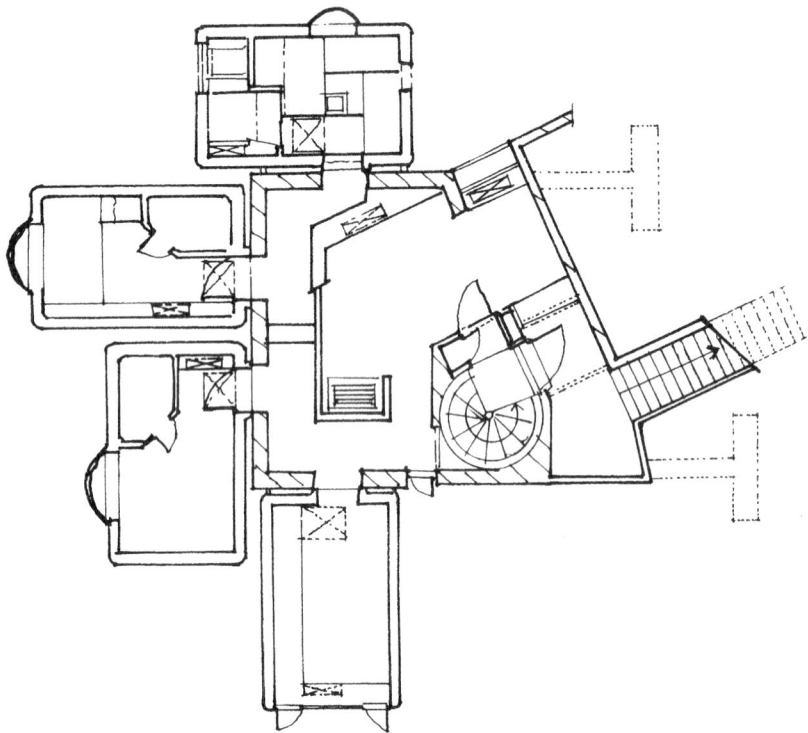

图4-51　组团式空间组织示意

4.3.5　"浮雕式"空间组织

"浮雕式"空间组织是指在建筑内部空间组织中的几种十分具有特点的形态结构，它们的共同之处是尺度精致且具浮雕感。"浮雕式"空间组织主要有以下几种形式。

1. 下沉式空间

室内地面局部下沉，在统一的室内的空间中就产生了一个界限明确、富有变化的独立空间。由于下沉地面标高比周围的要低，因此有一种隐蔽感、被保护感和宁静感，使其成为具有一定私密性的小天地。人们在其中休息、交谈也倍觉亲切，在其中工作、学习，较少受到干扰。同时随着视点的降低，空间感觉增大，室内外景观也会由此产生不同凡响的变化，并能适用于多种性质的房间。下沉式空间，根据具体条件和不同要求，可以有不同的下降高度，少则一二阶，多则四五阶不等，对高差交界的处理方式也有许多方法，或布置矮墙绿化，或布置沙发座位，或布置低柜、书架以及其他储藏用具和装饰物。高差较大者应设围栏，但一般来说高差不宜过大，尤其不宜超过一层高度，否则就会如楼上、楼下和进入底层地下室的感觉，失去了下沉空间的意义（图4—52）。

图4-52 下沉式空间示意

2. 地台式空间

与下沉式空间相反，如将室内地面局部升高也能在室内产生一个边界十分明确的空间，但其功能、作用几乎和下沉式空间相反，由于地面升高形成一个台座，在和周围空间相比变得十分醒目突出，因此它们的用途适宜于惹人注目的展示、陈列或眺望。许多商店常利用地台式空间将最新产品布置在那里，使人们一进店堂就可一目了然，很好地发挥了商品的宣传作用。现代住宅的卧室或起居室虽然面积不大，但也利用地面局部升高的地台布置床位或座位，有时还利用升高的踏步直接当座席使用，使室内家具和地面结合起来，产生更为简洁而富有变化的、新颖的室内空间形态。此外，还可利用地台进行通风换气，改善室内气候环境。在公共建筑中，如茶室、咖啡厅常利用升起阶梯形地台方式，使顾客更好地看清室外景观（图4—53、图4—54）。

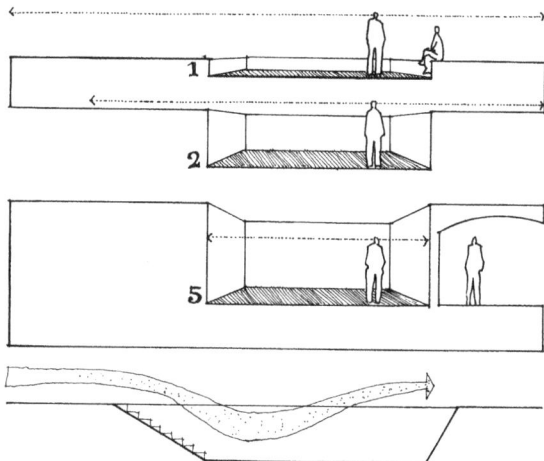

图4-53 不同程度的内凹式空间形态

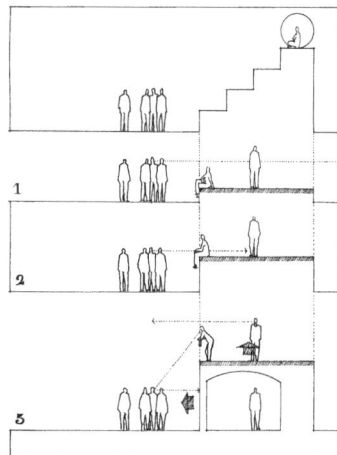

图4-54 不同程度的外凸式空间形态

3.内凹与外凸空间

内凹空间是在室内局部退进的一种室内空间形态，特别在住宅建筑中运用比较普遍。由于内凹空间通常只有一面开敞，因此在大空间中自然少受干扰，形成安静的一角，有时在设计中常把顶棚降低，形成具有宁静、安全、亲密感的特点，是空间中私密性较高的一种空间形态。根据凹进的深浅和面积大小的不同，可以作为多种用途的布置，在住宅中多数利用它布置床位，这是最理想的私密性位置。有时甚至在家具组合时，也特地空出能布置座位的凹角。在公共建筑中常用内凹空间，避免人流穿越干扰，获得良好的休息空间。许多餐厅、茶室、咖啡厅，也常利用内凹空间布置雅座。对于长廊式的建筑，如宿舍、门诊、旅馆客房、办公楼等，能适当间隔布置一些内凹空间，作为休息等候场所，可以避免空间的单调感。

凹凸是一个相对概念，如凸式空间就是一种对内部空间而言是凹室，对外部空间而言是向外凸出的空间。如果周围不开窗，从室内而言仍然保持了内凹空间的一切特点，但这种不开窗的外凸式空间，在设计上一般没有多大意义，除非外形需要，或仅能作为外凸式楼梯、电梯等使用。大部分的外凸空间希望将建筑更好地伸向自然、水面，达到三面临空，饱览风光，使室内外空间融合在一起，或者为了改变朝向方位，采取锯齿形的外凸空间，这是外凸空间的主要优点。住宅建筑中的挑阳台、日光室都属于这一类。外凸空间在西洋古典建筑中运用得比较普遍，因其有一定特点，故至今在许多公共建筑和住宅建筑中也常采用（图4—55）。

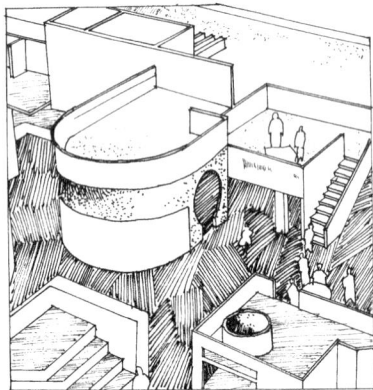

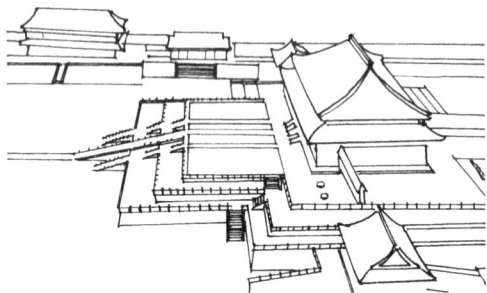

图4-55 外凸空间形态

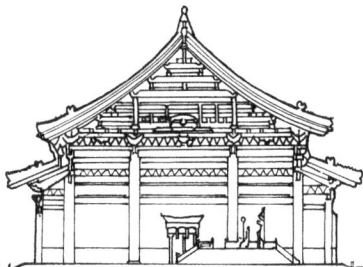

图4-56 回廊与挑台在古典建筑中的应用

4. 回廊与挑台

其是室内外空间中独具一格的空间形态。回廊常采用于门厅和休息厅，以增强其入口宏伟、壮观的第一印象和丰富垂直方向的空间层次。结合回廊，有时还常利用扩大的楼梯休息平台和不同标高的挑平台，布置一定数量的桌椅作休息交谈的独立空间，并造成高低错落、生动别致的室内空间环境。由于挑台居高临下，提供了丰富的俯视视角环境，现代旅馆建筑中的中庭，许多是多层回廊挑台的集合体，并表现出多种多样的处理手法和不同效果，借以吸引广大游客（图 4-56、图 4-57）。

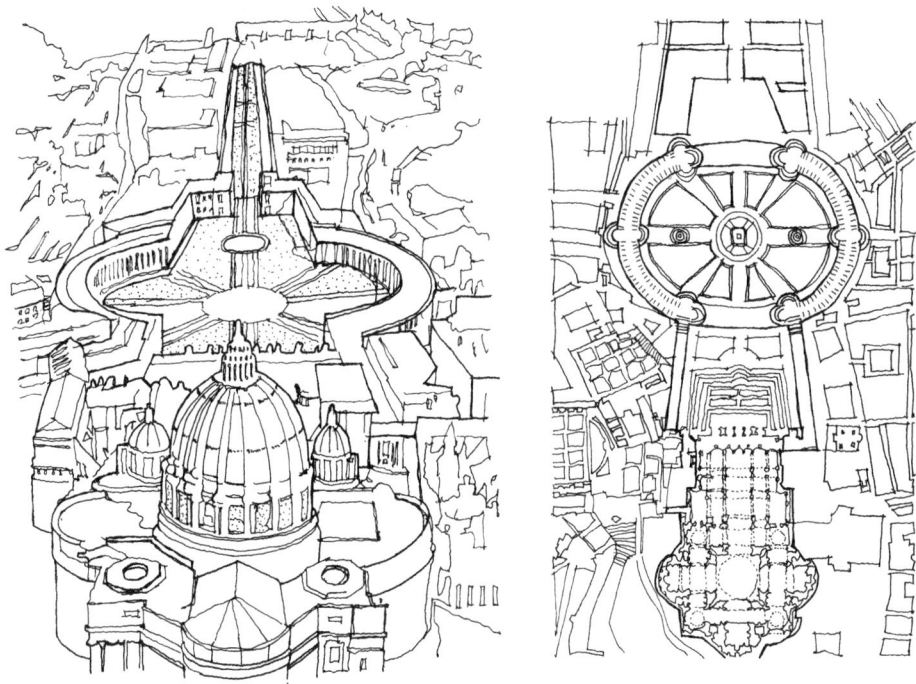

图4-57　回廊的应用

第5章
环境艺术设计的处理手法

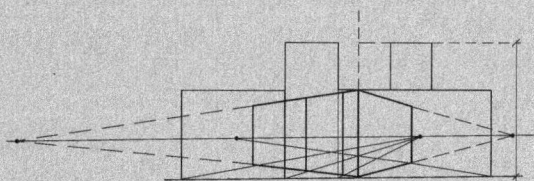

第 5 章　环境艺术设计的处理手法

环境艺术设计旨在建立环境的组织化和结构化的方法。环境的美化与装饰的首要原则在于将设计的基本元素整合为一个综合体。

环境艺术设计有三个关联的功能有助于环境机体的健康。第一，丰富环境的主题，突出环境的特征；第二，提升环境物质的、精神的和社会的品质；第三，增强环境的可识别性。

衡量环境艺术的显著或者也是重要的尺度，是其视觉效果，诸如视觉秩序的统一、比例、尺度、对比、平衡和韵律。其有释放情感、刺激反映、勾起回忆和激发想像的作用。就一般层面而言，环境艺术设计是创造愉悦视觉的活动，一个追求欢愉视觉的形式塑造过程。

5.1　形式美的处理手法

5.1.1　统一与变化

环境艺术设计并不单纯是设计外观，也不是简单地将使用功能罗列起来，它是把环境中所需要的基本元素和复杂的功能结合在一起，这就是说必须体现平面、立面以及功能、视觉的统一这个原则，就是把那些势在难免的多样化因素组织起来。这是一个设计师的首要的任务。

1. 平面的统一与变化

最主要的、最简单的一类统一叫平面形状的统一。任何简单的、容易认识的几何形平面，都具有必然的统一感，这是可以立即察觉到的。三角形、正方形、圆形等单体都可以说是统一的整体，而属于这个平面内的景观元素，无论它是植物、装置、设施还是构筑物，自然就被具有控制能力的几何平面统一在一个范围之内了。

埃及金字塔陵墓之所以具有感人的威力，主要就是因为这个令人深信不疑的几何原理。同样，古罗马万神庙室内之所以处理得成功，基本上就是因为在它里面正好能嵌得下一个圆球。古罗马大角斗场也是一样。希腊的神庙基本上也是简单的几何形状，看一看希腊人在他们的神庙中，是怎样用稍稍向里倾斜和柱间的微妙变化来强调统一感的，这是一件很有意思的事情。

在平面设计中我们不能不考虑使用功能，这就需要理解功能的特征和使用上的流程。合理地组织功能空间是达到各方面统一的前提。这里包括在同一空间内功能上的统一，以及功能表面的统一。同一空间内功能上的统一比较好理解，即在空间组织上应该将相同活动内容的设施及场地集中在一起，如儿童活动区内不应该掺杂商业活动内容，而在城市广场中亦不应该设置大量的游乐设施功能。表现方面的统一，是指不同的使用功能需要与环境景观的外观统一。如果设计师能在设计中谨慎而机敏地实施任何既定的设计纲领，会实现功能与表现的统一（图5-1）。

图5-1 美国某商业中心

每一个环境景观都存在着一个起支配作用的精神因素，这是一件煞费心机而难以捉摸的事情。所谓环境的性格，常常是由环境当中的设施所担当的功能作用所决定的，很明显，一个设计师不能把一个娱乐公园设计得具有教堂所表现的那种性质，也不能把反映宁静生活的住宅弄得带有剧院或工业建筑的气派。因此，功能表现方面的统一，除了要求设计师具有在环境景观设计中表现情绪特点的能力外，还必须对任何类型的问题都具有某种情绪上的内涵知识（图5-2a、b、c、d、e）。

2. 风格的统一与变化

在环境设计中难得将不同的景观元素和设施等复杂的因素随便组织起来而又协调统一的。甚至在设计中，对景观元素和设施采用同一的几何形状也很难完全达到协调的目的，尽管如此，还是需要加强统一。除上面提到的方法，还有两个主要手法。

图5-2a　柏林，犹太人纪念馆，1993～1997，设计Daniel Libeskind

图5-2b　柏林，犹太人纪念馆，1993～1997，设计Daniel Libeskind

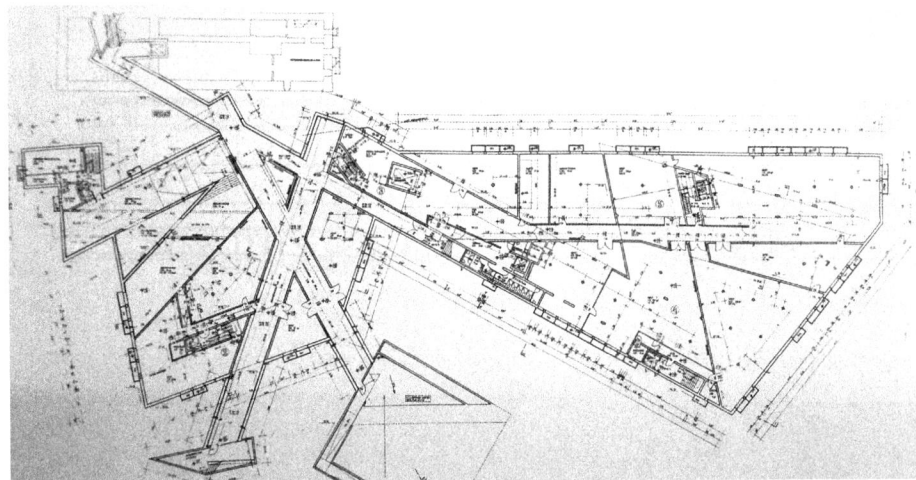

图5-2c　柏林，犹太人纪念馆，1993～1997，设计Daniel Libeskind

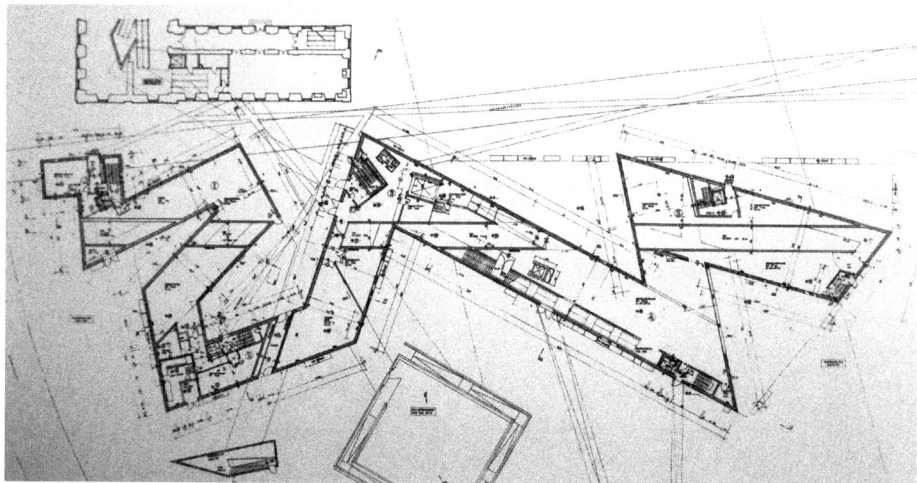

图5-2d 柏林，犹太人纪念馆，1993～
1997，设计Daniel Libeskind

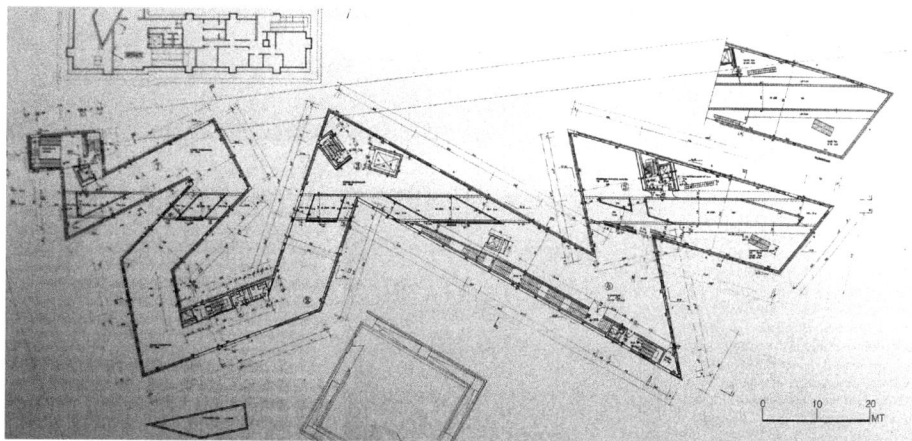

图5-2e 柏林，犹太人纪念馆，1993～
1997，设计Daniel Libeskind

第一，通过次要部位对主要部位的从属关系，以从属关系求统一。如协助主
体使之具有控制地位的方法是利用向心的平面布局，以及能够衬托主体的景观元
素来组成环境，这些因素能够把视线凝聚在主体上。特别是在纪念性的和庄重的
环境中，以强调主体极端重要的地位，来加强其统一感和权威感。还有一个能使
外观取得控制地位的重要方法，那就是通过表现形式中的内在趣味，如外形高的
比矮的更容易吸引视线，弯的比直的更令人注目，那些暗示运动的要素，像过道、
大门、台阶和楼梯等，比那些处于静止状态的要素更富有趣味。建筑师们常常把
楼梯的尺寸做得远比实际需要大得多，道理就在这里，这样的楼梯令人赞叹、意
趣盎然。而突出建筑的主体的支配地位，是城市环境景观达到统一的重要原则
(图 5-3a、b)。

第二，通过景观中不同元素的细部和形状的协调一致，来构筑环境整体的统
一。许多环境景观之所以布置得杂乱无章，其原因之一就是缺乏统一的控制要素。

图5-3a 巴黎蓬皮杜中心及周边地区

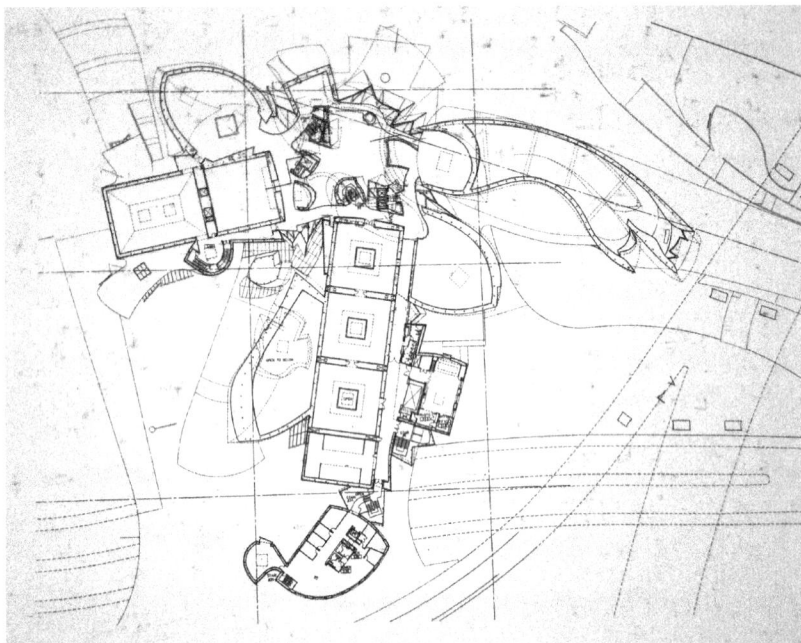

图5-3b 西班牙比尔巴鄂的古根汉姆美术馆

如形状大体上与主体相同或相似而尺寸较小的景观元素,在环境中作为附属元素能够达到景观完整统一。在某些建筑物中,例如前面所提到过的罗马庞贝剧场的情况,那里每一件物品都能从属于总体的一般形状,所有较小的部位,均从属于某些较重要和占支配地位的部位(图5—4)。

图5-4 罗马庞贝剧场(一)

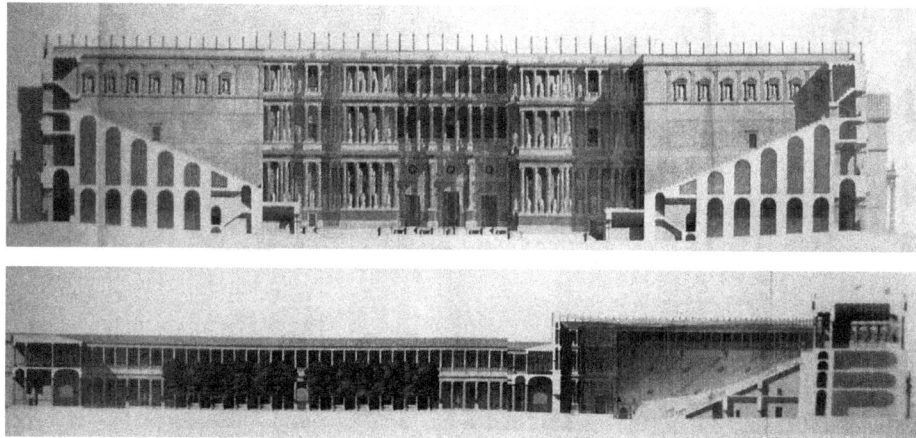

图5-4 罗马庞贝剧场（二）

另外得到统一的手法是运用形状的协调。假若一个环境中很多元素采用某一种几何或符号，如圆形在地面、装置、设施等造型中出现，它们给人的几何感受一样，那么它们之间将有一种完美的协调关系，这就有助于使环境产生统一感。

图5-5 美国西雅图，试验音乐厅，设计弗兰克·盖里

此外，形状和尺寸的协调可以贯彻到环境中各个层面最小的细部中去，这是使环境各个方面变成同一构图中完整整体最可靠的方法之一，它可以产生一种更加强烈的统一感。这样，当人们从一定尺寸的人工环境看到环境的另外一个方面时，就会创造出一种景观的必然协调感。

3. 色彩和材料的统一与变化

和用形状的协调来完成统一紧密相关的是用色彩来获得统一。环境艺术在这方面具有得天独厚的条件，因为，正确地选择植被和表面装饰材料可以获得主导色彩，而且这常常是得到统一和协调的唯一方法。

表面装饰材料色彩的对比，也能产生一种戏剧性的统一效果。但要有个前提，对比应该是重点点缀，而不要导致对比色或材料之间在趣味上产生矛盾。若干时期的大量建筑曾把砖、石、陶瓷锦砖、抹灰和木材结合运用；在一些的成功实例当中是以一种色彩或一种材料牢牢地占主导地位，对比的色彩或材料仅仅用来加以点缀。但是，很少有平均对待的情况（图5-5）。

5.1.2　对称与均衡

一对天平盘通常会用来类比设计中的平衡。就天平而言，重力作用规定了同等重量必须距支点等距放置才能平衡。这种物质平衡的理念被引入了视觉领域。比如，当人处在一个明显不平衡的环境中的时候，会产生令人不安的感觉；头重脚轻、一边高一边低，甚至会让人出现醉意的感觉。

在视觉艺术中，均衡是任何观赏对象中都存在的特性。均衡表现在均衡中心两边的视觉趣味分量是相当的。眼睛在浏览事物的时候是从一边向另一边看去，当两边的吸引力相当的时候，观者的注意力就像钟摆一样来回游荡之后，最后会停留在两边中间的一点上，这就是均衡的结果。如果把这个均衡的中心加以有意义的强调，就避免视线的游荡，均衡就更容易被察觉，这会在观者的心目之中产生一种满足和安定的愉快情绪。由于均衡所造成的审美方面的满足，即使在最简单的构图中，强调均衡中心也是十分重要的。环境越是复杂，越需要明确地强调这个中心（图 5-6a、b）。

对称是最简单的一类均衡。无论是昆虫、飞鸟、哺乳类动物；还是飞机或轮船，都会使定向运动的身体取对称的形式以保持运动的轴线。那么在人活动的环境以及人造结构中采用对称布局，自然会应用来自自然界的运动类比。环境景观中的对称意味着正式的轴线和对称的结构，轴线两旁的物体是完全一样的，只要把均衡的中心以某种微妙的手法来加以强调，立刻就会给人一种庄严、安定的均衡感，所以在严肃和纪念性的环境中往往会采用对称的设计手法（图 5-7a、b、c）。

在环境景观中，均衡性是最重要的特性。由于环境有三度空间的视觉问题，这便使得均衡问题颇为复杂。但较为幸运的是，一般人的眼睛会对透视所引起的

图5-6a　Mitchell Giurgola and Thorp Architects,Parliament (1)（左图）
图5-6b　Mitchell Giurgola and Thorp Architects,Parliament Hou（右图）

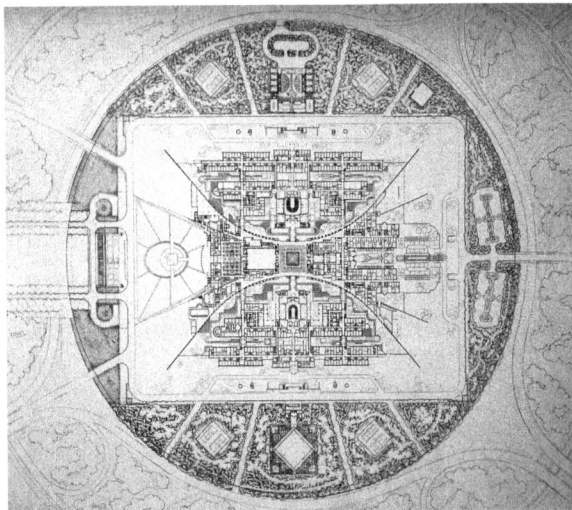

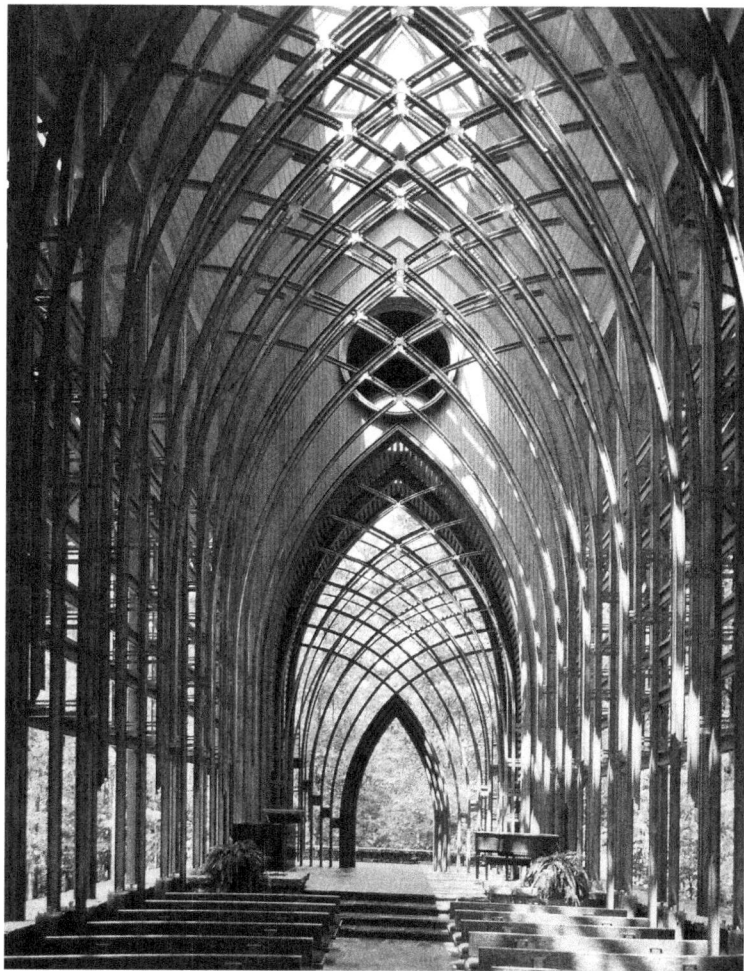

图5-7a　Fay Jones+Maurice Jennings, Mildred B Cooper Memorial

图5-7b　君士旦丁凯旋门

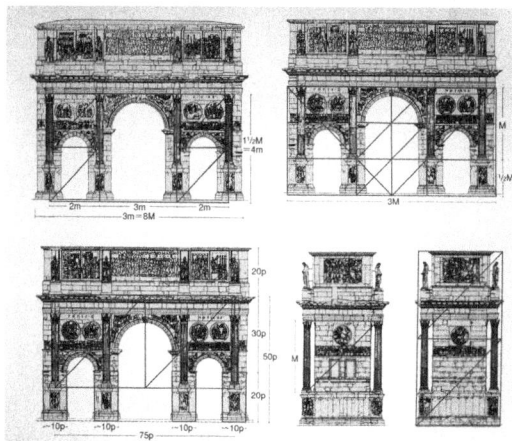

图5-7c　君士旦丁凯旋门

视觉变形做出矫正，所以我们尚可以大量地通过对纯粹立面图的研究，来考虑这些均衡原则。

1. 非对称的均衡

对称平衡的装饰通常与古典设计相维系，而非对称的平衡则多见于中世纪或哥特式构图。当然，这是一个过于简单的陈述，例如，手法主义和巴洛克构图在运用许多古典装饰风格细部的同时，也获取了与中世纪工匠、雕塑家和装饰家的创作更紧密相联的动态构图。

非对称的或不规则的均衡，不仅是更加复杂的问题，而且在当今的设计当中也是更为重要的问题。在文艺复兴时期，建筑师们很自然地倾向于把建筑物设计成对称的。但是根据功能进行的平面布局，经常会导致平面的不对称。更有甚者，后来的设计师们也喜欢采用"不规则"的均衡，并以此来充当设计的一般准则，这推动

图5-8 西班牙格拉那达，亚布拉汉姆皇宫

了建筑艺术的变革和发展。20世纪中叶的设计师们更主动地倾向于不对称的结构，除非项目要求、地段位置以及其他等等因素逼迫他搞纪念性的对称（图5—8）。

所谓非对称的均衡是指没有轴线所构成的不规则平衡。比如人体的侧面，虽然两边没有对称关系，但是还是给我们一种稳定的感觉。与人体正面的对称构图相比，侧面具有更为复杂的平衡构成。简单地说，一边靠近支点的一部分重量，将由另一边距支点较远的一部分较轻的重量来平衡。

同样，在环境中各种要素的意识重量也是可以获得复杂的平衡。在这一平衡的体系中，我们无须去限制组成这一体系的各种要素的数量，如街道两侧的树木数量虽然不一致，也是能够达到视觉的平衡，关键在于树木的不同形式是否能够达成整体上的重量平衡。其实可以运用更多的元素来组织到这个视觉平衡体系之中，运用视觉意识重量来达到平衡关系。但这些要素应该是在适当的位置、平衡点或是一个控制性的视觉焦点出现，它们吸引人的视线，并且使人在观察了整个构图的基本部分之后，仍将回到这一焦点作为视觉的核心，从而组成有机的平衡构图（图5—9a、b）。

另外，均衡中心的每边在形式上不等同，但在美学意义上却有某种等同，这时我们就可以说，不规则的均衡就形成了。相比对称的构图，在非对称的均衡中更需要强调均衡中心，如若不然，发现均衡谈何容易。况且，鉴于不规则均衡组合的复杂性，如果不把构图中心有力地标定出来，常常会招致散漫和混乱效果。所以在均衡中心加上一个有力的注释，就显得十分有必要了，这就是不规则均衡的首要原则（图5—10a、b）。

图5-9a Richard Rogers Partnership, Channel 4 Headquarters,伦敦

图5-9b 罗马罗马努姆广场

图5-10a 中国苏州拙政园

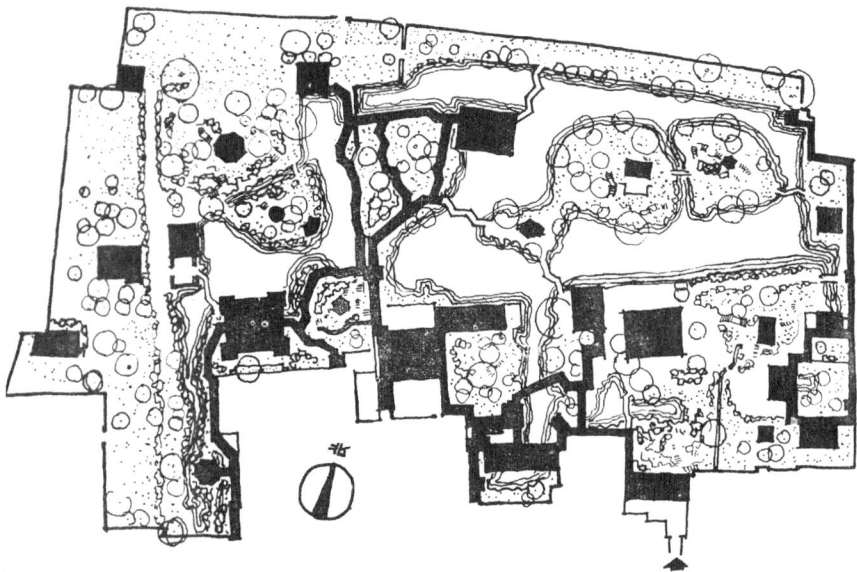

图5-10b 中国苏州拙政园

2.整体的均衡

在环境艺术设计中，均衡不仅局限于视觉在静态情况下对景观立面印象，运动中的视觉所捕捉到的不同景观立面，其序列产生的影响同样也需要均衡。如果艺术上均衡的一般定义在景观立面的设计中得到了确定，那么运用在复杂的平面中也同样是正确的。

环境景观的均衡理所当然地要在很大程度上依赖于平面，因为平面显示了景观元素的布局。平面不仅决定了在环境景观里穿行时，观者先看到什么，后看到什么，而且还决定着视觉感受来临的次序。因此，所谓总体的均衡，是每一个具体构图累积的最终结果，更是每一次平衡或不平衡体验累计的最终结果。

　　一个人的正常活动路线是一条径直向前的直线，但在很多情况下由于某种路径的改变或暗示迫使他改变了方向，但是我们还可以通过暗示来重新矫正方向。这种暗示的表现往往就是均衡的问题。在整体的均衡当中，我们不要求在体量、尺寸和细部上一定是对称的，在每一个视点上的每一个场景当中也不一定具备均衡的构图，甚至在某一个或更多的视点中明显存在着不均衡，但是最终的结果却一定是均衡的。这是一种在运动中获得的均衡。环境艺术设计必须注重运动的自然进程，观者从上一个不平衡场景当中引向下一个不平衡场景之中，每一个不平衡的体验会在下一个或者以后的环节上得到矫正，获得了新的平衡，而且均衡的中心必须在进程的自然流线上，从而在整个系统过程中形成一种足以使人们觉得大体上满意的均衡。这种均衡是从宏观的角度追求整体上的均衡，而非局部的静态的平衡关系，是四维空间中的平衡（图5-11）。

图5-11　北京，中央电视台，2004-设计
Rem-Koolhaas

把环境景观做得均衡，常常被理解为平面布局成为一种均衡的图形，这是错误的认识。如果把平面的图形人为地拼成图案，那么人在其中运动的时候，特别是从不同的角度观赏景观的时候，反而会产生视觉混乱的后果，更不会得到均衡。然而，研究平面仍然不失为设计师研究空间特点的首要途径，可是他必须总得富于想像力地去看待平面，而且永远不要忘记，这是达到目的的手段而不是目的本身。

5.1.3 节奏与韵律

如果体力劳动采用一组短暂的、有规律的猝发动作交替进行，让肌肉有机会得到休息，动作就会容易完成。这里让我们感兴趣的并不是肌肉得到恢复的机会，而是肌肉从一种姿势到另一种姿势的变化的规则，一个动作无需刻意努力就可以过渡到下一个动作，像钟摆的来回摆动。这就是动作的韵律。

在视觉艺术中，韵律是任何物体或诸元素成系统重复的一种现象，而这些元素之间，具有一定的相关性。环境艺术中的韵律同样是由视觉可见元素的重复组成的，如光影、色彩、图案、结构、造型、材料、空间等，还有室外景观当中的设施、植物等，室内环境当中的柱、门、窗等。一个环境景观的大部分效果，就是依靠这些韵律关系的协调获得的（图5-12a、b）。

韵律可以使任何并不相连贯的感受获得规律化的统一。比方说，一些散乱的点，我们要想认识它们，可以把同样数量的点分成组，这样一来，整体的效果就便于认识了，而这些系列变得连贯而统一，可以说它已经图案化了。我们的眼睛常常会本能地把自己的感受归类成为一个有韵律的系统，所以在看星星时，人们常常趋向于把那些距离大致相等光辉大致相当的星星看成一体，从而建立起一种星座图案，一种美学上的满足就会应运而生，尽管人们对于这种分类组织并无意识。但所体验的美感，作为一个整体，显然是以这种无意识理解的图案为基础的。

图5-12a 伦敦，滑铁卢国际车站，1988-1993，设计Anthony Hunt
图5-12b 伦敦，滑铁卢国际车站，1988-1993，设计Anthony Hunt

其实韵律所带来的兴奋并不神秘。具有强烈韵律的图案能增加艺术感染力，因为每个元素的重复，会加深对形式和丰富性方面的认识。认识地加强可以帮助理解，而理解又促成对情绪上的感染力的增强。在环境艺术当中韵律具有类似的性质，而它的刺激性及其诗意的效果却超越了人的思想（图5-13）。

1. 韵律的形式

在视觉艺术当中，韵律主要呈现四种最基本的表现形式。首先是造型的重复，即相同的造型和元素重复出现，形成一定的韵律。如相同的图案、造型等，在环境艺术当中如灯、柱、墙等。在此情况下，即使其间距有所改变，也不会破坏整体的韵律感（图5-14）。

第二是尺寸的重复，即元素之间可以变化大小或形状，而间距尺寸相同，这

图5-13　美国，辛辛纳提河滨公园，1976，设计Robert Zion

图5-14 Madrid Athletics Sradium,马德里,1989-1994，看台下面的流通空间

时韵律依然存在。不同的字体所形成的整体之所以依然优美，并且统一而有韵律，其原因就在于字体之间相同距离重复的韵律性质（图5-15）。

第三种韵律是以不同的重复为基础的，按着一定的规律进行变化，形成简便的关系，我们也可以把这种韵律叫做渐变的韵律。这种韵律相对于前两种较为复杂。如一列彼此平行的线条，它们之间的距离有规律的变化，逐渐增大或缩小，这就势必形成一种不等同的渐变韵律。假若线条的长度同样发生了变化，由长逐渐变短或由短逐渐变长，或长短交替变化，这就会形成另一种特殊的韵律效果，而且蕴含着有力的运动感（图5-16a、b）。

第四种韵律是自然的韵律。在20世纪，对韵律的体验是迷离莫测的。现代视觉艺术如同现代音乐一样，韵律的概念是多变的，既有最鲜明、最规则的韵律，又有追求那些自由的和自然的韵律。正如音乐的情况一样，一方面有以韵律形式复杂但明确的爵士音乐，同时也有在作品中拒不标出任何节拍的萨地音乐。在环境艺术领域当中，空间和环境的复杂性和多变性为体现自然的韵律创造了条件，特别是那些结合自然环境和人文历史环境的景观设计（图5-17）。

但是，在环境艺术中的韵律就不仅仅是某种元素重复或排列那么简单了。在空间环境当中，人们不会以静态的方式来感受，更多的是以动态的方式来感受环境艺术。当人们在空间当中通过时，时间和运动因素影响着人们通过视觉所获得的信息。在他们面前有一系列变化着的场景，包括各种入口、路径、设施、植物等元素，这些元素的组合也形成了新的一种元素，当然更包括一

图5-15 柳公权书法

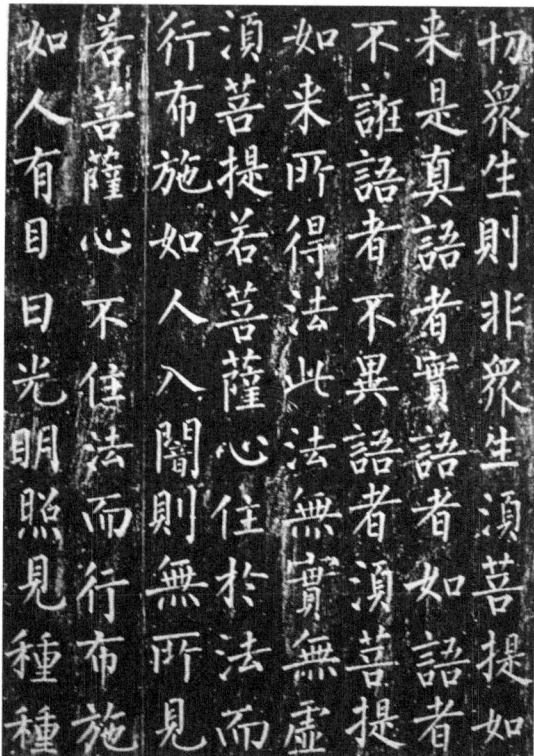

图5-16a Mario Botta,Museum of Modern Art，旧金山，1989-1995
图5-16b 上海金茂大厦，SOM设计

图5-17 自然地貌

系列空间的韵律。各种韵律自然地组织和交错在一起，就会形成一种复杂的韵律系列。这正是环境艺术不同于其他视觉艺术给我们带来的奇妙感受。而这个韵律感受的特性，会在很大程度上支配着他对环境艺术的最终评价。

2. 空间的韵律

环境艺术当中的韵律，并不局限于立面构图和细部处理，空间的韵律甚至更加重要。对于室内空间来说，空间的界定比较清晰，人们对空间的感受更为完整。当人们从一个空间进入另外一个空间，就会通过运动将不同的空间串连起来，形成了空间的系列关系。这些空间的大小、高低、窄宽以及空间形状的变化或渐变或交替，创造出一种有秩序的变化效果，贯通建筑内部空间的体系，这种韵律所具有的那种感染力是任何手法不能比拟的（图5-18）。

室外景观虽然没有室内空间那么完整和具体，但是它同样有其特定的空间概念，同样具有空间的序列关系和空间的韵律。但是其空间的韵律与室内空间韵律所不同的是，由于室外环境空间是开放式的，各空间在视觉上有一定的重叠，这种空间的叠加作用更加强了空间之间的联系和序列关系，使较大尺度变化的空间自然地联系在了一起，创造了另外一种韵律关系（图5-19）。

无论是室内空间还是室外空间，在平面中创造具有韵律关系的形式，就必然强化出一种运动感和方向感。正如我们所见到的那样，所有令人满意的空间韵律，很多情况下是通过其他的元素所创造的韵律来加强的。过往的人们通过对韵律的感受，不仅形成一种愉快的和连续的趣味，而且引导观者通过一个复

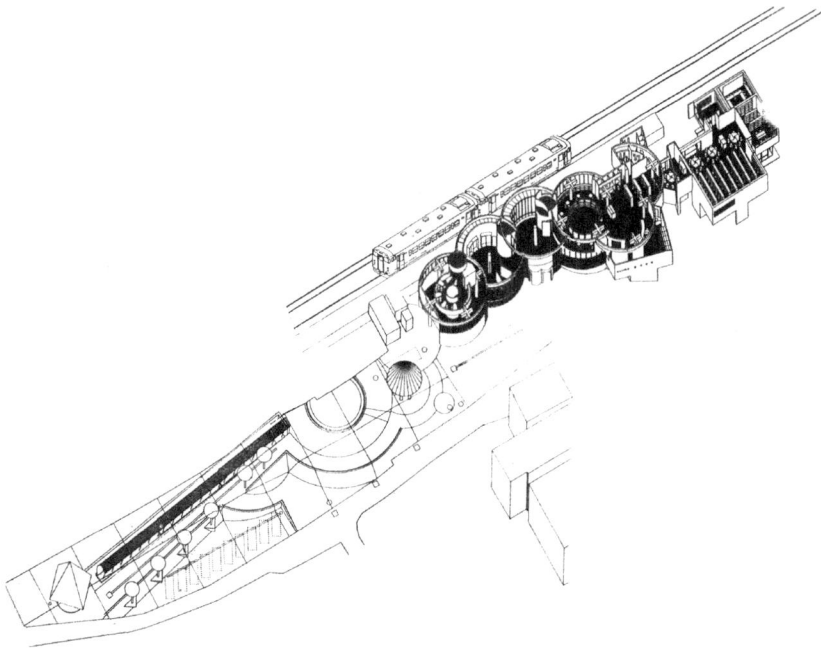

图5-18　伊藤邦明，Hanawa Station,1996

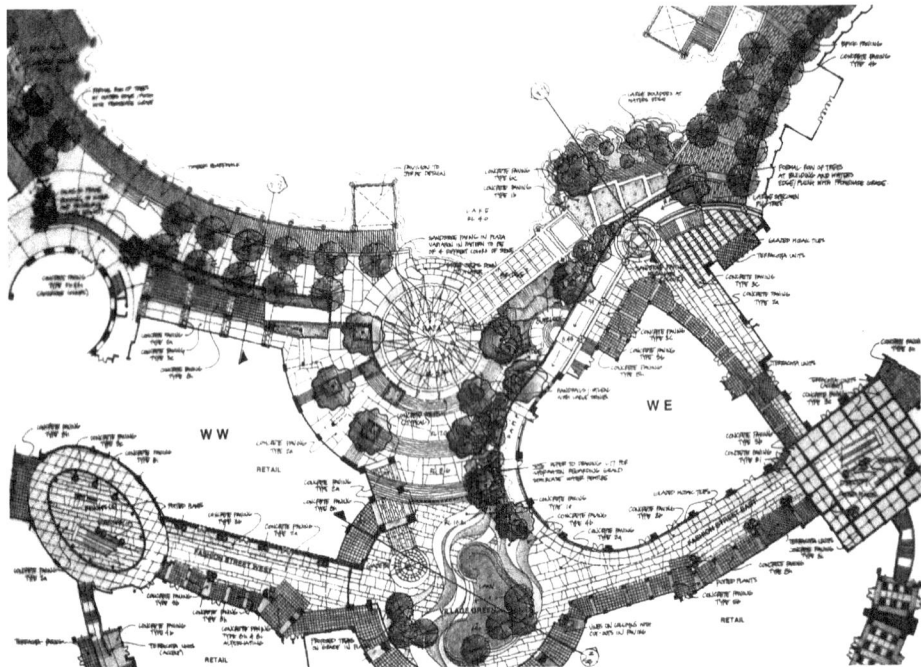

图5-19　城市景观设计方案图

杂的平面，去探究一个开放式的韵律必须有的结尾，而且这个结尾必须是一个足够重要的高潮。

3. 韵律对环境的影响

韵律具有一种超越人们意识的无可争辩的吸引力，假如从一个点可以看到两个视野的话，其中一个有韵律而另一个没有，那么观者会自然地或本能地转向前者。所以韵律设计又变成了一种方法，用这种方法，可以把眼睛和意志引向一个方向而不是别的方向。

(1) 韵律体现节奏

环境艺术设计当中的韵律就如同舞蹈当中的韵律一样，当我们置身其中的时候，同样可以感受到如同翩翩起舞一样所获得的愉快心境。以罗马的西班牙台阶为例，建筑师的课题很简单，是要在低处的斯帕格纳广场与高处的特里尼泰广场之间建立一种联系。虽然罗马有许多宏伟的阶梯，但是这个新台阶筑成时，则无与伦比。台阶曲曲折折，看上去他的设计是以一种古老的、礼仪性舞蹈——波兰舞蹈为基础。在这种舞蹈中，舞者四人一组朝前跳，然后分开成两人一组，一组走左边，一组走右边，他们转了又转，行了屈膝礼，在平台上再见面，在一起往前跳，又一次各分左右，最后在顶层平台相会，然后转身面向着一片风光美境、观赏着卧在脚下的罗马。

(2) 韵律体现庄重

无论中国还是其他国家，宗教建筑和环境规划都是与宗教仪式的进程相吻合

图5-20a　塞戈维亚输水道（左图）
图5-20b　西班牙比尔巴鄂，古根汉姆博物馆，1991-1997，设计Frank O Gehry（右图）

的。在那里可见到严格的韵律关系，大到建筑规划、小到环境设施和建筑细部很多元素都以韵律的形式构成宏大而庄重的整体。如中国的皇宫、庙宇和祭祀场所，严格的对称布局；设计元素的重复和渐变，营造和强化了雄伟庄重的气氛，体现了祭祀活动的节奏和行进过程。同样，一所大教堂从入口到圣坛，一个接一个的柱子、拱券、穹顶都在表现着庄严的韵律。就像一个接一个的风琴音调，只有从它们相互之间的韵律关系中才能获得意义（图5-20a、b）。

（3）韵律体现方向性

环境艺术设计中的韵律是不同元素组合的效果，通过运用间隔和排列组合强调了方向。它是通过组成构图的元素之间的连接而产生的动感。一个独处的柱子仅仅是平面上的一个点，顶多在表现一种形式，而没有更多的东西。但是两根柱子就立刻给你一个柱间、一个韵律，借助更多柱子形成的关系模数，可以有所选择，便可以开始阅读建筑。

因而，当设计师想要把他所设计的环境发展成一个系统的有机体时，韵律就是最重要的手法之一。韵律关系直接而自然地产生结构与功能的需要，仿佛由创作灵感所支配的交响乐谱曲那样受到控制，它们成为视觉艺术中的主要因素之一。

5.1.4　对比与微差

这些概念与前面讨论过的那些概念彼此交织，相互加强，其中的每一个现象并不是也不可能独立存在。在复杂的环境艺术当中，过于协调的次序反而胜于混乱，这是建筑学和城市设计获得美学成功的条件。然而，好的设计应当避免单调，它应具有兴趣点和重点。生活中的一些欢愉通常来自对自然中对比的发现。

在城市环境当中，许多愉悦亦来自类似的对比。在西班牙的朵勒多，从那些构成城市肌理的阴暗街道进入明亮的市政广场露天剧场之中，会产生一种刺激性的城市体验。广场钟塔的垂直高度与水平体量构成的对比令访者顿感兴奋。如果排除这样的对比，我们的生活就会失去很多的张力和动感（图5-21a、b、c）。

图5-21a　西班牙Toledo城

图5-21b　西班牙Toledo教堂
图5-21c　西班牙Toledo街巷

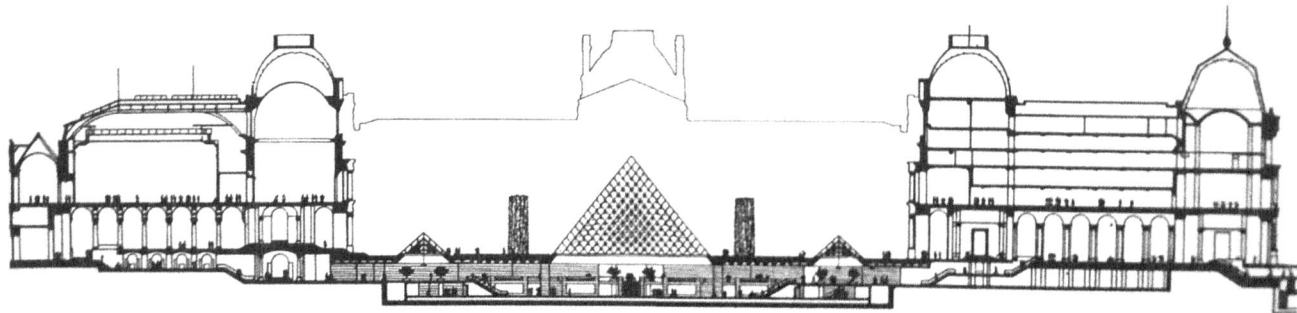

图5-22 法国巴黎，罗浮宫扩建工程，1983-1989，贝律铭

一般而言，对比必须适度控制以避免知觉负荷过重。建筑中复杂与松弛的适度比例乃是秩序的关键。而调和是对比的内在制约，是对比适度的标志。如果对比失去了调和就会过于夸张、刺激、失和，仅有调和没有对比就会单调、枯燥、沉闷。同样的原理运用于城市装饰领域（图5-22），正如史密斯指出的："美学的成功以秩序的建立为前提，但必须由充分的丰富性来体现。"

在城市规划、建筑和环境艺术设计、装饰艺术中，对比运用的领域几乎是无限的。有形式的和非形式的对比，如建筑与空间的对比、街道与广场的对比、软质与硬质景观的对比，或色彩与质感的对比。在环境艺术中可以有形体的对比，如球体与立方体的对比；体量的对比，如大小的对比；线的对比，如粗细、曲直；物体轮廓的对比；方向的对比；色彩的对比；质感的对比等等。无论运用哪种对比，形成的环境景观的主体都应具有和谐的效果。设计者面临的困难在于寻找正确的对比度，过度对比只能是导致混乱。如果单一的强调要素对比的程度，那么他们会彼此竞争而不是表现出彼此的衬托。正如设计中的其他问题一样，在和谐的装饰构图中，正确的对比度计算主要依赖意愿和感觉。然而经验法则告诉我们，有必要为适宜秩序中的对比寻找到明确的依据。过度的对比会导致无序、清晰性的缺损（图5-23）。

微差是统一中的微妙变化，是主体或总体一致而辅助元素变化的现象，并且这种变化不足以影响主体的一致和统一。相对于对比它的目的是求得最大限度的统一，追求最小限度的变化。

图5-23 奥地利，格拉茨博物馆(Art Museum in Graz)，2003,英国建筑师Peter Cook a

5.2 利用自然要素的处理手法

5.2.1 光

眼睛是人类最敏感的器官，而我们之所以能够看到物体是因为有光的作用，在光的作用下我们对事物有了认识，并构成了人类的概念和想像的基础。我们从外界获得的信息当中，有80%以上是通过视觉得到的。光影影响着人的心情，对空间在视觉上产生着影响，为环境及建筑的艺术表现提供多种可能性。

光可分为自然光和人工光。自然光包括在各种天气情况下的太阳直射光、天空的反射光和夜晚月亮的反射光。自然光一直以来它都具有神话般的力量，它影响着生命、自然，直到今天还有无数的人在颂赞太阳的伟力。它更影响着我们的生活、情感。

而从设计的角度来看，无论室内和室外，都应该最大限度地运用自然光进行照明和艺术表现，这是遵循可持续设计和生态设计的重要手段。人工光是人为技术利用各种能源创造出来的可见光。人工照明的形式可分为直接照明、间接照明、半直接照明、半间接照明等形式（图5-24a、b、c、d）。另外根据不同的使用特点还产生了不同的功能灯具。

1. 照度和色温设计

众所周知，色温和照度的关系对空间的氛围很有影响。例如色温数据是4200K的一般白色荧光灯，照度是100lx的整体照明将会造成郁闷的氛围。但是，如果在高色温低照度照明下，使用高显色光源，就会出现越是室内色彩丰富的空间，就越能改善室内氛围的结果。另外，谁都会知道，只要增加一盏白炽灯，空间形象就会变好。

夜里，越是从外边远距离看住宅窗户射进的光线，用白炽灯照明的房间就越是显现成橙色，而且白色荧光灯就越清楚地显出白色。如果在房间里体验同样的光，光色会随着时间的推移，白炽灯也会像看白色光那样由视觉神经作出调整。于是，要印象深刻地表现出光源色彩就要用与整体光线不同的光色，把在视野中捕捉到的重点对象进行局部照明的方法。例如白天，即使有自然光进入到室内，但如果在房间的深处有发暗的地方，空间就会变得沉闷起来。这时，如果把重点照明的对象放在发暗的地方，用白炽灯照明来弥补黑暗，即使不用很高的照度，被照射对象也会闪烁出淡黄色，使整个房间都充满愉悦的气氛。又例如旅游饭店的室外照明实例，通过在高色温的路灯和低色温的门厅之间设置有中间光色温的停车场照明，实现了舒适而又平静的光色变化。因此，色温设计既要注意空间的

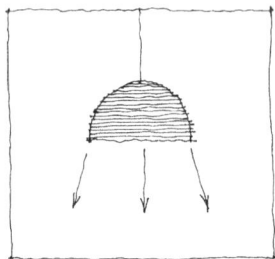

图5-24a　直接照明

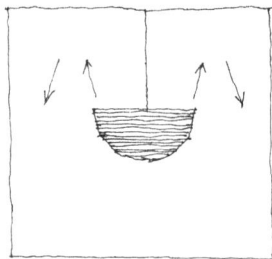

图5-24b　间接照明

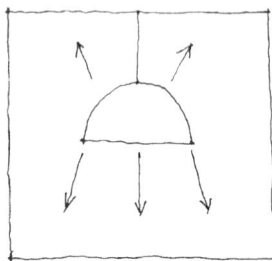

图5-24c　半直接照明

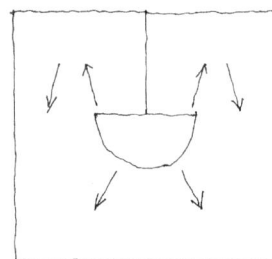

图5-24d　半间接照明

图5-25a　美国迈阿密、迪兰诺酒店门厅休息区，1995，设计菲利普·斯达克
图5-25b　挪威的雷尔道地下隧道，设计埃瑞克-西莫

规模，又要注意与内装饰颜色等的复杂关系，同时还要进一步表现出空间的深度感（图 5-25a、b）。

2.对显色性的评价

显色性是指光源的不同性质会使物体呈现出不同的色彩感觉。光源的显色性，一般是用平均显色值 Ra 来表示，用数字进行评价。显色性能最高，Ra 越高，相反 Ra 就越低。但是，由于照明技术的限制，不管光源的显色性能有多好，依然还会有不尽如人意的地方。因此，在提高显色效果的照明设计上，有必要满足下面几项条件：

（1）高照度照明。在较低照度情况下，即使光源的显色性能很好，物体外观的色彩也不会有多大改变。要使物体显现出较为准确的颜色，就要采用 500lx 以上的照度，只要达到一定的高照度，就能够改善整体的色彩。如果是反射率低的色彩，那么所采用的照度还要更高才能达到理想的效果。

（2）根据照明对象相应考虑光源的色温。色温设计在满足忠实性的同时，光源的独特性质还可以结合环境需要创造出更合理的表现。例如，对于低色温光源下的脸色和饮食料理的色泽等特定的对象，有时比在自然光下更理想。

（3）在表现材质感时，必须考虑到光源所具有的数量和质量。光源的指向性和照射方向，要根据物体表面是否有光泽，来决定消减或提升物体表面的色彩。例如，有色彩光芒的宝石或餐具，采用卤钨灯等指向性高的光源，照明效果最好。

（4）在人的视觉感受当中，最绝妙的是对颜色的知觉。但是，不同的人和每个人在不同的环境中，对色彩产生的反映也有着微妙的差异。重视显色效果的照明设计，必须避免仅凭显色评价数据就决定光源，重要的是要尽可能地设计出复合特定环境下对色彩显色要求的照明。

3.关于眩光

眩光的出现往往会对环境产生负面的影响，继而对人们的生活和生产带来影响。即使是在气氛很活跃的环境里，如果有令人心情不愉快的眩光存在，不仅会损坏人的视觉，而且还失去了空间里的品位和气氛。所以避免眩光的产生是光环境的重要环节。

眩光的出现有以下两种情况：

（1）在视觉范围之内出现较亮的光源，我们叫这种现象为直射眩光。在光源当中，最大亮度的光源是天上的太阳，太阳本身的亮度很强烈，即便是几秒钟都不能用肉眼直视。而普通的人造光源也一样，如果光源与周围的环境明暗对比过于强烈，眼睛就会感到不舒服（图5-26）。

（2）光源的照射在光洁的平面上形成的光反射，叫做反射眩光。越是扩散性高的饰面，如果视线在可以看到反射光的角度上，就会感到像直接看到光源亮度那样的晃眼。在物体表面出现反射眩光，会使人对物体表面特征去准确地判断（图5-27）。

但是，相对于不舒服的眩光，也有高光和闪耀光的感觉是愉快的。通常的做法是以没有眩光的基础照明为主，在此基础上适当考虑带有装饰性的照明手段。另外，在空间中上部，适当充满隐约可见的亮度，就越能给空间增加浓度，提高照明的质量。

4. 明适应与暗适应

当从明亮的空间突然进入到黑暗的空间里时，我们的眼睛就会处于暂时性失明的状态，这是因为眼睛不能同时适应明暗的两个极端。经过一段时间的适应，眼睛就能适应黑暗，这就叫做暗适应。相反的适应就是明适应。

这种视觉特性，会在很多的空间设计当中表现出来。例如像美术馆或博物馆，展厅内的照明一般会因考虑保护作品而降低照度，防止光能损伤展品。但是降低照明标准就会带来人们明适应和暗适应的问题，解决的办法很多，其中从进口到展厅，随着向室内的深入，慢慢地降低照度，让人们的眼睛通过在空间的变化过

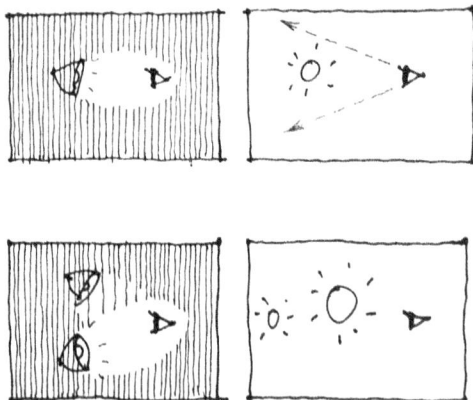

图5-26　直射眩光
图5-27　反射眩光

程中逐步适应亮度变化，达到适应的目的。这样，即使不提高展览室的照度，也能够让参观的人清楚地看到展品。

5. 光的艺术表现

照明的目的大致可以分为两种情况，一是提高功能的价值，二是提高审美的价值。前者是为满足安全和生产上的需要，应该尽可能正确地显示出视觉对象。后者的目的是寻求审美价值，就特别需要通过照明提高人们的感情反应，利用明暗的反差、动感的光线、光的造型、活动的光源、彩色光等特别的光来打动人。例如，光与影的对比烘托出建筑和物体的深度和三维属性。随着光将材质、纹理和设计细节都展示无疑，建筑和物体的立面也变得充满了活力。再如，日出与日落是两个永远被人们注意和赞美的时刻，太阳及其发出的光为我们展示了一幅幅可视的、神话般的和平景象，比任何人造事物都美丽。

可见，无论室内还是室外，无论白天还是夜晚，无论是采用自然光还是人工光，只有能够创造出让人们感觉到幸福的美丽的光，就会使人们的精神振作起来。要实现这样的照明，关于光、影和色彩的视觉心理，就要成为经常研究的主题（图5-28a、b）。

5.2.2　风

我们呼吸的空气在生命的维持中扮演着重要的角色，真正纯净的空气对于健康无疑具有极大的益处。它的运动虽然不可见但是却可感知。适当的流动空气对

图5-28a　伦敦海沃德美术馆屋顶装置
图5-28b　奥地利，林茨的兰多斯博物馆（Lentos Museum in Linz），2003，照明设计Kress

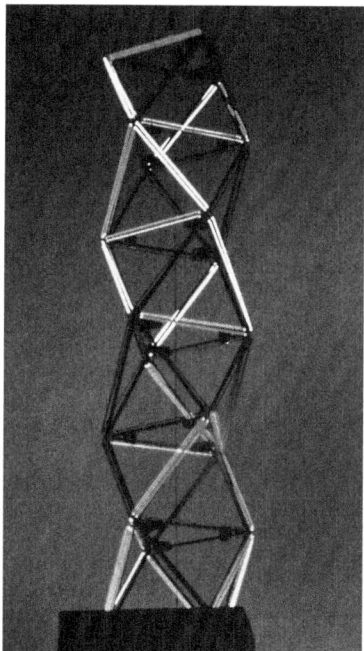

于我们生存的都市环境尤为重要，无论是在室内还是在室外，它调节着温度、净化着环境、传递着自然的信息。更重要的是它带来精神上的益处应该是设计的基本宗旨。

1. 风速（表 5-1）

人们在室外场所活动的原因部分取决于气候，尤其是风速和日照。风速在一定的程度上来说非常重要，因为它决定了温度。例如，在 -1℃ 时，时速 50km 的风，其冷却效果是无风时 -12℃ 空气的 6 倍。在环境中的构筑物和建筑都会对环境中的风速产生影响。

风速的状况及效应 表 5-1

状况	风速（m/s）	效 应
无风、软风	0 ~ 1.5	平静，感觉不到风
轻风	1.6 ~ 3.3	脸上感觉有风
微风	3.4 ~ 5.4	旗帜飘扬，头发被吹动，衣服飘动
和风	5.5 ~ 7.9	扬起垃圾和尘土，纸张飞起，头发被吹乱
清劲风	8.0 ~ 10.7	身体感觉风力，积雪被风带起，人能够容忍的风力界限
强风	10.8 ~ 13.8	很难打伞，头发被水平吹直，难以稳步行走，耳边响起不舒服的风声，飞起的雪比一个人高
疾风	13.9 ~ 17.1	难以行走
大风	17.2 ~ 20.7	通常阻碍前行，在狂风中极难保持平衡
烈风	20.8 ~ 24.4	人被狂风卷倒

2. 风与温度

人对温度和气流也很敏感，盲人尤其如此，检测窗户的气流和南墙的辐射是盲人借以定向和探路的重要手段。在城市中凉风拂面和热浪袭人会造成完全不同的体验，其中热觉对人的舒适感和拥挤感影响尤其明显。环境设计中要尽可能为人提供夏日成荫、冬季向阳的场所，并努力消除温度和气流造成的不利影响。例如，不应在室外（如广场）铺设大面积的硬质地面，因为它们为西北风肆虐、毒日逞威提供了地盘；冬季，街区内的狂风给行人带来不少困难，改进建筑总体布局，妥善处理人行道并设置导风板是可行的解决办法；高墙阴影中的小巷和炎热无风的街道形成强烈的热觉对比，会遏止居民上街从事正常活动，也应引起设计人员的重视。

历史上的空间设计者就掌握了如何塑造空气的流动，设计了靠通风降温的空间。他们意识到风在冬季要回避或者遮挡，但是在夏天却不可或缺。要强调的是，通风降温与建筑环境的正确朝向相结合的重要性，因为夏季的主导风向与冬季不同，所以在炎热的夏日里用通风来降温以创造舒适的微气候，可以通过被动式园林要素的合理布置来获得。相反，一些夏天能够有效地改善微气候的空间环境到了冬天就变得极不舒适。的确，古代的建筑和园林是具有凉爽空气的能够得到精神愉悦的理想场所。

3. 风与嗅觉

嗅觉可以加深人对环境的体验。公园和风景区具有充分利用嗅觉的有利条件：花卉、树叶、清新的空气，加上微风常会产生一种"香远益清"的特殊效应，令人陶醉。有时，还可以建成以嗅觉为主要特征的景点，种满了芬芳的植物，有透风的树篱围合的空地中，香气可以聚集起来，如杭州满觉陇和上海桂林公园。在不少小城镇中还可闻到小吃、香料、蔬菜等多种特征性气味，提供了富有生机的感受，增添了日常生活的情趣。所以，在处理糕点店、咖啡店之类的建筑时，尽量使他们有机会向公共空间开放。而气味的人文意义在于不同的气味还能唤起人对特定地点的记忆，用以作为识别环境的辅助手段。

4. 风与景观

要享受景观的乐趣，只具有动感和生命力的景观元素才能调动起人们的激情，才会创造一种令人惊讶的美丽。植物、水面、云彩等，甚至是人造的景观元素，如布幔、彩旗、动态雕塑等等，这些景观元素几乎是景观设计中不可缺少的要素，它们在风的作用下，或飘荡、或摇摆、或波动、或在风的物理作用下产生奇异的视觉效果。所有这一切编制出来的和谐乐章，给人们带来了极不寻常的体验，这一切都给环境带来了生机和活力。

5.2.3 水

当水被运用在环境中，并作为装饰因素时，水本身所具有很强的象征意味就自然地留露出来了。

水的表现形式多种多样，变化无穷却又具有统一性。错综复杂、反反复复的水流运动，所创造出来的形、光、声、色的跳跃变化丰富着我们的视觉、听觉、触觉和嗅味。更为重要的是其与人类生活的紧密联系；对自然环境的影响；对植物的滋养；对飞禽走兽的吸引等等，更影响着我们的思想和情感，并启发着我们产生自然、生命、亲和、变化、愉悦、含蓄、活力、凉爽等等丰富的联想。

水的名目很多，这标志着它的丰富性。自然界中的水形态包括：大洋、江河、湖泊、池塘、瀑布、小溪、泉涌等。人工环境中的水形态包括：水池、喷泉、跌水、水幕、水井、水滩等。同时水的流动产生了更为奇妙的表现，包括：汹涌、细浪、奔流、渗流、溅泼、涌动、喷发、泛滥、倾泻、并流、水雾、水波、滴水、细流、泡沫等等。水对我们人都有着不可抗拒的吸引力，这也正是我们在环境艺术设计中普遍喜欢运用水这一元素的原因。

图5-29　湖泊

图5-30　华盛顿州Renton水园中的湿地

图5-31　主题公园

1. 自然的水

地球上的水主要是以咸水为主，占总资源的97.20%，而极地冰盖和寒冻地带的固态水占2.15%，这意味着世界上的水资源中仅有0.65%是液态的淡水，而且在质量上和分布上很不均衡。按照生物物理上的要素，可以将水系统按最高级别分为五类：海洋系统、河口系统、河流系统、湖泊系统和沼泽系统。在此基础上还有进一步划分为次一级的亚系统。

在环境艺术设计范畴中，自然的水有以下几个方面的作用：

（1）微气候调节作用

无论是大自然环境还是人工的局部小环境里，因潮湿了的空气和因水而生长的植被都会使极端温度得到缓解。利用这种效应，并合理利用水及其在环境中表现，将会使环境中的微气候得到改善（图5-29）。

（2）生态意义

水是动、植物赖以生存的生命之源。是鱼类、鸟类、昆虫、动物的自然食物资源和栖息地。通常在水边和汇水域中生长的植物更为茂密（图5-30）。

（3）休闲功能

河流、湖泊和湿地长期以来一直是提供户外活动的最佳场所，如划船、垂钓、游泳、戏水等直接亲水的活动。同时人们也更愿意在水边进行更多的休闲活动，其对人们身心的影响是不言而喻的（图5-31）。

2. 人工的水

由于水具有如此多的特性，所以在城市环境中，引水造景是人们满足必要的生活用途之外，用于传递丰富而不同的情绪和印象，并且也是为了展现它。

水本身是自然的形态，在城市环境中对水的表现，需要运用构筑物来限定水的外形，如静态水池、结合雕塑的水坛、人工河流等。也会运用设备来重新塑造水的形态，如瀑布、喷泉、喷流、迭水、动态水池等（图5-32）。他们形式丰富多样，组合随意自由，并与环境中的元素有机结合。所以很难用设计原则去分析，是最没有具体形状的，最不必受已知的比例法则、文法分析和风格的限制。

图5-32 美国拉斯韦加斯,贝拉姆奥度假胜地,1998,设计WET

　　从另一个角度来讲,引水造景和维护也会带来负面的影响。比如需要一定的投资,特别是在缺水的地区,也可能会产生一定的安全问题。它容易汇集垃圾和灰尘,水体易滋养蚊蝇和野草,在雨季它会泛滥成灾,侵蚀河岸,淤积泥沙。

　　可见水是生态系统中动态的、转化性的元素,设计师需要根据环境做出选择,是提供一泓清水、不受植物或其他生物的影响,还是提供一个平衡的生态体系。如果是前者,就应该使用经过过滤的循环水,并经常予以净化。如果是后者,就需要引用底土、植物和养鱼,这些会组成一个完整的生物循环系统。除此之外,当然还有藻类、淤泥和昆虫的栖息应该予以考虑(图5-33)。

图5-33 The Garden of Cosmic Speculation, Charles Jencks Scota

图5-34　美国佛罗里达，迪斯尼酒店，1987-1990，设计Michael Graves

3. 静态的水

静态的水与光交相辉映，表达出统一与和谐的精神，并传达出清明凝重之感。如果水体形式复杂而局部隐约不见，就会激起期待和空间延伸之感。可以通过水下的铺砌来表现水的深度。在酷暑炎热的天气下，阴凉流动的水会令人愉快清新，而在阴湿的气候下，就会感觉潮湿阴霾，因而，最好将水布置在向天空敞开的地方（图5-34）。

静态的水面，能起到镜面的作用。水面满盈而没有波纹，它就会反映出瞬息万变的天空；水面如果低而暗，它就能反映附近的日光照射下的物体影像，如果水面浅，且池底较暗，就能加强反射性。

4. 动态的水

动态的水呈现生命之感。引人注目的动态的水是富有魅力的，因而它可以作为一个设计的中心。

水的动态表现依赖于它对光的反射。动态的水在喷落的过程中，以及它们在水面引起的涟漪经过光的照射，反射和折射出耀眼、跳动、明亮、彩色极富表现力的光斑。同水的视觉表现属性同样重要的，是它飞溅流淌时的声音。这是流水尤为真实的一面，无论它是雷鸣般的水瀑，或是缓缓流淌的溪流，还是被人工雕刻的水渠两侧撞击着的水流，这些声音，汇同水的视觉表现，赋予环境一份特别的生命与活力，它既富文明气息又具有装饰性（图5-35）。

水边是表现环境重要的特征所在，需要仔细斟酌。水的岸边可以陡峭而清晰，也可以低斜、掩映而朦胧。水岸的处理应特别注意，它是决定水的形态的重要因素，并且是人亲近水而最紧密接触的区域（图5-36）。

图5-35 新加坡，博彩城室内，2001，
设计WET
图5-36 Parc Coastal et auditoriums,Barc-
elone,Espagne

5.2.4 声

声学从黑色艺术转变为我们可以掌握并可以预言其传播的过程，也就是上
个世纪的事。虽然从古希腊到21世纪的那些剧场，建筑声学一直是设计考虑的
关键问题，但作为一种工程学体系运用在复杂的建筑设计中，也只有100年的
历史。在现代的环境艺术设计学科当中，声学更多的是应该界定于艺术与科学
之间，一方面它被认为是一种神秘的艺术，另一方面，声学更被看作一种复杂
的科学。

在新兴的环境艺术设计学科当中的声学，较建筑声学更为宽泛和复杂，因为
建筑的声学可以通过建筑的手段隔绝外界的自然声音而创造人为的、单纯的声学
空间，而环境艺术设计中的声学含盖了自然界和都市社会中所包括的一切声音。

当弹性介质以多种速率产生能够被听觉器官感知的压力振动时，声音就产生
了。声音的产生是物理现象，而噪声是声音的一种主观感受。我们通过听觉器官
感知声音，通过声音来感知周围世界更为丰富的内涵。

什么样的声音才是我们所追求的？这个问题一直萦绕着我们，不是没有谜底，
而是我们的误解造成问题的答案疑云重重。而我们需要对不同的声音有悟性，这
种悟性来源于我们对自然环境的切身体验和深刻认识，从而使自然界中的声音让
我们的情感得到了陶冶和慰藉。风的声音、植物在风的作用下发出沙沙的声音、
雨的声音、鸟鸣及各种动物发出的声音、潺潺的流水声，甚至人的脚步声等，都
是我们触及自然、感知生活的一种必要条件。都市生活中的声音，甚至我们身边
的机械噪声同样也是我们需要面对的（图5—37a、b）。

图5-37a　加拿大多伦多，Roy Thomson
音乐厅，1977-1982，设计Arthur Erickson
Architects Mathers and Haldenby Architects
图5-37b　加拿大多伦多，Roy Thomson
音乐厅，1977-1982，设计Arthur Erickson
Architects Mathers and Haldenby Architects

1. 声传播的方向

声传播方向的改变有四种现象，包括反射、折射、衍射、漫射等。反射是声波进入密度有明显改变的介质时，一些能量被反射。他可以遵循光学原理，声波的入射角等于反射角。声音在所有的界面当中不断反射而积累的结果就是混响。

折射是由于环境因素的改变，虽不足以引起反射现象，但声速还是发生了变化，声波传播方向发生了改变。比如环境中风向的不同就是引起声波方向改变的原因。

衍射是声波越过周边屏障传达到另一边，屏障对声音有一定的衰减作用。在室内和室外环境中往往运用隔断作为降噪的功能来处理。

漫射是声波通过凹凸不平的表面反射以后，使声波方向更为丰富。人们不希望出现因不连续反射而引起的回声，但是这种漫反射的声能也许并不是坏事。如在音乐厅里，合理地运用漫反射原理，可以保证每一个角落的听众都能听到相同的音质。

2. 声音的控制

声音的控制通常是指减少声音。但是，就像对任何事物的理解会有正反两个方面的判断一样，声音给人的主观感受也有音乐与噪声的差异，而好的空间声环境往往是控制好声音在限定空间内传播的特性，也就是说应该尽量减少噪声平衡有益声音，使声音也可以说明空间的品质。

控制和减少声音的主要办法是吸声和隔声。由于折射和衍射，室外声音的控制比室内难，但是可通过设置缓冲区、隔声屏和掩蔽三种办法来处理。

吸声是通过材料来吸收一部分声能，以降低声波反射后的声能，避免回声现象，达到降噪作用。不同的材料和不同的表面肌理还可以做到吸收不同频率的声能，从而调整环境中的声音效果达到理想状态（图5-38）。

隔声是对声波的阻断，其实是吸声、反射和折射等手段的综合运用。隔声更重要的是隔断的密封情况（图5-39）。

3. 声音的质量

声环境应该运用准确的数据，包括混响时间、能量比、刻度比秒要短的多的时间谱等，含糊的"丰富"、"明亮"、"柔美"之类的词藻不能准确界定和区别于人们察觉的细微差别。但是一个优秀的声环境运用以上两种描述都有其合理性，单凭好的参数是不够的，介入人们对自然界声音的感性认识是环境艺术中良好声环境不可或缺的因素。同时，作为音质的指标，有充分的证据表明混响的时间比其他参数更有效、更重要。

在环境中材料对声环境的重要作用是不可估量的。但没有一种材料是创造声环境的最合适的介质，每一种材料都有其不同的反射声音的作用。普遍认为的木材会使声音更饱满、更温暖的反射材料了，但是他们并没有注意到使用木材装修的音乐厅正冒着声学上的危险，由于共振而会损失大量的低频声音。

人们有自己喜欢的声音，也有自己所厌恶的声音。但许多人对于好的声音的定义是大体一致的。对一些人来说，水龙头的滴答声或者音乐中的低音鼓点这种间隙的噪声，与类似于空调部件或远处高速路上的汽车的噪声这样的持续噪声相比，更容易引起人的烦恼，尽管空调部件的噪声比水龙头的滴答声大得多。当噪

图5-38　某室内
图5-39　欧洲古典园林

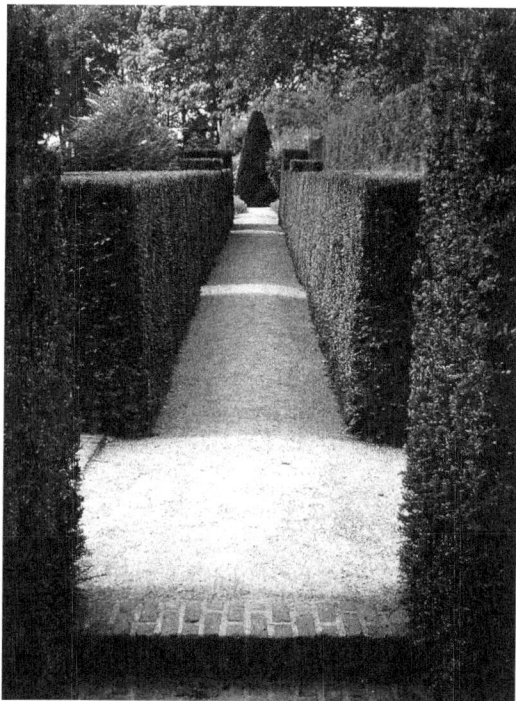

声在音调、响度或者持久性上与周围环境的背景声不同时，就容易引起人的烦恼。

对声音的设计在音乐厅尤为重要，大多数人对音响效果的优劣评价有四个主要的品质标准。声音的大小是很重要的，人们首先要听清楚，特别是对于自然发声，不用扬声器的音乐。声音的丰满度或生动性，应以混响时间来计算，是获得良好声学效果的第二个主要品质。听觉的亲密性，即由墙壁及顶棚反射的声音在直接声源之后多久才能到达，这是良好声效的第三个品质。第四个主要品质是听者左耳和右耳所听到的声音反射模式之间的相对区别，这种左右耳之间细微的差别，声学顾问称其为"两耳的差异"，会对声源的宽度、封闭性与广度等声学品质产生影响。其他一些次要的因素包括清晰度，保持室内适当的安静程度以便演奏者能够听清楚，在三维的室内空间中定位声源的能力以及在合奏时演奏者能够彼此之间互相听见的能力等等。其实不仅在音乐厅里对声音有如此高的要求，该设计技术也适于其他空间环境。

随着都市生活的丰富，都市展现出巨大的活力，于是众多声学问题成为设计的重点。减少室外环境噪声的污染可以从几个方面来解决。一、根据环境的性质控制具有噪声污染的设施和功能环境的建设。二、适当加大噪声源与使用空间的距离。三、应该对声源的传播损失或声音传播级别（STC）进行设计，以有效地减少声音的产生。

现代建筑设备所发出的巨大低频噪声是城市环境和室内的噪声源，可进行阻隔墙、吸声墙，特别是一些经过设计的噪声控制装备应该被广泛地使用。

5.2.5 植物

生态学家罗伯特·E·里克莱夫斯认为，"生命是物质世界的延伸"。J·E·洛夫洛克提出的盖亚假说则进一步强调了该观点。盖亚假说认为，"生物圈具有自我调节能力，它通过控制化学环境和物理环境来保护我们这个星球的健康"。与各种生命形式之间进行相互作用一样，生命是自然过程的产物这一问题已经得到了深入的研究。

对植物进行研究，有许多重要的原因。它们可能具有经济价值和药用价值；它们为野生动物提供栖息地，地表植被还有截流和保畜降水的作用；它们减轻了一些自然灾害对人类造成的损失。在我们生存的环境中，植物和现场植被是大多数场地选择和规划的基本考虑之一。在很大程度上，其空间的界定作用、比例效应、装饰作用等奠定了场地的特色；还可以提高景观的观赏视觉质量。它们还产生人类赖以生存的氧气，可以保持水土、调节气候、防御风沙、消弱噪声、遮荫纳凉等等。就重要性而言，具有生命力的植物，是室外空间组织的重要因素之一，也是最基本的材料之一（图5-40）。

图5-40 瑞典阿林萨司镇

1. 植物选择

植被是指各种植物——乔木、灌木、仙人掌、草木植物、禾本科植物等。

密集的城市地区由于缺少水源、阳光和腐植土，并且由于大气污染、反射热和存在化学毒物，植物的生长特别困难。植物必须特别加以选择，以适应这种严酷的条件。重要的是要有植物培育的一般知识，包括植物的耐寒性、能适应既定小气候；合适的土壤类型，适应酸碱度的范围；对空气的湿度要求；抵御病虫害的侵袭的能力；对阳光，遮蔽和暴露环境的容忍程度；要求维护的程度等等。

在景观设计中，需要了解的是本地植物物种的价值。既然是长势良好的植被，其存在的事实本身就已证明了它们适于这块场地，保留它们就显得合情合理。采用本地植物将在某种程度上有助于提高生物多样性，减少甚至消除农药和化肥的使用，减少维护成本，还可能在人工景观环境中强化地域特征。

景观中的植被要么是土生土长的，要么是引进的。

外来物种对于本地物种的威胁一直在不断增加，甚至它们繁荣得如此之快，以至于对本地的物种造成威胁，甚至是被取代。我们认为，最好避免采用非本地物种，这种作法将能够保证适应本地条件的植物得到自然地发展，更显和谐。这是因为，植物与土地、气候是习惯地联系在一起的。

2. 对环境的影响

对空气的净化作用是植物的重要特征。人们的呼吸活动是吸收氧气，呼出二氧化碳。而植物在光合作用下吸收二氧化碳，排除氧气。这种平衡作用，保持了空气的清新。有些植物还具有杀菌作用，使空气得到净化。植物通过根茎吸收水分，通过叶面时时刻刻将水分蒸发出去，增大了空气中的湿度。

树木所提供的树荫对建筑物和地表面有调节温度的作用。树荫的遮蔽作用使得树下的区域温度比周围区域的温度要低5℃左右，其蒸腾作用和蒸发作用也能产生降低气温的功能，树荫也能减少地面的蒸发作用。这些效果综合起来，就将减少地面的相对湿度。在环境的设计中，选择植物的大小和位置，决定了调节气候的最佳效果。而在冬季，落叶以后的林木可以实现冬季阳光照射在夏季被遮蔽的区域，使其得到充分的采暖。

紧密生长模式的植物比较适合作为屏蔽物种，这些植物能够由叶子形成一个致密的、软性的表面，以吸收声音、遮挡寒风或改变风向、处理和过滤粉尘。屏障的形式通常是由一排或多排灌木或乔木组成的，而这种形式形成的区域叫做屏蔽区和缓冲区。在我们的生活和工作等功能要求相对严格的环境中，针对于噪声源和观察点合理设置屏蔽区和缓冲区，往往可以消除场地外对场地的不良影响，并增强场地的满意度。

当使用树木作为防风林、遮阳和视觉遮挡时，缓冲区更应该靠近建筑。屏蔽区的大小和形状不应受到场地的限制，其延伸到足够长，以期达到最大的效果。如果用于屏蔽景象、风、声音、阳光或粉尘的话，那么缓冲区的高度也是很重要的因素，可用灌丛作为低层保护和屏障（图5-41）。

图5-41　美国纽约中央公园

3. 植物的装饰设计

植物在各自环境的影响下会产生各种迷人的形态，这种状态随植物的成长而变化。但是，每种植物都有其自身的生长习性，有其自身的叶、茎、蕾的连接方式及彼此间的生长次序。这种生长形态，经年累月暴露在自然气候和环境中，经过种种外界的不可抗力，形成了这一植物富有特征的形体、结构和质感，甚至是特有的气质、意义和内涵：松树代表着坚强的意志、棕榈树代表着阳光和浪漫、竹子具有中国传统的人文精神等。而绿色植物所具有的表现，可以创造出特殊的意境和气氛来。观叶植物青翠碧绿，使人感觉宁静娴雅；观赏植物绚丽多彩，使人感觉温暖热烈；观果植物饱满丰盈，使人快慰喜庆（图5-42）。

图5-42　植物

所以，植物的形态对环境造成决定性的影响，在环境中我们不可能忽略植物、建筑和环境之间的关系。在环境的总体设计中，无论是选择单株植物还是植物组群，都应在总体的尺度下进行考虑，都应综合考虑环境的纹理、颜色、线条、形式和平衡的问题。

高大的树木和矮小的灌木会使天然林地竖向分层更明晰；低矮的装饰性绿化将标出林地和草地之间的界限。某些品种在春季或秋季显现，或是在冬季的天空背景上衬出引人注目的枝干，显得轮廓分明（图5-43）。

颜色在景观中扮演了多种不同的角色。暖色调如红色、橙色和黄色倾向于将观察者的距离拉近，而冷色调如蓝色和绿色则倾向于将观察者的距离拉远。此外，颜色还能引起人们不同的情感反应。设计师们应该对于颜色景观中的使用和其效果相当熟悉（图5-44）。

4. 植物的规划设计

植物规划是由场地规划的内在形式所决定的。植物不仅起到视觉净化或者装饰门面的功能，它对于提高场地的特色有很大的帮助。植物的选择和布局可以用来框定景观的结构，可以用于突出或者隐藏其他场地特征，可以用于引导行人交通，创造室外空间，表达邀请或拒绝的感觉，提供舒适的环境，暗示运动或者停止，或者改变场地的大小与环境。植物规划可以是正式的或非正式的，简单的或复杂的，这要根据场地目标的不同而定。

图5-43　瑞典阿林萨司镇
图5-44　日本园林

植物规划如果采用一种对称平衡形式或图案化设计，则被称为正式设计。这种形式的植物设计具有高度的组织性，稳定而结构分明，甚至可能还代表某种权威的概念。正式的设计在过去即很受推崇，这就是为什么老式的房屋和街邻都带有比较正式的草坪和花园。正式的设计如今仍然在许多重要的、具有象征意义的市民景观中采用，因为这种设计传递了一种空间或者地方的重要感（图5-45）。

对于目前大多数情形来说，非正式的不对称形式更为普遍。不对称植物的设计对空间有一定的组织作用，以及为行人提供寻找路线信息的工具。不对称设计显得更为自然，而且更加简朴。不对称的、非正式的植物布局倾向于表现软性的边界，淡化明确的分界概念（图5-46）。

植物在导引注意力和行为方面的作用尤其明显。用植物的花、叶所构成的优美的外观，作为围墙、强化道路的直线性和结点，强调规划中重要的点和特征。伴随着其他材料的使用，植物可以帮助辨别从一个地区到另一个地区的不明显的过渡。设计良好的过渡方案对于观察来说则是一种微妙的信号，表示某些变化发生了（图5-47）。

用植物重复出现的模式可以构成景观的边界线。但是种植并不是镶边的装饰，也不是塞满建筑之间空间里的绿色材料。植物所构成的框架将公共环境结合成统一的格局，高大的乔木从远处可以看见，实体性种植限定主要的空间，特殊的质感指明重要的地段（图5-48）。

图5-45　美国华盛顿市
图5-46　造型植物

图5-47 法国农庄园林
图5-48 法国农庄园林

5.3 利用装饰要素的处理手法

5.3.1 色彩

里卡多·莱格雷塔（Ricardo Legorreta）对他在设计过程中对色彩运用的迷人的方法进行了如下描述："我不要讲我要做一面墙，并将他刷成红色。我会说我需要做红色的东西，它可能是一面墙。"

1. 色彩的基本理论

在讨论环境中的色彩之前，有必要探讨一下色彩总的理论。关于对广义上的色彩定义，首先可以理解为描述彩虹的颜色，即在自然光下分解出来的红、绿、蓝等基本要素；其次它以黑、白、灰的形式更普遍存在，或者我们把它称作为色调。

有了三基色，其他颜色就可以由它们制造出来。就光而言，红、绿、蓝（蓝紫）混合后可以形成其他颜色。红和绿将形成黄，绿和蓝将形成青，红和蓝将形成洋红。光的原色是可以累加的，三种基色混合在一起便形成白色。就颜料而言，三基色混合后便可形成其他颜色。颜料倾向于相减，就是说，红色吸收表面反射的除红以外的所有光色。因此，没有颜料只是单纯的混合，合成后趋于更多地加深或减弱落在它表面上的光。颜料三原色的混合会形成黑色或深褐色，此时，大多数照在表面上的光线会被吸收，几乎没有被反射回来的。

然而，我们应该认识到在环境中的色彩与绘画中的色彩的不同是很重要的。画家可以随意调控自己对色彩的认识，并能选择遵从的抽象思想的理论方向。环境中的色彩要适应季节、早晚、天气等不同光照的变换，以及周边人工环境和自然环境色彩的影响，所以要遵循色彩协调一致的准则。环境艺术设计是表现在一个三维的、广阔的城市画布上，以及融入在城市不停地发展和衰退的进程中。因此，城市中环境的色彩理论要在这个更大的相关环境中来看，可能的话，要在没有和谐的地方创造出和谐的方式（图5-49）。

2. 城市中的色彩设计

在美学意义上，成功的色彩设计没有严格的准则，也不要将它仅仅视为一种装饰或是在设计完成之后再进行考虑的步骤。色彩，同其他的要素一样，是设计的一部分，是很多学科共同解决设计问题其中的一种方法。里卡多·莱格雷塔（Ricardo Legorreta）强调了这种观点，认为色彩并不仅仅是形式构成的附属品，它应该是一个基本的要素，他在《建筑实录》中又讲到，色彩具有戏剧性的表现形式，它能将墙壁变成绘画，从而激起人们情绪的变化。在设计作品中里卡多·莱格雷塔（Ricardo Legorreta）巧妙地利用建设基地上的各种材料——岩石、土壤，甚至是植物，去创造一种专属于这里的、特殊的色彩感觉。

图5-49 彩色玻璃窗作装饰的建筑立面

19世纪以前，欧洲城市发展一直比较缓慢，他们使用当地材料作建筑物的外表。在以后的发展过程中，尽管建筑风格变化，但当地材料的连续使用创造出的街道、广场乃至整个城市有着很强的视觉和谐，城市色彩亦以这种方式产生了，并成为其历史的一个部分。例如，在牛津哈艾（High）大街上，许多风格被反映出来，但它们都有统一的尺度和材料，尤其是起源于黄沙岩的赭色作为其表面颜色，城市与地区已与特定的色彩范围联系在一起了。摆在城市设计者面前的问题是如何抓住这样的色彩搭配，还给各中心以自身的个性和特征。

色彩是城市生活中最重要的方面之一，它是我们描绘一个城市装饰效果的一个主要因素。为使城市的装饰更有效，有必要建立一些作为城市及其主要因素，如区域、道路节点及路标提供色彩议程的战略性政策。从色彩的角度讲，城市意象往往是很长一段历史所形成的，并受到人文及自然环境的极大影响。色彩意象的决定依赖于城市设计者的敏感反应，这种反应建立在对当地环境色彩全面调查的基础上。同时，色彩可用来突出重要的建筑和地标，并把整体模式下的个性赋予重要场所（图5-50a、b）。

3. 环境艺术中的色彩设计

在环境艺术的设计工作中，丰富的色彩与质地是一个可以被利用的、潜在的强大因素，它会帮助我们达到设计的目标。有的时候除了灰和白，生活还应该更加丰富，这需要同材料的选择联系在一起考虑。当然，色彩与质地应该被看作是相互依存的。

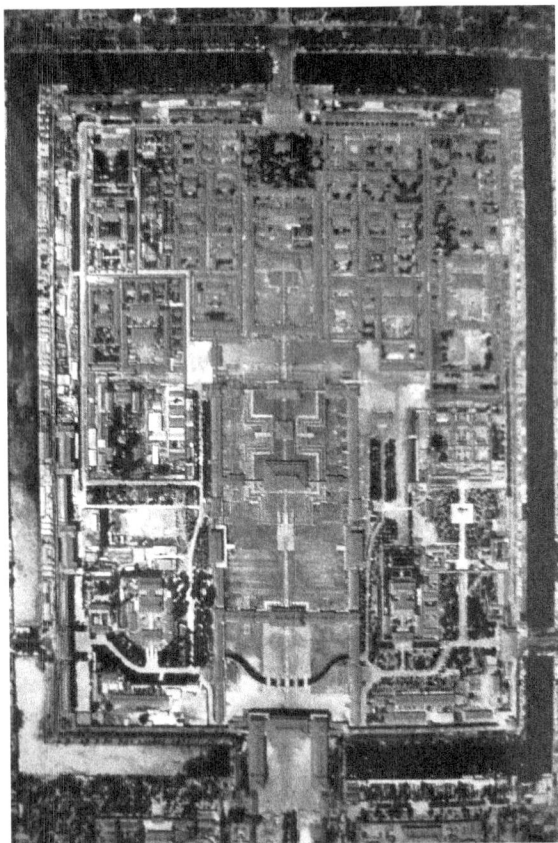

图5-50a 北京故宫鸟瞰图

色彩是无穷无尽的,而建筑材料——石材、金属、木材、砖等的固有颜色是有限的,但某一种材料如果能够贯穿历史的发展,其在不同历史时期经过人工与自然的处理,会发生本质上的变化,就避免了人们对其单调的认识。观察密斯·凡·德·罗的作品以及他所倡导的国际式建筑中的色彩,再对比梅希肯斯·巴拉甘 (Mexicans Barragan) 与莱格雷塔所讲的个性化的、文化的和情绪化的色彩,在任何情况下,色彩都是建筑的一部分。简化地讲,密斯是要将结构与抽象的国际式建筑形式清晰化,而色彩是结构的副产品,在世界任何地方的处理都相差无几。相反,墨西哥的建筑师们利用色彩讲述他们独特的文化,并反映他们作为建筑师与艺术家的心声。在这些事例中,有时色彩的运用是非常一致的(图5—51a、b)。

色彩是与结构联系在一起的,而且它还会受到光的影响,并对其产生反作用。色彩能够反映出建筑结构的动态。在与结构、体量等因素的相互作用中,它也可能会表现出刺激与挑战性,这就是建筑中运用色彩的反作用。在实际的使用中,色彩的作用常常是为建筑的构成部分提供标志,协助使用者了解他们所处的位置。在实际工作中对色彩的控制是值得学习与研究的(图5—52)。

图5-50b 意大利南部乡村,Hill town

图5-51a 风化岩石
图5-51b 墨西哥风土建筑
图5-52 餐厅，设计菲利普·斯达克

4. 色彩与人的心理

色彩在环境中扮演着重要的角色，它是永远存在于我们身边的，虽然它简单到只有黑白、虽然有时人们仿佛注意不到它。但是心理学研究表明色彩能引起回忆，可以作为一种隐喻，能够引起情绪的波动，使人们感到喜悦、舒适、新奇、混乱甚至是气愤。

然而，对色彩的运用（色彩的反作用与选择）是因人而异的，几乎每个人都有自己喜欢或不喜欢的颜色，一致性是根本不可能达到的。这也许会给我们的设计带来误区，但是认识的方法和有针对性地运用是我们可以掌握的。

同时，色彩的意义是相对于它周围情况的，它有多大面积、以及使用了什么材料等，都会影响人们对它的认识和理解。人对在一种环境中进行的记忆也会影响到对色彩的感觉。换句话说，时间与空间、光、体积、数量等扮演着同等重要的角色，所有的因素都会影响人对色彩的感觉。

5. 色的对比

两个灰色在亮度上是一样的，但是黑色中的看起来要比白色中的亮一些。浅色会加深深色的深度，而深色会使浅色更浅。当不同色彩和亮度的颜色相邻排列时，会产生凹槽效应。各种色调的边缘会以相反的方式改变。对比色的"滞后印象（After Image）"效应也很值得关注。红色的滞后印象是蓝绿色，反之亦然；黄色的滞后印象是紫色，反之亦然。同时应用相反或对比色彩会带来相互鲜明纯净的效果，而且它不影响色泽。

当浅色和深色并列放置时，色值的对比效应会强些，而当色值相近时，色泽的对比则极引人注目。不过，色板的大小对比效应也是很重要的；对明显的视觉对比来说，尤其当色值和色泽都呈对比时，大的色板有极强的效果。小区域，如点和线上的强烈对比会由眼睛弥散开并倾向于相互掩盖而导致整体色彩灰暗。因此，当用于大块色彩时，相反色在对照上是极有效的。而相邻的或相似的色彩在

图5-53　Maison du Plessis,Paraty(2003),
Marcio Kogan architect

图5-54　美国加利福尼亚，1987-1990，
设计Joshua Schweitzer

不同的小区域中表现得最好。在许多传统的砖石墙上可以见到相似色彩的有效应用。每块石头尽管都来自同一采石场，但它们在色彩或其深浅上都有微小的差别。它们自然地混合在一起，在一些长期经受风吹雨打的砖墙上，也可以见到同样的效应。墙上的砖块尽管在颜色上都有些细微的差别，但它们都属于色谱中的相似部分（图5-53）。

6. 色的和谐

相似或密切相联的色彩往往会让普通观看者赏心悦目。如果纯从色谱的暖或冷挑选会得到最佳效果。相似色彩呈现某种情绪性品质并影响心情。相似色是指那些在色环上邻近的颜色。这是自然界常见的色彩效果，在一些传统建筑上也可以见到。例如日落时光色由红变橙，秋天的色彩由红变橙再变黄。花儿也有同样的和谐变化。黄花蕊在中央变深橙，红玫瑰的花瓣阴影是紫红的，而高光部分则是橙红的。英格兰南部传统的砖结构村庄，都有火橙色的屋顶和墙面、深红和橙红的砖。维多利亚的许多地区，与黏土瓦相关的细微变化的多色砖石的使用，产生了相似和谐的效果（图5-54）。

如果用互补色形成强烈对比，这种配置会让许多人惬意，对一些人来说则会兴奋和振动。对色彩的和谐会在视觉上产生理智的效果。对比色的和谐通常是将一种暖色与冷色放在一起，也就是说，通过冷色的阴性来加强暖色的阳性。互补色是指色环上处于直径两端的颜色，如蓝和橙或绿和红。根据同时对比法则，成对互补色中的每一色都能加强另一色的浓度。在自然界，这种颜色配置经常可在鸟、蝶及花中看到，如紫色的花有黄色的花蕊，蓝色的鸟有橙的羽毛。地中海国

图5-55　柏林，Heinz-Galinsti School，设计Zvi Hecker

家的一些村舍将绿框的红色百叶窗镶嵌在白墙中。坎特伯雷（Canterbury）等大教堂的中世纪拱顶采用颜色强烈的蓝色和金色，即使从巍峨的教堂中厅顶部看过去，也能给人留下深刻的印象。

对比色和谐也包括在白色上运用黑色。这样的中性色配置是复杂的，是理性的而不是对色彩的情绪性反应。自然界中这种色彩协调的例子当属北欧，当大地铺满白雪时，漆黑夜色中，树形以生硬的黑色与被剥夺了颜色的天空形成对比。在北欧，特别是英国，有很长的黑白建筑传统，切斯特（Chester）就是一个很好的例子（图5-55）。

5.3.2　图案

图案是装饰艺术当中的一个重要内容，是人们在生活和生产过程中，通过开创性的思维和高度敏感的观察力，将生产和生活当中的视觉经验提炼出来，进行规则化和定形化从而形成图案。图案因表现内容的区别有自然形图案和几何形图案。自然形图案包括动物、植物、人物、自然景物等；几何形图案以几何形体如方形、圆形、三角形、菱形、多边形等为基本内容。几何图案以审美为主要价值和功能，但也被用为象征目的（图5-56）。

图案中的纹样有单独纹样和连续纹样两大类。单独纹样的分类有适合纹样、角纹样、边缘纹样三种；根据组织结构又分为规则和不规则两种，平衡的结构即是不规则形的；直立式、辐射式、转换式、回旋式之类属于规则形的。连续纹样主要有二方连续和四方连续两类，二方连续纹样的基本结构可以归为散点式、折线式、直立式、斜行式、波状式、几何式等；四方连续纹样一般为散点纹样、连缀纹样、重叠纹样等。

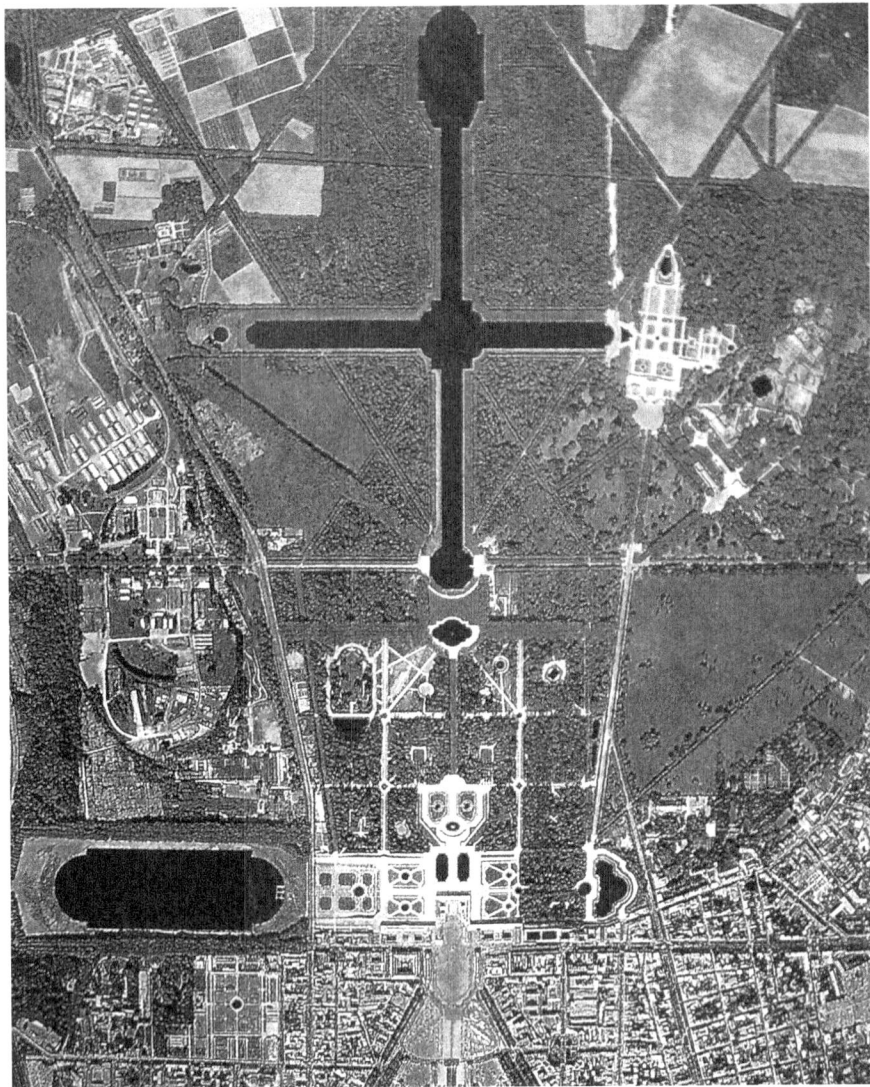

图5-56 法国凡尔赛全景

　　图案凝结着人们对生活和环境的认识，是将视觉素材、创作法则和丰富的想像力结合在一起，表达人们对生活和生存环境的认识和思考。并且，它融入了人们对美好生活的理想和期望。根据环境的艺术视觉需要，以及环境主题意义的需要，图案以不同的表现形式表现在物体的适当位置中，与环境形成整体的视觉效果，传递着某种特定的含义和信息，引发观者的愉悦、哀伤、振奋、沉静的视觉体验和想像（图 5—57a、b）。

　　1. 自然界中的图案

　　自然界中动植物的特有图案向人们表明，有机体呈现出某些式样的可见图案必定是有用处的。显然这些图案是在计划的各种压力的作用下产生出来的。有些动物由于有某种斑纹就易于生存。众所周知，自然界中有两种彼此相反的变化趋

图5-57a　德国杜伊斯堡风景公园,
1989-1994,设计Peter Latz
图5-57b　德国萨尔布吕肯市港口岛公园,
1985-1989,设计Peter Latz

势，这两种趋势对于我们现在讨论的问题非常重要。其中一种是动物形成的伪装图案，其目的是为不被别的食肉动物看见；另外一种是动物形成的醒目的图案，其目的是为了吸引注意力（图5-58a、b）。

我们一直有一个错误的认识，认为自然界中的图形都是不规则的，其实正好相反。从运行的星体到大海的浪花、从奇妙的结晶到植物的叶脉和花朵、从动物的类种到贝壳和羽毛，这些都是实实在在的基本图形和有规律性的图案组合。人类认为是自己创造了简单的几何图形，并且由这些简单的几何图形构成了世界。其实，所有这些经验的来源是自然界，是人类通过观察自然界的一切物象，并从中提炼出其有规律的基本图形，那就是我们现在广泛运用的基本几何图形（图5-59a、b）。

2. 中国古典图案

中国传统图案有着悠久的历史和辉煌的成就。中国图案崇尚内在的含义，在实际生活中，人们习惯将常见的植物、动物等用图案的形式装饰在器物上。有时具有谐音的事物用图案表现出来，就是一幅富有吉祥寓意的作品。在图案中，人们看到的是图案，但心里感受到的确是形象以外的语言含义。也就是说除了形象美、形式美以外，还有一种寓意美、比喻美和语言美。

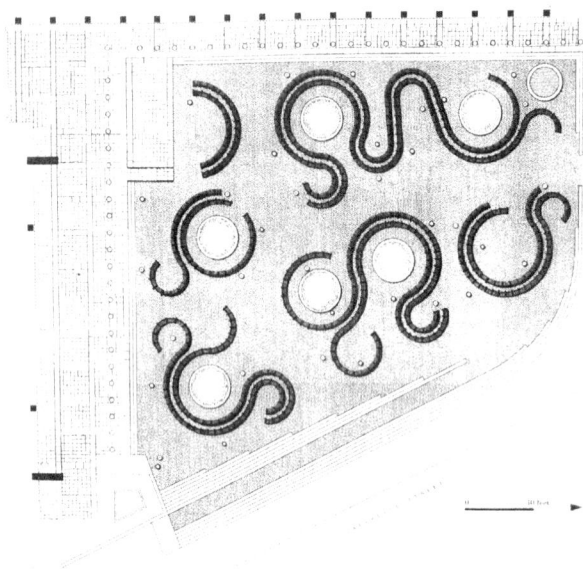

图5-58a(左上图) 纽约亚克博-亚维茨广
场，设计玛莎-施瓦茨
图5-58b(右上图) 纽约亚克博-亚维茨广
场(平面图)，设计玛莎-施瓦茨
图5-59a(左下图) 里约热内卢，柯帕卡
帕那滨河大道，设计巴西Roberto Burle
Marx
图5-59b (右下图) 南非，Palace of the
Lost City，1990-1992，设计Wimberly, All

中国的图案可以分为传统图案和民间图案两大类型。

中国传统图案在不同的时期和不同的器物上都有不同的表现形式。如新石器时期的彩陶图案、战国时期的青铜器图案、汉代的漆器图案、各个时期的玉器图案、各个时期的瓷器图案、还有印染织绣图案和建筑装饰图案等。中国的图案艺术偏重于装饰性，并且更重视于主观世界的表现，比较写意，强调教化的作用。在构图方面追求全、美、满的美学观念，无论在器物造型还是纹样装饰上，都体现了一种整体的完美。擅长表意而不以模仿自然为追求，也就是侧重作者内在情感、意象、理念的借物抒情，不求描绘对象的形似，而是强调神韵（图5-60）。

民间图案与传统图案有着明显的不同，其取材广泛，技法简洁概括，构图简单明确。艺术表现形式包括剪纸、玩具、印染、刺绣等。主体多表现吉祥的寓意（图5-61）。

中国古代建筑以木结构为主，为了保护木材免受侵蚀，很早以前人们就知道用油漆来保护木结构部分。演变下来，彩绘变成了中国建筑装饰的独特艺术形式。春秋时期有"山节藻"的纪录，即在建筑梁架上的短柱上绘有水藻的纹样。秦汉时期，在华贵建筑的柱子、椽子上也会有龙蛇、云团等图案。南北朝时则流行一些佛教纹样，如莲瓣、卷草、宝珠等。唐朝也形成了一定的制度和规格，如宋《营造法式》上有详细规定。明清时期的图案更加程式化，并作为建筑等级划分的一种标志（图5-62）。

3. 国外古典图案

国外古典图案一般以非洲图案、欧洲图案、波斯图案最具有代表性。国外古典图案比较偏重于客观地再现自然，比较写实，变形较小，侧重于美与真的统一，强调思维理性的认识作用（图5-63）。

非洲图案以古埃及的图案为代表，大部分以动物纹样和几何纹样为主，构图以对称的手法为主，几何图案以四方连续的形式出现，并大量运用在帝王的墓穴中。最常见的几种图案为莲花、纸草和葡萄，这些植物是当地的特产，并且与埃及人的生活密切相关，莲花是幸福的象征，纸草可以写字。还有太阳、牛头、鹰、甲虫等图案。象形文字图案也是古埃及最具个性的图案（图5-64a、b）。

欧洲图案最早以古希腊的图案为代表，古希腊的图案一般以植物掌状叶和忍冬草为主要装饰图案，多用于神庙的室内装饰上。在器物上的装饰以人物最为有代表性。欧洲图案发展到后期以意大利和法国的艺术最具有代表性，而文艺复兴时期的图案最

图5-60 北京颐和园长廊彩绘

图5-61 西藏拉亚乃炯寺神殿门廊彩绘

图5-62 北京故宫传统彩绘

图5-63 意大利锡耶纳大教堂，1245-1380

图5-64a 非洲传统装饰纹样
图5-64b 埃及法老墓建筑装饰纹样

为突出。它的特征主要表现在构图多采用球心式、放射式、对称式和回旋式等。图案着重绘制自然形象，经常采用卷草、花枝、已反复的涡形线为主干作两面或四面均齐的形式，色彩富丽、构图自然（图5-65a、b）。

波斯图案以精细、丰满、华丽著称。波斯图案的题材比较广泛，植物、动物、人物、几何形、文字等都是其表现的素材。图案构图一般都采用对称的形式，对象较为写实、自由。在建筑中采用植物纹样和几何纹样较多，有时还结合文字出现（图5-66）。

图5-65a　欧洲古典建筑装饰图案

图5-65b　奥斯蒂亚马赛克铺地

图5-66　西班牙格拉那达，亚布拉汉姆皇宫天花图案

5.3.3 质感

质感指材料的表面所呈现出来的特征，它往往是材料本身所独有的肌理特征，并通过表面的质感传达材料本身的特征如光滑或粗糙、柔软或坚硬、冰冷或温暖以及纹理和肌理等。

质感通常理解为一种通过实际触摸或视觉来获得的对材料的感觉经验。这种感觉经验是从对材料表面纹理的感知，到综合自然常识认识到材料性质，再演变到一种抽象的、精神上的理解和体验的过程。我们在环境艺术设计中所追求的效果，就是最终视觉和触觉丰富的体验。

1. 材料的特性

材料的特性从四个方面来定义：形式、强度、耐久性与可塑性。

材料的形式是其外表呈现出来的特征，包括体量、形状、肌理、色彩、纹样等，它们或简单或复杂，或清晰或模糊。同时，通过材料在构造、连接、表面所呈现的不同形式，才表现出环境的艺术本质。强度的表现包括抗应力的能力，包括拉力、压力和扭转力，它代表着每一种材料的局限性或是潜在的能力。环境中的构筑物所表现出来的强度特性与其构造材料的强度特性可能一致。材料的耐久性指与气候条件的关系，或是挑战性的，或是相互适应的。耐久性材料在环境中的运用也意味着环境本身质量与使用的耐久性会提高。可塑性，指易于改变的材料形状，即对其基本形式的改变（图5-67）。

2. 材料本质的艺术表现

无论设计是否相信材料是设计中的核心要素，都必须控制材料的视觉效果，以便与其他的视觉目的相和谐。这是要求我们在设计的所有阶段都要对材料的表现有所考虑，无论是初步设计还是细部设计阶段。

从弗兰克·劳埃德·赖特的作品中可以看出他对建筑材料的敏感。在他很多的作品中，他使用材料都要经过对其基本的形式、强度、甚至是耐久度极限进行检验。而他却拒绝将可塑性作为对材料特性的描述，这种态度与他注重材料原始状态的运用是相一致的（图5-68）。

举例来说，他对砖、石、混凝土块在体量与细节上都尽量表现出砖石建筑的块体的特性。砖的厚度与矩形

图5-67 努美阿的格纳格文化中心，设计伦佐-皮亚诺1990-1997

图5-68 弗兰克.劳埃德.赖特的落水山庄

特点常常是强调的重点；石材经过设计表现出紧密的造型与粗糙的质地；混凝土块的体量感常被用于阶梯状的造型或是伸出的部分。他的建筑体现出典型的砖石结构的关系、与土地紧密的结合、体量的稳定性。

3. 材料的选择

材料的选择与运用应该被看作是设计过程中的一个重要部分，其固有的颜色、质感以及安装方式都会使作品的视觉效果更加丰富。尤其在环境中运用多种材料的时候，材料的运用不可避免会涉及类型学和地域性中的一些原则。

采用的是什么材料以及为什么，设计理念对材料的重新表现产生重要的影响，许多革新的运用都是有可能实现的。对材料具有敏感性并不意味着要求按照其特征进行设计，这只是一种哲学的态度，就像每一种设计的方法，没有固有的正确或错误，只是循环性的流行而已。正是这种偶然性的材料表现与美学规则之间的关系，证明了假如缺乏对材料的敏感性，那么就会丧失对整个设计的控制。

但使用现成的地方材料，则有利于降低造价并使构筑物与当地环境更加融合。考虑到节约能源与气候特征，当地的天气情况在材料的选择过程中扮演重要的角色（图 5-69）。

4. 材料性格的表现

对材料的运用不是简单地从结构的角度来选择，也不是运用材料表面的肌理来简单地达到装饰的目的，我们还必须懂得材料内在的精神。只有这样，环境中的造型与细部处理才能有意识地表现其文学性、艺术性、社会性等特征。

图5-69 美国西雅图，试验音乐厅，设计弗兰克-盖里

图5-70a 东京，桁架墙住宅，设计牛田英作、凯瑟琳-芬德利

图5-70b 美国加利福尼亚，1983-1990，设计Bart Prince

图5-71 德国杜伊斯堡风景公园，1989-1994，设计Peter Latz

环境的性格产生于功能要求、几何关系、基地特征、环境状况、艺术理念以及其他影响因素，更会受到材料所表达出来的信息的影响。例如，材料根据自身的物理性能，表现出的性格就会是坚韧、柔和、细腻、粗狂、自然、轻松、严谨等不同的感觉。同时，环境艺术整体上是和谐的，那么材料则可以表现出变化；假如要达到喧闹的氛围，那么材料则可以体现出秩序；假如清晰与确定是要追求的目标,那么材料则可能会表现出不确定与模糊性。所以，对材料特性与其视觉作用的理解会促使我们更明确地实现创造环境的目标（图 5-70a、b）。

一般的质感研究是将每一种质感的材料独立开来，但这样很难体会到类型之间的联系。当我们围绕着一个对象作系列的研究时，这种关系就变得一目了然了。这种类型的研究有助于我们在环境艺术的表现上找到合适的、相关的语言和情节，完整的组织出具有很强叙事性和逻辑性的文章来。这些语言正是材料的表面质感所传达出的信息，而文章则是人们产生的情感共鸣（图 5-71）。

5.4 利用艺术品的处理手法

5.4.1 绘画

1. 绘画的种类

油画，是用透明的油料调和颜料，在制作过底子的布、纸、木板上塑造艺术形象的绘画形式。

水彩画，是一种用水调和颜色作画的绘画形式。水彩一般都是透明的，用胶水调制而成。水彩画借用水来表现色调的浓淡和透明度，利用纸和颜料的渗透掩映作用，表现明丽、轻盈、滋润、淋漓等独具魅力的艺术效果。

版画，是以版作为媒介来制作的一种绘画艺术。通常由画家利用木、石、金属、丝网等材质制版，印刷成版画。版画可以印制成两张以上相同的作品，因此又称"负数艺术"。版画起源于印刷的复制功能而成为一种独立的艺术门类。

素描，是指画家在平面上涂画的一种单色的形象。他是一种最古老的艺术形式，也是一切造型艺术最基本的艺术手段。

中国画，是在中国传统工艺制造的纸张上，用水调和天然矿物质颜料绘画而成。中国画追求表现意境，所以在绘画技法上追求利用纸张和毛笔的特点来表现风格。

绘画的基本类型可分为以上四种类型，当然衍生出来的还有很多种类型，比如水粉画、丙烯画等。在不同的地区和民族还有自己的特殊绘画种类（图5-72）。

图5-72 The Budeget Hotel

2. 绘画风格与环境

绘画在环境中可以表明环境的性质，并起到装饰的作用，使环境锦上添花、画龙点睛。环境中的绘画表现的形式有壁画和挂画两种形式。壁画是将绘画直接绘制在墙面或其他建筑的表面上，它与建筑形成一个整体，建筑存在，绘画也就存在。壁画要考虑所处室内和室外的物理环境特征，如潮湿、雨雪、风沙、光照、污染、温度等因素，选择恰当的材质。除了前面提到的绘画形式，壁画当中还经常运用陶瓷锦砖、玻璃镶嵌、壁毯等。挂画是将已绘制好的绘画作品经过装裱后，根据环境的需要悬挂在墙面上（图 5-73）。

绘画的题材、形式、风格、画种都需要服从于环境，应该与环境的使用功能、意境、风格相协调统一。无论是壁画还是挂画都应该考虑尺寸的问题，即绘画尺寸和环境之间的比例关系。画框和装裱形式是绘画作品和环境衔接的重要元素，要充分考虑与环境的风格和特征相统一（图 5-74）。

3. 绘画题材与功能

绘画产生于史前的旧石器时代，当时主要的表现方式是洞穴壁画。表现题材也以自然界和生活中的事物为主。后来有了叙事的描绘，开始记录生活场景和所发生的事件。到了 3000 年前古希腊的爱琴文明时期，绘画艺术主要是装饰壁画。公元前 2 世纪开始古罗马绘画继承了古希腊文化的优秀传统，成为西方文明中古典主义的主体（图 5-75）。

绘画的题材与环境的使用功能密不可分。从绘画在不同历史时期所形成的风格和流派就可以得出这样一个结论，也就是说绘画在特定的环境和历史背景有着不同的题材和审美要求。中世纪的西方国家把基督教作为治理国家的精神支柱，所以它的艺术是基督教思想最强烈、最纯粹、最崇高的表现，它远离客观自然，充满形而上学的、神秘的观念，趋向于装饰性、象征性、概念化的表现。初期的

图5-73 北京故宫
图5-74 敦煌第30窟内景，北周末隋初时期

图5-75　都灵，斯图皮尼吉宫内的狩猎厅，
1729-1733，菲利波-尤瓦拉设计

基督教绘画以墓室壁画为主，表现技法与古罗马时代的绘画相似，并多采用象征手法，而内容则以基督教义为主，担负着宣传教义和祈祷死者灵魂升天的任务。再如 19 世纪初盛行的浪漫主义，它突出的艺术主张是将个人的感情趣味以及艺术才能都不受任何形式和法则的限制表现出来。主张具体情感的表达，尊重个性化，重视用色彩来创造饱满的形象，用奔放的笔触创造有生命力的感动造型。

　　绘画的风格流派，可根据不同的历史背景的地域分为文艺复兴时期、巴洛克时期、洛可可时期、新古典主义、浪漫主义、现实主义、印象主义、现代主义等。而不同的风格流派就是在不同的历史背景下形成的，影响风格流派的因素包括经济、政治、信仰、生活习惯、地理、气候等。而在现代社会当中，文化多元、信息快捷、技术发达，使绘画艺术在题材和技法等方面的表现更加丰富，纷然杂陈的各种主义，前后互动的各种思潮，惊世骇俗的反叛行动，五花八门的艺术运动，充斥着人们心灵的激情和创造力，记录着痛苦、喜悦、彷徨与亢奋的心路历程（图 5—76）。

图5-76 西班牙街边涂鸦

影响现代绘画的几个流派包括野兽派，它是 20 世纪出现最早的前卫艺术运动，它实现了色彩的解放，在色彩的主观性和自由表达方面做出了大胆的探索。他们追求的是在绘画平面上造就强烈的、自由奔放的色彩感和简炼的造型、和谐的构图相统一的风格。

表现主义的特征是在作品中强调表现和宣泄情感的极端重要性，来表达艺术家与社会现实之间的紧张关系。

毕加索在 1907 年创作的《亚威农少女》标志着立体主义的诞生。立体主义绘画打破了传统绘画只能按着一个视点作画的规则，放弃追求真实的空间效果，而是力图用二维的形式来表现三维的物象。立体主义画家在对对象进行认真观察和敏锐感受的基础上作立体块面的提炼，获得以貌取神的效果。

未来主义者关注和颂扬青春、速度、创意、冒险、活力等稍纵即逝的现象。未来主义的作品充溢着积极进取、漠视秩序与规则的精神，以及原始而充满浪漫的观念。

抽象主义是一种反对表现视觉印象和视觉经验的艺术流派。它不描写对象的可视特征，而是强调形状、色彩、线条、块面的精神本质，追求从物象的真实表面解放出来。抽象主义可分为两类，一类是所谓的逻辑抽象或冷抽象；另一类是所谓的感情抽象或热抽象（图 5-77）。

另外还有达达主义、超现实主义、后现代主义、波普艺术、超级写实主义、欧普艺术、新表现主义等等。艺术流派层出不穷，花样翻新，眼花缭乱，应接不暇。在这个多元的时代里，绘画与生活的界限不断地模糊。从不同流派的形成背景来看，绘画是与人文环境有着密切的关系的，所以总能找到与环境相对应的题材和表现风格的绘画作品（图5-78a、b、c）。

5.4.2　雕塑

雕塑以其自身的形象特质成为环境的景观，强化了环境的主题，深化了空间的意境。

1. 雕塑的种类与形式

雕塑从表现形式可以分为圆雕和浮雕两大种形式。

圆雕，是在空间状态上，靠自身重心或内部连接，稳定地坐落在台座或直接放置在地面上，适宜于人们全方位观赏，属于三维空间的完全立体的雕塑作品。圆雕是在空间中实际存在的、有立体的形体，他的实际体量与绘画的虚拟体量在

图5-77　海洋公园第48号，创作里查德-迪贝科恩，1871

图5-78a　公寓式梅-维斯特头像(绘画)，
达利，1934-1935
图5-78b　梅-维斯特之屋，达利，1974
图5-78c　装饰艺术主义作品

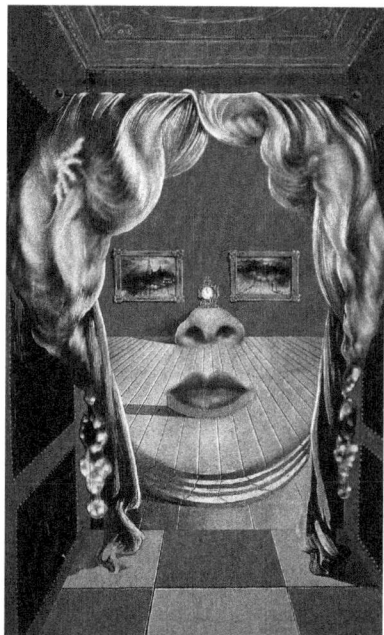

视觉感受上有着本质的区别。圆雕通过其凸凹起伏的部分在光线下产生深浅、浓淡的变化，来表现体量所需的具体细节，通过体面相接的局部或因光线投射下的阴影形成的外形轮廓线，与体量和块面共同组成雕塑造型的基本语言（图 5-79）。

作为雕塑艺术的主要形式，圆雕具有最鲜明的独立性。它不仅记录了人们的视觉经验，还记录了人的触觉性感觉经验，这种触觉性造型感觉即雕塑感，包括雕塑表面所唤起的触觉性感觉意识；雕塑体量所暗示的人的体量感觉意识；以及体量的外观和重量之间一致性的感觉。

圆雕可分为单体圆雕和复体圆雕（群雕）两种。由于雕塑本身具有强烈的视觉效果和明确的主题表现形式，所以其能够在空间中形成视觉的中心和空间主体的点睛作用。圆雕本身没有背景，这就更需要圆雕的风格、体裁、材料等表现手段与环境协调统一，构成统一、和谐的艺术效果，创造出特定的空间感，赋予其独特的艺术魅力（图 5-80）。

浮雕，在平面上雕塑出来凸凹起伏形象的一种介于圆雕和绘画之间的艺术形式。他的空间构造可以是三维的立体形态，也可以兼备某种平面形态。但是通常来说，为特定视点的欣赏需要或者装饰的需要，浮雕相对于圆雕的突出特征是经形体的压缩处理后的二维或者平面特征。被压缩的空间限定了浮雕空间的自由发展，更多地运用绘画及透视学中的虚拟与错觉来达到表现的目的。但是浮雕能很好的发挥绘画艺术在构图、题材和空间上的优势，表现圆雕所不能

图5-79　法兰克福，克莱斯-奥尔登帕格
图5-80　巴尔扎克像，创作罗丹，1898

表现的内容和题材。它既具备一般雕塑的特征，又比其他雕塑形势具有更强的叙事性（图5-81）。

浮雕按照其压缩空间的程度不同，又分为高浮雕和浅浮雕。高浮雕压缩程度较小，其空间构造和雕塑特征更接近圆雕。它往往利用三维立体的空间起伏或夸张处理，形成浓缩的空间感和强烈的视觉冲击。浅浮雕形体压缩的程度较大，平面感较强，更接近于绘画形式。它主要不是依靠实体性空间来营造效果，而是更

图5-81 巴黎歌剧院，1861-1875，让-路易-夏尔-加尼埃设计

多地利用绘画的描绘手法或透视等处理方式来表现抽象的压缩空间。

从浮雕中还派生出一种镂空形式的浮雕——透雕,他在浮雕上保留物象部分,去除物象的依托部分,形成虚实空间并存的浮雕形式。由于空间的通透和虚实的分割,使透雕相对显得更为空灵贯气而不沉闷,既有圆雕轮廓清晰的特征,又兼具浮雕平面舒展的特点。

2. 雕塑题材与功能

设置在广场、街道、大厅等空间内的雕塑作品,其重要的功能应该能够达到美化环境、明确环境意义的作用,还应该具有连接和组织空间的作用,形成以雕塑为中心的具有社会意义和文化意义的空间环境。

根据雕塑的题材可以划分出三类雕塑类型。

纪念性雕塑。它以纪念发生过的重大事件以及重要的人物为主题,主题内容严肃庄重,富有强烈的精神内涵。纪念性雕塑在城市环境中具有特殊的作用,作为一种纪念,它使一些事件和人物产生持续的影响,是一个区域中的精神象征,它是环境的主干和高潮。纪念性雕塑都采用写实的雕塑手法和象征性的寓意手法。形式有头像、半身像、全身像、群像、物体构成等。并且占据着环境空间的重要位置,如广场的中心、街道的重要位置或者重要建筑的前面,也会在重要事件发生的地方设置纪念性的雕塑。在雕塑周围应留出进行纪念活动的足够空间(图5-82)。

标志性雕塑。其自身的特殊视觉特征,独特的表现特质和丰富的雕塑造型手段是其他艺术形式所无法取代的,其在主题表现方面对该区域的特征有一定的概括作用,使其具备区域的标识作用。在一个城市或者一个重要的区域里,纪念性雕塑往往也可以成为该城市或区域的重要标志(图5-83)。

图5-82　彼得大帝像,创作Equenne Falconet
图5-83　巴黎,让-迪比费

图5-84 德国杜伊斯堡风景公园，
1989-1994,设计Peter Latz

装饰性雕塑设施是内外环境中的重要组成部分，他具有装饰性、趣味性、互动性、功能性等特征。其主要功能是发挥装饰和美化环境的作用，并在环境当中具有一定的组织作用。它的表现形式和风格多种多样，题材也是没有限制，所设置的环境也非常广泛，并且很多情况下是与环境的其他元素结合设计，比如植物、设施、构筑物、标志等（图5-84）。

3. 雕塑风格与环境

从题材和表现上雕塑可分为具象雕塑和抽象雕塑。

具象雕塑，即具体的形象，它是指艺术中可辨认的、和外在世界有直接关系的内容，是对外界的直接反映。具象雕塑运用具象艺术手法制作，运用严格的透视、解剖原理，追求物象的整体或局部的形似，通过对自然严肃细致的刻画，已获得具象真实的效果。

抽象原为提取、提炼之意。抽象雕塑作为一种艺术形式，失去了可供辨认的具体特征，完全强调艺术家的主观意念，抛弃生活与自然的真实。把生活的体验、技艺、经验、联想、想像等一系列印象，用点、线、面、体、色等抽象的或几何的元素在空间凝结和游动，分离或组合，以一种非具象的、变幻莫测和似是而非的视觉形式，追求这种纯粹性和规则性。

环境中的雕塑必须与环境背景有机融合，它要确立其环境艺术的内涵。它不但应该与宏观环境相统一，也要与微观环境相协调，具有社会意义和文化内涵。这种融合表现在题材、风格、材料、尺度等。它不仅仅是把较大尺度的艺术作品展示于公共空间之中，它还要求具有与社会公众进行对话和互动的可能（图 5-85）。

4. 环境设施的雕塑性

在现代这样一个快节奏和需要快速获取信息的时代，关注环境设施对周围环境的装饰是非常必需的。起居室墙上的精美图片或是饭厅桌子中央的鲜花，它们的主要目的是美化，而一把椅子或壁橱更多的是功能作用，但是他在空间内的视觉意义甚至要更大于墙上的图片和桌上的鲜花。在城市环境中，一些有功能的街道设施是为了实用，如柱子、钟塔和喷泉。尽管其主要目的是一种象征作用，但是它也有一定的功能。候车亭、街灯、长凳尽管是功能性的，也可以并应该运用纯形式语汇来进行设计，使其成为吸引人的街道雕塑（图 5-86）。

所有环境设施的一个重要目的就是建立、支持或强化一个地区的独特人文性。佩夫斯纳（Pevsner，1955）写道："一个地方的灵魂，即地域精灵，是一个从古话中借用过来的虚构人物并给出新含义。如果我们将它纳入现代术语中，地域精灵就是一处场所的特征。在市镇中，场所的特征不仅是地理上的，而且也是历史的、社会的，尤其是美学的。"

挑选相称的环境设施能将特征赋予一个特定的城市、区域或场所。例如，巴黎地铁的入口就是一种很独特的新艺术风格。由海克特·桂玛德（Hector

图 5-85　克里斯多的大地艺术，流动的围墙
图 5-86　北京故宫，颐和轩庭院中的香炉

Guimard)（1867—1942）设计，它们在巴黎有很大的号召力，拥有远比其他大城市的类似实用设施大得多的魅力。相似地，由乔治·吉尔伯特·斯科特（George Gilbert Scott）设计的英格兰乡村的红色电话亭，也为英格兰乡村景色的地域精灵做出了重要的贡献。英国电信和墨克优利（Mercury）公司的替代物，虽是功能性的却没红色电话亭的特征（图 5—87）。

图5-87 巴黎，多菲内港地铁入口，1900，赫克托-吉马尔的设计

第6章

室 内 设 计

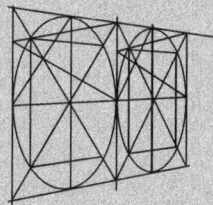

第6章 室内设计

室内设计（Interior Design）：在建筑内部空间为满足人的使用与审美需求而进行的环境设计称为室内设计。作为建筑设计的组成部分，室内设计以创造实用、舒适、美观、愉悦的室内物理与视觉环境为主旨。空间规划、构造装修、陈设装饰是室内设计的主要内容。通过建筑平面设计与空间组织，建筑构造与人工环境系统专业协调，构件造型与界面（地面、墙面、顶棚、柱与梁、门与窗）处理，光照色彩配置与材料选择，器物选型布置与装饰设置来实现其设计。

室内设计以其空间氛围的场所体现，充分地将环境美学的意义落实在具体的时空中。从而成为具有典型意义的环境艺术设计子系统。

6.1 室内设计方法

室内设计方法概论。

设计思维与表达是一种人类有目的的思维活动，它通过一定的手段传达给对象。有关设计的定义众说纷纭，也颇具规模，我们研究它的定义并不是本书目的，但作为建筑、环境等方面的一些特殊任务，有关设计的概念都可建立在一个共同基点上，那就是在社会时空当中，经过精心的计划、构思、选择备选方案，用一定的手段、程序和方法，创造出满足人们一定需要的新"东西"的过程，这就是我们所研究的设计思维与表达的过程。因而认为室内设计是一项集政策、技术、科学、文化等因素，综合性较强的工作，所以我们讨论设计思维与表达的问题，实质上是对设计语言运用能力的研究。

设计思维的"表达"，不能简单地认为是那些便于外行人理解的视觉材料，而是那些更加原始的、未加修饰的、但要贴近设计师内心的设计表达，它是设计师思考的结晶，也是他们知识结构、技能水平和艺术修养的综合体现。

设计师的表达能力是他们职业活动的基础，也是有关教育活动中教与学的重要基础环节之一。由此可知，设计思维与表达是一个不可分割的整体，然而，其发生、发展、完结中的每个过程、每个环节又均需要一定的文化知识，才能形成一体，反映出这一科学的全部，创造并赋予它全部的生命力。

设计作为一门积累型学科，其学习过程是漫长的，其间无捷径可走。然而，少走弯路还是可能的，结合设计课题，把握好设计思维与表达的这一教学环节，对于提高学生的自信心与实际工作能力将是非常有意义的。在我国，设计教育的发展随着改革开放的大潮逐渐受到重视。知识的增长、科技的进步，使教育界和设计界面临着严重的挑战。落后必将被淘汰，求实进取将带来更新。掌握当前最新信息，掌握表达的最新技能是设计过程中的重要环节。

何谓设计思维表达？设计思维表达就是把计划、构思、研讨等意图的发展通过媒介视觉化的造型来表达预想过程的方法和技巧。即在一定条件下把事物具体、形象地表达出来，它不仅是设计过程的层次显示，而且还应是设计完成品的展示，同时也是设计者进行交流的重要语言工具。由此可知，对现代建筑与环境设计思维表达的理解，就不能仅仅停留在一种设计完成品的视觉效果表现上的对"表达"概念的理解。设计表达是建筑师、设计师工作的重要语言表达方式，是建筑师与设计师思想、计划、传达制作表述的过程，是建筑师、设计师必备的基本功。

设计领域是广阔的，设计表现的范围也极其广泛。如城市规划设计表现、建筑设计表现、环境艺术设计、艺术工业产品设计表现、视觉设计表现等。

设计表现从类别上分，有如下几种方式：一，语言表达（口头）；二，文字（图表）；三，造型艺术表达方式（绘画表达、模型表达、数字化艺术表达）。这几种设计思维的表达方式，在实际工作中，是互相作用、互相依存，共同来完成设计表达的任务的。好的建筑师、设计师应在自己的笔端得到快感，在草图中找到灵感。

从历史上看，我们一旦掌握了一种表达方法，就可以对其他方法提出自己的看法，就可以自由地完成自己的设计构想并获得成功，如：米开朗琪罗、密斯·凡·德·罗、赖特等都因掌握娴熟的"表达"技巧而创造了不朽的作品。因而这些应该引起我们每个建筑师、设计师，特别是从事设计教育的教师的重视，这也是我们编撰此书的目的所在。

6.1.1　室内设计思维

1. 室内设计思维的文化范畴

设计应是科学与艺术结合的产物。艺术是文化的一部分，文化修养是因人而异的。建筑师、设计师的文化修养及其作品的质量与他本人的表达能力是密切相关的，从某种意义上讲，设计师的思维能力、综合能力、对其民族或地域文化的感悟能力以及时代感，都是其整体修养的体现。文化修养的高低，直接影响着艺术思维的层次、能力和结构，同时，艺术思维也限定表现思维的走向和状态。可见，表现思维活动和思维方式，在一定程度上依赖于文化本身，这种密切关系，也反映出一定的文化形态与文化风格对表现思维的制约。表现思维的结构与走向受到文化范围的导向与影响，社会的进步与发展，各类科学文化知识与艺术科学融合起来，给艺术与设计界带来了绚丽缤纷的多元局面。作为年轻的设计表现学科，运用这种多元化的思维方法去开发艺术表现的处女地，必将帮助我们获得认识问题与解决问题的能力，繁荣艺术创作和设计表达。

2. 室内设计思维的目的

设计文化的核心是对如何实现设计目标的科学设计方法途径的探求，真正的设计应该是创造，而不是模仿，从这种意义上讲，设计的历史也是一部创造发明的历史。因此，充分发挥人的因素、开发人的创造力的科学方法在设计表达中被广泛应用，并受到极大的重视。设计思维与表达是设计方法的重要设计途径与环节，″方法″源于希腊文，意为″沿着″或是″道路″。设计方法是实现设计预想目标的途径，如果想把预想变为视觉图形符号就必须通过设计思维与表达来完成。建筑师、设计师要实现设计使命和目标，就必须掌握正确的表达方式与技巧，并以现代科技和经济为基础，从人类生活及环境综合的观点来思考设计的问题。换言之，设计的真正使命是为了提高生存环境质量，满足人类新的需要，从而创造人们新的生活方式。这就需要建筑师与设计师一方面要有较全面的专业知识和不断进取的态度，另一方面要掌握熟练技能与表现技巧，才能使设计思维驰骋于思想与现实、科学与美学、抽象与具体的世界之中，把想像的东西转化为可视的影象符号，以各种造型的手段和技巧，来传达建筑师与设计师的设计思想，搭起理想与现实之间的桥梁，使想像成为可视的图形，这就是艺术思维与表达的目的所在。

3. 室内设计思维研究的方式

知识交叉是时代的需要，也是对我们每个设计师、建筑师的职业要求。英国皇家美术大学教授布鲁斯·阿彻尔认为，过去的设计者往往是依靠直观来进行设计的，现今以直观的方法为基础的设计方法虽然存在，但是现代设计技能是在完成复杂设计使命基础上的发挥与延伸，它必然会从多方面与相关学科发生联系，产生学科之间的交叉，所以设计者仅仅凭直觉经验来进行设计的可能性也愈来愈小了。在设计活动中，必然会涉及众多的设计方法、规范和程序，如果没有按一定明确目的的计划和相关解决设计问题的理论知识作指导，没有明确的设计基本要素与技能，是不可能有好的设计方案的。这里指的设计要素，主要是指设计物在具体化前所制作的雏形（即方案和模型）和设计过程中所运用的技术。为此，阿彻尔认为，可将设计中需要解决的问题与控制论、经营工程学、运筹学和系统工程的领域相对应起来进行思考，由此去选择适当的设计方法。

文化修养是思维表达的坚实基础和灵感中介。优秀设计师的文化艺术修养和表达能力的提高均需在一定的文化体系、文化思想的引导下才能形成。东西方文化的相互影响与渗透是必然的，然而，有意识地去学习他国或他乡的经验与下意识地被外来文化所俘虏之间是有原则区别的。论及修养，设计师存在着知识面的问题，存在着东西方文化的差异问题。具体对于设计实践而言，自觉地去了解、比较东西方设计语言上的共性与个性，是一个长期的任务。从思维方法到表达方式，甚至表现手段（媒介）上广泛地比较与学习显然是有益的。对建筑环境艺术而言，个性与民族性、地方性密切相关。这是对传统的设计思维方式，构造技术等认识的关键。在学习传统、了解地方文化之后，一个优秀的设计师在表达自己对现实生活的理解时，往往能在设计中见精神——一种与自己文化传统相关的精神。在这方面，老一辈设计师，无论是东方的，还是西方的都有着杰出的表现。

从修养的角度来看，我们认为无论是从治学，还是从实际工作的需要出发，抽象与具象的表达能力对于设计师都是必要的。理性地去思维，感性地去认识空间关系与物象存在方式这两种认识方法并存与并用，构成了设计师区别于他人的观察与思考的方法以及表达方式，它也是确保设计全过程得以顺利操作的业务基础，是从思考走向具体设计成果的"语言"途径。总之，修养离不开认识能力、判断能力和知识的深度与广度。对设计师来讲，对理性与感性的平衡，对东西文化的深入了解与比较，对传统与现实的深刻理解都是设计与表达的重要基础。对待这些问题不能只用实用主义的态度来解决。修养高低只是相对而言，但作为认识与设计的基础，其研究都将是长期的、严肃的。

4. 室内设计的思维过程

设计的中心目的是为人服务，环境艺术设计是为人创造舒适、美观、合理的内外部环境，它是一种艺术性与技术性相结合的人类创造性行为，作为一个环境艺术设计师来说，一个好的设计结果并不可能一蹴而就，它必将有一套完整科学的、从无到有的设计程序体系。其目标就在于有效地解决在实现设计最终目的的过程中各个环节所遇到的问题。设计的过程实际是将抽象思维的形象化的过程，它忠实地记录下设计师在设计过程中的思维轨迹，通过一定的表达手段，使设计师的设计结果得到为人们所理解的呈现。

室内设计实施的过程虽然无法遵循统一的模式，然而从设计思维演进的过程出发，却又有一定的规律可循，设计的思维演进过程可分为以下十个部分：

1）功能的确定；

2）理想设计系统的建立；

3）设计信息的收集；

4）提出你所能想到的所有不同方案；

5）反复地从各种方案中比较、筛选，找出你认为可以深入的一项；

6）把选定的方案具体化；

7）回顾整个方案过程，进一步研究细节；

8）检查、评估该方案，进行探索性实践；

9）实际完成该方案（运用各种手段）；

10）对完成结果进行性能检测，并针对反馈意见进行修改。

勒德尔是位有影响的设计方法论学者，他的关于设计过程的理念偏重于从大的框架下分析设计思维过程的规律，有助于我们对科学设计过程体系的理解和把握。然而就某一具体案例的过程分解，日本筑波大学教授吉冈道隆的研究值得借鉴（虽然这是一个产品设计的设计流程），从中我们可以很清楚地看到设计表达方式在设计过程中的作用以及这两者之间的互动关系。以下为吉冈道隆的设计流程：

1）提出问题：从功能、结构、色彩、人、材料、外形等方面对原型提出问题；

2）设定目标：对提出的问题进行分类，选定改进目标；

3）解决办法：对每项需要改进的目标，提出集中改进设想方案；

4）方法合成：将改革方法综合归类，然后画出多种改革设想草图；

5）理想构图：根据每项改革目标要求选择较好的设想草图，在此基础上画出理想的构思草图；

6）计划草图：针对自己的理想草图说明对于每项改革目标作了怎样的具体改革；

7）设计条件：从产品的功能作用、服务对象等方面作出对理想构图或理论上的阐述；

8）构思草图：在对产品的各个改革目标设计的基础上，设计出改进后的新产品的多种构思草图；

9）构造略图：对各种构思草图从形态结构上进行归纳，画出几种概略图；

10）初步外形：根据构造略图，选择出每种结构较好的一张构思草图，以它为基础画出产品的初步外形图；

11）构造详图；

12）外形尺寸；

13）细节尺寸：如细节较多或细节尺寸不便在外形图中标出，则分别画出个别细节部分尺寸图；

14）色彩设计：配色略图，给出标准色；

15）效果图：综合以上设计，画出新产品的标准造型效果图，制作模型。

5. 室内设计思维表达过程

前面提及的两种设计流程理念对于现今设计具有指导意义，但任何程序、方法都不能成为设计师主观创造性思维充分发挥的障碍。对于设计程序的理解，不能单纯追求生硬僵化的理性逻辑，而忽视了设计过程中创造性思维的开发，以及多样性设计表达对于设计灵感的启发和对设计结果的深刻影响。就室内环境设计而言，设计思维表达过程可归纳为如下四个阶段：

（1）设计分析阶段

进行设计的目的是为了解决现存的问题，设计分析过程就在于找出与设计主题相关联的所有问题，分析和把握问题的构成，并按其范围进行分类，初步提出解决问题的可能途径。设计分析阶段又可分为两个部分。

1）实地现状分析。通过文字、图表、草图或其他的设计表达手段,忠实地记录、描绘设计现场的客观现状，掌握第一手资料，为后期设计的顺利展开做好铺垫。包括以下八个要点：

①设计现场地形、地质特征调查分析；

②设计现场地理方位的标注与明确；

③设计现场交通状况调查分析；

④设计现场建筑结构状况调查分析；

⑤使用功能调查分析；

⑥使用对象调查分析；

⑦设计现场自然景观的记录分析:设计现场自然气候、日照、风向的记录分析。

2）资料分析。配合设计现状的调查分析，组织收集相关的图片、文字、背景资料，在尽可能的情况下，罗列与设计主题相关的各种可能的设计趋向，找到尽可能多的设计切入点。资料的反复考量、比较、研究将对最终的设计结果产生重要影响。

相似案例资料收集分析。

从设计的形式感、色彩、材料、结构、设计风格取向多个层面对已有的相类似的案例加以研究、整理、分析，得到有用的参考和借鉴。对业主或使用者针对设计主题具体要求进行总结归纳，以研究设计主题中社会文化背景限定、使用功能限定、审美取向限定、经济投入限定等诸多限定性因素。

（2）设计构思阶段

在设计分析的结果基础上，充分发挥设计师的创造力和想像力，对分析阶段提出的问题给出解决方式——初步的构思方案。这种方案应越多越好，以给最后正式方案的形成留有充分的选择余地。设计构思阶段可分为三个部分。

1）概念性草案。对所有的与设计相关的信息予以关注，这一阶段并不是设计的深入阶段，而是给出设计的框架和方向，为设计的深入创造预留充分的发挥空间，通过大量的概念性草图以明确设计者的最终设计意图。

2）阶段性草案。结合设计分析阶段的诸多设计限定因素，对概念性草案所明确的设计切入点进行深化，对关乎设计最终结果的形式问题、结构问题、色彩问题、材料问题、功能问题、风格问题、经济投入问题给出具体的解决方案。无疑，这一阶段是设计过程中最重要的内容，它是对设计师职业素质、艺术修养、设计能力的全面考量，所有的设计结果将在这一阶段初步呈现。因此坚实、有力的设计思维表达能力将是该阶段顺利进行的重要保障，也决定了设计的最终成败。

3）确定性草案。确定性草案是对阶段性草案的进一步深入优选，基本上按最终的设计结果给出正确的比例尺寸关系、结构关系、色彩关系、材料选用等关键性要素。通过一系列的手绘性质的透视图，平、立、剖面图和节点草图将设计意图明确表达出来。

(3) 设计定案阶段

设计定案阶段包括两个部分：第一是在多个构思草案中选择最佳方案，第二是对该方案的最终完成进行表达。

1）评估与选择。在与业主充分交换意见，在得到确认后对几个设计草案进行反复的比较与筛选，找出最接近设计目标的优选方案；检查各个设计环节无误后，可进入下一个阶段——设计结果的正式表达。

2）正式的表达。通过一系列正式的设计图纸，将设计者的设计意图，准确无误地传达给业主和施工单位。在表达方式的选择上主要有以下两种。

①传统方式表达。它包括方案设计阶段的平、立、剖面图、效果图、轴测图和设计模型，以及之后的建筑、结构、水、暖、电等各专业施工图，还有工程概预算、设计变更和竣工图等。

②数字化方式表达。对设计构思创意运用诸如计算机仿真、数字化多媒体等高科技手段予以呈现，对设计的各个环节可以得到"所见即所得"的表达。数字化表达方式是设计表达发展中的全新领域，值得深入的研究。

(4) 设计反馈，修正阶段

在方案的实施过程中要求设计实施始终与施工同步，随时解决所遇到的实际问题，及时修正、弥补设计方案的不足和缺陷，保证工程的顺利进行。设计过程至此基本完成。

从设计分析、设计目标的建立，到构思草案阶段，到设计最终结果的表达，这是按时间的顺序计划安排设计进度的科学方法，这一方法被称为设计流程。通过这一流程，我们可以了解设计创造性思维的开发和设计思维表达方法的相互影响、相互促进的关系。同时，设计流程所体现的设计思维创意过程不能被理解为单一的线形过程，而是螺旋形前进的非线形循环过程。一个创意被表达出来以后，设计师总能在此基础上得到修正意见，然后，再创意，再表达，再修止，如此循环往复，直到越来越接近设计的最终目标。

6.1.2　室内设计表达

1. 室内设计表达与思维的关系

每一位设计师都希望自己的设计为人们所理解，然而埋藏于设计师头脑中的设计灵感与构思却必须通过合理的方法予以传达才有意义，就如同音乐家和作家，如果没有良好的乐理音符和语言文字功底，再好的构思创造也无法表现。作为从事各类艺术设计创作的设计师来说，其思维创意的表达方式是指所谓创意的"形象化"表达技能，即我们经常提到的"用笔尖思考，用图形说话"。这种技能其本身应具备强有力的凝聚和传递信息的能力，或被看作负有交流使命的特殊"艺术语义"信息的传递者。设计师的意念、灵感、思想由它来表达，而它又反过来驱使着设计师完全依循自己的感性、感悟去探索设计对象内在的精神本质，并左右着设计进程，贯穿设计始终，设计思维与表达两者间的这种交互性关系是推动艺术设计向前发展的重要动力。

2. 设计表达的方式

室内设计本来在广义的思维表达的高度，其形式应该是多种多样的。我们认为凡是能够有效地将思维意念"物化"的行为都被认为是表达的行为。它包括对人的听觉、视觉、触觉的诸多感官刺激作用，而就环境艺术设计思维与表达来说，这主要指以视觉传递为主的图形学表达技术。它包括：分析草图、构思草图、设计制图、功能分析图、透视效果图、模型制作、视频传达（影视、计算机）等。由于设计思维表达对于设计过程以及设计目标实现的不可或缺性，使得设计思维表达技能越来越成为衡量设计师职业素质高低的重要标准，并且一直被作为一门专门的学科被广大设计工作者和专业人士认识、研究。各种风格、各种类型的设计表达方法异彩纷呈，有助于更好地理解设计思维表达体系以及熟练地掌握设计思维表达技巧，根据我们长期教学及设计实践，现将思维表达按设计过程和表现技法总结归纳为以下两大部分，并配以相关图例，供大家参考和借鉴。

（1）按设计过程分类

设计分析阶段：现状分析草图、资料分析草图；

设计构思阶段：概念性草图、阶段性草图、确定性草图；

设计定案阶段：设计施工图、平面图、立面图、剖面图、大样图、设施图；

设计效果图：平视图、仰视图、鸟瞰图、轴测图、结构分解图、设计模型；

设计反馈，修正阶段：设计变更图、设计竣工图。

（2）按表现技法分类

墨线单勾：墨线单勾一般使用钢笔、针管笔，可以发挥各种形状笔尖的特点，达到多种艺术效果。画风严谨、细腻、单纯、雅致，也常作彩铅、马克笔或淡彩的轮廓描绘。

彩铅技法：彩铅技法可以精确地控制着色的方法和位置，在表现形体结构，明暗关系，虚实处理以及质感等方面，效果极佳，但是绘画花费的时间较长。

水彩渲染：水彩渲染表现技法实用范围很广，画法步骤较易掌握、控制，表现风格严谨，画面工整，色彩清亮，自然柔和，并伴有半透明的效果，但是这种技法表现的绘画效果一旦成型就很难修改，尤其是高光部分，所以画时须有详尽的绘画步骤和方法设想。

水粉技法：水粉画技法以其色彩明快、饱和、浑厚，作图便捷和表现充分等优点成为各类效果图表现技法中最普遍的一种。这种技法绘制效果图易于修改，细部较易于深入表现，可以绘制出很逼真的效果图。

快速技法：快速技法一般是使用马克笔来绘制效果图，它最大的特点就是方便快速，马克笔的颜色很多，且不用调和，可以很方便的直接使用。

综合技法：很多效果图的绘制通常会将多种技法结合在一起使用，这样可以综合各种技法的优势，取长补短，达到最完美的效果。

电脑渲染：电脑渲染一般先在建模软件中建模，然后在 3D 软件中赋材质、灯光，最后在图像处理软件上进行背景、前景和配景的处理，从而获得逼真满意的效果。这种技法使艺术设计从概念到技巧都有了全新的变化，已成为当今设计的主流表达方式。

3. 设计表达应把握的环节

设计表达的过程是设计师从事创作设计的轨迹，是设计师表达自己思想的基本语言，这种语言的表达应该把握如下几个基本环节。

（1）基本造型能力的把握

室内设计表达实际上是将三维空间的形体转变成二维空间画面的图形学制作技法，画面的构图形式、形体结构、比例位置、线条组织、明暗关系、色彩搭配等无不体现出设计师造型功力和美术基础的好坏。总的来说，美术基础及艺术修养对于设计师设计能力的提升是勿庸置疑的。设计表达虽然不是纯艺术表现，但它毕竟与纯绘画艺术又有着不可分割的血缘关系，它也具备纯绘画艺术所具有的特质，如整体感、秩序感、对比、统一、节奏、韵律等，因此设计师本人艺术修养的高低都会丝毫不差地反映在他的设计作品之中，并在一定程度上决定了设计的成败。

（2）对于手绘表达的正确认识

几个世纪以来，徒手草图，平、立、剖三视图以及渲染效果图一直是传统的表现形式。如今，计算机绘图以其自身的优势，对传统的绘图提出了挑战。这是时代的选择，电脑技术在设计部门中得到了普遍的应用，各类招、投标亦多要求电脑表现图，设计专业的学生亦将其作为最主要的设计表达方式，这种现象反映了计算机科学技术给传统设计领域中设计方法、设计观念所带来的变革，其已成为设计创作的新趋势与新动向。

计算机以其所见即所得的虚拟现实技术使方案表现显得直观而生动，成为检查、评估设计方案的有效手段；同时，计算机辅助设计大大降低了设计的劳动强度，提高了设计的精度和速度，设计成果也可被反复地运用，可以说计算机技术对整个设计学科的发展起到了很大的推动作用。然而，就如同一切高新技术一样，电脑技术的运用也存在着众多的负面效应，反映在具体的设计之中，即为重表现而轻设计，设计人员在电脑表面效果的处理上所花费的时间、精力远超过设计方案的构思过程，这种重结果而轻过程的情形在一定程度上扼杀了设计初期阶段构思过程中转瞬即逝的灵感火花。同时，设计人员过分沉湎于电脑，必将忽视对基本功的严格训练，艺术修养难以提高。这些最终都将导致设计人员设计分析、思考、创作能力的丧失，整体素质的降低。因此，客观地评价电脑技术在设计中的作用大为必要，反之，我们更应认识到手绘表现在设计中的不可替代性，它应贯穿于设计过程的始终。因此，在科学发展的今天，手绘表现仍是一种最灵活、最便捷的表达方式。

（3）设计表达与一般绘画创作的区别

设计表达区别于一般的绘画形式，有它自身独特的规律。设计表达方法来源于绘画艺术，但把它同纯绘画形式相比较却有着明显的不同，这种不同首先表现在两者的最终目的不同。我们说设计的目的是要解决人与物的问题，在人与这些外部因素相接触的时候，就必将产生这样和那样的矛盾，为了解决这些矛盾，从而产生了设计，也就是说，设计是要解决问题的，那么设计表达也是紧紧地围绕着这一中心服务，它是设计师表达自己头脑中设计构思创意的一种技巧，同时，又是准确传达设计作品意图给观众的一种工具。而纯绘画性质的艺术创作，它的主旨在于试图诠释人与人之间的问题，它的中心目的是艺术家通过绘画的形式，向观众展示自身对于生活、社会的认知和感悟，它的表达方式是一种纯粹的自我精神与情感的抒发。

明确设计表达与绘画创作的区别，有助于我们正确地理解设计思维表达的内涵，更好地理解设计师的设计创意。

4. 设计思维与表达的训练要点

（1）基本技能与知识修养

建筑、环境艺术设计的工作性质决定了从事此项事业的设计师所应具有的职业修养的素质。设计师既要了解环境艺术空间的构成技术，同时，也要懂得环境艺术作为空间艺术品的创作规律。也就是说，作为一名环境艺术设计师，应具备技术和艺术两方面的专业知识修养。

1）掌握建筑构造与材料的知识。在环境艺术设计的过程中，设计师明显地为技术、材料所制约，实体空间的构成要靠钢铁、砖石、玻璃和混凝土；照明效果的产生要靠各种光源和灯光；地面、墙壁、顶棚的装饰要用大理石、花岗石、瓷砖、实木和墙纸等。总之，空间环境的总效果在很大程度上要靠一定技术和材料来实现。技术问题中最主要的则是对建筑结构的了解，对建筑力学知识的掌握，以及对结构构造技术的熟悉。意大利建筑工程师奈尔维说过这样一段话："一个建筑物的普遍规律，它必须满足功能要求、建筑技术、建筑结构和决定建筑细部的艺术处理，所有这一切，构成一个统一的整体。"作为一名设计师，只有在掌握建筑构造原理的同时，还能深入了解材料的性质和特点，而且还能对新、旧材料运用自如，才能创造出令人意想不到的环境空间。

2）具备坚实的手头绘画能力。室内设计师应具有丰富的形象思维能力以及良好的空间意识和尺度概念，再加上对生活及各类产品的熟悉，能及时地借助于造型艺术手段用感人的表达方式，把设计构思具体地、形象地、准确地表达出来，传达给观看者。因此环境艺术设计师需要有绘画造型艺术方面的基本技能，如对素描、速写、色彩的要求都比较高。

素描——它是一切造型艺术的基础，它也是设计表达中必不可少的基本功之一，如比例、结构、质感等特性。对于环境设计师来说，素描功力的训练，主要侧重于对形体的空间结构的理解，加深对对象外在框架和内在构造的认识，侧重于精炼的概括和用线造型的技巧把握。它还有助于锻炼想像力和对形体的敏锐的观察能力和记忆能力。

速写——它的特点在于快速生动地表现对象，作为美术功底的重要组成部分，它对画家和设计师基本艺术素质提高的影响是显而易见的，速写能力的培养，不仅有助于记录大量有用的形象信息，开阔构思思路；而且，在我们进行方案设计的早期阶段——草图阶段，它常以独特的无法替代的方式呈现设计师内在的构思创意，指导设计师接近最终设计实现。速写基本功的训练，就是要解决以下三个问题。

第一，透视、构图问题：使设计师在下笔之前就有正确的透视感觉。

第二，有效地锻炼设计人员高度概括的能力和敏锐的、熟能生巧的工具使用技巧以及生动的线条表现力以达到运笔如行云流水，表现随心所欲的境界。

色彩——对于色彩的敏感是人天生的能力之一，科学证明，对物象的感知，在色彩和形体之间，色彩感觉总是第一位的。设计作品的色彩设计在很大程度上决定了该作品的好与坏。因此对于设计师来说，如何提高色彩修养，就成为至关重要的一环，通常纯绘画色彩训练更注重以感性认识为主，设计专业则偏向于理性分析为主的色彩构成训练，但两者没有绝对地分开，而是相互补充，相辅相成的，以使设计师在设计中把色彩因素作为设计作品重要的构成要素之一。

可以这样认为，绘画技能和知识水平的高低，决定了设计表达手法所能达到的水平，当然，体现设计创作水平的关键最终还是在于创造空间艺术形象的技巧和处理技术问题的能力，设计师的绘画基本功主要是以辅助设计、表现设计意图为基本目的。

3）掌握声、光、电等物理知识。采光在环境设计中，是设计师十分关注的问题，光不仅可以满足人们视觉功能的要求，而且是一个重要的美学因素。利用自然采光，不仅可以充分利用能源，而且使人在视觉上更为习惯和舒适，在心理上和自然接近、协调。室内自然采光究竟采用怎样的形式，完全取决于建筑师的设计。通常情况下，室内一般是通过窗户进光，所以，对于窗户的设计必须周密考虑，慎重从事。而设计师所运用的人工照明，不仅要解决夜间光源和补充白天照明之不足，同自然光一样还要强化空间的表现力，增强室内空间的艺术效果，使室内气氛温馨可亲。可以这样说，人工光环境设计有功能和装饰两个方面的作用，任何一个好的室内光环境，都是这两者的有机结合。当然，根据建筑功能的不同，两者的比重各不相同。如工厂、学校等工作场合多从功能来考虑，而休息、娱乐场所，则更要强调艺术效果。

在平常的生活、工作、学习环境中，面临许多声环境问题，如室内的噪声及高水准视听空间的音质处理等，针对诸多问题，设计师要有控制室内外噪声的能力、控制室内混响时间的能力、控制回声的能力以及控制隔声的能力。

针对不同地域、环境的不同要求，制冷、取暖、通风等要求也有所不同，可以通过专门的技术如空调、管道等来解决。随着建筑物类型的不断增多，设计师所面临的各种技术问题也会相应增加和日趋复杂，设计师只有在掌握美学、装饰知识的同时还具有丰富的解决实际工作中的技术问题的能力，只有这样才能满足实际中的需要。

4）空间组织与空间造型的能力。从某种意义上说，空间组织的失败是很难用其他办法弥补的，即使有办法弥补，也未必能从根本上解决问题。空间组织的内容涉及到单个空间的问题，如单个空间的形状、尺度、比例、开敞与封闭的程度，又涉及若干个空间相组合时的过渡、衔接、统一、对比、形成序列等问题。通过这些语言组成的空间，既是功能性的、技术性的，也是空间艺术性的。

（2）设计表达中的透视要点

透视图是设计师们不可缺少的工具，是设计的得力助手。透视效果图在所有设计图纸、资料中，是最有表现力、最引人注目的一种视觉表达形式，它能逼真地表现设计师的创意和构思，直观、简便、经济，比制作模型来得快，而且携带方便。本节主要介绍一些简单实用的快速成图方法。

1）透视的基本原理及常用名词（图6-1）。我们观察自然界中物体的形象如同照相，从照片中可见如下现象：

①等高的物体，距我们近的则高，远的则低，即近高远低；

②等距离间隔的物体，距我们近的物体间隔疏，远的较密，即近疏远密；

③等体量的物体，距我们近的体量大，远的则体量小，即近大远小；

④物体上的平行线，如与视点形成夹角后，延长后相交于一点。

这些均为透视现象，而这些现象是一种〝错觉〞现象，然而这种〝错觉〞却符合物体在人们眼球的水晶体上呈现的图像，因而，它又是一种真实的感觉。

立点（SP）：观察者所站立的位置点（也称足点）。

视点（EP）：观察者眼睛高度的位置点。

心点（CV）：视点在画面上的投影点。

视高（EL）：立点到视点的高度。

视平线（HL）：通过心点并与视点同高的线。

画面（PP）：观察者与物体间的假设面，或称垂直投影面。

基面（GP）：放置物体及观察者所处的平面。

基线（GL）：假设的画面（垂直投影面）与基面的交接线。

灭点（VP）：与基面相平行，但不与基线平行的若干条线在无穷远处汇集的点，也称消失点。

测点（M）：求透视图中物体尺度的测量点，也称量点。

真高线：在透视图中能反映物体空间真实高度的尺寸线。

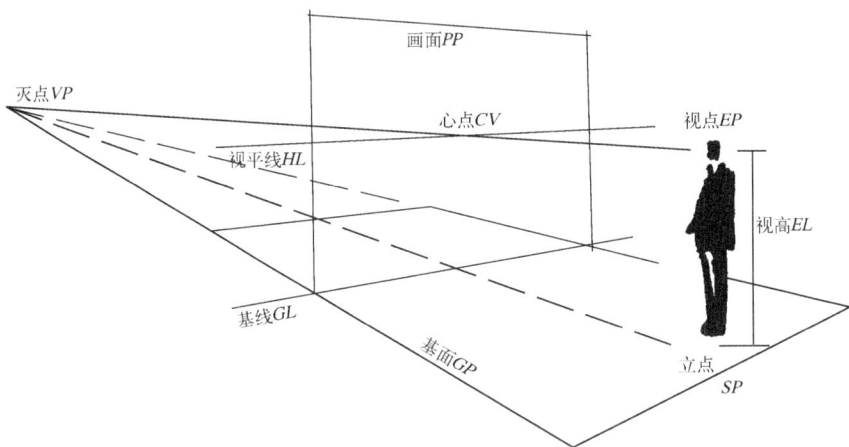

图6-1 透视基本原理及名词解释

2）透视图的分类及特征。

①一点透视（平行透视）。空间或物体的一面与画面平行，其他垂直于画面的诸线将汇集于视平线中心的灭点上，与心点重合。

一点透视表现范围广，纵深感强，适合表现庄重、严肃的室内空间，缺点是比较呆板，与真实效果有一定距离。

②两点透视（成角透视）。空间或物体的所有立面与画面成倾斜角度，其诸线条分别消失于视平线左右两个灭点上，其中，斜角度大的一面的灭点距心点近，斜角度小的一面距心点远。

两点透视图画面效果比较自由、活泼，反映空间比较接近于人的真实感觉。缺点是角度选择不好，易产生变形。

③俯视图。是将视点提高的画法，便于表现比较大的室内空间和建筑群体，可采用一点、两点或三点透视作图。

3）透视图画法。

①一点透视（平行透视）。

A.足线法作图（图6-2）。

a.把平面图的一边置于画面PP上，在画面PP线下方留出足够的空间确定基线GL。

b.确定立点SP与画面PP的位置关系。

c.以立面图空间高度与平面图相对完成点A、B、C、D的绘制，以AB或DC为真高线，在1.5m高度作视平线HL，通过立点SP向视平线HL作垂线，交点即为心点CV。

d.将平面图中各个内角及转折点与立点SP相连接，连线交于画面PP线。

e.过画面PP线上的各连线的交点分别向下作垂线，找出各点在透视图中的空间位置，利用真高线尺寸可求得透视图内各点的空间高度。

B.量点法作图（图6-3）。

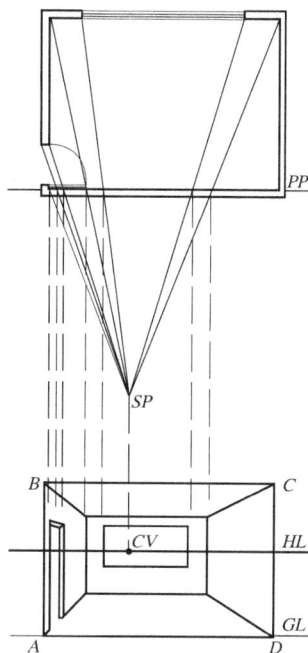

图6-2 足线法作图（一点透视）

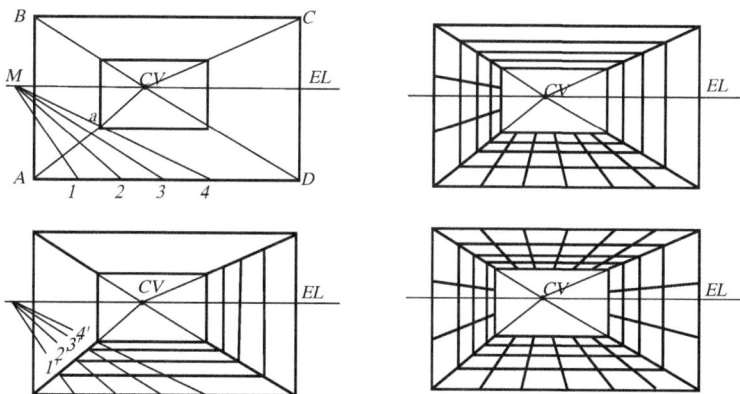

图6-3 量点作图法（一点透视）

a. 这是一种简单的一点透视画法，首先按实际比例确定宽和高 ABCD，然后利用测点 M，即可求出室内的进深。

假设：A——D 为 6m（宽）；A——B 为 3m（高）；视高 EL 为 1.6m；那么 A——a 为 4m（进深）。

b. 从 M 点分别向 1、2、3、4 画线与 Aa 相交的各点 1′、2′、3′、4′ 即为室内的进深。

注意：(a) 灭点 VP 定在中心 1/3 段偏左或偏右处。

(b) 中心灭点偏右，测点 M 则定在视平线右侧。

②两点透视（成角透视）。两点透视图可根据平面布置的方向，选择最佳角度，有利于设计主体的重点表现。

A. 足线法作图（图6-4）。

a. 确定平面图的内容范围及与画面 PP 线间的夹角，设定基线 GL 的位置，并画出视平线 HL，在基线 GL 线下方定出足点 SP，由此作平行于两墙面的直线交画面 PP 线于 P_1、P_2，由此两点向视平线 HL 作垂直线交 VP_1、VP_2，此两点就是左、右灭点，如图 6-4(a) 所示。

b. 由与画面 PP 线相连的两内墙面的点 c、d 向下作垂线交基线 GL 于 a、b 两点，在 ac、bd 中任意一垂直线上确定房间顶棚的真高度 ae 或 bf。

由墙角 m 点与立点 SP 的连线与画面 PP 线相交于 m′，由 m′ 向下作垂线，然后连结 VP_1——f、VP_1——b、VP_2—— e、VP_2——a 与通过 m′ 的垂直线相交于 g、h，gh 即为墙角 m 点的透视高度。图形 ahge、bfgh 即为室内成角透视的墙体空间界面图形，如图 6-4(b) 所示。

c. 按上述方法，将室内平面图内其他形体的转折点与立点 SP 相连，交画面 PP 线于各点，再通过各点分别向下作垂线即可求得各形体的透视效果，如图 6-4(c) 所示。

B. 量点法作图（图6-5）。为了方便说明，将建筑的立面图绘于纸上直接作透视图。

图6-4 两点透视足线法

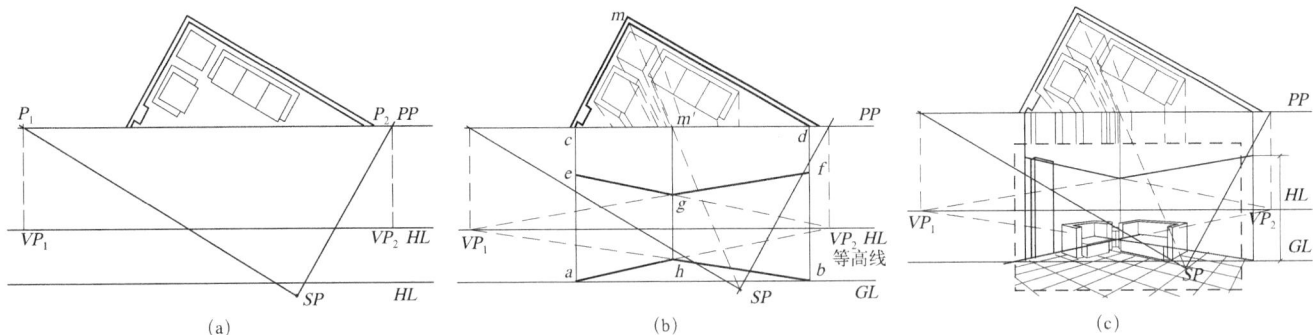

(a)　　　　　　　(b)　　　　　　　(c)

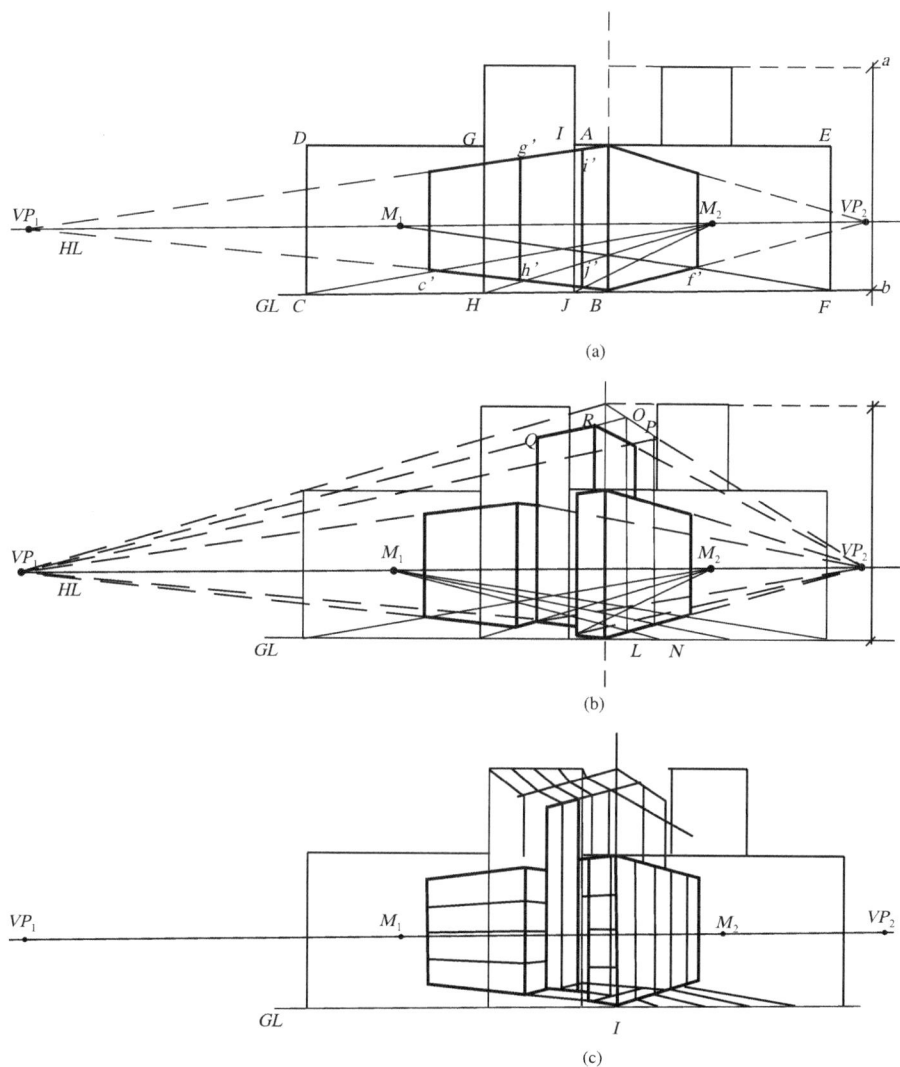

(a)

(b)

(c)

图6-5 成角透视量点法
(a)画出垂直线；(b)完成建筑透视图；(c)完成
建筑墙体分割线

　　a. 设定立面图的底边为基线 GL 的位置，并画出视平线 HL。定出左、右消失点 VP_1、VP_2 及两量点 M_1、M_2，以直线 ab 作为建筑顶端的真高线。

　　连结 AVP_1、AVP_2、BVP_1、BVP_2，BVP_1 与 CM_2 相交于 c'，BVP_2 与 FM_1 相交于 f'，通过 c'、f' 向上作垂直线与 AVP_1、AVP_2 相交，完成建筑左、右墙体垂直线。根据此方法，先后找出点 h' 与点 j'，画出垂直线 g' h'、i' j'。

　　b. 运用上述方法，求出点 L、N、O、P、Q、R 各点，完成建筑透视图。

　　c. 完成建筑墙体分割线。

　　C. 一点变两点作图法（图 6-6、图 6-7）

　　a. 当一点透视 VP 超出画面中央 1/3 处时，为避免视觉不稳定感，应修正视觉误差，采用简略两点图法，既可使画面稳定，又能避免画面呆板。

　　先用测点 M 求出室内的进深，然后任意定出 VP 在灭点线上。

图6-6 一点变两点作图法
(a)在灭点线上定出点VP；(b)利用中心线分割
法求出各透视点；(c)室内框架透视图

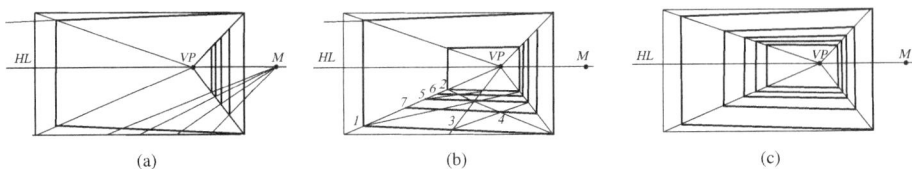

(a)　　　　(b)　　　　(c)

图6-7 一点变两点室内透视图

　　b.采用对角线与中心线分割法求出各透视点,按下列顺序作图,定点 1, 2, 3,
4, 5, 6, 7。

　　c.完成室内框架透视图。

　　D.K 线法作图（图 6-8）。欲利用宽度或深度给人宽阔感时,必须使用介线 K
作为宽度的分割（视觉调整）,此法在宽度大时常被使用。K 线法既可应用于建
筑外形设计,同时也应用于室内设计。

　　a.在 1.5m 高处设定视平线 HL,任意选定灭点 VP_2 及 M 点,任意选定另一
灭点线 0′—4′,然后利用测点 M 求出物体的进深。

图6-8 K线法作图

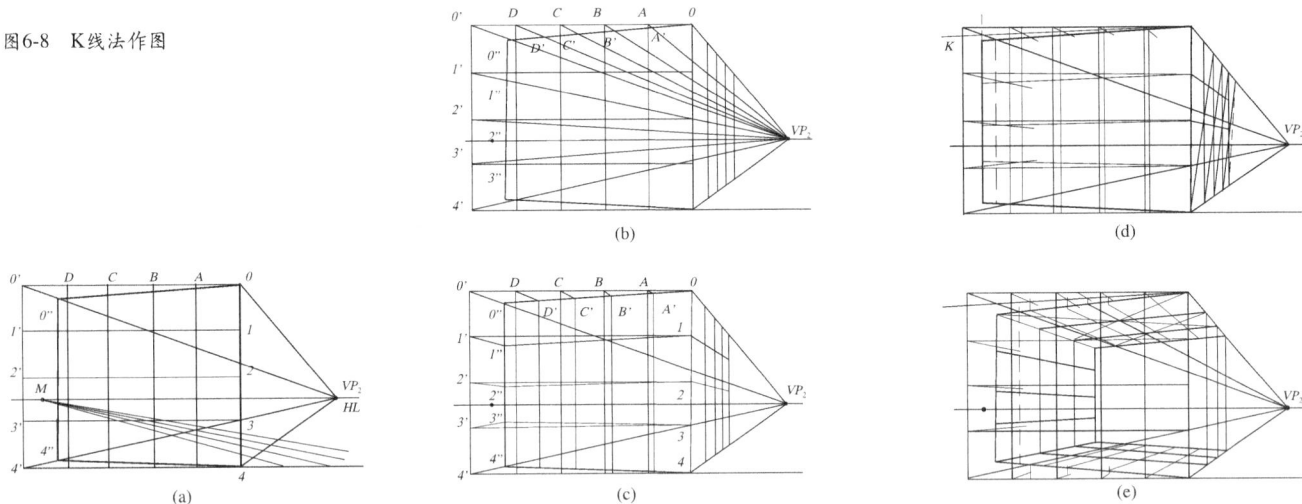

(b)　　　　(d)

(a)　　　　(c)　　　　(e)

b. 点 A、B、C、D 与点 1′、2′、3′、4′ 分别与 VP_2 连接，得到点 A′、B′、C′、D′ 和 0″、1″、2″、3″。

c. 连接 1——1″、2——2″、3——3″，画出 A′、B′、C′、D′ 的垂直线。

d. 利用介线 K 进行两次分割，从而完成视觉调整，将 K 线上的各交点向下作垂直线即得到理想的透视。

e. 用 K 线法绘制室内透视图。

E. 透视网格法作鸟瞰图（图 6-9、图 6-10）。透视网格画法适合绘制城市规划总布局，或表现居民小区的建筑群组关系。

a. 在横幅图纸上 1/3 处，画水平线段 AB，从 A 点向右上方画斜线（与 AB 线的夹角为 16°），与从 B 点向左上画出的斜线（与 BA 线夹角为 18°）相交于 C 点。从 A 点向右下方引斜线（与 AB 的夹角为 28°）与 CO 连接线（O 为 AB 的中点）的延长线交于 D 点。连结点 BD。ACBD 为透视网格的外轮廓。作线 Ab 平行于 CB、Ab 与 CD 相交于点 E，由 b 点作水平线与 AD 相交于 a，ab 与 CD 相交于 M，aEbD 即是 ACBD 的小相似图形。

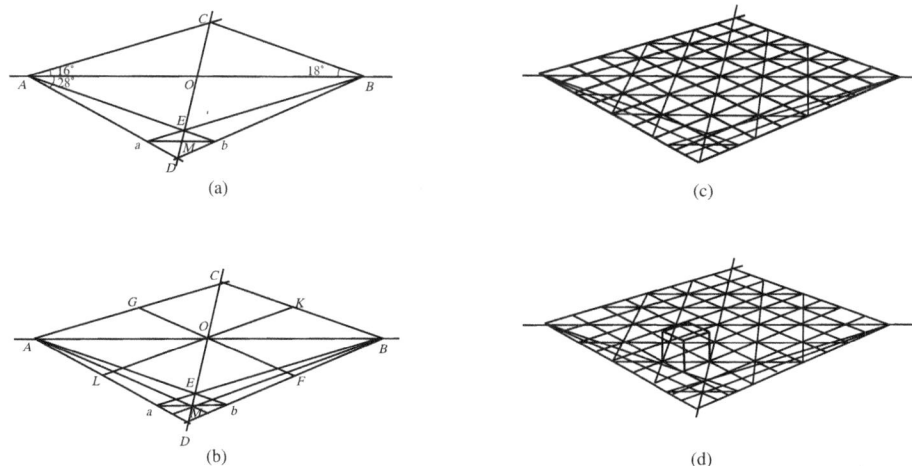

图6-9 透视网格法
(a)绘出小相似图形；(b)利用中线绘出四个小透视方形；(c)透视网格；(d)2/3单位真高长

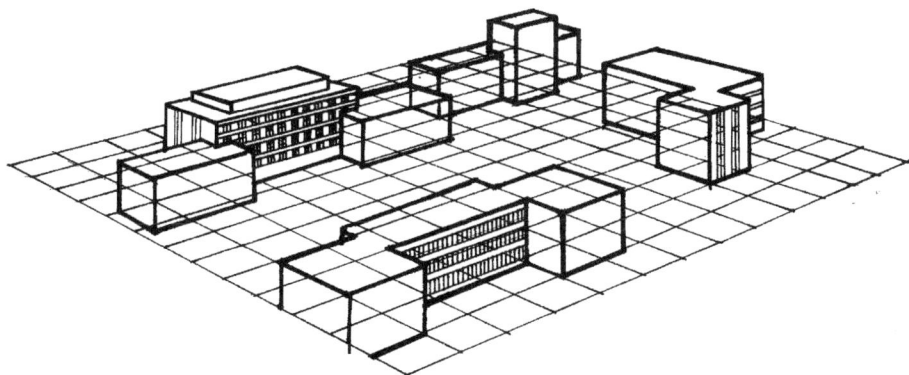

图6-10 透视网格法作鸟瞰图

b. 连接点 A——M、B——M，并稍加延长，这就是 aEbD 的两条透视中线。过 O 点，画出与透视方形 aEbD 的透视中线相平行的两条长线 GF、KL，这就是大透视方形 ACBD 的两条透视中线，形成了四个小透视方形。

c. 在四个透视方形上，采用对角线与心点的分割方法完成透视网格。

d. 表示真高的一个单位长，由小透视方形水平对角线 2/3 来定。

③俯视图。

A. 一点透视作图（图 6-11）。一点透视作俯视图可用足线法或量点法，这里只介绍足线法作图过程。

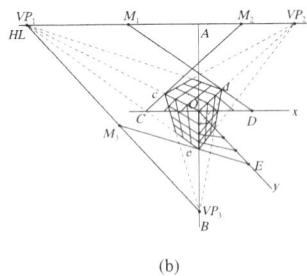

(a)

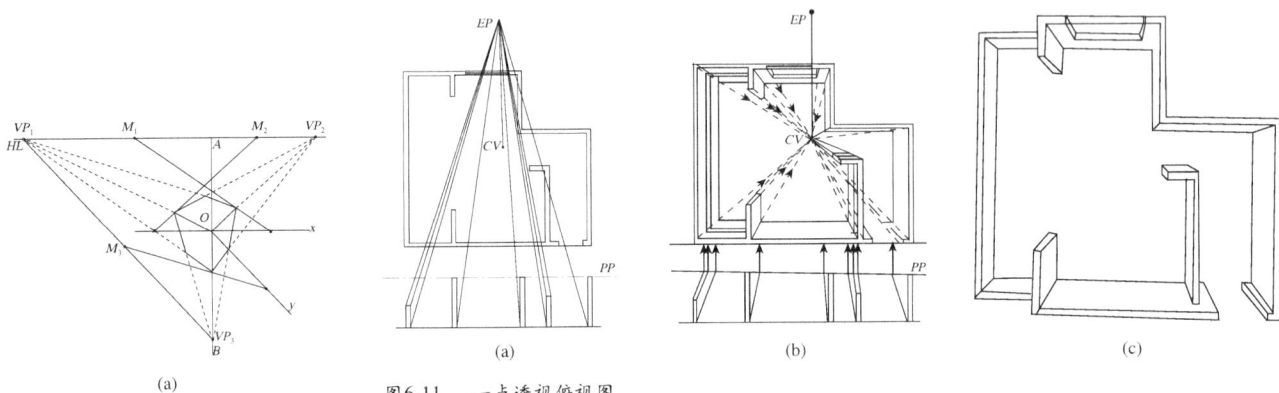

(a)　　　　　　　　(b)　　　　　　　　(c)

图6-11　一点透视俯视图

作图前应主要考虑以下几个要素：一，平、立面图的比例大小；二，设定剖切的室内断面高度，确定画面 PP 线的位置；三，平面图心点 CV 的位置和视点 EP 的位置。

a. 在图纸上画出平面图与立面图，确定剖切的高度（一般取 2m 左右）作画面 PP 线，根据表现内容选定心点 CV 以及在该点垂直上方的合适位置确定视点 EP，并将立面上的各点与视点 EP 连接，求得在画面 PP 线上的各交叉点。

b. 将平面图的各个点与心点 CV 连接，再把画面 PP 线上的各点向上作垂线与心点 CV 连接的线相交，将所得各交点相连即得地面与墙面的交接线，俯视的空间界面即可见。

c. 按上述基本程序，可求出其余的门窗、家具、陈设的空间位置和形状。

B. 三点透视（图 6-12）。

a. 在图纸上画出视平线 HL 并在在视平线 HL 上定出 VP_1、VP_2、M_1、M_2 的位置；作垂直于视平线 HL 的直线 AB，定出点 VP_3，过 VP_2 作垂直于 VP_1 与 VP_3 的直线与垂直直线 AB 交于点 O，通过 O 点作平行于 HL 的直线 x，直线 x 是开间进深的基线。过 O 点作直线 y 平行于 VP_1 与 VP_3，直线 y 为高度基线。在 VP_1 与 VP_3 上定点 M_3。

(b)

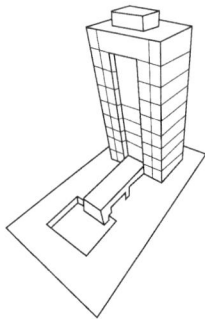

(c)

图6-12　三点透视图

b. 过 O 点分别向 VP_1、VP_2、VP_3 作透视线,连结 C——M_2 与 O——VP_1 交于点 c,D——M_1 与 O——VP_2 交于点 d, E——M_2 与 O——VP_3 交于点 e, 过 c、d、e 各点分别与 VP_1、VP_2、VP_3 连接完成透视形体,用此方法完成透视形体分割线。

④圆形的透视(图6-13)。圆形的透视图形为椭圆形。在画透视效果图的过程中,由于设计上的特殊处理,经常要画圆形物体的透视,如拱门、圆桌等,这里介绍一种科学、简便的方法来作圆形的透视。作圆形的透视中,通常用八点法求圆。

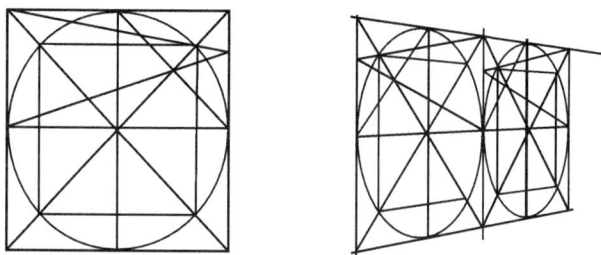

图6-13　圆形的透视

⑤透视图形的分割与延续。对已画出的透视图形作进一步的深化时,对内可分割,向外可延续。

A. 垂直线方向等分透视面(图6-14)。透视图形 $ABCD$,将 AB 边等分,将各等分点分别与灭点 VP 相连,与灭点 VP 相连的透视线与对角线 AC 相交,通过交点作垂直线,即将 $ABCD$ 透视图形等分。

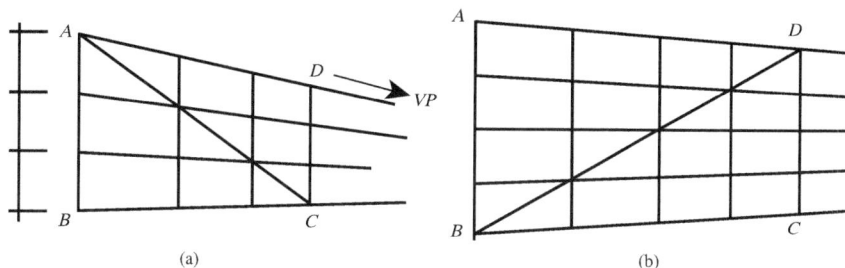

(a)　　　　　　　　　　　　　　　(b)

图6-14　透视图形的垂直等分

B. 利用对角线分割透视面(图6-15a)。透视图形 $ABCD$,连接对角线 AC、BD,交于点 O,过 O 点作垂直线 EF,重复此方法,分别分割图形 $ABFE$、$EFCD$ 即可。

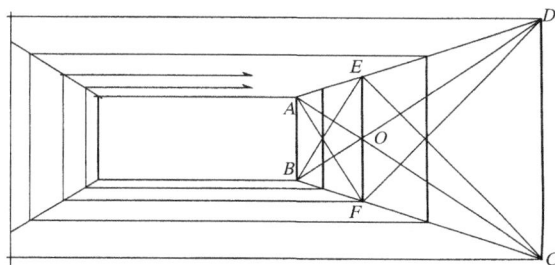

图6-15a　利用对角线分割透视面

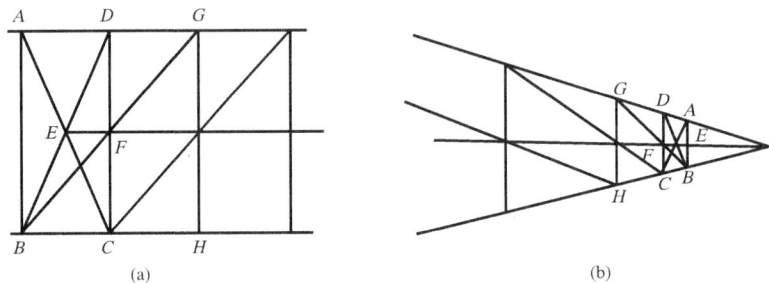

(a)　　　　　　　　　　　　　(b)

图6-15b　利用对角线延续透视面

C. 利用对角线延续透视面（图6-15b）。矩形ABCD，连接对角线AC、BD，交于E点，过E点作AD平行线，与DC交于F，连结BF并延长与AD延长线交于G，过G点作垂直线交BC延长线H，DCHG即为ABCD的延续面，依此方法，完成系列化的连续透视面。

（3）设计表达中的构图形式

所谓构图也称为布局。是指在二维空间的画面内，对画面结构和各种成分进行组织、安排、研究和分析归纳的结果。任何完美的画面结构总是依循一定的规律，完善画面各部分之间的内在联系。对于这种研究，前人有很多宝贵的贡献，得以借鉴，中外也有不少论著，得以参考。但其中有一些构图法的研究不自觉地陷入了抽象的形式研究，而忽视了具体实践，这样就失去了研究的意义，容易走上公式化、概念化甚至形式主义的歧途。这种研究反而束缚读者。因此，我们的研究不仅仅要从生活中物象的形式美的变化规律着手，而且更重要的是还应注重设计表现图特定的结构特征，将内容与形式密切联系，从中寻找构图的基本规律。

一般纯绘画艺术的构图是艺术家对所掌握的生活素材的提炼与加工，通过带有强烈个人情感的重新组合，而形成的二维空间平面上的特定结构。

设计表现的这种特定结构区别于纯绘画的表现构图原则（但基本规律是相同，有它的特殊性），其本质就在于表现的出发点不同，有它自己的特点。

通过实践，我们得知，设计表现的构图的灵活性又受到一些客观因素的制约。忠实于"设计"原则，成为第一重要的问题，"表现"只能服从于"设计"而从属于第二位。我们面对的对象是广大客户与设计人员而不是艺术家。设计表现的构图正是在这些特定的原则基础上，在有限的画面内把设计师的思考构想传达给观众，所以我们在研究设计表现的构图时，应充分认识以上特点，寻求共性，从中找出规律，以便于我们去掌握和应用设计表现构图的基本准则，有助于设计者把设计转化为具体形象。

设计表现构图方法分类如下：

1）形式构图。形式构图就是在设计表现中根据已有的设计形态进行构图处理，设计师要善于发掘设计形态自身所具有的形式美潜力。例如建筑的高低错落、景观的层次变化、室内家具集合形态的构成感等，这种由设计本身引出的构图原则往往最合理、自然，同时也更加契合完成设计最终目标的要求。

设计形态指点、线、面等形态要素，点、线、面作为平面构成的重要语汇是二维平面设计中重要的基础性要素。在环境设计三维性质的表达中，线形要素运用最为直接、明了，水平式构图给人以和平、宁静、平稳、宽广的感觉；垂直式构图让人感受到庄重、严肃、雄伟、高大的气派；斜线式构图有运动感、速度感的效果；曲线式构图具有优美、柔和、亲切的效果；其他如三角形构图、四边形构图给人以稳固、安定的感觉。这些极具情感的审美因素，在设计表达中的运用对于设计师在构图原则的把握上具有重要指导意义，但应看到形式构成原则不是简单和基本的几何形态的死板拼凑，而是要将其融入设计命题的内在意境中，使它能更好地为设计中心目标服务。

2）位置构图。借鉴绘画构图中的"图—底"关系，即中国画中所谓"经营位置"的理念，运用到环境艺术设计表现的构图中，设计师依据自己的审美感觉，确定画面的大小、位置、比例，是解决画面构图问题的一种方法。

在具体的使用中要注意以下三种关系：

①主体物同附属物之间的位置关系；

②主体物同背景之间的位置关系；

③主体物同地面之间的面积关系。

注意把握这三者之间的关系是处理好设计表现构图的重要因素。

设计表现图中主体部分"形态轮廓"被称为"图形部分"，两者之间是一个相互转化、互相利用的关系，设计者通过对图形区域与地形区域合理地安排组织，以创造构图中"你中有我，我中有你"的交融形式，使构图语言更加丰富，形式更为多样，但也应避免在设计中对这两者的过分追求，以防止出现主要物体的堆砌和附属物体零乱的现象。从这个层面上讲，这是绘画技巧中主要与次要关系在构图表现中的运用，也只有主次分明，才能相得益彰，最终达到最佳表现效果。

3）透视构图。选择合适的视点和透视角度，用以作为设计表现构图的原则。

①一点透视构图是主体物同视平面保持平行位置的构图方式，这种方式容易使人联想到经典的对称式构图，它的优点是能充分显示设计对象的正面细节，并且在整体上营造庄严、宏大的氛围，但也应避免平行透视构图易出现的呆板和僵化的毛病。

②由两点透视的视角角度而来的构图形式，分为水平线移动视角和前后移动视角两种，主体对象以一定的角度呈现，由于同视平面产生角度而形成强烈的立体感和角度处理的灵活性，使其对于设计对象的表达更加细微、精确。物体的形态、空间感觉以及周边环境因素都能得到很好的表达。视点的前后推移还可形成近实远虚的景深层次感，但实际运用中要注意远近距离的控制和主侧面面积和位

置的关系，以避免构图中"满"、"乱"、"偏"、"小"的问题。

③鸟瞰透视构图以纵向移动视角作为透视构图的原则，是视点立体运动的观察方法，在表现场景的完整性上更能发挥它的特点。所谓"一览无余"就是指视点的向下移动，而使表现图具有高度感、宏大感。

(4) 设计表达中的空间表现方式

一定的形体占据了一定的空间，其体积、深度便具有了空间的含义。空间是物质运动的基本形式，其性质必然通过一定的物形得以界定和显现。

1) 空间的形成。空间是无限的，但是在无限的空间之中，许多自然和人为的空间又是有限的。人们也用各种方法取得自己所需的空间。例如，一群儿童组合了一个让自己娱乐、兴奋的游戏空间，而游戏结束，人散后这个空间也就消失了。建筑设计和室内设计，它们主要关心的是建筑空间和周围的环境，也就是更加关心范围有限、边界比较明确的空间。有限空间是通过界面对空间的围合与限定形成的。城市设计和建筑设计都以实体和空间为两个基本要素，两要素之间相互依存不可分割，试想，如果天安门广场周围的建筑，如天安门城楼、毛主席纪念堂、历史博物馆、人民大会堂都沉入地下而失去了支持它的广场环境空间，那么建筑和广场都失去了意义。城市空间是由建筑、道路、广场、绿化等组合而成的，建筑空间应该是由建筑围合结构所界定的室内以及室外空间的集合，以"房间"为代表的内部空间由底界面、垂直界面和顶界面组成。有时，人们常把有无顶界面作为区分内部空间和外部空间的界限，即有顶界者视为内部空间，无顶界者视为外部空间。

空间虽然千变万化，但基本上由以下两种方式构成：

①实体围合，形成空间。围合形成的空间使人产生向心、内聚的感受。我国的居民院落、四合院住宅、福建土围楼都会使居住者感到强烈的内聚亲切感和安全感。

②实体占领，形成空间。实体占领形成的空间使人产生扩散、外射的心理感受。如巴黎的埃菲尔铁塔，让人感受到巨大的外射力，好似主宰着周围的建筑与天空。其不仅丰富了天际线，而且从周围的建筑、城市街道等若干地点都能见到铁塔的形象，使人强烈地感受到它主宰周围空间的外射力。

不论是"围合"，还是"占领"，都应考虑空间的形状、空间和实体之间的尺度关系，处理不当会造成压抑和不亲切的感觉。

2) 空间的分隔。空间的分隔或称空间的划分是空间组织中的重要内容。将空间分隔，使其产生新的功能，但决定分隔一种空间的先决条件是"空间的内部功能"，功能这一前提条件确定以后，就可以决定空间的大小、形状和设计了。因此，就一个大空间而言，如何分隔成若干个小空间，既关系使用功能是否合理，又关系人们的活动路线，并且还应考虑空间的群体关系和人们的心理感受。

空间分隔有多种类别，对空间进行分隔，实质上是对空间作程度不同的限定。

从人的活动看,限定空间涉及交通、视线、声音等内容,也涉及限定时间的长或短。

①绝对分隔。用墙或隔墙分隔空间会将人们的交通联系、视线和声音基本上隔断,因此称为绝对分隔,这种分隔方式中的墙和隔墙要有一定的隔声性能,还要防止视线的干扰,以保证被分隔的空间具有足够的私密性和安全性,绝对分隔多应用于卧室、会议室等。

②局部分隔。局部分隔的特点是对空间的限定不严格,即不同时阻隔交通、视线和声音。如到顶的玻璃隔断,只阻隔交通和部分声音,而不阻隔视线;不到顶的屏风只阻隔交通和部分视线而不阻隔声音等。用屏风、玻璃隔断、不到顶的家具等分隔空间都属于局部分隔。

③相对分隔。相对分隔对空间无严格的限定,分隔的界限也较模糊,人们能感觉到小空间的存在,但若干个小空间又同处一个大空间中。各空间相互渗透、融合,因而更显丰富、灵活。相对分隔的空间属虚拟空间。相对分隔的要素极多,山石、绿化、水体、家具、灯光、色彩、材质、光线、栏杆、高差等都能成为分隔物。

④弹性分隔。弹性分隔物对空间的限定程度可以随时间地改变而改变,有时较严,有时轻松:如折叠式隔断,合拢后被分隔的空间在交通、视线、声音等方面几乎处于完全隔绝的状态;开启时,两个空间合成一个空间,又没有隔绝的问题。这类隔断有帘幕等。

在我们实际的设计中,城市公共开放空间极为重要,城市公共开放空间是供市民交往、聚会、活动的空间,也是城市中相对宽敞、自由的聚散地;开放空间是指城市或城市群中,在建筑之外存在着的开敞空间体,是人与人、人与自然进行信息、物质、能量交流的重要场所。它包括绿地、水体、农田、滩地、山地、城市公园、城市的广场道路和城市步行商业街。城市开放空间是城市生态与城市生活不可缺少的空间载体,能体现城市生态、娱乐、文化、美学或其他内涵。

这些城市开放空间为市民提供了休闲及其他活动场所,如节日聚会、商业集市等,同时满足市民接近自然的需要,又可以美化城市,改善城市气候,保持水土,净化空气等。

3) 设计表达中空间感的实现。

①透视图表达空间。透视图是最直观的方法。人们往往在平面图纸上表达物体的三维关系,透视图直接表现出空间的尺度、形态及空间中物体间的关系。利用近大远小、近实远虚等透视基本原理,在空间表现中又融入了光与影的表现与构图。因此,透视图是一种科学、准确地表现空间感的最有效的手段。

②色彩。色彩可反映空间的色调及情感,亦可将空间的虚实关系进行充分的表达。利用色彩可以调节环境设施的尺度,并造成远近的视觉感受,如明度低的

色彩使物体变小，明度高的色彩使物体膨胀。高明度的暖色产生拉近的感觉，低明度的冷色则造成后退的效果。

③明暗。这种表现物体空间感的方法，从文艺复兴时期在绘画中的表现，到现在效果图技法的使用。明暗透视都是表现空间的重要手段，明暗透视可以形成人们在视觉上的远近感受。在一般情况下，明调抢前；灰调、暗调退后，以此拉开视觉距离。

④衬托。在表现图中适当利用背景可衬托出主体环境的尺寸和高度，同时还可表现周围环境的功能与气氛，使画面具有前景、中景、远景的空间效果。例如山、石、树木、路灯、人物等。

⑤灯光、照明。直接照明，空间显得紧凑；间接照明，空间显得宽敞。不同的灯具形式也改变了空间的高度，例如吸顶灯使空间顶棚"上提"，吊灯却使顶棚"下降"，高照度的照明使空间宽大，而低照度的照明却有拥挤的效果。

⑥材质。各类天然装饰材质及人工合成的各类材质，最大限度地利用其表面形成的光洁、粗糙、色泽、肌理等凹凸起伏的纹理，吸引人的注意力，并形成视觉中心。一般情况下，表面光洁的材质离人"较远"，表面粗糙的材质则"靠前"。

5. 设计表达中的技法训练

(1) 训练方法

心想事成是人们的良好愿望，心想图成则是设计活动中的最后境界。达到这一境界需要一种综合能力的培养，而这种能力则是与以前基础训练分不开的。因为设计与表达是一个眼、手、脑并用的形象思维过程，它对基本功的要求是较高的。学习的方法应因人而异，对于初学者，最好的办法就是临摹照片或设计图案作品，在临摹过程中，分析技法，熟悉材料工具，研究并掌握构成形态的特征与材质表现技巧，接纳有益的东西，增强自身的表现能力。

在以上章节中，我们从理论上探讨了设计思维与表达的目的、过程、要求和重要的理论基础，本章从设计思维与表达的媒介、技法、综合训练等方面来进行研究。使大家在方法表达技能上得以提高。

(2) 设计表达的媒介及其作用

1) 笔。

①铅笔。H系列为硬性，B系列为软性，HB为中性。表现图常用中、软性笔起稿，便于涂改。炭笔可归此类，色黑且深沉，宜作素描表现。

②钢笔、针管笔、签字笔。它们是设计师速写、勾勒草图和快速表现的常用工具。

③彩色铅笔。用笔方法与一般铅笔相似，颜色较为透明。国产彩色笔较重，有排水性。进口笔中有一种水溶性彩色铅笔，涂色后用水抹，即有水彩味，宜在

较重、较粗的纸上作画。

④马克笔。色彩系列丰富，多达百余种，分水性、油性两类。油性易挥发，用后需将笔头套紧，且不宜久存，用甲苯可涂改，宜选用表面较为光滑的纸作画。

⑤色粉笔。较一般粉笔细腻，颜色种类较多，大都偏浅、偏灰，多与粗纸结合，宜薄施粉色，厚涂易落，画完需用固定剂喷罩画面，以便保存。

⑥油画棒。具有排水性，巧妙利用可产生特殊效果，也可用于局部的提色、点缀等。

⑦水彩笔、水粉笔、油画笔。这类笔形状近似。水彩笔柔软，蓄水量大；油画笔富于弹性，蓄水量较少；水粉画笔性能在两者之间，柔中带刚。

⑧大白云、中白云、小白云。这类笔常用作水彩与透明水色。

⑨衣纹笔、叶筋笔、红毛笔。常用于勾勒线条和细部上色。

⑩棕毛笔刷、羊毛笔刷。常用于打底和大面积上色，亦用来裱纸。

2）颜料。

①水彩。具有透明性，以水调和，水愈多，色愈浅。

②透明（照相）水色。其色彩特别鲜艳，透明，浓度高，色性活跃，渗透性强，调色需谨慎。

③水粉。其颜色的深浅随颜料的干、湿变化而变化，颜料厚时易覆盖，薄时显半透明。

④丙烯。有专用调和乳剂，水调也可，厚画时类似水粉，颜色干、湿变化不大，不易翻色；调色板上颜色干后结皮，不溶于水。

⑤喷笔画颜料。专用颜料多为进口货，价格贵，可用水粉、水彩颜料替代。

3）纸。

①绘图纸。不适合水彩，可用于水粉、钢笔淡彩及马克笔、彩色铅笔、喷笔作画。

②描图纸。半透明，宜用针管笔、马克笔，遇水起皱。

③素描纸。易画铅笔线，耐擦，稍吸水，宜作较深入的素描练习和彩色铅笔表现图。

④水彩纸。宜作精致描绘的表现图。

⑤书写纸、卡纸。可作进口色纸的代用品。

⑥复印纸、铜版纸。适宜于钢笔、针管笔、马克笔作画。

⑦色卡纸。可根据画面内容选择适合的颜色基调。

4）其他辅助绘画工具。界尺、三角尺、丁字尺、曲线尺、蛇尺、模板、直线笔、调色盒、调色碟、剪刀、刻纸刀、橡皮擦、胶面纸带、电吹风。

（3）设计表达的技法

艺术家所面临的最大挑战，也许是如何明智地选择恰当的手法来达到目的，其选择的媒体必须能够充分地表达艺术构思。任何艺术创作，如果技法主宰了创作本质，那么创作将面临失去主题或违背初衷的危险。更糟糕的是，艺术创作变成了技法的展览——这种"技法上的大拼盘"一定要避免。当然，出现这种情况也不足为怪，因为，掌握相当熟练的表现技法却又能够为了突出主题思想而不炫耀技法"天赋"的艺术家，为数并不多。这种似乎只有通过更进一步的技法训练才能显示出来的能力，实际上必须借助同手法一样娴熟的脑和手能力的综合才能达到。

1）线条绘制的技法。快速绘成的草图表现是与别人相互沟通设计思想的主要方式之一，多以线条绘制技法为主，用于设计的初步阶段。

铅笔、钢笔等工具主要通过各种线条的排列和组合以产生不同的效果，由于线条在叠加时方向、曲直、长短、疏密的不同，组合后在纸面上留下的小块白色底面会给人以丰富的视觉效果，从而达到表现不同对象的目的。

①线条的疏密表现。

A. 用点和小圈表示退晕（图6-16）：

a. 分格退晕；

b. 渐变退晕。

B. 用曲线表示退晕（图6-17）：

a. 渐变退晕；

b. 分格退晕。

C. 用直线表示退晕（图6-18）：

a. 分格退晕；

b. 渐变退晕。

②线条的质感表现。可以表现出抹灰墙面、石路面、地毯、块石墙、草地、木材等（图6-19）。

③透视线图。通过线条的组合，可以描绘出十分形象的透视图（图6-20）。

④表现性速写表现。描绘建筑环境的速写是一种分析图，用以表达整体形象，通过画这些速写，可以更好地表现自然的都市景观，绘制这些速写必须快速、准确。

⑤设计草图表现。画草图的目的是为了推测和思考，尽管草图是概念化的，这种未来主义的图画更显得富有想像力，在实现过程中往往不考虑现实世界中的种种常规。

2）运笔的技法。渲染是水质颜料表现的一种基本技法。它是用水来调和颜料，在图纸上逐层染色，通过颜料的浓、淡、深、浅来表现形体、光影和质感。

水平运笔法。用大号笔作水平移动，适宜作大片渲染，如顶棚、地面、大块墙面等。

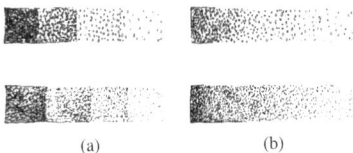

图6-16 用点和小圈表示退晕
(a) 分格退晕；(b) 渐变退晕

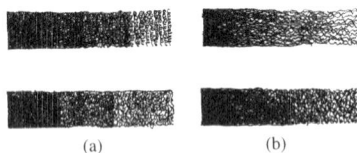

图6-17 用曲线表示退晕
(a) 分格退晕；(b) 渐变退晕

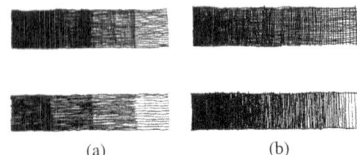

图6-18 用直线表示退晕
(a) 分格退晕；(b) 渐变退晕

图6-19 线条的质感表现

图6-20 用线条绘制透视图

垂直运笔法。易作小面积渲染，同一排中，运笔的长短要大体相等，防止过长的笔道使颜料急骤下淌。

环形运笔法。常用于退晕渲染，运笔时笔触能起搅拌作用，使后加的颜料与已涂上的颜料能不断地均匀调和，从而使画面产生柔和的渐变效果。

3）材质的表现技法。在设计表达中应注意的是质感，不同材质有不同的表现方法和得到不同的效果。在描绘质感的同时也要强调整体。局部与整体应是统一、和谐的。质感直接影响着表现图的真实性与艺术性。

①石材。抛光石材由于质地坚硬，表面光滑，具有很强的反射性，在表现中尤其应注意表现石材地面的反光与倒影。石材色彩沉稳，纹理呈龟裂状或乱树权状，深浅交错，表现纹理时不易过密，在工具上可用彩色铅笔、铅笔、水粉来表现毛石表面凸凹不平的体积感。小比例的石材墙面只需画出石块的体积、石缝、缝中的阴槽。

②面砖。釉面砖表面光洁，反光强，能极微弱地反映邻近建筑物的影像，使墙面色调明度发生变化，表现时需注意整体色彩，可将其明度提高，用比本色亮的线画出面砖的凹缝即可体现质感，近景刻画可拉出高光亮线。

③不锈钢金属。抛光的不锈钢表面尤如镜面，表面感光与反映色彩均十分明显，几乎全部反映影像需用大胆肯定的笔触画出强烈的对比，又要不失整体感。作图时可适当地、概念化地表现其自身的基本色相以及形体的明暗。

④玻璃。玻璃的受光面明暗的强弱反差极大，并具有闪烁变幻的动感，背光面的反光极为明显，特别应注意物体的转折处，明暗交界线和无色透明玻璃的色

调要服从整体画面的调子，若画面为暖调子，则玻璃也要反映暖色与之协调。画室内的玻璃窗或玻璃门时，要将玻璃后面的景物直接画好，然后在无形的玻璃面上用靠尺画出几道白灰色的笔触，破掉玻璃后方景象，显示玻璃的存在。画室外建筑物上的玻璃，把室内的景物画出后，可将色彩明度处理成上深下浅，强调天空影像和地面反光，画高层建筑时也可将色彩明度处理成上浅下深，因为建筑物的顶棚色彩较浅。

在表现镜面玻璃时，一般要降低明度，画暗些。在镜面反射的映像边缘部位改变玻璃的颜色会增强画面的真实感。

⑤清水墙。清水墙不粉刷，质地较粗而无光泽，表面有规则的砖块划分，着色时首先平涂，一般采用色较重而纯度又较高的颜色来画，然后用靠尺画出直线表现砖缝，用比墙面基色稍深的颜色画出砖的质感效果。

⑥皮革。室内的沙发、椅垫大都为皮革制品，质感柔软、紧密、有光泽，着力表现皮革柔软的皱折，以及反光的光泽感。

⑦木材。室内设计中木材使用较为普遍，其纹理自然而细腻，且品种不同会产生不同的深浅颜色，不同光泽的色彩效果。表现木纹的手段多种多样，可用水粉或透明水色画出木纹，或借助靠尺直接画出木纹。

4）设计表现图的分类技法。设计表现技法种类很多，应根据客观条件和个人的能力和习惯选择合适的表现技法，主要有以下几种：

①水粉色技法。水粉色表现力强，具有较强的覆盖性能。用色干、湿、厚、薄能产生不同的艺术效果，适用于描绘多种空间环境。水粉表现分为湿画法和干画法两种。湿画法颜色较薄，铅笔底稿图形依然可见，便于深入刻画。干画法画面色泽饱满、明快，笔触强烈、肯定，形象描绘深入，在表现图的实践中往往是干湿、厚薄综合运用，无需自设框框。

②水彩色技法。水彩色淡雅，层次分明，结构表现清晰，适合表现结构变化丰富的空间环境。水彩的色彩明度变化范围小，图画效果不够醒目，作画时间长。渲染是水彩表现的基础技法，有退晕、叠加与平涂等。水彩颜色透明，便于多次叠加渲染。水彩技法的程序感强，画之前应想好绘画程序，以达到最佳效果。

③透明水色技法。透明水色技法的优点是画面色彩明快，空间造型的结构轮廓表达清晰，适于快速表现。调色时叠加次数不宜过多，色彩过浓时不宜修改等特点，多与其他技法混用，如钢笔淡彩法、底色水粉法、彩色铅笔法。一张成功的透明水色表现图，它所依赖的条件是准确、严谨的透视和较强的绘画功底。

④铅笔画（包括彩色铅笔画）技法。铅笔是透视表现图技法中历史最悠久的

一种，其技法易掌握，绘制速度快，空间关系也能表现得较充分。黑白铅笔画，图面效果典雅。水溶性彩色铅笔可充分利用其溶于水的特点，画出柔和的效果，易于表现丰富的空间轮廓。

表现图不同于素描，需反复修改，它应意在笔先，明暗对比是从弱到强逐步加深，但步骤以两三遍即可，一般选用4B软铅笔，少用橡皮擦。

⑤钢笔画（包括针管笔画）技法。钢笔质坚，画线易出效果。但画的风格较严谨，在透视图技法中，细部刻画和面的转折都能精细、准确的描绘。可用于刻画的实体结构描绘外，也可单独成章。

⑥马克笔技法。马克笔有很强的表现力，对于快速的创意和构思草图，需要用直接、大胆的手法来诠释隐约而强烈的构想，马克笔无疑是一种理想的工具。马克笔具有着色简便、快干、绘制速度快的特点，风格豪放，类似于草图和速写的画法。马克笔上色后不易修改，一般应先浅后深，在不吸水纸上产生的颜色色彩亮丽，在吸水纸上产生的色彩沉稳、丰富。

⑦喷绘技法。喷绘技法使画面明暗过渡柔和，色彩变化微妙细腻，表现材料质感逼真，与画笔技法完全不同，应充分发挥喷笔特有的一种〝喷〞味（类似木刻刀制版画的〝刀〞味与水彩画的〝水〞味一样）。

⑧电脑效果图技法。电脑表现图以它对空间尺度的准确表现，对建筑材料的写实，对光影的真实体现等优势，在短时间内占据了大部分市场。

5）建筑画的特殊技法。

①喷绘建筑画渲染技法。喷笔画已是当今一种十分现代化的艺术表现手段。喷绘建筑画作品，画面细腻、变化微妙，有独特的表现力和现代感。它的作画程序是由暗到亮，先深后浅。

②骨线淡彩建筑画技法。骨线淡彩画是指以线描做骨架，再施以色彩的画。以勾线为主施以淡彩。其类型有柔性骨线画和刚线骨线画两种，这类画不论哪种，均有一个共同的技法规律，即线、色结合的技法。

柔性骨线画：(a) 铅笔淡彩；(b) 炭精铅笔淡彩；(c) 彩色铅笔淡彩；(d) 中国毛笔墨彩。这类线描可以画出浓淡、粗细变化的骨线，毛笔还可将线画出抑扬顿挫的韵律来。

刚性骨线画：(a) 钢笔淡彩；(b) 木芯水彩笔淡彩；(c) 尼龙笔和针管绘图笔淡彩、淡墨画。

这类线描淡彩讲究线的单纯统一。画面的物体不论物体大小、远近用线大致相同，建筑物用尺画，背景徒手勾勒，树叶要一片一片地画出。骨线淡彩以工整清秀见长。

③马克笔建筑画技法。马克笔画技法是近年来在建筑画中用得较多的技法，

作图快捷，效果清新有很强的现代感，由于它不需调水，因此具有着色快干，绘制速度快等优点，最适于建筑师用徒手绘制草图。

（4）设计表达的综合训练

1）设计表现中的绘画问题。

①画面的主次描绘。在艺术创作中，整体感是衡量作品艺术品位高低的重要标志。缺乏整体感的作品，其艺术品位必然低下。所谓整体感，"就是作品的各个部分形成一个有机统一体，各处于一个适当的和谐形态，形象丰富却不觉得繁琐破碎，形象单纯却不觉得空洞。繁简、虚实、明暗、冷暖等诸多对立的造型因素都能服从于表现的要求，在变化中求得统一。"所以重视整体，把握关系是一切艺术创作的要领。平均对待是表现整体感的大忌，它使作品繁琐细碎，同时缺乏鲜明的感染力。因此在作画之前必须统筹安排，使画面主次分明，重点突出。在以单体建筑为题材的建筑画中往往把重点放在入口部分，以室内空间为题材的表现画中重点放在主要的设计位置。为了突出重点，可以使其在构图上相对夸张，细部需加以精心刻画。

②空间与物体光线投影的刻画。如果不考虑光的作用，关于视觉的讨论便成了无源之水、无本之木。确实，如果没有光，我们既看不到物体，也看不到空间。

线条图是通过对边界线或轮廓线的描绘，来表现物体或空间的形状和大小，而色调渲染表现图是通过对表面的描绘来达到同样的目的。而这两种方式的本质区别在于，后者考虑了光线的特性与效果。柯布西耶喜欢诙谐地称自己"在用光线做设计"，这一点在他设计的朗香教堂——"光线组织"的杰作中表现得淋漓尽致。

对物体光影的刻画是使画面更生动精致的方法之一，也是表现图绘制过程中较难把握的阶段，一般来讲，表现图的第一遍着色相对容易，基本是平涂润色，使画面形成基本的色调，但物体此时还不够立体，缺少层次感。进一步刻画，首先要考虑大面积的界面光影变化，以加强画面的空间感，但室内表现图中天棚、地面、墙面三大界面不可同时强调光影的变化，应根据室内功能设计特点和材料质感等因素有一个重点刻画的界面。家具暗部阴影的刻画遍数不易过多，如果家具色彩较深，可先画家具在地面的投影，适当地注意家具色彩与阴影投影的冷暖关系。

③画面的色彩冷暖关系。色彩的冷暖关系主要指光线对室内物体各体面颜色的影响而产生的物体各体面之间的相对冷暖的感觉。在刻画物体中，首先要反映材质的真实色彩，光线照在物体上使它产生相对的亮面、灰面、暗面的立体变化。如果没有相对的色彩冷暖变化，物体的几个面只是黑、白、灰的变化。常规的色彩冷暖处理手法是，物体的灰面反映材质的真实色彩即材料的固有色，物体的亮

面色彩相对冷，而物体的暗面相对暖。在处理画面的色彩冷暖问题时应注意：一，室内单一空间界面不可过多强调冷暖变化；二，室内物体单向立面不可强调冷暖变化。相对冷暖关系的运用还可以有助于处理好主次关系。为突出主体建筑，不仅应加强明暗对比而且还应强化色彩的相对冷暖对比，在次要建筑和配景上则相对减弱其对比度。一切对比度必须控制在适度的分寸上，才能取得既多样又统一的效果。但在绘图中不可一概而论，应就图论图，很好处理画面的冷暖关系是使效果图增色的方法之一。

2）设计表现图综合技法训练。前面介绍的所有技法既可以单独使用，也可以综合运用，甚至在同一张图中使用多种技法，以取得最佳的表现，这种技法通称为综合技法。表现图必须能吸引注意力，并且快速而清晰地传达信息。富有韵味的手法和内容上的微妙变化，会有助于表现主题，尽管多了许多细节，一个成功的设计表现图应该和简单的原始草图一样，可以清晰而又快速地说明问题。

6.2 室内设计程序

随着现代装饰材料与施工技术的发展，室内外装饰在建筑工程的综合造价中的比重越来越大，其设计也更趋于配套和系统化。室内设计的概念早已从单纯的界面装饰发展到内容广泛的综合性功能与造型设计。

室内设计看似是一件单纯、范围狭窄的事情，而实际上它是一件在操作和素养、素质上涉及面广而深的工作。它囊括了客观对象——设计课题性质、要求的方方面面的调查研究。又需要设计师具有全面的知识，多方面的修养，丰富的社会知识，创造性思维能力，灵活而有效率的工作方式，以及理论及实际结合的、丰富的实际操作经验。同时，我们理解的室内设计不只是室内装饰的设计，在更大程度上首先指的是室内环境的整体设计——室内环境、空间的总的构思与安排。室内设计的实质和核心，是在人文和社会意义上的室内环境的艺术再创造。此外，在设计中要有全局观点，设计的指导思想清晰。比如：从国情、民情出发，走自己的路；从客户的要求出发，注意调查研究；以人为中心，注重物质功能的心理效应；着重设计的功能效益、经济效益、社会效益；注意设计的品位格调，使设计具有丰富的内涵；研究和借鉴既往史和国内外的各种经验，充分发挥创造性，充分体现设计的个性化和特征。百花争艳，尽快成熟和发展我国自己的现代室内设计风格流派。

6.2.1 室内设计一般工作程序

一般着手室内设计操作，都是在土建基本完成或将完成时即开始内部设计。

当然，能在建筑设计的施工图期间，与建筑设计师共同进行各类型房、室、廊、厅等的室内空间构成设计是最理想和经济的了。

1. 了解用户设计意图和具体要求

对工程对象进行调查研究。主动、认真地了解用户的设计意图和具体要求，例如功能特点、技术要求及标准等。同时对环境条件、设备家具、装修标准以及各种尺度等均要有所了解，同时还要掌握经费的高、低限。为了妥善和严谨起见还要详细记录笔记，以便对上述内容提出修正意见，详细的图示或文字记载，方便与客户共同备案存查。在以后的工作过程中遇到类似情况也照此办理。

2. 实地调研，测量现场

对施工场所以及周围的地理和社会生活环境及其他种种条件和情况作文字记载，按恰当的比例绘图，拍摄必要的照片，以便进行研究和存查。并尽可能搜集到必要的设计参考资料，研究其借鉴的可能性，与实际工程设计结合，从中吸取必要的知识和经验。这是工作的需要，也是学习和研究的需要。

3. 构思

和任何艺术创作一样，设计图首先是在构思酝酿的基础上产生的。先研究和透彻了解建筑设计及结构、设备体系的设计图纸，从新建筑的内部空间，或需改造的旧房屋内部空间的特点出发进行思考，从如何保持原设计、原体系、原空间的优越处，来构思自己的设计方案。在构思阶段，首先着眼全局，设计指导思想要明晰，然后精细地处理局部。

4. 方案设计

在建筑设计图或原房屋空间现场进行平面空间分隔及活动线的处理。要明确顶棚、地面及墙面的尺度，顶棚净高，地面标高。并将自己的构思设计方案，用简明、规范的图示标示出来（包括方案效果图）。一般来说方案应包括以下几个方面。

（1）平面设计

地面空间的平面分隔。安排隔断、隔扇、活动性部件、壁柜、柜台、服务台、设备、家具陈设、绿化、雕塑等的配置方位。

（2）顶棚设计

顶棚的形式、材质及相应的"建筑信息组装"，将吊顶、灯具、音响、送风、出风口、散流器乃至消防感应、自动灭火装置等，都同室内的原建筑设计构件结合为一个统一的整体。

（3）立面设计

四壁分隔及联系的整体布局与壁面相关联的壁柜、柜台、服务台等活动或非活动性部件，壁画、墙纸、壁挂、绘画、浮雕、壁灯、门饰、窗饰、花罩、挂件等的位置、尺度、形式、材质的设计等。

（4）电器及机械设备设计

照明、通信、影视等电器、机械类设备的要求、形式、线路、控制、位置等的设计。

（5）色彩设计

在进行上述各项设计时，要使室内任何局部乃至细节的色彩设计，都协调在一个室内环境色调的整体格局上。适合设计课题的性质、功能以及心理要素和审美的需要。既符合色彩、色调的规律性，又能使色彩、色调配置显示出具体的感性和个性特征，在视觉上达到确定的色彩、色调效果。

设计阶段应考虑的因素还有许多，以上只是扼要地提示具体设计展开时涉及到的主要方面。由于实际情况及客户看法的多面性、多延性和设计自身作为一种艺术创造具有十分宽阔、丰富的选择性，因此应同时作出有自身特点的几个方案，尽可能避免在审批方案过程中出现大的反复。同时，作出对设计思想、特点、可行性及必须说明的主要问题的论证报告。分析各个方案在贯彻客户基本意图前提下的具体做法，它们在实施中的品位层次、经费开支、施工进程等方面各自的优点和不足之处，也可表明自己的倾向性意见。方案与客户见面并审定以后，再根据意见修定方案，并修正和完善方案草图。

拟定和提出材料及设备清单。清单和经费概算要详尽、明晰、准确。设计费用也必须有明确的专项计划。

若工程规模大，还需送有关部门审批，在各方面作更充分的准备。必要时要和结构、空调、电器、给水排水、声控、电梯、通信、计算估价、安全防火、防盗等方面的专家、专业人员，共同协调落实各专业系列的有关设计、估价及施工问题。准备好全面、简洁、明晰、具有说服力的报告书。

在工程正式获准后，拟定工程章程，绘制施工图。

6.2.2　室内设计的方法步骤

承接或完成一项室内设计项目，在熟悉与把握了建筑造型的空间结构和功能特点以后，还必须了解业主对室内空间的具体划分和装饰档次——投资额的标准，按业主下达的设计委托书，对建筑的内、外环境和土建、施工质量进行现场踏勘，依现场条件和投资标准，确定工程级别和设计与施工技术指标。

在许多设计实践中，常会遇到业主的设计委托书不全，或只标明大概的投资金额。业主多以其他工程作参照，或待设计方案出台后，再研究明确投资金额。这样，设计方案常会因业主的意见而不断修改，碰上一个多层次的业务主管部门，往往会对设计要求无限，而投资造价则极为有限。鉴于此种情况，接受委托的设计师务必与业主协商明确设计的内容、条件、标准，先拟定一份合乎实际需求、经过可行性研究的设计方案委托书。同时,规范的室内设计应分解为设计构思——方案设计——详图与施工图设计三个设计步骤。

1. 设计构思

设计构思也称为准备设计阶段。如同文学、绘画、电影及任何造型艺术的规律一样,作者必然是有感而作。根据特定的建筑空间和功能要求,设计师以形象思维的演绎对空间环境,材料造型,风格形式进行综合分析比较,通过丰富的空间形象的甄别,循着整体——局部——整体的思维方式大胆进行空间与界面设计构思。诗人的"有感而抒",画家的"意在笔先",郑板桥画竹时"心有成竹",都与室内设计构思"异曲同工",遵循同样的规律。

一项优秀的室内设计是设计师学识、修养、实践累积与具体精心企划之结晶。完善的设计构思是设计成才之母。

设计构思过程必须重点分析几方面问题:

空间组织与分隔——人流空间的通透和便捷,各功能空间布局及各配套设施功能布局的合理性。界面材料与施工造价的预算控制。装饰材料与消防要求的协调。装饰艺术风格与功能要求的一致性,装饰风格与建筑风格的协调性。设计师个人品位与业主喜好的认同。室内空间装饰有着共性与个性的审美差异,设计师应尊重使用群体的审美要求,再以自己的审美鉴赏加以升华进行艺术创造。

2. 方案设计

室内装饰工程投标取决于方案设计,一项装饰工程的设计关键也取决于方案设计。设计构思作为设计的预备阶段,方案设计则为构思的具象化。

室内装饰装修工程的方案设计与建筑的方案设计相类似,往往有多套方案设计供业主选择和比较。根据工程面积和功能内容,方案设计需完成总平面(含楼层平面图)、顶平面图、主要墙立面图和主要功能区域的透视效果图,提供主要装饰材料样品和色板,完成方案设计的说明书和概预算书。

(1) 室内平面布局设计

依据建筑空间和墙柱轴线,确定人流与功能区域比例尺寸、走向和形状,解决交通序列和功能分布的矛盾,充分利用原有建筑隔断和自然采光,完善各功能区域具体的组合和分隔。在各类不同的室内设计中常碰到仅只有框架结构的现代建筑,或是与重新改造的功能相异的老建筑。老建筑因结构与基础设施等问题给设计带来许多局限和麻烦。设计师应及时与业主进行全面分析和研究,并向业主提供一份详细的可行性报告。对于只有框架结构的新建筑,设计师则可以纵横施展其功能布局的空间构思。对于门、窗、隔墙,水电设施已基本到位的建筑,设计师应充分利用原有结构和设施,根据需要巧予调整,尽量少动室内土建和重新分隔空间,以减少投资造价。

一幅合理的平面图要经过设计师在草图上进行各功能布局的反复排列与比较，从整体上把握功能分布和各种设施的安排，然后进一步确定各局部空间及家具台柜的大体尺寸，确定门窗的开启部位与隔断位置，确定地面材料铺设划分、景点绿化和设施、设备的分布。

1）地平面图。地平面设计的内容因室内设计的主题而定，总的来说，它主要解决功能空间与人流空间的布局关系。

2）顶棚平面图。顶棚平面设计一般分为造型吊顶和平面吊顶。造型吊顶一般设置于大堂、会议室、客厅、主通道等，尽量与地面空间设计相呼应，吊顶的高度依顶梁、暖气管道的标高和室内高度要求而定。完成照明灯具的形式和布局。确定空调和新风系统的出风与回风口分布。室内吊顶的主要材料有防火石膏板（或硅钙板），塑料扣板（PVC板）、铝扣板、矿棉板、铝格栅等。因材质和规格不同又分为暗型、半暗型和明型龙骨。根据消防管理条例应尽量少用木质类材料吊顶。

（2）室内立面布局设计

平面图解决了建筑内部的人流空间与功能空间的布局，立面图则解决室内墙立面的装饰造型。墙立面的高度一般按人体活动高度和视点高度并依建筑结构与吊顶高度所决定。

室内设计的立面图多为纵向展开式连环设计。也可以把垂直于墙面的家具器物按平面图确定的部位同时设计定位，以便于确定家具与室内设施的规格尺寸，处理好空间排列的疏密，轮廓线条起伏错落的节奏。按习俗与风格，墙立面还分有主墙面和次墙面。

立面图主要设计内容包含以下几方面。

墙立面各部的长、宽、高尺度；门窗造型、绿化配景、艺术挂饰品烘托；墙面造型与材料选择及颜色；立面装饰、装修作为室内空间美感设计的主体，是设计造型的重点内容和工程造价的主体。

墙立面装饰常用材料主要有：

花岗石——石质密度高，坚实耐磨而贵重，常用于外立面干挂造型。

大理石——石质密度一般，色质华丽、庄重，色泽纹理变化多样，适合于高档室内墙面装饰。

复合铝塑板——色彩丰富，质轻、耐蚀性强，作为新型高档材料多用于外立面。

木质面板——自然温馨，材质品种丰富，加工造型便利，常作为壁板、墙裙装饰主材。但消防要求对用量有严格规定。

墙纸、墙布——花色品种多，价廉物美，方便施工，常用于居室、包房等亲切温馨氛围之空间。

乳胶漆——质优明快，工艺简便价廉，便于翻新，色彩丰富，是最大众化的装饰涂料。

瓷砖——品种花色丰富，价格适中，光洁耐磨，便于清洗，常用于卫生间、操作间等墙面。

防火板——质轻、花色齐全，结实耐磨，防火、防水，一次成形，是一种替代木板贴面的高级材料。

此外，在丰富的装饰造型中常用于局部和点缀的材料有皮革、金属板材、墙毯、布面软包、各种镜面玻璃等。随着现代装饰材料的研究与发展，丝光彩喷，真石漆以及各类涂料也随之用于墙立面装饰，各有其不同的功能特点和装饰美感。

3. 详图与施工图设计

室内设计方案是以工程投标、预算、空间序列组织、界面造型样式为设计内容。详图与施工图设计是以各展开界面、家具设施、门窗等用材造型的准确尺寸、节点、结构为设计内容。制作详图与施工图应在以设计方案为依据的基础上，对施工现场进行踏勘和测量，重点标明各界面造型的节点、结构，按各种装饰材料的造型特点和施工工艺制作施工图，并注明工艺流程和附注说明，为施工操作、施工管理及工程预决算提供详实依据。

在详图与施工图设计中，还应充分考虑上下水系统、强弱电系统、消防系统、空调系统的管线和设备的布局定位以及施工配套顺序。

6.3　室内设计类型

6.3.1　居住空间设计

1. 居住空间与单位空间

（1）单位空间的概念

现代住宅以合理的生活方式为目标逐渐向多室型住宅发展。趋向多室化的原因主要是由于生活功能的分化与私密性空间的确保。据此观点，把日常生活行为加以详细区分，就可把各种行为的场所如睡眠场所、团聚场所、就餐场所等单位空间看作是构成住宅的基本要素。

一般来讲，单位空间就是生活行为的特定空间，或是可让使用者分别使用的特定空间。但是，单位空间可以随着使用者的居住意识而改变，也会因新设备及新用具的出现而产生新的空间。再从广义来讲，由于不同民族具有不同的文化、环境、宗教、技术等，自然也会产生不同的空间。

（2）单位空间与室内空间（房间）

日常生活可以认为是由行为的连续而构成的。作为行为场的单位空间具体来说就是以地面、墙壁、顶棚分隔出来的房间，但是，通常单位空间并不一定是房间。空间的分隔是根据生活为如何归纳、作为其行为场所的空间如何限定、以及与其他相关生活行为如何连接等条件来决定和变化的。因此需要慎重地研究这些要点来判断分隔的程度。

(3) 单位空间与平面布局

对于居住空间来说，最根本的是首先设定必要的单位空间，看其大小是否适度，分析各个空间的相互关系，再决定布局。但是，若将某种生活方式作为设定室内空间的标准，有时会造成以偏概全的情况，不能充分满足居住者的使用要求。为了避免这种情况，就需要调查人们的生活行为，分析其行为之间的相互关系、重要性、发生频律、次序以及用具与装置的关系，可以在此基础上建立起合理的单位空间。

单位空间的划分可以根据生活行为之间的关系来确定，这样就可以在设计中充分体现出居住者的生活方式与特征。

(4) 单位空间与面积

住宅的规模因家庭构成的不同及经济条件的差异而各不相同。但是，可以从生活行为所需的单位空间推算出基本面积。关于住宅的 LDK 及私密房间，用一般设计方法并参考过去的资料确定标准面积。

2. 独立住宅与集合住宅

住宅根据其建造形态可分为独立住宅（每户在独立用地上建造的住宅，因直接与地面接触，也称接地型住宅）与集合住宅（两户以上共建的住宅，在一幢住宅中两户以上横向连接的称联排式住宅，纵向加横向组合连接的称公寓住宅）独立住宅与集合住宅在同一用地内建造的称集团住宅。

由于城市环境的急速变化，住宅向高层化、巨大化、高密度化发展。为了保证环境的舒适，在住宅密度上有一定的限制。密度大致是根据用地条件来规定的，包含人口密度、户数密度、容积率这三项内容。人口密度是指单位用地面积上的居住人口数（人 /hm^2）；户数密度则是单位用地面积上的户数（户 /hm^2）；容积率是总建筑面积与用地面积的比率。

集合住宅多、高层化的长处是：①每户所占用地少，由于人口的高密度化可使土地得到高度利用；②给水排水、冷暖空调、垃圾处理等各种设备可实行统一化、集中化；③宽阔的公共庭院可以设置幼儿的游戏、娱乐场地；④可以通过集会场所增进邻里的交往。

但是伴随高层化所产生的不良结果是：①电梯等设备增加了建设费用；②高层建筑对周边地区有风害、压迫感和电视信号障碍，对日照也有影响；③住户与土地分离，没有庭院生活；④限制了一些个人自由，失去私密性；⑤高层住宅中的犯罪率增高等等。低层住宅虽然有土地的获得等问题，但有根植于大地的安心感，还有进行细部设计的可能性，有利于以后改扩建。

不同类型的集合住宅的特征如下：单面走廊型适合于高密度住宅楼，有着明快的结构与利用电梯集中化的优点，可是走廊一侧却不利于保持私密性、有噪声影响及日照（采光）不足等居住上的弱点；内廊型较单面走廊型的密度化更高，但东西轴会产生北向住户，整体通风也不好，居住条件较差。

楼梯间型使住户的居住性能提高，但高层住宅的使用面积与建筑面积的比值（净面积／总面积）较低，电梯使用率也低。集中型可节约公共面积，并可布置多面开口型的住户，通道也单独使用，但必须注意大厅部分的采光、通风。这种形式的楼房一般多为塔型。跃层型有楼梯间型的优点，也有走廊型的经济性，但走廊层与非走廊层的住户的居住性会有差别。

要解决内廊型住宅的缺点，开发出双廊型高密度、南北轴住宅，这种楼型必须注意供风、排风。而单面走廊型住宅缺点，通过走廊的重复可以解决。但走廊重复型住宅却存在着结构及设计不够流畅的弱点，费用也比较高。

3. LDK 空间

nLDK 是简单表示住宅规模与布局的技法。n 为卧室房间数，LDK 的意思是西式的起居室 (L)、就餐空间 (D) 及配有烹饪设备的厨房 （K）。公共房间的 DK 或 LDK 的空间布局型式迅速普及起来。LDK 空间从历史上的布局谱系中来看，只有起居样式的不同，它相当于传统农家的"厅堂"、"会客室"。

新 LDK 空间的出现是强调夫妇平等、尊重个性，以自由平等为基准的产物。它是以新的家庭形象为背景，生活改善与空间合理化的成果；是以居住生活功能的明确化与秩序化为目标的。这样看来，与以前相类似的室内空间还是有很大不同的。与 LDK 空间对应的主要生活行为是团聚、休息、饮食及相关内容，它是家庭交流的场所；也包含会客的功能，因此，必须是能适应多种功能用途的空间。

LDK 空间的形式有以下几方面。

LDK 基本上是分别具有各自功能的三种空间，由于其相互之间的关联方式存在不同，因此通过分隔方法可以使空间的功能、性格得以变化。

LDK 型。LDK 的空间并不分隔，是统一为一体的型式。由于烹调设备家具化，烹调过程也纳入了团聚空间中。对这种类型必须注意要有通风设备。同时为了愉快地生活，也有必要养成的生活习惯。

L·DK 型。这是 L 与 DK 适当地连接型。把 D 设计在一定的位置是其关键。L 不受 DK 的影响，可以有一个安静的空间。

L+DK 型。这是 L 完全独立、DK 为同一空间的型式。当 L 需要一个平静的气氛或以会客作为重点时。必须注意 D 的空间不能小。

LD·K 型。这是 LD 与 K 之间用柜台等分隔联系型。中小规模的住宅常使用这种型式。关键点是 D 与 K 接点的处理。

L·D·K 型。这是 L 与 D 与 K 各自在一定程度上保持独立的型式。由于综合起来，面积较大，适合于中等规模以上的住宅。

L+D·K 型。这是 L 为独立空间、D 与 K 保持适当联系的型式。由于它适用于注重会客的 L，因此 D 要有宽裕的空间兼作团聚的场所。处理成完全的家庭空间也是方法之一。

LD+K 型。这是 K 独立、与 LD 在同一空间的型式，是中等规模住宅使用最多的型式。L 与 D 各自是否互不干扰是关键。因空间可以互相共有，所以有宽阔的感觉。厨房的设备可以独立布置，易于操作。

L·D+K 型。K 独立，L 与 D 稍加分隔。L·D 的面积较 LD 大，各部分空间比较稳定。

L+D+K 型。L 与 D 与 K 各有独立的空间。在规模大的住宅中使用，全部都有会客功能的布局方式。

(1) L(起居室)空间

L(起居室)是家庭团聚、交往的场所，另外，也可看作是住宅中非特定用途的、多功能的模糊空间。此空间在布局上是决定住宅性格的关键空间。具有这种重要作用的空间，其内容模糊的原因有以下几点。

第一，曾经是厅堂、茶间、餐饮等聚会的场所，但被分成了 D(餐厅)与 L(起居室)两个空间。其结果是生活行为被无理地分开，团聚的功能也不明确了。

第二，作为团聚的场所，本应该为紧凑的空间，增加了会客的功能以后，与之形成了矛盾。

第三，在现代多样化的生活中人们生活行为的大部分也在此空间中进行。

L(起居室)在设计布局时，有必要对以上三点进行充分的研究、探讨。

1) 从房间布置上来看 L(起居室)的型式，大体可分为以下几类：

①区域型。在 LD·LDK 的布局中 L 与 D 在同一空间布置的型式最为常见。L 中不应出现无意义的装饰性空间，而应明确其作用，设置舒适的空间。根据适当的分区，划分必要的视野。

②大厅型。这是以 L 为住居的中心，需通过 L 才能进入各室的布置型式。从各室来说，一出门就是 L 的型式，缺少过渡与保护，给人不太稳定的感觉。对处于成长期的家庭来说，则是一种有利的、面向家族的型式；也有分别设置独立的接待客人的空间的必要。

③独立型。明确设置 L 的用途，与 D 及 K 等其他空间独立区分开来是很必要的。分隔方式从完整的墙面分隔到以部分的隔断分隔都可以。使用对象以家人使用为主时，要靠近私密区设置；以会客为主时，应该靠近出入口等公共区布置。

2）关于 L 空间室内环境调节的注意事项。除了独立型以外，L 与一般相邻空间有较大的距离。为此，有关室内环境的调节有几点必要的注意事项：

①取暖——除地板采暖以外，因热量会扩散，要在必要的部位采暖是比较困难的，因此需慎重考虑采暖方法与空间的分隔。

②换气——作为家人聚集的场所，应按人数与使用状态考虑设计换气的设施。

③声音——像大厅那样的宽敞的场所，声音会传到居住的全部区域，应特别注意隔声效果差的门的处理。

④照明——作为多功能空间，应该有与其使用方法相符合的照明设施。基本上是为突出空间效果而设的固定照明（聚光灯、下射灯、吸顶灯）与人的行为活动所必需的可动式照明。

(2) D（就餐）空间

虽然就餐场所在日本的住宅中处于中心位置，但没有独立的称为餐室的房间。即使现在，有单独餐厅的住宅也不多。普通的住宅是 DK 或 LKD 的复合空间，K、L 作为附属型式几乎没有。

就餐这种生活行为在家庭生活中，作为团聚、交往之处虽然应该被重视，但并没有在空间上得到充分的安排。其理由是过去伴随就餐的家庭团聚，由于 L 空间的引入而被分离开来，生活中心移到 L 空间来考虑，D 的空间作用便被忽视了。另一方面，D 空间因为伴有烹饪过程而只重视与 K（厨房）联系。

厨房设备的发展使备餐场所与进餐场所一体化。此外，也存在着重新看待家庭团聚，更加重视进餐场所环境的意见。把具有模糊意义的 L 空间分隔出去，会使 D 空间更加悠闲、随意。

另外，设置独立的 D 空间的要求虽不被看好，但却有着更加重视餐桌及餐饮设备的倾向。今后的问题是 D 空间所有的装置在 L 与 K 空间中设在何种位置上。

1）餐厅的设计与餐桌位置。就餐的姿势有平坐（端坐与盘腿坐）和坐椅子。另外，座位的布置有围合型、直列型、独立分散型等。

2）剖面设计与尺寸。设计剖面时，必须注意以下尺寸：

① 就餐姿势与视平线；

② 调理设备与调理台高度；

③ 餐桌高度与备餐台、窗台的高度。

3）餐桌及周围的空间。就餐所必需的餐桌最小尺寸以 600mm×450mm 为宜，家庭用来就餐时希望空间宽大一些，能有适当的余地，这个余地应该能够适应来客或人数增加时的需要。如果不是专用餐桌而是多功能使用的桌子，则越大用途越广。餐椅的基本尺寸为座高 400 ~ 440mm；软面椅座高 400 ~ 460mm，扶椅扶手内宽 ≥ 460mm。

4）室内环境调节上的注意事项。

① 照明——一般用吊灯作餐桌照明；如果它是多功能使用的桌子，用悬挂高度能变动的灯具更为方便，光源种类的选择要注意能看出食物的颜色变化。

② 通风——由于在餐桌上加热的饭菜会散发出蒸汽、油烟气味，所以必须考虑适当的通风措施。

③ 其他设备——在就餐时有时会使用电或燃气，要确认电线和燃气阀的位置与桌子的关系，在使用上不能有障碍。

(3) K（厨房）空间

1)K(厨房)的平面类型与炊事作业。K 在住宅空间中是操作密度最高的地方，各种器具使用频率也高，集中了设备的各种因素。因此，不仅要提高操作的效率，还要保持清洁、舒适的环境。另外，像 DK、LDK 那样与起居室处于同一空间的情况也较多，所以还应尽可能注意美观。炊事作业不只是在厨房中完成的，还包含其他的家务空间、饮食空间，应该把它看作是一连串家务劳动的一部分，特别是与餐桌的联系能反映出居住者的生活特性。因此，必须对与设计有关的这些内容进行充分的研究。关于厨房空间的类型，是通过空间的分隔、设备的设置型式、设置顺序（使用方便）等的组合来决定的。

炊事的基本作业内容是一个重复的过程，据此进行适当的设备与空间的规划，但是对于细部处理，不能忽视操作者的嗜好、习惯等个人差别，在具体的设计中需要与使用者进行充分的协商。厨房中必要的设备有洗物池、调理台、炉灶、微波炉、冰箱、食品柜等几种，这些物品摆放顺序是由作业流程所决定的。在实际设计中，还必须考虑餐桌与其他家务操作的联系。另外，操作空间要留有适当的余地，因为常有多人操作的情况。

2）环境与设备。K(厨房)空间作为操作环境，使用是否方便是第一条件，其舒适性是非常重要的因素。另外，要充分考虑解决厨房所产生的烟、蒸汽、气味、噪声等对其他居室的影响。因此，必须对其通风、换气、采光、照明、声音等进行合理规划与适当控制。

①通风、换气。炊事作业中产生的热气、蒸汽、烟、气味等都是空气污染的原因。由于厨房是开敞式或半开敞式，与其相连的起居室也会因此受到影响，必须充分注意通风、换气的设计。

②采光、照明。炊事作业是站立工作，手工操作比较多。因此，操作间需要有 300lx 的照度。白昼多依靠天然采光，可以保持开敞感与舒适感。同时，还可

以在吊柜下面做出凹凸槽，安装灯具，这样不仅有一般照明，还有为局部作业使用的直接辅助照明。要注意选用能明确辨别食品颜色的光源。

③声音。不能忽视在开敞式厨房中操作时发出的声音及电器噪声。它会影响到其他居室，因此，要考虑与此对应的做法。例如，对于器具的噪声必须考虑其位置的设置、设置的方法、防震等措施，将其影响控制在最小限度。

4. 私密空间

(1) 居室

居室是个人生活的场所。个人是指一个人或特定的两个人（例如夫妇），或是数人的情况，可以定义为确保居室的环境条件直接影响到在其中生活是否愉快。为睡眠、休息、学习、娱乐所需的居室要确认以下项目的内容：

①声音。对远离的外部噪声源，如有必要可设缓冲带。墙壁、顶棚、地面使用隔声性能好的材料。室内噪声容许值为 34 ～ 35dB。

②采光、照明。天然采光的有效窗面积应为地面面积的 1/7 以上。虽然希望有直射光照射，但是为了睡眠，有必要设百叶窗、遮阳板等。照明设计的要点是，所有照明在床的位置不要有光直射人眼中。另外，在居室入口处可用壁灯等进行局部照明。卧室整体照度标准为 30 ～ 10lx，儿童室为 150 ～ 75lx，当学习、看书时局部照度需为 1000lx、500lx。

③热、空气。对于成人来说，温热环境条件是因行为、着衣量、寝具量及湿度等的不同而有所不同，湿度在 40% ～ 60% 时，就寝温度在 15 ～ 18℃、读书学习温度在 23 ～ 25℃ 比较合适；对于婴幼儿，应高出 2 ～ 3℃，首层设卧室时，要考虑地面防潮。另外，为了防止冷风，可将暖气设于窗台之下，不受他人妨碍的私密性空间。

(2) 储藏

住宅设计上重要的课题之一是储藏空间的设计。要能把我们多种多样的生活用品巧妙地存放、保管好，就可以很大程度地提高舒适感和效率。作为生活用品的保管场所，可以分为附属于建筑的固定的储藏室和具有储藏功能的家具。储藏室和壁橱是建筑原有的储藏空间；衣柜、衣箱、橱柜等是家具式储藏空间。家具式储藏起源于西方的箱子。在法国把小型衣柜称为五斗柜，大型柜式家具称衣柜。

物品的存放、保管方法有叠、摞、挂、团、摆等，由此所必要的空间各不相同。例如衣类，叠与团占的空间少。从使用方便的角度来讲，内衣类要摞起来存放，则上面的衣服使用率高，用团的方式收藏就比较好，而且同样的空间可以放得更多。为使毛衣的颜色和款式一目了然，卷起来竖向放置较好。

储藏方法各种各样，可以说不使收存物品的性质、性能降低的方法就是最合理的方法。

(3) 卫生间

浴室、洗脸间、厕所是为满足生理需求而必需的空间。这些空间除了有清洁、耐久性、易清扫的构件与饰面外，在位置上要与居室区相邻，最好不要穿过其他房间就可以加以利用。

在以前给水排水、卫生设备还不发达时，卫生间的隔断型式是固定的。但是，最近由于各种设备机器被开发出来，平面上的设置自由了许多，各种器具亦可随意组合。

1) 浴室的位置。要考虑给水、燃气引入的关系。排水方面，必须注意要有一定的坡度。在街区一侧的浴室要在既遮挡邻近建筑物中的视线，又要有开放感上下工夫；在别墅等处的浴室宜设在能眺望景致的好位置。

从经济方面考虑，把有给水排水设备的房间集中起来布置比较有利。与在二层设置浴室相比，还是在一层设浴室经济。另外，还必须考虑锅炉及配管的维修、更换是否方便。

洗浴场地的大小可以根据入浴时的动作得出最佳尺寸。如果考虑母（父）子一起洗浴及使用淋浴，90cm×150cm 程度的大小是必要的。普通住宅除特别情况外，最好不要做成像温泉般大面积的浴室，因数人同时洗浴并不实用，且冬季寒冷不经济。

2) 浴室的做法。浴室做法有做地面、墙壁的防水、贴饰面等原有的湿作业法和预先在工厂做好整体浴室到现场安装的干作业法。

3) 浴室的出入口。出入口的位置要考虑洗浴场地中人的活动以及水龙头、毛巾架、照明等设备的位置关系，使其互相不妨碍。门要具有耐火性能，为使浴缸能搬入，入口最少要确保净宽达 60cm。

4) 浴室的照明。灯具必须防潮，要用显色性好的光源，并要有 100lx 左右的照度。灯具的安装位置不要形成手前的阴影，在入浴时不致刺眼，还要注意不要让人影映到窗上。

5) 浴室的水龙头等配件。水管配件的种类与给水排水卫生设备一项有关，在此省略说明。安装位置要按使用方便来决定。

6) 其他。浴室内的肥皂、香波、毛巾等小物品的放置处，也要在设计阶段考虑，可设置在墙壁内不突出、不易污染的地方。另外，为了老人和儿童的安全，应安装扶手。

5. 门厅与走廊

在住宅的室内空间中，门厅与走廊具有与其他空间不同的意义。这是因为，这些空间在日常生活中并不使用。因此根据平面布置计划，这些空间很少出现在室内中。在西欧，实际上很多住宅并没有门厅。门厅作为出入口的功能都是一样的，但是否有必要在这里换鞋。一种意见认为这个空间是必要的，另一种则认为有一扇门就可以了。作为室内空间的门厅，是外部（社会）与内部（家庭）的连接点。因此，门厅从内到外有很多必须考虑的因素。住宅的门厅曾有过很辉煌、奢华的年代，那时被当时的居住者作为显示地位、权力、财富的象征，是住宅的脸面。但是，这种门厅却几乎不被使用，而另外使用其他出入口。由于存在这样的矛盾，今天门厅的设计终于回到以实用为主的本来位置。

对门厅要求的必要条件是：适当的面积、较高的防卫性能、合适的亮度、易于通风、有足够的储藏空间、适当的私密性及安定的归属感。门厅的大小问题，一般都接近最低限度的空间（动作空间），但这恐怕是只够脱鞋、换鞋所需的空间。用何种形式会让人感到宽敞是需要下工夫研究的问题。

关于门厅的亮度与通风，也是需要认真考虑的问题。因为门厅并非居室（参照法规项），所以常常光线不足。但是作为与明亮的外部相连的空间，充分的亮度与适当的通风是不可缺的。在采光方面，白昼可利用天然光，为此有必要设计适当的洞口部位。采光的要点是不要使进门者逆光时看不清面部。所以，侧光、顶光较适合，并且以低眩光的照明方法为原则。

门厅的储藏部分由收存的物品种类来决定，只有鞋箱与伞架是不够的。基本上是外出时使用的物品在门厅中存放，这不仅为了方便，也为了健康、卫生。还有大衣、帽子、手套、运动用品等物品的存放，大衣类的存放空间需要考虑客人的容量。门厅的收藏空间必须详细研究与物品的关系后，选择利用效率高的方式。

门厅的私密性与其位置有关，基本是通过门厅的动线问题。门厅开敞与其他空间形成一体成为一般的现代门厅，就很难确保私密性了。特别是为了连接上下层而必须通过门厅（此型正在普及）的情况，更有问题。例如，上层有居室而浴室在下层的住宅，在入浴前后都需要通过门厅，会感到很不便。

走廊可以说是纯粹的循环空间。房间与房间的连接是否有必要用走廊，可以探讨。古代寝殿造是以延伸的走廊为特征的，而战后的现代化生活观念是尽可能不要走廊。现在，一般住宅基本上将走廊空间控制在最小限度内，因为走廊被认为是浪费的空间。在相对一定的空间内，如果尽量加大有明确功能的空间，则会使走廊空间变小。设置走廊可以使室内空间更加宽敞，具有连续性、开敞感，且能确保私密性，另外还有隔热、隔声的效果。一般走廊宽度为91cm（墙身中心线之间），若为100cm则更舒服。走廊与门厅一样，要取得充足的自然光是有困难的，但高侧窗与顶窗的采光还是可能的。照明从节省能源方面来讲，常常要暗一些，但希望不要与居室的亮度相差过大。

6.3.2 工作空间设计

1. 办公楼房空间

(1) 办公室及其功能特点

办公室环境设计是指人们在行政工作中特定的环境设计。我国办公室环境设计种类繁多，在机关、学校、团体办公室中多数采用小空间的全隔断设计（图6-21）。这种设计有其利弊，在此暂不作论述。这里主要介绍一种现代企业办公室的设计。该设计从环境空间来认识，是一种集体和个人空间的综合体，它应考虑到的因素大致如下：

1) 个人空间与集体空间系统的便利；

2) 办公环境带给人的心理满足；

3) 提高工作效率；

4) 办公自动化；

5) 从功能出发考虑空间划分的合理性；

6) 导入CI的整体形象的完美性；

7) 提高个人工作的集中力等。

以上在办公室设计中应考虑的因素，也是现代办公室应具备的条件。办公室是脑力劳动的场所，企业的创造性大都来源于该场所的个人创造性的发挥。因此，重视个人环境兼顾集体空间，借以活跃人们的思维，努力提高办公效率，这也就成为提高企业生产率的重要手段。从另一个方面来说，办公室也是企业的整体形象的体现，一个完整、统一而美观的办公室形象，能增加客户的信任感，同时也能给员工以心理上的满足。所有这些应列入办公室设计的基本理论之中。

图6-21 小空间办公室环境设计

对于一个一般的行政办公室，它应考虑到基本的功能，从工作分配来考虑，则应从行政机构的设置来考虑其布局。企业的行政机构设置大致有董事长办公室、经理办公室、供销科、开发科、营业科、财会室、会客区、保密室等，许多单位在此基础上还设有行政办公室、资料室、人事部等。这些应根据各单位实际情况而定。这些机构的合理布置是办公室设计的基本内容，也是在其特殊功能之下所形成的办公室设计特点。

(2) 办公室设计的基本要素

从办公室的特征与功能要求来看，办公室有如下几个基本要素。

1) 秩序感。设计中的秩序，是指形的反复、形的节奏、形的完整和形的简洁。办公室设计也正是运用这一基本理论来创造一种安静、平和与整洁的环境（图6-22）。秩序感是办公室设计的一个基本要素。要达到办公室设计中充满秩序感的目的，所涉及的范围很广，如家具样式与色彩的统一；平面布置的规整性；

图6-22 充满秩序感的办公环境

325

隔断高低尺寸与色彩材料的统一；吊顶的平整性与墙面的装饰；合理的室内色调及人流的导向等。这些与秩序性密切相关，可以说秩序性在办公室设计中起着最为关键性的作用。

2）明快感。让办公室给人一种明快感也是设计的基本要求，办公环境明快是指办公环境的色调干净、明亮，灯光布置合理，有充足的光线等，这也是办公室的功能要求所决定的。在装饰中明快的色调可以给人一种愉快的心情，给人一种洁净之感，同时明快的色调也可以在白天增加室内的采光度（图6-23）。

目前，有许多设计师将明度较高的绿色引入办公室，这类设计往往给人一种良好的视觉效果，从而创造一种春意，这也是一种明快感在室内设计的创意手段。

3）现代感。目前，在我国许多企业的办公室，为了便于思想交流，加强民主管理，往往采用共享空间——开敞式设计，这种设计已经成为现代新型办公室的特征，它形成了现代办公室新空间的概念。

现代办公室设计还注重于办公环境的研究，将自然环境引入室内，绿化室内外的环境，给办公环境带来一派生机，这也是现代办公室的另一特征。

现代人机学的出现，使办公设备在适合人机的要求下日益增多与完善，办公的科学化、自动化给人类工作带来了极大便利。在设计中应充分地利用人机学的知识，按特定的功能与尺寸要求来进行设计，这些是设计的基本要素。

将办公室装饰设计导入CI战略也是使办公室具有现代化的一个重要手段（图6-24、图6-25）。

(3) 办公室设计原理

1)办公室的空间区域划分。根据办公机构设置与人员配备的情况来合理划分、布置办公室空间是设计的重要任务。在我国，多年来无论是企业、学校、机关等办公场所都采用全隔断方法，即按机构的设置来安排房间。这种方法有它一定的优点：注意力集中，不受干扰，而且设计方法也比较简便。但它的缺点是缺乏现代办公室工作的灵活性。有鉴于此，目前许多银行、公司开始兴起一种共享空间的设计方法，并按功能、机构等特点划分，这是一种先进的办公室形式，它能适应现代工作的需要，宜于提高企业的生产力。

图6-23 极其明快感的办公环境设计　　　图6-24 将办公室装饰引入到CI战略中　　　图6-25 办公室CI设计

日本著名的 VOICE 公司多年来极力维护一种新型的办公室空间环境——个人与集体结合方式。这种方式在兼顾集体空间时又重视个人环境。作为一个企业的特征分析，不难发现这种交流布局的办公室是一种集团主义的组织形式，它既避免了集体办公室容易使人分散注意力的缺陷，又解决了现代办公室工作时必需的灵活性。

VOICE 公司在总结这种共享空间中的小集体空间的办公优点时得出如下几点优点：

①每个成员参与筹划的意识得到提高，有利于工作效率的提高；

②保证了每个成员的最大的工作自由；

③集中了大量的不同意见和建议；

④具备解决问题的能力；

⑤可以随时更换成员；

⑥有利于积蓄集体内的信息；

⑦信息的综合化，归纳出了利用价值大的信息；

⑧集体内信息的审核，得出了较为正确的判断；

⑨集体工作可多快好省地提高生产率（工作效率）。

该公司在其产品推销书中介绍了一个商行办公室的设计，在设计中为实现兼顾集体与个人空间以及小集体空间的目标，它采用了三种不同的高度的壁板，这种多元组合将现代办公设置与条件推向新环境。

采用办公整体的共享空间与兼顾个人空间与小集体组合的设计方法，是现代办公室设计的趋势，在平面布局中应注意如下几点：

①设计导向的合理性。设计的导向是指人在其空间的流向。这种导向应追求"顺"而不乱，所谓"顺"是指导向明确，人流动向空间充足。当然也涉及到布局的合理。为此在设计中应模拟每个座位中人的流向，让其在变化之中寻到规整。

②根据功能特点与要求来划分空间。在办公室设计中，各机构或各项功能区都有自身应注意的特点。例如：财务室应有防盗的特点；会议室应有不受干扰的特点；经理室应有保密等特点；会客室应具有便于交谈、休息的特点。我们应根据其特点来划分空间。因此，在设计中可以考虑将经理室、财务室规划为独立空间，让财务室、会议室与经理室的空间靠墙来划分；让洽谈室靠近于大厅与会客区；将普通职工办公区规划于整体空间中央等等（图6-26）。这些都是我们在平面布置图中应引起注意的。

2）关于办公家具的布置。现在许多家具公司设计了矮隔断式的家具，它可将数件办公桌以隔断方式相连，形成一个小组，我们可在布局中将这些小组以直排或斜排的方法进行巧妙地组合，使其设计在变化中达到合理的要求。

图6-26　根据功能特点来划分办公空间

另外，办公柜的布置应尽量依靠"墙体效益"，即让柜尽可能靠墙，这样可节省空间，同时也可使办公室更加规整、美观。

3）办公室隔断。要重视个人环境，提高个人工作的注意力，就应尽可能让个人空间不受干扰，根据办公的特点，应做到人在端坐时，可轻易地环顾四周，伏案时则不受外部视线的干扰而集中精力工作。在 VOICE 公司中，空间壁板有以下三种形式：有高度大约在 1080mm，在一个小集体中的桌与桌相隔的高度可定为 890mm，而办公区域性划分的高隔断则定为 1490mm。这些尺寸值得我们在设计中参考、借鉴。

目前，市场上销售的办公室配套设备中的隔断多数采用面贴壁毯等材料，这些材料有吸声、色彩与材质美观的效果。在办公室装饰工程中，如自制隔断除了注意尺寸之外，还应注意材料的选用，另外还要注意办公隔断的收口问题。购置与定制较高级木质（如榉木）的木线来收口。这样可给自制的办公室隔断带来高级之感。

4）办公室吊顶。在办公室的设计中一般追求一种明亮感和秩序感，为此目的，办公室吊顶设计有如下几点要求：

①在吊顶中布光要求照度高，多数情况使用日光灯，局部配合使用筒灯。在设计中往往使用散点式，光带式和光棚式来布置灯光；

②吊顶中考虑好通风与恒温；

③设计吊顶时考虑好便于维修；

④吊顶造型不宜复杂，除经理室、会议室和接待室之外，多数情况采用平吊（图 6-27、图 6-28、图 6-29）；

⑤办公室吊顶材料有很多种，多数采用轻钢龙骨石膏板或埃特板，铝龙骨矿棉板和轻钢龙骨铝扣板等，这些材料有防火性，而且有便于平吊的特点。

（4）办公室设计导入 CI

1）CI 及其发展。CI 是英文 Corporate Identity 的缩写。Corporate 是指企业团体，

图6-27　会议室吊顶

图6-28　大堂吊顶

图6-29　办公走道吊顶

Identity 则是指身份、个性或特征。这一词组在 20 世纪 60 年代就开始在美国使用。中文可译成"企业识别体系"。

20 世纪 60 年代，美国的企业家意识到视觉识别计划的重要性，于是纷纷建立自己公司的企业识别形象，当时的设计公司大多为个人设计师、市场顾问公司和广告公司等。

20 世纪 70 年代后半期，企业识别 (Corporate Identity)、视觉识别 (Visual Identity)、统一设计体系 (Coordinate Design System) 及设计策略 (Design Strategy) 等名词在企业的宣传品中及市场经销人员与设计师之间成为时髦的词汇。根据《美国新闻与世界报道》杂志的记载，1970 年，在纽约股票上市的公司之中，已有 60% 左右的公司导入 CI。"CI"是一种计划，也是一种企业发展的战略。目前许多国家和地区，相继成立了研究和规划"CI 战略"的机构。并对企业进行服务，以加强本国、本地区企业对外竞争能力。例如，我国台湾地区的"自东公司"，1971 年经过台湾外贸协会产品设计处对"CI 战略"进行规划后，企业面貌焕然一新，第二年经营额比上年同期增长 163%，使该公司的商标很快地成为了台湾地区的三大名牌之一。

"CI"一词在 20 世纪 70 年代才传入我国，80 年代有些企业开始尝试将企业导入 CI，并获得了较好效果，90 年代 CI 战略已为多数企业所熟悉，并逐渐为我国企业界与设计界接受。

在室内装饰行业中，引入 CI 战略的方法，也对该行业的设计产生很大的影响，例如：广外一花园酒店就制定酒店的专体色为咖啡色与米黄色，其酒店的墙面、信封、信纸、酒店介绍、各类包装等都采用米黄与咖啡两色。这种专体色的计划与应用，使室内装饰设计，也逐步进入到 CI 战略之中。

2）CI 战略的内容。现代企业已逐渐认识到企业自身形象在社会、大众中体现的必要性。CI 设计正是以企业"识别体系"为主导，在室内装饰中，他以专体色、商标宣传和能体现企业特色的东西来装饰，以体现企业新颖的、有特征的个性的形象。这种形象的规范化、整体化，正是 CI 战略在室内装饰中的部分内容之一。

所谓"企业的识别体系"使公司通过其标志宣传和专体色等视觉要素在大众中建立起自己的形象，从而产生影响及所造成的效果的总和。这种识别体系的建立，除了加深人们对其印象之外，还可激励职工工作的积极性和加强企业或酒店在市场上的竞争力。

CI 战略的基本内容十分多，它包括：视觉综合战略、情报战略、交流战略，而室内装饰艺术体现在 CI 战略之中多数为视觉综合战略。它是一种整体设计。其内容见表 6-1。

CI的整体设计　　　　　　　　　　　　　　　　　　　表6-1

基本设计体系	应用设计体系
公司标准体系	产品、门面装饰、广告牌等
商标	包装、室内外招牌、建筑物、车辆等
公司标准色	办公用具、信笺、室内外等
公司特征	制服、工具、室内外装饰等
铅印字	展览会、广告、说明书等

从以上这一整体设计策划内容来看（表6-1），它要求所策划的视觉形象有一个鲜明的形象和强烈的个性，同时在使用中应具有一贯性，以便使公司的整体特征，反复出现在人的面前，造成不易磨灭的印象，它是一种融宣传与交流为一体的策略，并由此创造企业整体的形象。

CI战略是一种创名牌，维护名牌的手段，在视觉整体计划里涉及到室内装饰方面的内容也有不少，用商标、专体色和标准字来体现公司特征，这都是装饰业配合导入CI战略的体现。我们应该组织力量，配合有关CI策划人员来进行室内装饰设计，从而创造公司的美好视觉整体形象。现代办公室讲究效率化和合理化，并不断充实其办公功能，力求使每个人感到舒适与满足。提高空间效率和人员的办公效率已成了办公室设计一个重要研究的内容。

另外，提高工作人员和来访人员的心理满足感，把办公室导入CI计划，将是办公室设计的方向。

（5）不同类型办公室的装饰设计

根据办公室的使用对象可将办公室分为如下三种类型：高级管理人员办公室、白领职员办公室及内务办公室。

1）高层管理人员办公室的装饰设计。高层管理人员是指行政单位的高级别的行政人员，或是指公司或企业的高级职员如董事长、总经理等，他们是行政单位、企业或公司的领导核心。因此这类办公室应设在显要的地段，其装饰设计也是整个写字楼的重点。

完整的高层管理人员办公室在空间布局上应为三进式，即秘书办公室、接待室、高层管理人员办公室三个空间层次。除此之外，还应留有适当的休息及展示空间。因空间的限制等原因，有的高层管理人员办公室将三进式改为二进式，即秘书办公室和高层管理人员办公室，而将接待空间归于高层管理人员办公室内作为一个局部空间（图6-30）。

在高层管理人员办公室的空间处理上，无论是空间界面材料，还是空间的色彩配置、家具的造型、光照的处理、装饰及陈设等都要围绕营造一种庄重、高雅的气氛。在装饰风格上既可以是古典的，也可以是现代的。在界面装饰材料的选用上，地面可为实铺或架空木地板，也可在水泥粉光地面铺以优质塑胶地毯，较

图6-30　高层管理人员办公室

330

高档的装饰则在木地板上铺羊毛工艺地毯；墙体则可以采用在胶合板面层上用实木线条作几何式图案装饰；也可以在胶合板面层上作软包装饰；吊顶采用轻钢龙骨石膏板作两层吊顶或是平顶。对于高层管理人员办公室的照明处理，除了保证必要的照度外，还应发挥其装饰功能，作好办公室内艺术品的照明及灯具的选择等。

由于高层管理人员在公司或企业的特殊地位，使其办公室成为企业形象对内和对外的良好展示场所。因此，在进行这类办公室的装饰时应将企业形象的视觉识别标志摆在重要位置，如公司的标志、企业的经营宗旨或经营体验、企业的精神和文化内涵等均应在醒目的地方加以适当的表达。

2）白领职员办公室的装饰设计。白领职员指公司或企业的业务骨干。这类办公室的装饰设计应力求体现简洁、高效的气氛，在平面布置上要做到布局合理、科学，交通路线流畅。

从办公体系和管理功能要求出发，结合办公建筑结构布置提供的条件，白领职员办公室在空间布局方面可分为如下几种类型：

①小单间办公室。即较为传统的间隔式办公室，一般面积不大（常用的开间为 3.6m、4.2m、6.0m，进深为 4.8m、5.4m、6.0m 等），空间相对封闭。这类办公室的优点是环境宁静，干扰少，办公人员具有安定感，而且同室人员之间易建立较为密切的人际关系；缺点是空间不够开畅，办公人员与相关部门及办公组团之间的联系不够直接与方便。

小单间办公室适用于需要小间办公功能的机构或公司，如机构或公司规模较大，也可以把若干小单间办公室相组合，构成办公区域。

②单元型办公室。单元型办公室在写字楼中，除晒图、文印、资料展示等服务用房为公共使用之外，单元型办公室具有相对独立的办公功能。通常单元型办公室内部空间分隔为接待会客、办公（包括高层管理人员办公）等空间，根据功能需要和建筑设施的可能性，单元型办公室还可设置会议、盥洗、厕所等用房。

由于单元型办公室既充分运用大楼各项公共服务设施，又具有相对独立、分隔开的办公功能，因此，近年来兴建的高层出租办公楼的内部空间设计与布局，单元型办公室占有相当的比例（图 6-31）。

③公寓型办公室。公寓型办公室配置的使用空间除与单元型办公室相类似，即具有接待会客、办公（有时也有会议室）、厕所等，其主要特点为具有类似住宅、公寓的盥洗、就寝、用餐等使用功能。

公寓型办公室提供白天办公、用餐，晚上住宿就寝的双重功能，给需要为办公人员提供居住功能的单位或企业带来方便。

④大空间办公室。大空间办公室起源于 19 世纪末工业革命后。由于生产开始集中，企业规模不断增大，这样便要求各成员之间、各部门之间加强联系以提

图6-31　单元办公空间

高工作效率（图6-32）。而传统间隔式的小单间办公室已难以适应上述要求，由此便逐渐形成少量高层管理人员仍使用小单间，一般办公人员使用大空间办公室的格局。

大空间办公室有利于工作人员与组团之间的联系，有利于提高办公室设施的利用率。相对于间隔式的小单间办公室而言，大空间办公室减少了公共交通和结构面积，从而提高了写字楼主要使用功能的面积率。但大空间办公室也有不尽人意之处，特别是在环境设施不完善的时期，大空间办公室内声音嘈杂、混乱、相互干扰较大。近年来，随着空调、隔声、吸声以及办公家具、隔断等设施、设备的优化，大空间办公室的室内环境质量有了很大的提高。特别是以电脑为中心的办公家具布局以及大型绿化植物的引入为大空间办公室注入了新的活力（图6-33）。

⑤景观办公室。景观办公室（Landscape Office）兴起于20世纪50年代末的德国，它的出现是对早期现代主义写字楼建筑忽视人际交往的一种摆脱，是对单纯唯理观念的一种反思。在20世纪50与60年代已日趋成熟的建筑技术设施条件下（如不断完善的室内空调，照明系统，大开间、大进深的结构柱网布置等），现代办公设备的出现使办公性质由事务性向创造性发展，加之当时已开始重视作为办公行为主体的人在提高办公效率中的主导作用和积极意义，这诸多因素使景观办公室应运而生。1963年建于德国的尼诺弗莱克斯（Ninoflax）办公管理大楼，即为景观办公室。

景观办公室具有便于工作人员与组团成员之间的联系、创造和谐的人际关系和工作关系等特点。这种办公室在家具与办公设施的布置上灵活自如，并设有柔化室内氛围、改善室内环境质量的绿化与小品。这种布局是借鉴早期大空间办公室过于拘谨划一、片面强调"约束与纪律"的不足而加以发展的（图6-34）。

图6-32　大空间办公室

图6-33　大办公室内的绿化装饰

⑥智能办公室。智能办公室是随着近年来智能办公建筑的问世而出现的一种大空间办公室。其办公空间布置的特点是采用工作站式布置，即将计算机、打印机、传真机及其他设备同人有机地结合在一起，形成一个个人办公空间，这个办公空间就是工作站。

工作站之间是以低隔断构成，以弹性状态布置在办公室的空间之中。为了方便相互之间的交流，在工作站之间留有供休息和会议用的空间。这种布置方式与景观办公室有许多相似之处，是在景观办公室的基础上结合智能办公设备布置的需要而形成的格局。其优点是借助先进的智能办公设备来更好地提高工作效率，复杂的工作能够在工作站内处理。由于各种设备的有机结合，空间使用上比景观办公室更为节省（图6-35、图6-36）。

图6-34　景观办公室的环境设计

3）内务办公室的装饰设计。内务办公室是指高层管理人员和白领职员以外的内务工作人员办公室，包括保安人员、清洁工、维修工、值班人员以及内部食堂管理人员等办公室。这类办公室一般只与企业或公司的内部人员有关系，而不对外发生联系。

内务办公室主要强调满足使用功能，应充分节省和利用空间，尽可能做到整洁卫生。在设计风格上应以自然朴实为主，色调要单纯，材料不必讲究。

2. 工作功能较强的厂房车间

厂房、操作间、实验室等室内空间很少受到职业室内设计师的关注，它们严格的功能要求，使这类空间一直是工程师和技师涉及的领域，只有当某些特例出现时才会考虑这些空间的美学效果。在工厂里，色彩和灯光能用来帮助提高视觉效果，调节心态情绪以及增加安全感，因此如果有意识地对这类空间进行处理，肯定会提高工人的工作效率。

应当认识到，工作空间设计也是一项很好的对外宣传策略。如纽约肯尼迪机

图6-35　智能办公室

图6-36　智能办公公共空间

场的发电厂是一幢全部用玻璃建造的建筑，能向路过的人们展示它内部各种漂亮色彩的设备，给人留下深刻的印象。当然在所有这些工作空间设计的例子中，严谨的工程技术是首要的，但对于视觉形象设计的关注能够帮助其技术性部分更加吸引人们对其的关注，充满趣味而激动人心，这些不仅能帮助公众去认识它，而且会成为其自身工作人员的骄傲。

6.3.3　公共空间设计

1. 商业空间

在现代社会，购物是人们日常生活的一个重要的环节。商业环境成为一个巨大的竞争市场，经营者希望能吸引客人去购物，而客人则希望在购物的过程中得到实惠和享受，所以现代商业空间环境的机能已不仅仅包含展示性和服务性，还需要具有休闲性和文化性。

(1) 百货店

百货店缘自19世纪中叶法国巴黎的产业革命，由于工业化机器代替了手工制造，于是以前专为贵族服务的产品被扩展，让普通市民也能得到享受。1850年，在英国举办第一次世界博览会时，逢马尔榭商业街上出现了第一个百货店。其特点是：

1) 具有丰富的商品种类；

2) 明码标价，足价销售；

3) 可以自由退换商品；

4) 部分商品可以免费运送；

5) 免费提供包装；

6) 服务优良。

作为百货店通常必须满足下列一些规范性条件：

1) 营业面积为 600～1000m²；

2) 设置五大类商品的销售部门；

3) 商品明码标价，有注册商标，规格、尺码齐全。

(2) 超级市场

20 世纪 60 年代中期，随着计算机技术的应用，为了降低商品成本，美国率先开设了超级市场。至今它已风靡世界各国（图 6-37）。其特点是：

1) 自选购物形式，以生活用品为主，具有一定的规模；

2) 价格低廉，一般设在人群集中区，郊外、新型住宅区等。对家庭主妇、学生最适用；

3) 服务时间延长，有的甚至通宵开业。

（3）购物中心

购物中心是由一个集团化企业控制的商业场所，20 世纪 70 年代中期产生于美国，为的是追求一种高层次、高享受的商业环境（图 6-38）。它规定：

1）营业面积。都市型在 3000m² 以上，地区型在 1500m² 以上；

2）必须设有商业同盟会；

3）同一场所设有十个以上的店铺；

4）餐饮、美容及娱乐设施占相当比重；

5）有足够的停车场；

6）创造一种崭新的商业环境。

（4）综合式商业中心

综合商业中心是一种档次较高，功能齐全的，集购物、娱乐、休闲、办公、住宿于一体的大型商业环境空间。它已迅速地成为非常受人们欢迎的公共聚集场所，其良好的设施和全方位的服务，在竞争激烈的商业环境中，特别具有吸引力（图 6-39）。

商店的设计需要给顾客传递广泛的信息，包括商品的质量、档次和室内环境的风格以及服务态度等，同时也要为商品的陈列、储藏和销售等提供实用功能。商店的设计者应抓住商店的特点，有时甚至还要去创造一种特色，并用具体的手法把它表现出来，以使已有的和潜在的客人能够被其感悟、熟悉并得到享受。

图6-37 超级市场的室内环境

图6-38 购物中心

图6-39 综合式商业中心

所有这些特色都可以在世界上许多大城市里古老的商店中找到，它们是依靠传统的商业观念来吸引某一类特定顾客的经营方针来实现的。商业空间设计者必须想办法去领悟这些特色，以吸引更多的不受个人情感影响的购物者。

商店出售商品的类别，价格和式样都会影响商店的设计。一个商店可以给人留下保守或前卫、阳刚或阴柔，以及快捷便利或悠闲细致的服务等各种印象，尤其是小商店更能够创造出一种与众不同而极具个性化的环境，而大商店如大型百货店则必须为不同部门提供各种不同环境，并需体现一种能抓住顾客心理的整体特征。另外，展示方式、色彩、照明也应使商品体现最理想的视觉效果；服装店或相关的商店，还应该在方便顾客方面有更多的考虑，甚至是在外部看不见的试衣间等。

对于一个商店，无论是小型专卖店，还是大型百货店的某一局部，设计者都需要预先考虑顾客对这些空间的体验，以及工作人员和管理人员与空间的关系。顾客最先感触的是商店的外部环境，商店的沿街正立面和展示橱窗可让顾客对商店的特征有一个预览，堆着货物的大橱窗会让人觉得这是一个批发市场；封闭橱窗里商品摆放得如同舞台布置则表明这是一个典型的专卖店。即使是一个带着既定目标到一个所熟悉的商店去购物的顾客，也希望能通过外部环境了解这个商店的价格和质量。所以商店沿街正立面的外观效果是一种重要的广告宣传，它能吸引偶然的过客，刺激其购物欲望。

一旦走进商店，如果顾客所希望得到的信息（如商品的种类及其分布等）就在身边，并且人流通道很清楚明了的话，顾客的直觉将会更加有利于购物。大型商品的价格昂贵或专业时，顾客需要售货员的帮助，那么商店的设计必须留有顾客可以活动的空间。可以通过柜台、展示品和其他边界来划分工作人员的工作区域。如今许多商店正在不断扩大顾客自己寻找、挑选商品的开架式售货范围。

收款员的位置需要妥当地安排，并要有很清楚的标识，特殊服务的区域也是如此，如包装处、订货处、问询处等。某些种类的商品还要求有与之相关的配套设施，如鞋店要有顾客试穿的座具，服装店要有试衣间，并且应装有试衣镜，甚至是三个方位的。食品店通常设置开架区和闭架区，闭架区常常是销售不易保存的商品，需要放在冰柜里。另外还要考虑服务员在柜台内的操作活动空间。

商店里各种功能所占的面积，需要根据顾客购物的速度、商品的价格和档次以及商店预期的销售量而定。降价商店里的零乱和匆忙的快节奏，可以鼓励顾客快速作出决定是否购买商品；而在豪华商店里购买贵重商品的时候，就需要为他们提供进行选择比较和深思熟虑的时间与空间，这会对商品的销售有所促进。在任何情况下，高效率和井然有序的环境对顾客和管理都会有帮助，杂乱的环境只会让人感到不安和失望。

所有的商店都有后场,用作储藏、工作人员的更衣和休息,以及办公、包装等。设计中,除了考虑顾客的人流布局,还应重视商品的运输流线。商品到货后在哪儿卸货、储藏在哪里、如何陈列、如何与顾客接触、售出后又怎样离开商店、安装哪些安全设施、如何减少偷窃、恶作剧的发生和雇员的损耗等。这些因素,在设计中均需要考虑。

2.展览空间

(1)展览馆

展览馆是展出临时性陈列品的公共建筑,它通过实物、照明、模型、电影、电视、广播等手段传递信息,有时还与商业及其他文化设施并存,成为一种综合性的建筑。当然,有许多国家举办的规模宏大的产品、技术、文化、艺术展览及娱乐活动的临时性建筑——国际博览会也属此范畴。展厅的规模数量应视展览内容和管理的需要而定。参观路线的安排是展厅平面布置的关键。如展览内容多且相关,应采用连续性强的串联式;展览内容独立、选择性强,则易采用并行式或多线式。对于休息区,照明设施也需作周密的考虑。

展销会是现代商业和贸易活动中的重要组成部分。展馆的设计已成为产品和材料制造商重要的销售窗口,它不仅需要展示产品,还要展示企业的服务和形象。所以对销售商来说,展示空间的设计几乎和商品本身的设计同等重要。

展览空间设计是一种高度专业化的室内设计。它首先考虑的是空间的人流组织,其次是展品的平面设计,包括展板、标志等。这些设计不仅具有一定的创意还应是能够迅速建成的室内环境设施,而这些设施又能在竞争性强,甚至使人眼花缭乱的环境中有效地交流。这些设施大都有标准化模数,并有重新使用的价值。展览空间的临时性和短期行为有时会给设计者提供较大的自由度,以尝试一些带有刺激性的方案。但这些方案对其他一些使用期较长的工程来讲,很可能是不合时的。可以断想,展览空间设计会是未来室内设计的主要内容之一。

(2)博物馆

作为展览的公共场所,博物馆在过去的设计中较重视纪念性,而忽视了它的实用性。许多新建的博物馆真正从陈列和服务考虑而提供了富有创造性的空间,但大多数旧馆往往需要极大地改进内部空间的结构,使之具有吸引力。

近些年来,许多博物馆为了吸引观众和适应时代需要进行了改建或重建,创造性的设计手段使得它们可与商业空间相媲美,戏剧性的布局和色彩可以把一个布满灰尘的仓库变成一个既有教育价值又富有娱乐性的展览空间。

博物馆主要由五种空间类型构成:入口厅堂(广场)、展示空间、保管空间、研究空间和办公空间。在流线设计上,一般是顺时针方向(从左至右),如果陈列中国古代书画则可以逆时针方向(从右向左),并要求连贯性强,鲜明易辨,不交叉、不逆流及不漏看。其次是照明设计，应避免有直射的日光，以免使名画及织物产生褪色现象，使雕刻、油画等艺术品产生大的阴影，不要产生暗光，以免影响观感。在安全性方面，馆内一定要考虑耐震、耐火、防湿及防盗措施。最后是舒适度问题，由于人们在博物馆内逗留时间较长，故对于温度、湿度要求相对较高。而不同的地面采用不同弹性的材料，以减轻足部疲劳，也是现代博物馆室内设计应予关注的问题之一。另外，现代博物馆的室内设计还应注意以下三个方面：

1）展品陈列形式应灵活，如实物、图像、电视、电影、电脑及模型等。

2）应引导参观者主动参与，使其可以随便使用及操作复制的设施和器具。

3）展示内容贴近社会最新发展，展品经常更新。

（3）画廊

画廊在规模上比博物馆要小一些，其服务的对象也相对比较集中，但它们的共同特点是通过空间、色彩和灯光的合理安排来展示陈列的艺术品。

画廊有两种形式：一种是独立的；另一种是依附于大型商业或文化建筑之中的。它经常更新各种展品，以展示当前流行的各种艺术流派作品为主。平面的有油画、国画，立体的有陶艺、雕塑等。因其展品形式多样，故展览方式与展柜形式也随之多样，单一方式难以满足其功能需要。在界面处理上，要求墙面简洁平整，局部设壁龛或一般设隔断来分隔空间，以展示书画，悬挂展品；地面以地毯、地板等高档柔性材料为主，吊顶力求满足设备功能，如灯光效果、轨道装置等。展台设计以积木式为主，造型可变，便于适应不同形式的展品。此外画廊一般设有休息空间，一方面便于参观者交流，另一方面亦便于商业洽谈。

3. 办公空间

现代化的办公环境打破了从前那种单调、沉闷的格局，人们已经认识到对这类环境改造的必要性。来访者根据他们对办公室设计的印象，会形成对这家公司的第一感觉。另外，雇员日常工作的环境也会影响他们对雇主的态度。

大型公司和大型现代化办公机构（如政府机构）的办公室已发展得非常庞大和复杂，有时可以占据几层楼甚至整幢大楼。设计这样的办公空间要求很高，专业化程度也很高，已成为室内设计行业的一个重要领域。确定办公空间室内的布局大小及形式，必须依据其功能、办公人员的组成、整体办公环境的风格和该公司或组织的目标来加以协调。

许多专门设计办公空间的设计公司已发展出一套比较完整、系统的方案来处理这些工程。在过去，律师、经理或总经理都是在设有侧门的单间里办公，秘书常在外面的办公室里，以便为私人办公室的主人留有进出的通路。速记员、打字员、会计和职员则安排在一个大房间里办公，完全没有个人空间可言。这种典型的办公室设计通常把经理和总经理安排在靠墙的空间，而助手、秘书和其他工作人员安排在中间区域没有窗户采光的地方。尽管现在很多办公室仍然采用这种方式来设计，但这类空间设计的出发点已变成要使现代的办公环境更吸引人、功能上更合理。

20世纪中叶，在办公室设计中出现了被称作"办公环境"或"开敞空间"的概念。它抛弃了传统的由墙围合起来的封闭办公室的做法，所有的员工、经理和工作人员都在一个开敞的空间办公，并采用可移动的隔板或贮物架，在必要时围合成一定的工作单元。这样，方便了所有工作人员之间的交流，而且使改变办公室的格局也变得更加容易。同时，这种方案也弱化了办公人员的等级观念。尽管许多这样的开敞型办公室非常成功，但随后办公空间的设计又开始退出这种潮流，进而转向开敞型与传统型相结合的方式。

必须认识到办公室的某些工作需要设置独立、安静和不易受干扰的环境。另外，随着计算机的普及，它成为办公设施中不可缺少的一部分，几乎每一个工作单元都应有一台小型计算机或计算机终端，这就导致了办公家具系统的革新和发展。这些家具应能提供拦板、屏隔和工作台面，并能分隔出各种工作空间，而不是利用固定的隔墙。现在这样的办公家具系统已成为大多数办公室布局的基本条件。通过对有关需求的调查，办公空间设计还包括一些特殊作用的空间，如会议室、会客室、接待处、餐厅、门厅、休息室、收发室、装运室和文档室等。要设计舒适的办公环境，并使其对工作人员和来访者充满吸引力，就需要在平面布局、照明、材料、色彩等方面加以综合考虑。这样待工程完成之后，使用起来才能提高办公人员的工作效率和工作信心，并以此来体现该公司的形象。沉闷和单调的环境对于任何规模的组织办公都是不利的，它会影响工作人员的心情，使其产生厌烦情绪。把开敞的工作空间分割成小的单元或具有私密性的空间，鼓励在独立的工作单元里施展个人才华，这种设计方案将会产生良好的效果。

有一些办公室是与公众接触比较频繁的空间，如售票处、保险公司的接待室以及售货公司、经纪公司和各种协会的公共办公室都具有这种特点。在这些地方，办公室的氛围传递着这个机构的性质和实力等多种信息。

所有办公室的设计都包含选择适当的工作设备和家具。现代办公室中，计算机和通信设施给工作带来了高效率，但也带来了新的问题。长时间保持固定的就坐姿势会导致身体的不舒适，如肌肉或背部疼痛等，在不尽如人意的灯光下，长时间操作计算机会引起眼睛疲劳；而由一些设备所控制的工作强度则会引起工作人员的情绪变化。调查表明，这些问题都可以通过一定设计手段来缓解。空间的划分、色彩灯光的配置和音响效果的处理能够创造一种理想的氛围，使人们工作起来更轻松更愉快，并从中得到精神寄托，从而提高工作效率。

(1）银行

如今银行的室内设计虽趋向于现代化，但仍显示威严、庄重，而且更重视光和色的视觉展示效果。一些最有影响的银行，都有极好的室内设计效果，甚至具有标志性的地位。这些银行在保留和尊重传统银行所具有的格调的同时，对其内部空间加以改造，以提高使用的方便性和突出强调现代办公的生动感。

除了最主要的公共大厅之外，银行建筑通常还包括一些半公共的空间，如安全储藏区域、管理办公区域和"后台"办公区域。所有这些地方，都可为室内设计提供良好的物质条件。

银行的设计综合了有关商业办公环境设计的特点和银行自身的设计特点。典型的银行或分行的主要空间是一个公共的区域——在这个区域里，客户可以在柜台上填写票单，在出纳员的窗口排队，并且用尽可能短的等候时间在服务台上进行交易。在引进了自动取款机之后，客户可以在没有人接待的情况下处理大量的银行交易，大大改变了传统的银行模式。同时，大多数银行还提供一些特殊的服务，如借贷、抵押、经纪和保险业务，这些业务通常在服务台、私密或半私密的办公室或者会议室完成。

设计银行空间，事先应预测其顾客的人流量和业务的种类。自动化设备的使用一般与人工服务的要求不同。尽管计算机化已极大地减少了银行非公共空间的面积，但这些区域仍需存在，它们的设计要求与其他办公区域一样。不过，直接位于出纳柜台后的办公区域需要特别考虑安全性，注意内部的监控和对外的保密（图6-40、图6-41）。

许多银行提供的保险箱业务，要求有一条通向保险库的公共通道。这些地方（通常是在地下室）要有特殊的监控设施，并在接近保险库的地方设一小空间，

图6-40 银行空间的公共区域

图6-41 银行空间公共接待区域

供顾客使用。在规模较小的银行里，应设置一条比较复杂的环绕型的安全通道，并必须将其与其他区域隔开。

（2）交易所

交易所是一个特殊的办公空间种类。它集公共服务和内部办公于一体。典型的交易所一般在一个显眼的地方（沿街的正立面或上面楼层的外层面上）设置一块显示屏，顾客可以观看和查询有关资料，然后到柜台上获得服务或要求与某个经纪人或代理人谈话。通常是在一个开放的空间里，设有经纪人的工作区域，包括一张桌子，上面摆着一排电子显示屏和键盘，还有一把可供顾客就坐的椅子。其他还有一些顾客免进的区域，包括管理办公室，私人办公室以及交易场所。规模较大的交易所需要高度专业化、科技化的设计（图6-42）。

（3）公共事业办公空间

政府大厦和国家机构大楼等公共事业办公空间的室内设计通常含有强烈的庆祝和纪念意义，在同一建筑空间里的办公室和公共服务空间，如问讯台、出纳窗口、登记处等往往显得很沉闷，使用也不方便，没有吸引力。近几年来，出现了设计更为现代化的公共事业建筑。它们都有着更合理、更全面的功能，更舒适、更具吸引力的室内空间（图6-43a）。在许多传统公共事业建筑里，通过室内更新，也使它们的面貌发生了很大变化。在一些地方，使用要求激发了室内的更新，极大地改善了建筑环境，同时也继承了传统的设计元素。

4. 休闲娱乐空间

这是室内设计师比较喜欢参与的一种空间类型，因为它有着较大的自由度，便于设计师发挥自己的个人色彩。

图6-42 交易所环境设计

图6-43a 公共事业办公空间

（1）礼堂

礼堂是一种特殊而有趣的室内设计项目。它的总体要求是使成百上千的观众能够在提供良好的照明和满意的音响条件的空间里舒适地就坐。每排座位的间隔、过道的宽度、台阶的分布和出入口的设置都有严格的规范限制。

除了这些技术问题，设计师还要创造一个适合的观看环境。传统的剧院通常具有一种节日的喜庆和繁盛的装饰风格。现代的设计观点则是，使观众大厅呈现一种完全自然和简洁的环境，从而使所有的注意力都集中到表演上去。一些辅助空间如门厅、休息室，酒吧和咖啡厅的设计也应满足上述要求。在处理灯光音响以及后台机械设备等舞台装置时应由专业顾问起重要作用。

（2）舞厅

舞厅也是一种常见的娱乐设施，设计这类空间，首先要处理好舞台、舞池、卫生间等空间关系。其次，视觉重点应以舞台为中心，突出空间的主题，以达到欢快、活泼的动态氛围。而灯光、音响的处理所突出的是暗光源下的设计效果。

交谊舞厅的舞池一般采用硬木拼花地板或磨光花岗岩石料地面，室内装饰风格多样，光线明朗柔和。迪斯科舞厅因音量与节奏强烈，舞池上方有彩灯旋转扫描，多有刺激感。为减少噪声，在内壁一般设计大面积的吸音面，入口处的前厅则起声锁作用。舞池亦为硬质材料，有的用钢化玻璃，以便在其下方铺设彩灯，更显扑朔迷离的气氛（图6-43b）。

总之舞厅是娱乐性场所，空间布局应尽量活泼，也应有明确的分区，尺度处理应使人有亲切感，可利用家具或其他手法设计出一些尺度宜人的小空间。

（3）洗浴中心

洗浴中心是人们娱乐、休闲、享受的场所，很受人们的欢迎。从功能上讲，它主要分为洗浴区和休息区。洗浴区的设计偏重于实用功能，包括设备要求、流线安排，而休息区则侧重于精神享受，首先要有相对安静的座位区，还要有可供观赏的界面，当然最好是靠近主干道，如果还有其他小型的娱乐设施如棋牌室、台球房等，则需要单独的隔离空间。

洗浴空间因长时间处于潮湿状态，因此墙面、地面处采用大理石、花岗石、瓷砖等材料，也可选用不锈钢板、玻璃、塑料等耐潮湿、腐蚀的材料。材料的色彩力求明快。"绝对清洁"是洗浴空间的首要准则，因此所有排水的系统必须畅通无阻，可采用地漏排水或地沟排水，地沟上可铺设不锈钢穿孔盖板，这样可得到干净、整齐的外观效果。洗浴空间还应有足够的休息用椅，并设吧台供应饮品，因

图6-43b　娱乐设施空间

很多客人有在洗浴间休息的习惯。应避免客人在水力按摩浴池中视线正对淋浴间，如无法躲避则必须设淋浴挡门。洗浴空间必须有良好的通风条件，避免出现凝结水而损坏吊顶。吊顶宜选用耐潮湿的金属穿孔板或 PVC 扣板等。

休息大厅大多选用天然木质材料及纺织品作为装饰材料，以营造出一个浪漫自然的空间环境。应巧妙地组合好灯光、音响、色彩、陈设品、壁画、雕塑，天然植物等，使空间增加乐趣，让客人获得更多精神上的满足。大厅的灯光不宜过亮，宜采用多点局部照明方式为好。大厅地面可用地毯或局部地板铺面。如果设置与休息大厅相关联的房间必须方便客人使用。出入口、隔断墙等均需精心处理（图 6-44）。

按摩房的灯光要设置在墙体上，光线向上照射，切忌在天棚上设置灯具。如设空调，则要避免冷气直接吹在床上。按摩房的色彩要柔和，避免使用纯度较高的颜色。

更衣室、储物柜可选择木质材料，如为方便清洁也可用其他材料，但必须保证有足够的空间。尤其北方地区冬季客人衣物较多，没有一定的空间难以满足客人的需要。吹风整发的空间，光线照度要亮，三面设镜子为好。总之洗浴中心的室内设计务必要处处注重人体工程学的应用，只有把握好这些与人体活动相关的环节，才能令客人满意。

目前，在评估饭店（酒店）星级的打分标准中，健身房最高可得 6 分；设备齐全较为先进的按摩房最高可得 4 分；桑拿浴室分男宾和女宾，并附设冲浪浴池、酒吧及休息室的最高可打 12 分；高尔夫球训练场及室内高尔夫球馆最高可得 3 分；保龄球道每道可得 1 分，最高可得 3 分。因此，对于涉外、旅游和会馆俱乐部这三类建筑内部的桑拿及其配套项目的装饰来说，都在向高档化、特色化发展。比如贵宾房内，力求装饰豪华，甚至营造独特的风格和情趣，如埃及式、意大利式、日本式等。另外对于各装饰部位，在设计中还应考虑防火、防蒸汽、防滑等安全设施，符合政府的有关政策和规定。

（4）体育馆

体育馆设施虽然比较复杂，但从室内设计的角度讲，又是相对简单的空间环境。如大型表演场所、会议大厅和运动竞技场都设有护拦，表演区和竞赛区是室内的视觉中心，观众席往往具有很强的功能性。然而在这些工程项目中，色彩、灯光和人流通道是设计的重点。

现代体育馆的内部设计表现出装配成型、施工方便安全、工期大大缩短的趋势。在地界面设计中应设置各种预留件，以便安装、固定各种器械。另外，为适应各种电动设备，电子计分、计时装置及临时照明等需要，应预留电器接线盒，预留件和接线盒应方便维修，材料上一般采用薄壁型钢骨架。木地板易采用长条

图6-44 休闲中心入口大堂空间

形弹性较好的，席纹型地板弹性较差，易使视觉紊乱，并需用双层，重量较大。顶棚一般设吊顶空间作为设备层，以薄壁型钢为格栅，它具有自重轻、整体刚性好、施工安装、检查、维修方便等特点。饰面材料应具有防火、耐久、吸声及内部更换的可能性。看台以活动看台为主，2000 年悉尼奥运会主会场即采用此种看台，它能按比赛项目巧妙地切换场地尺寸，并增加较佳视觉区观众的数量。与之相配的是折叠式有靠背无扶手的座椅，它坚固、轻便、灵活，便于清洁及维修，一般为成型产品。

(5) 宗教建筑

宗教建筑有着强烈的纪念性和纯建筑表现形式的传统，教堂或其他宗教建筑设施，几乎不可能脱离其基本的建筑结构形式。有趣的是现代室内设计在当今宗教建筑设计中扮演着一个重要角色，非宗教性室内空间采用的富有创意的室内设计已经很大程度地影响了许多新建的宗教建筑，旧建筑的改造和修复也要求对色彩、灯光和功能等重新作出思考。

许多宗教建筑还经常包括教学、社交以及类似的次要功能的空间，这些空间会出现一些与非宗教建筑类似的设计问题。设计上要注意使其既有服务功能，又在视觉上有引人向上的特征。

5. 教育设施空间

越来越多的人意识到，没有理由让公共教育设施空间比其他建筑更缺少魅力，实际上，高质量的室内设计可以提高公共教育设施空间的使用功能和精神面貌。即使是如监狱、教养所等场所，当它们的室内设计避免了颓废而富有生气时，期间的教育也会更有效，甚至令人振奋，催人上进。

室内设计在许多公共教育设施中会碰到各种阻力，如经济效益方面的考虑等。然而根据调查显示，这些场所如果是高质量的设计，一方面能提高效率，使教育更富有成效，另一方面，它能为工作人员和专业人员提供愉快而有创造性的生活。

(1) 学校

学校建筑的室内设计，包括宿舍、休息室、教室、报告厅、礼堂、办公室、食堂和图书馆，应在满足这些空间的使用功能的基础上，还要提供良好的灯光、音响、色彩和就坐环境，甚至创造出一个值得怀念、令人激动和上进的空间。

宿舍设计的要点是，保证和提高住宿学生的学习能力，且为其带来舒适和方便，并在已建成的或是不可更改的设计元素与可调整变化的细节之间作出适当的平衡协调，从而提供一定程度的个人表达空间。在这些地方，生活质量会受到公共居住空间、公共休息室、食堂和道路设施等因素的影响。

图书馆的规模不等，空间比较复杂，它们一方面用作图书的储藏和保护，同时给其使用者提供看书、学习和记笔记的地方。专业图书馆（如法律、音乐或专为儿童服务的）需要为适应某种特殊要求而调整内部基础设施。

许多国家把图书馆、实验设备、教师队伍列为办好现代化学校的"三大支柱"。美国图书馆标准中指出："大学图书馆是大学的心脏。图书馆的室内设计应以朴素大方、舒适美观为原则，注重创造良好的光环境、声环境、色环境，以及适宜的温度及自然通风环境。图书馆的家具布置及设计应注重符合人体工程学并具有灵活性。

在室内空间组织方面，现代图书馆已从藏、借、阅三大空间严格划分的模式向灵活多样的布局发展，更多地考虑读者借书及阅览的方便，以及管理人员咨询的方便。对于学校图书馆，由于上下课人流集中，借阅时间有阵发式特点，因此存包、出纳、监测等设施应有方便的位置、宽裕的数量及空间。

光环境方面，过强或过弱的亮度都易造成眼睛疲劳。阅览室白天应以自然光为主，以创造均匀、舒适的光线，并采用日光灯作为辅助照明。晚间是学生使用图书馆的黄金时间，因此保障良好的人工照明十分必要。照明灯具一般有顶光及台灯两类。由于借阅结合，现代图书馆室内净高比传统阅览室低，故采用顶光即可满足照度要求，同时也可为室内家具的布置提供灵活性。台灯利于提高光的照度，形成光的领域感，使人思想集中，但需设置地插，灵活性较差。总之，应根据使用情况的不同，选择适当的照明方式（图6-45）。

安静的环境是学习研究的基本要求之一。馆内行人较多的场所宜选择有一定弹性的塑料、软木等材料做地面，或者在硬质材料地面上铺设软质材料，如地毯、塑胶等。在大厅及走廊内还需结合装修设计，设置吸声材料，避免产生共鸣现象，如采用吸声吊顶及软质墙面装饰材料，均可大大提高室内声音环境的质量。

教室是传授知识、进行学术交流的场所，设计的优劣会直接影响教学效果。教室的室内一方面要为授课教师创造良好的讲、演或书写条件，为听课者创造良好的视、听及记录条件，同时还要有良好的室内气候条件及安全措施。教室是学校人员密集的场所，也为人们提供交流的机会，因此，在室内设计中创造各种层次的交往环境，是当代学校教室内部环境设计应注意的课题。

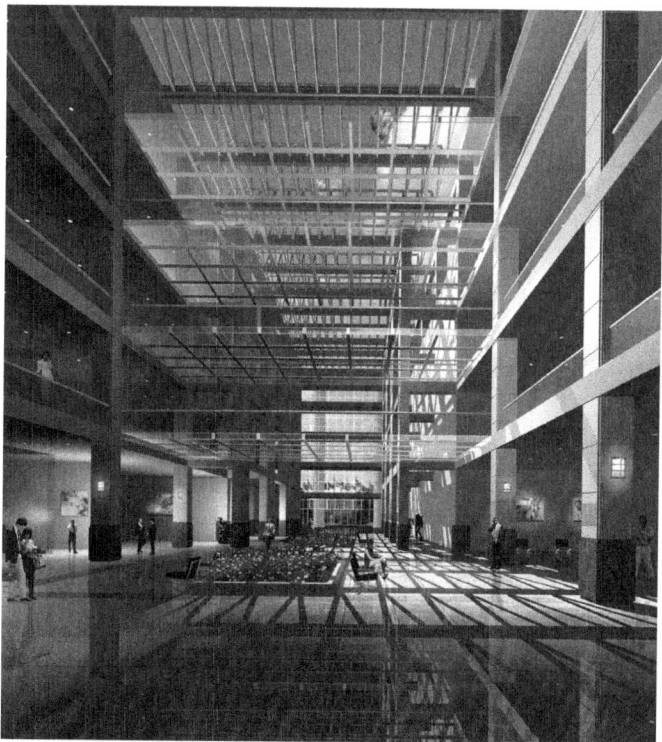

图6-45　图书馆室内环境

教室一般分为普通教室和专业教室（图6-46）。专业教室均有特殊要求，如艺术类专业的教室需要舒适的高侧光源，以朝北高窗为宜，音乐专业的琴房有隔声要求，烹饪专业的操作室要设置灶具等。而大量的普通教室在设计时一般应考虑以下因素：

1）课桌椅摆放应便于学生听讲、书写，教师讲课、辅导以及安全疏散。

2）平面布局应取决于教学人数、教学方式、课桌椅尺寸及排列方式。

3）课桌椅的设计必须具备容纳远期及近期的规定使用方式。

4）应具有良好的朝向、均匀的光线，避免直射光。

5）应能隔绝外部噪声干扰及保证室内良好的音质条件。

6）家具、设施、装饰均应考虑学生的特点及健康和安全的需要。

教室设计还应利于教学改革的需要及现代化高科技教学设施的应用。

（2）幼儿园、托儿所

典型的幼儿园、托儿所包括以下的功能区：

入口处——这个区域是幼儿园或托儿所接送孩子的地方，往往设有传达室或称门卫室，还备有长凳或由凳组成的座位区，供孩子的父母等候时就坐。

玩耍区域——它要求有良好的照明、明快的色彩、足够的空间、适当的玩具、必需的搁物架和其他设备。根据儿童的年龄，需要有可移动的桌子或凳子。墙上应该有为孩子提供展览艺术作品和其他相关物品的地方。孩子的休息室里要有可移动的儿童床，以及用于存放床单、毯的储存空间。

厨房——摆放和设置冰箱、洗涤槽和食品的准备设施。

图6-46　专业教室的室内环境

洗手间——至少每 15 个孩子需设有一个抽水马桶和一个洗手盆，高度要适宜。另外，对每个 1 岁以下的孩子，都应提供放置摇篮和尿布架的空间。

应特别注意台阶、物体的边角、门窗等处的细部设计。应按规范设置安全出口、灭火器、警报器、出口标志和其他安全设施。应保证室内空气的质量。

在选择材料和色彩时，设计者应该考虑明亮或愉快的环境氛围。同时，室内环境需要并便于清扫和保持。一般认为，为儿童选用明亮的颜色，是由于发现孩子容易识别和欣赏这样的色彩。但现在一些调查研究的报告却建议，少用一些太刺眼的颜色，以使孩子集中注意力，同时也能起到鼓励孩子用自己的作品来增添空间中色彩效果的作用。

6. 医疗设施空间

医疗设施空间包含的范围很广，从相对简单的医生办公室到相当复杂的现代化综合性医院，它们都有一个共同的问题，这就是它们服务的用户群体的要求各不相同，有时甚至会相互抵触。这些群体包括医生、护士和工作人员、管理人员，以及病人、陪伴人员、来访者和贸易人员等。

医疗办公室的基本单元包括接待桌、等待区域、诊断室、检查和治疗室、档案室以及洗手间和储藏室等。

医院治疗室的环境会强烈影响病人或陪伴人员的情绪，一间简陋或沉闷的等候室会增加病人的紧张和焦躁的感觉。尽管医术比环境更重要，但是良好的环境能加强医生的自信，调节病人的情绪。

医生办公室的种类很多，如住院部、门诊部和其他提供各种特殊服务的部门。许多大型医院还有急诊室、特殊护理病房、病人恢复室等。另外，一些医院还有附属医学院和护理学校，它们要为学生提供教室、报告厅等设施。医院的其他空间还包括等候室、实验室、储藏室、消毒室、更衣室和一些辅助功能空间如食堂、礼品店等。

设计医疗环境工程项目时，设计者必须明白其用户不仅是医生或管理人员，他们只是众多用户中的一类，虽然他们的要求有重要的参考价值。设计师还要考虑另外一些服务的对象，尤其是病人，他们常常感到自己所需要的除了医术和拥有这些医术的专业人员外就是治疗环境。设计师有必要去了解病人、工作人员、来访者和其他使用这些设施的人员的需求。

有两个问题应引起设计师的特别注意。第一个问题是，在设计时要解决有太多共用人流的通道与所占面积之间的矛盾。在医院的走廊、电梯厅里，医生、护士、来访者、工作人员、病人（自己走动的或者是躺在担架上的），以及食品和垃圾都可能会杂乱地混合在空间中，病人连续不断地进出病房或从一个病房转移到另一个地方进行检测或治疗，拥挤和由此带来的耽搁会增加其紧张程度，并影响治

图6-47　医院的大堂环境

图6-48　病房

图6-49　护士站

疗和恢复效果。第二个问题来自于人们不断增长的认识。根据调查，病人身体的恢复会受到一个场所提供的便利和舒适质量的影响。充满噪声和矛盾，单调而阴郁的医院空间往往会影响医生、护士和工作人员的行为，增加病人的焦虑和压力，而安静、愉悦、井然有序的环境和组织良好的治疗对病人的康复有重要的帮助。

医院的设计计划最好是通过对每种典型的用户的调查分析后得出。设计师需了解人们从来到医院，经过治疗、工作或拜访到离开医院的步骤是什么，这些步骤又是如何与空间相联系的。这些问题解决了，各种空间就有了各自的目的和任务，然后合理安排相关部位。通过平面图分析不同用户群体的行动及流线路径是简化循环方式和减小矛盾的主要手段（图6-47、图6-48、图6-49）。

7. 旅游设施空间

（1）宾馆

宾馆的规模包括从最简单的小客店到庞大的星级宾馆，以及带全套休闲设施的度假村。宾馆空间最基本的是要满足客人寻求舒适、得到娱乐的需要。而客人的来源有各种类型，从度假到出差，有希望他们的住处能衬托自己身份的名人，也有选择在这儿聚会的各种团体。这类空间实际上相当于客人的第二个家，故设计需要表达集众家之长的独特风格。一些古老宾馆的室内设计显示了良好的传统品位，而现代设计则多反映出时尚的风格。

宾馆内的空间主要由公用空间，私用空间和过渡空间构成。公用空间是旅客、服务人员聚散活动区域，包括门厅、中庭、休息厅、酒吧、茶座、接待厅、餐厅、美容美发等（图6-50）。私用空间是指客人单独使用的空间，如客房、各类服务用房等。过渡空间则是指连接公用空间与私用空间的走廊、庭园、楼梯等。在装饰设计时，应合理地组织空间，根据不同特性选择不同的设计风格、装饰材料及施工做法。宾馆室内空间的设计要点包括以下几个方面。

1）空间组合与处理手法。尽管不同人对宾馆的要求不同，但大家的共同点是接近自然，特别在南方炎热地区，一般喜欢通透开敞的空间及相对独立的小环境。美国建筑师波特曼创造"共享空间"以后，引起了宾馆设计的一场革命。超常尺度的多层共享大厅丰富生动的穿叉空间取得了物质功能和精神功能的双重效果。由此可以看出，宾馆设计只有满足人的心理和生理两方面的需求，才能创造适宜的环境。因此空间大小的组合与划分，绝不能离开人的需求，否则功能作用、精神价值就很难得到双重发挥。

2）内外空间的融合与因借。室内环境常常被墙壁等不透明的界面围合成封闭空间，现代宾馆的室内设计常利用各种手法使这类空间变得开放，使室内外环境融成一体，或利用透光的方法将外界的自然景色引入室内。

3）内部环境的主题与风格。室内各个面、各个形体相互关联，形式与色彩相互作用，形态与情感连锁反应，这是室内环境整体综合考虑的内容。如何达到预期的效果，给人以美的享受，通常的手法是在设计时给予环境一个带有地方特色的主题，以体现地域风情及富有时代感（图6-51、图6-52）。

①充分反映当地自然和人文特色；

②表现民族风格及参与文化；

③创造返璞归真，回归自然的环境；

④营造充满人情味及思古之幽的情调。

（2）交通设施

交通设施分两种室内空间，一种是为交通提供服务的固定室内空间，如车站、码头、空港的售票处、等候大厅等，另一种是交通工具本身的室内空间，如汽车、火车、轮船、飞机等自身的内部空间。其中的某些空间，可能看起来应属于工业设计的范围。然而，作为内部空间，它们也应受到了职业室内设计师的关注。

随着大型游轮的豪华程度不断提高，船舱的室内空间设计也与度假旅馆一样受到设计师的关注。而尽管飞机机舱的室内空间受到自身的形状、大小、乘客人数、载重量以及安全条款的限制，但随着航线之间的激烈竞争和未来私人飞机使用的增多，也促使人们不断努力以让其变得有吸引力并尽可能豪华。客运火车、汽车同样呈现出相似的设计问题。

汽车内部装饰常被称为"工业设计"，它能对产品的商业成功起很大作用。除了基本装备和外部造型外，汽车内部设

图6-50 宾馆门厅环境

图6-51 宾馆客房室内设计 I

图6-52 宾馆客房室内设计 II

施是购买选择和用户是否满意的一个重要因素。聘请著名的室内设计师参与汽车设计在汽车制造业已有许多成功的范例。

一些旧时的火车站，其室内艺术性的设计表达现已成为设计史中的经典作品，而现代铁路和公路车站则在美学、实用功能、安全方面都极富时代特征。机场空港从单纯的实用性到那些具有纪念意义的表达形式与传统的铁路车站形成了鲜明的对比，其对功能、经济、安全方面新问题的解决方式，使这些令人关注的工程既能打动人，又能令使用者满意。如果长时间地待在狭窄、封闭的船舱里，人们会产生心理压力，通过精心的设计，美学的处理，能使其得到很大程度的改善。也就是说，室内设计既增加了功能上的便利和心理上的舒适，也提高了使用效率。

8. 餐饮空间

餐饮空间设计的目的是创造一种良好的用餐氛围，以突出供应的食物和服务的特点，让用餐的经历值得怀念，从而鼓励顾客再次光顾并推荐给其他人。餐饮空间的规模从简单到庞大、从正式到随意、从低档到高档，它们都有其存在的必然性及相应的顾客群体，这当中某种熟悉的行为可能使预期的顾客认识到餐馆的特点并帮助满足他们的愿望。快餐店应该有明亮的光线和色彩，以体现快节奏、高效率的气氛。豪华餐馆要求亮丽的颜色、昂贵的材料，柔和的灯光以及安静的气氛。供应食物的特色也可以通过颜色、材料和细节的选择表达出来。在瑞典餐馆可看到蓝色和黄色，而在丹麦餐馆则可看到红色和白色，海鲜餐厅可以用硬栎木桌面和航海装饰品点缀，而正规服务和高档食品则可通过优雅的环境来表达，也可以尝试把餐馆布置得很怪异甚至疯狂。如此种种都可把餐馆的主题表达得淋漓尽致。

(1) 一般餐厅

一般餐厅的功能分析（图6-53）。

空间处理要点：

1）入口应宽敞，避免人流阻塞；

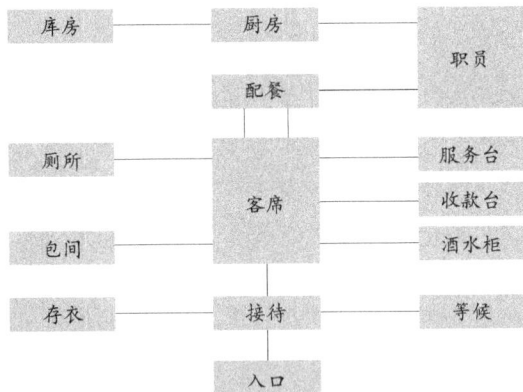

图6-53　一般餐厅的功能分区

2）入口尽量直通接待或服务台；

3）服务台的位置应根据客席布局而定；

4）正式餐馆可设客人等候席；

5）正式餐馆的出菜口应与收碗口分开。

（2）快餐厅

快餐厅的功能分析（图6-54）。

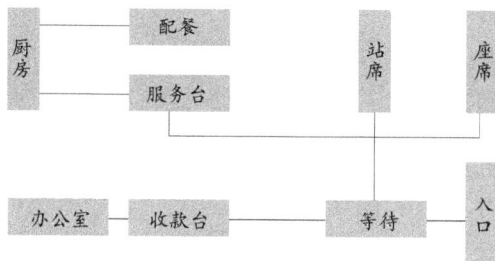

图6-54 快餐厅的功能分析

快餐厅的交通显得尤为重要，因为人员流动较大，所有的顾客均与服务台发生关系。服务台的设置，主要从功能方面考虑，台面及前后活动空间要求宽敞、醒目。

快餐厅的设计要以"快"为原则，在内部空间的处理上应简洁，但要有特点，光照条件要好。

另外，快餐厅因食品多为半成品，故操作间可适当向客席开敞，增加就餐气氛。

（3）宴会厅

现代城市宾馆中，宴会在餐饮收入中的比例不断提升，导致了许多宾馆都在增加宴会厅的数量。宴会厅的室内空间处理应注意以下几点：

1）宴会厅应设置前厅作为会前活动场所，此处设衣帽间、电话、休息椅、卫生间等。

2）应配备辅助用房如储藏间，储存暂时不用的座椅、桌子和各种尺度的台面，以便宴会布置形式的变动。

3）小宴会厅的净高应控制在 2.7 ～ 3.5m，大宴会厅净高在 5m 以上。

4）为了适应不同的使用要求，宴会厅常设计成可分离的空间，需要时可利用活动隔断分隔成几个小厅。

帷幕式隔断。以两道有一定间距的活动帷幕作隔断，其间距可隔声。

折叠式隔断。以相连接的折叠式门扇作隔断，平时可藏在墙内，需要时拉出，上部悬挂于吊顶骨架内，下部有可落地的横挡固定位置，隔声良好，开间宽度可达 20m 以上，最大高度为 6m。这是使用最普遍的一种方式。

手风琴式隔断。外表如手风琴般可伸缩，用皮革或织物等软性材料作饰面，

图6-55　宴会厅的功能分析

内有铝合金百叶、连杆滑轮等，平时藏于墙内，可呈弧形分隔空间，但距地面有缝隙，隔声较差。

　　5）宴会厅有时设置小型舞台，一般分为固定式和活动式，注意形成视觉中心。宴会厅的功能分析（图6-55）。

　　比较正规的用餐内部空间，可适当设立中轴线，座位的摆放应有主次之分，平面上无需做太多的变化。内部设计主要是界面处理和活动分割的摆放，吊顶的设计应大气，便于营造气氛。多功能厅的风格应主要考虑满足人们的情感需要（图6-56）。

　　(4) 西餐厅

　　现代饮食服务业向豪华与方便两端发展的趋势也体现在餐厅设计中，既满足希望在短时间内用餐客人的要求，设快餐或自助式服务；也满足视用餐为享乐的客人的要求，设高档餐厅。这里指的西餐厅属高档餐厅范畴。尤其在欧美旅馆中，西餐厅是主餐厅，空间最大，常以方桌或长桌为主，在靠墙或隔断处可布置成更具私密感的火车座等。当一组客人超过四位时，可临时将方桌拼成长桌。

　　西餐厅设计要点：

　　1）餐厅空间应与厨房相连，以利提高服务质量。备餐间的出入口宜隐蔽，

图6-56　宴会厅的室内环境

以免客人看到厨房内部。备餐间与厨房相连的门与其到餐厅的门在平面上应错位，以提高餐厅的风压，避免噪声及油烟窜入餐厅。

2）餐座排列应保证客人流线、服务流线的通畅，避免服务流线过长穿越其他用餐空间。

3）靠窗的餐桌应侧向布置，以利观景并扩大场景座椅的比例。

4）餐厅的室内设计应有鲜明的欧式特征，入口应预示其风格、内容。

5）使用频繁的西餐厅应靠近门厅，高档的西餐厅可以较隐蔽，通过引导到达。

6）西餐厅应强调光的运用，可综合各种照明形式创造气氛，便于长时间用餐，色调以中性偏冷居多。

7）西餐厅的餐桌椅高度差相对较小，以便于用刀叉时胳膊用力。西餐厅家具设计需周密考虑。

（5）酒吧

酒吧的设计比较随意，通常体现一种娱乐的气氛。室内空间可分成两个区域，吧台和座位区。设计一般以吧台为中心，吧台应自成体系并带有一定的动感，灯光相对比较柔和。也有以座位区为设计中心的。

（6）咖啡厅、茶馆

咖啡厅、茶馆是很随意、轻松的场所，空间处理应尽量使人感到亲切。一个大的开敞空间较宜分成几个小的空间。家具应成组布置，形式应有变化，尽量为顾客创造一些亲切的独立空间。由于咖啡厅、茶馆属休闲空间，所以更注重空间的艺术处理，大多成功的室内设计作品，均有其独到之处。如：

1）以经营内容为主题的处理手法；

2）以地方特色为主题的处理手法；

3）以时代风格为主题的处理手法；

4）以突出特定环境为主题的处理手法；

5）以自然景色为主题的处理手法。

总之，无论何种处理手法都是为了营造轻松、愉快的空间氛围。

在餐厅的室内设计内容中，通常仅限于公共使用空间，包括等候处、衣帽间或挂衣处、酒吧、柜台边的座位、服务台、就餐区、单独的包间、休息室、收银台、卫生间等。餐厅的厨房和其他服务部分，虽然顾客不能进入，但是这些地方却是室内设计师需要考虑的部分。餐厅空间中有20%～50%的空间要分配给后台服务，这一部分的详细设计常由厨房设备的制造商来提供，并且与餐馆的管理人员和厨师的工作紧密相关。

在设计中必须强化一个餐厅最好的方面，以提高功能效率，使客人对就餐感到放心，并满足管理及经济方面需要。

参考文献

[1] 中国大百科全书建筑分卷 . 北京：中国大百科全书出版社，1988.

[2] （美）弗朗西斯·D·K·钦 . 邹德侬，方千里译 . 建筑：形式空间和秩序 . 北京：中国建筑工业出版社，1987.

[3] （意）布鲁诺·塞维 . 张似赞译 . 建筑空间论 . 北京：中国建筑工业出版社，1985.

[4] （美）托伯特·哈姆林 . 建筑形式美的原则 . 北京：中国建筑工业出版社，1982.

[5] 郑曙旸 . 室内设计程序 . 北京：中国建筑工业出版社，1999.

[6] 常怀生 . 环境心理学与室内设计 . 北京：中国建筑工业出版社，2000.

[7] （日）芦原义信 . 外部空间设计 . 北京：中国建筑工业出版社，1985.

[8] （美）弗朗西斯·D·K·钦 . 建筑图像辞典 . 北京：中国建筑工业出版社，1998.

[9] （日）相马一郎，佐古顺彦 . 环境心理学 . 北京：中国建筑工业出版社，1986.

[10] 郑曙旸 . 室内设计思维与方法 . 北京：中国建筑工业出版社，2003.

[11] 李朝阳 . 室内空间设计 . 北京：中国建筑工业出版社，1999.

[12] 于正伦 . 城市环境艺术 . 天津：天津科学技术出版社，1990.

[13] （日）小原二郎 等 . 室内空间设计手册 . 北京：中国建筑工业出版社，2000.

[14] 俞国良 . 环境心理学 . 北京：人民教育出版社，2000.

[15] 姚时章，王江萍 . 城市居住外环境设计 . 重庆：重庆大学出版社，2000.

[16] 田自秉 . 工艺美术概论 . 北京：知识出版社，1991.

[17] 中国科学院可持续发展研究组 . 2000 中国可持续发展战略报告 . 北京：科学出版社，2000.

[18] 马光等 . 环境与可持续发展导论 . 北京：科学出版社，2000.

[19] 马奇 . 中西美学思想比较研究 . 北京：中国人民大学出版社，1994.

[20] 刘沛林 . 风水中国人的环境观 . 上海：上海三联书店，1995.

[21] 张岱年 . 中国文化与中国哲学：中国哲学关于人与自然的学说 . 北京：生活·读书·新知三联书店，1988.

[22] （美）鲁道夫·阿恩海姆 . 艺术与视知觉 . 北京：中国社会科学出版社，1984.

[23] 何新 . 思考——我的哲学与宗教观 . 北京：时事出版社，2001.

[24] （美）苏珊·朗格 . 情感与形式 . 北京：中国社会科学出版社，1986.

[25] 史蒂芬·霍金.许明贤,吴忠超译.时间简史.长沙:湖南科学技术出版社,2001.

[26] 滕守尧.审美心理描述.北京:中国社会科学出版社,1985.

[27] 郑曙旸.景观设计.杭州:中国美术学院出版社,2002.

[28] 中国美术学院美术史系中国美术史研究室.中国美术简史.北京:中国青年出版社,2002.

[29] 郑军.中国装饰艺术.北京:高等教育出版社,2001.

[30] 迟柯.西方美术史话.北京:中国青年出版社,1998.

[31] (美)金伯利·伊拉姆.李乐山译.设计几何.北京:中国水利水电出版社、知识产权出版社,2003.

[32] (英)但尼斯·夏普.胡正凡,林玉莲译.20世纪世界建筑.北京:中国建筑工业出版社,2003.

[33] 刘先觉.现代建筑理论.北京:中国建筑工业出版社,1999.

[34] 王向荣,林箐.西方现代景观设计的理论与实践.北京:中国建筑工业出版社,2002.

[35] (美)凯文·林奇 加里·海克.黄富厢,朱琪,吴小亚译.总体设计.北京:中国建筑工业出版社,1999.

[36] (丹)S·E·拉斯姆森.刘亚芬译.建筑体验.北京:知识产权出版社,2003.

[37] (美)鲁道夫·阿恩海姆.滕守尧译.视觉思维.成都:四川人民出版社,1998.

[38] (英)E·H·贡布里希.杨思梁,徐一维译.秩序感.杭州:浙江摄影出版社,1987.

[39] (英)理查德·帕多万.周玉鹏,刘耀辉译.比例—科学-哲学-建筑.北京:中国建筑工业出版社,2005.

[40] 俞孔坚,李迪华.景观设计:专业科学教育.北京:中国建筑工业出版社,2003.

[41] (英)西蒙·贝尔.王文彤译.景观的视觉设计要素.北京:中国建筑工业出版社,2004.

[42] (美)奇普·沙利文.沈浮,王志姗译.庭院与气候.北京:中国建筑工业出版社,2005.

[43] 杜昇.照明系统设计.北京:中国建筑工业出版社,1999.

[44] (美)约翰·O·西蒙兹.俞孔坚,王志芳,孙鹏译.景观设计学.北京:中国建筑工业出版社,2000.

[45] (英)Brian Clouston.陈自新,徐慈安译.风景园林植物配置.北京:中国建

筑工业出版社，1992.

[46] （英）布莱恩·劳森.杨青绢，韩效，卢芳，李翔译.空间的预言.北京：中国建筑工业出版社，2003.

[47] （英）罗杰·斯克鲁登.刘先觉译.建筑美学.北京：中国建筑工业出版社，1992.

[48] （日）小林克弘.陈志华，王小盾译.建筑构成手法.北京：中国建筑工业出版社，2004.

[49] （美）弗雷德里克斯坦纳.周年兴，李小凌，俞孔坚译.生命的景观.北京：中国建筑工业出版社，2004.

[50] （英）杰里米·迈尔森.国际室内设计.沈阳：辽宁科学技术出版社，2001.

[51] 王贵祥.东西方的建筑空间——文化空间图式及历史建筑空间论.北京：中国建筑工业出版社，1998.

[52] （日）日本室内设计协会.室内设计——光环境.日本：六耀社出版，1991.

[53] 张绮曼，郑曙旸.室内设计资料集.北京：中国建筑工业出版社，1991.

[54] （美）埃德蒙·N·培根.黄富厢，朱琪译.城市设计.北京：中国建筑工业出版社，2003.

[55] 刘文军，韩寂.建筑小环境设计.上海：同济大学出版社，1999.

[56] 宛素春等编著.城市空间形态解析.北京：科学出版社，2004.

[57] 姚宏韬主编.场地设计.沈阳：辽宁科学技术出版社，2000.